Electronics
Principles & Applications

전자회로 9판

원리 및 응용

Charles A. Schuler 지음
정지학 감수
김동원 · 명성식 · 민순호 · 정지학 옮김

McGraw Hill
청문각

Electronics: Principles and Applications, 9th Edition (Brief Edition)

1 2 3 4 5 6 7 8 9 10 GMS 20 20

Original: Electronics: Principles and Applications, 9th Edition © 2019
By Charles Schuler
ISBN 978-0-07-337383-6

This authorized Korean translation edition is jointly published by McGraw-Hill Education Korea, Ltd. and Gyomoonsa. This edition is authorized for sale in the Republic of Korea.

This book is exclusively distributed by Gyomoonsa.

When ordering this title, please use ISBN 978-89-363-1912-0

Printed in Korea

역자 머리말

이 교재는 Charles A. Schuler가 집필한 《전자회로 원리 및 응용》(Electronics Principles and Applications)으로, 9판을 번역 출간하게 되어 즐거운 마음을 금할 길이 없습니다. 본 교재는 전자공학을 전공하는 여러분들에게 필요한 전자공학의 이론과 원리 및 응용을 설명하고 있습니다. 전자회로는 전자공학도에게 가장 기본이 되는 교과목이고 수많은 다양한 책들이 국내 및 국외의 시중에 나와 있습니다. 이런 상황에서 본 번역서는 첨단 산업을 주도하고 있는 가장 중요한 공학 중의 하나로서, 본 교재의 전자회로 원리와 응용은 산업 현장이나 생활 속에 적용하는 능력을 갖추게 하는 데 초점을 맞추고 있습니다.

독자들은 회로 이론에 대해 어느 정도의 지식을 갖고 있을 것이나, 단순히 회로의 법칙에 대한 전형적인 이론이 아니고, 기본적인 원리를 바탕으로 정확하게 이해하고 해석할 수 있으며, 실제 산업현장에서 활용할 수 있도록 전자회로의 지식에 대한 자신감을 키워주는 것입니다.

이 번역서는 전자공학의 역사, 최신 기술에 대한 내용, 흥미로운 기술과 사실들을 통하여 독자들에게 다양한 정보를 제공하고 있습니다. 또한 각 장마다 예제와 테스트를 제공하여 학습의 이해를 돕고 있으며, 각 장의 마지막에는 요약, 관련 식, 연습 문제, 그리고 종합 문제를 통하여 전자회로의 지식과 기술의 폭을 넓혀줄 것입니다.

이 교재가 기획·번역·편집·출간되는 과정에 기여한 많은 사람들의 노력과 수고에 깊은 감사를 드리며 이 책의 제작에 성의를 다해준 교문사(청문각)의 제작진들에게 감사의 말씀을 드립니다.

2020년 1월
정지학 씀

저자 머리말

McGraw-Hill Career Education *Trade and Technology* 목록은 전기 및 전자 분야의 광범위한 직업에서 엔트리 레벨 역량을 제공하도록 설계되어 왔습니다. 그것은 특히 진로 지향적인 학생을 위해 고안된 조정된 교육 자료로 구성되어 있습니다. 교과서, 실험 매뉴얼, 교육 생산성 센터는 각각의 주요 과목 영역을 지원합니다. 이 모두는 기술직 진출을 준비하는 사람들에게 필요한 이론, 실천, 적용, 경험에 초점을 맞추고 있습니다.

전자공학과 같은 본문의 작성에는 원칙과 응용분야, 즉 학습자의 요구와 사용자의 요구에 대한 두 가지 기본적인 고려사항이 있습니다. 본 교재의 텍스트는 전문적으로 이러한 요구를 충족시킵니다. 저자와 편집자들은 학생들의 요구를 정확하게 해석하고 충족시키기 위해 그들의 광범위한 교육 및 기술 경험을 이용했습니다. 기업과 산업의 필요성은 개인 인터뷰, 산업 간행물, 정부 직업 동향 보고서, 산업 협회 보고서를 통해 파악되었습니다.

본 교재의 시리즈를 제작하고 다듬는 데 사용된 과정은 계속 진행되어 왔습니다. 기술적 변화가 빠르고, 내용은 현재의 추세에 초점을 맞추도록 수정되었습니다.

교육학의 개선사항이 정의되고 구현되었습니다. 본 교재의 시리즈를 사용하는 학생과 강사의 강의실 시험과 피드백을 기반으로 합니다. 가능한 최고의 학습 자료를 제공하기 위해 모든 노력을 기울였습니다. 여기에는 애니메이션 PowerPoint 프레젠테이션, 시뮬레이션을 위한 회로 파일, 상관 테스트 뱅크가 있는 테스트 생성기, 학생과 강사 모두를 위한 전용 웹사이트, 기초 계측 연구소 및 기타 항목도 포함되었습니다. 이 모든 것들은 잘 조정되어 있고 저자들에 의해 준비되었습니다.

전자공학의 광범위한 수용: 원리와 응용 프로그램 및 사용자들의 긍정적인 반응은 모든 구성요소의 내용과 설계의 기본적 건전성뿐만 아니라 교육 및 학습 도구로서의 효과성을 확인시켜 줍니다. 강사는 각 과목 영역에서 본문과 매뉴얼을 논리적으로 구조화, 페이스를 잘 맞춰, 현대적 목표의 틀을 중심으로 개발하였습니다. 학생들은 읽을 수 있고, 명료하게 삽화가 되어 있고, 흥미롭다는 것을 알게 될 것입니다. 그들은 또한 많은 양의 자율 학습과 검토 항목, 예제를 찾을 수 있을 것입니다. 자신의 진척 상황을 결정하는 데 도움이 될 수 있습니다.

Charles A. Schuler, 프로젝트 편집자

머리말

전자회로 9판(**원리 및 응용**)은 아날로그 소자, 회로 및 시스템을 도입한다. 한때 아날로그 전자공학의 유일한 영역으로 여겨졌던 것에서 현재 일반적으로 사용되고 있는 다양한 디지털 기술도 제시하였다. 옴의 법칙, 키르히호프의 법칙, 전력, 도식도, 저항, 커패시터, 인덕터와 같은 기본적인 구성품을 이해하는 학생들을 위한 것이다. 디지털 분야의 자료는 독립적으로 되어 있으며 디지털 전자공학 과정을 이수하지 않은 학생들에게 문제가 되지 않을 것이다. 유일한 수학 전제조건은 기초 대수학의 지식이다.

본 교재의 주요 목적은 전기 및 전자 분야의 광범위한 직업에 대한 엔트리 레벨 지식과 기술을 제공하는 것이다. 그 목적은 전자 회로와 시스템을 효과적으로 진단, 수리, 검증, 설치 및 업그레이드할 수 있는 기술자의 교육과 준비에 도움이 되는 것이다. 또한 좀 더 진보된 연구를 필요로 하거나 원하는 사람들을 위해 아날로그 전자 개념, 장치 이론, 현대 디지털 솔루션에 있어서 견고하고 실용적인 기반을 제공한다.

9판은 이전의 판과 마찬가지로 이론과 응용을 논리적이고 고르게 순서를 조합한대로 결합되었다. 학생이 전자 소자와 회로에 처음 노출되는 것은 이론과 실제의 원활한 통합에 기초하는 것이 중요하다. 이 접근법은 학생이 다이오드, 트랜지스터 및 통합 회로와 같은 기기가 어떻게 작동하는지 그리고 그것들이 실제로 어떻게 사용되는지에 대한 이해를 향상하는 데 도움을 준다. 그러면 이러한 기능의 이해는 성능 분석이나 문제 해결과 같은 실제적인 문제 해결에 적용될 수 있다.

이것은 극히 실용적인 글이다. 기기, 회로 및 애플리케이션은 전자제품의 모든 단계에서 사용되는 대표적인 것이다. 부품 카탈로그, 구성 요소 식별 시스템 및 대체 가이드와 같은 일반적인 보조 기구를 참조한다. 실제 문제 해결 기법은 적절할 때마다 적용된다. 제시된 정보, 이론 및 계산은 현장 기술자가 사용하는 정보와 동일하다. 제시된 공식은 기술직 근로자들이 실제로 수행하는 계산의 종류와 관련이 있고 이치에 맞는 예에 즉시 적용된다.

모든 장에서는 솔리드-스테이트 이론, 트랜지스터, 이득, 증폭기, 발진기, 전자 통신 및 데이터 전송, 집적 회로, 제어 회로, 조절된 전원 공급 장치 및 디지털 신호 처리를 통해 광범위한 전자 분야에 대한 소개로부터 진행된다. 본 교재에 대한 실용성의 예로서, 전체 장은 회로 및 시스템 문제 해결에 전념한다.

다른 장에서, 전체 절은 이 중요한 주제에 대해 전념한다. 최근 마지막 판에서부터는 전자공학 산업체가 순수 아날로그 기능을 대체하기 위해 더 많은 디지털과 혼합신호 애플리케이션 방향으로 꾸준히 진행해온 것들도 포함하였다. 아날로그와 디지털의 구별은 계속 모호하다. 이 교재는 이 문제를 다루는 유일한 종류의 전자회로 교재이다.

9판의 새로운 내용

본 9판은 전자 기기들과 전자 장비를 업데이트 하였다. 예를 들어 디지털 계량기 판독에 더 중점을 두고 아날로그 표시장치는 덜 강조한다. 그것은 또한 최신 시험 장비를 묘사한다. 마지막으로, 더 이상 사용할 수 없는 장치는 제거되었다.

아마도 가장 중요한 변화는 발열 이슈와 전력 소자에 대한 강조일 것이다. 기술자들이 그들의 기술을 이용함에 따라, 그들은 전력 트랜지스터와 같은 전자 기기들을 다룰 것이다. 전력 소자의 고장률이 높고 전력 소자의 교체가 다른 부품의 교체보다 비용 효율이 높은 경우가 많기 때문이다. 완전히 새로운 한 절은 전력 트랜지스터에, 또 다른 절은 발열 문제를 해결하기 위한 것이다. 전체 고조파 왜곡과 같은 주제에 대한 자세한 정보가 포함되어 있다. 이와 함께 전체 고조파 왜곡을 측정하기 위한 스펙트럼 분석을 제시한다. 한때 매우 비싼 시험 장비를 필요로 했던 측정은 이제 저렴한 개인용 컴퓨터와 소프트웨어를 사용하여 할 수 있다. 그것은 PC로 할 수 있는 특정한 무선 주파수 측정에서도 적용된다. 본 9판 교재에서는 무선 네트워크 문제 해결을 다루며 디지털 변조 방법에 대한 자세한 정보를 제공한다.

마지막으로 더 많은 문제 해결 정보가 있다. 소프트웨어와 PC의 사용 외에도 회로 성능을 예측하기 위한 기본 계산을 사용하는 방법이 논의된다. 예를 들어, 조절된 전원 공급 회로를 분석하여 정상 전압 판독값을 결정한다. 이는 전압 판독치가 적고 파형에 도식이 제공되지 않기 때문에 더욱 중요해지고 있다. 기술자들은 여기서 다루는 회로 원리와 이론에 대해 더 자주적이고 더 잘 교육받을 수밖에 없다. 이 교재의 실용성은 항상 매우 강했고 시간이 지나면서 계속 발전해 왔다.

저자에 대하여

Charles A. Schuler는 1966년 Texas A&M 대학에서 박사학위를 받았다. 그는 많은 기사와 전기 전자 관련 교과서 7종, 거의 많은 실험실 매뉴얼, 그리고 ISO 9000을 다루는 또 다른 책을 출판했다. 그는 펜실베이니아 캘리포니아 대학에서 30년 동안 전자 기술과 전기 공학 기술을 가르쳤다. 어려운 것을 이해하기 쉽게 만드는 열정을 이어가는 그는 현재 풀-타임 작가다.

차례

안전

일반적인 전기 회로와 전자 회로는 위험할 수도 있다. 공구의 부적절한 사용으로 인한 전기 충격, 화재, 폭발, 기계적 손상 및 부상을 방지하기 위하여 안전한 연습이 필요하다.

아마도 가장 큰 위험은 전기 충격일 것이다. 10 mA를 초과하는 전류가 인체를 통과하면 피해자를 마비시킬 수 있고 피해자는 '실제' 도체나 구성품을 놓을 수가 없게 된다. 10 mA는 소량의 전류 흐름이다. 1/1000 A에 불과하다. 일반 손전등은 그 전류량의 100배 이상을 제공할 수 있다!

손전등 셀과 배터리의 경우는, 사람 피부의 저항이 전류 흐름을 매우 작게 유지할 만큼 충분히 높기 때문에 취급하기에 안전하다. 평범한 1.5 V 셀을 만지면 μA 범위의 전류가 흐르며(μA는 A의 1/100만이다), 이 전류량은 너무 적어서 눈에 띄지 않는다.

반면에, 높은 전압은 피부에 충분한 전류를 가하여 충격을 일으킬 수 있다. 만약 전류가 100 mA 이상에 근접한다면, 그 충격은 치명적일 수 있다. 따라서 전압에 따라 충격의 위험이 증가한다. 고전압 환경에서 일하는 사람은 반드시 적절한 교육을 받고 장비를 갖추어야 한다.

사람의 피부에 물기가 있을 경우에는, 전기의 흐름에 대한 저항력이 급격히 떨어질 수 있다. 이렇게 되면, 심지어 적당한 전압도 심각한 전기충격을 야기할 수 있다. 숙련된 기술자들은 이를 알고 있으며, 이른바 저전압 장비에 고전압 부분이 한두 개 정도 있을 수도 있다는 것을 알고 있다. 즉, 회로를 동작시킬 때는 고전압 회로와 저전압 회로의 동시 동작 상황으로 만들지는 않는다. 숙련된 기술자들은 항상 안전한 절차를 따른다. 또한 그들은 보호장치가 작동하고 있다고 가정하지 않는다. 그들은 스위치가 OFF 위치에 있더라도 회로가 꺼져 있다고 가정하지 않는다. 그들은 스위치가 결함이 있을 수 있다고 생각한다.

심지어 자동차 전기 시스템과 같은 저전압, 고전류 용량 시스템도 상당히 위험할 수 있다. 링 또는 금속 시계 밴드로 이러한 시스템을 단락시키면 특히 링 또는 밴드가 단락되는 지점에서는 용접될 때와 같이 매우 심각한 화상을 입을 수 있다.

여러분의 지식과 경험이 증가함에 따라, 여러분은 전기 및 전자부품을 다루기 위한 많은 특정한 안전 절차를 배울 것이다. 그 동안에

1. 항상 절차를 따르도록 하자.
2. 서비스 매뉴얼을 최대한 자주 사용하자. 그것들은 종종 특정한 안전 정보를 포함하고 있다. 모든 해당 재료 안전 데이터 시트를 읽고 준수하자.
3. 행동하기 전에 면밀히 조사하자.
4. 의심이 들면 **행동하지 말고**, 강사나 감독관에게 물어보자.

전기 및 전자부품의 일반적인 안전 규칙

안전한 행동과 연습은 여러분과 여러분의 동료들을 위험으로부터 보호할 것이다. 다음의 규칙을 공부하자. 다른 사람들과 토론하고, 여러분이 이해하지 못하는 것에 대해 강사에게 물어보자.

1. 피곤할 때는 일하거나 졸리게 하는 약을 먹지 않는다.
2. 열악한 조명 속에서 일하지 않는다.
3. 축축한 장소나 젖은 신발 또는 의복으로 작업하지 않는다.
4. 승인된 공구, 장비 및 보호 장치를 사용한다.
5. 노출된 전기 회로 주변에서 작업할 때는 링, 팔찌 및 이와 유사한 금속 제품을 착용하지 않는다.
6. 회로가 꺼져 있다고 가정하지 말자. 동작 가능한 전자 계측기로 다시 확인하자.
7. 기술자가 회로를 작업하는 동안 전원이 켜지지 않도록 '버디 시스템(2인이 짝지은 방식)'이 필요한 상황이 있다.
8. 연동장치(도어를 열거나 패널을 탈거할 때 자동으로 전원을 제거하는 스위치 유형)와 같은 안전장치는 절대 조작하거나 중단시키지 말자.
9. 공구와 시험 장비를 깨끗하고 양호한 작동 상태로 유지한다. 처음 나타나는 열화 징후에서는 절연 프로브 및 리드를 교체하자.
10. 커패시터와 같은 일부 소자는 **치명적인** 전하를 저장할 수 있다. 그들은 장기간 동안 이러한 전하를 보관할 수 있다. 이 소자들은 주변에서 작업하기 전에 반드시 전하가 방전되도록 조치해야 된다.
11. 접지를 제거하지 말고, 장비 접지를 파괴하는 어댑터 사용을 금지해야 된다.
12. 전기 및 전자 장비에는 승인된 소화기만 사용하자. 물은 전기를 전도할 수 있고 장비를 심각하게 손상시킬 수 있다. 보통 이산화탄소(CO_2)나 할로겐화형 소화기가 선호된다. 경우에 따라서는 폼형 소화기를 사용할 수도 있다. 상업용 소화기는 화재의 종류에 따라 소화기 종류의 등급이 매겨진다. 적절한 작업 조건에 맞는 등급의 것만 사용하자.
13. 용제 및 기타 화학약품을 사용할 때는 지침을 따르자. 그것들은 유독하거나 가연성이 있을 수도 있고, 플라스틱과 같은 특정 물질을 손상시킬 수도 있다. 항상 적절한 재료 안전 데이터 시트를 읽고 규칙을 따르자.
14. 전자 장비에 사용되는 몇 가지 물질은 독성이 있다. 예를 들어 탄탈륨 커패시터와 베릴륨 산화 트랜지스터 경우가 있다. 이러한 기기는 으스러지거나 마모되어서는 안 되며, 취급 후에는 손을 깨끗이 씻어야 한다. 다른 물질(예: 열수축 튜빙)은 과열될 경우 자극성 가스를 발생시킬 수 있다. 항상 적절한 재료 안전 데이터 시트를 읽고 규

칙을 따르자.

15. 임의의 특정된 회로 구성요소는 장비와 시스템의 안전한 성능에 영향을 미친다. 정확한 교체 부품 또는 승인된 교체 부품만 사용하자.
16. 브라운관, 음극선관 등 고진공 장치를 취급할 때는 보호복과 보호 안경을 사용한다.
17. 적절한 절차를 알고 잠재적인 안전 위험을 인지하기 전에 관련 장비에 대한 작업을 하지 말자.
18. 많은 사고들은 사람들이 실험실에서 주의하지 않고 뛰어다님으로써 발생한다. 자신과 다른 사람들을 보호하는 데 한번 더 고민해보자. 실험실에서 달리기, 말장난, 그리고 농담은 엄격히 금지된다.
19. 발광 다이오드나 광섬유 케이블을 직접 들여다보지 말자. 일부 광원은 눈에 보이지 않지만 심각한 눈 손상을 일으킬 수 있다.
20. 리튬 배터리는 폭발하여 화재가 발생할 수 있다. 반드시 의도한 대로 승인된 충전기와 함께 사용해야 한다. 납축 배터리는 수소 가스를 생산해 폭발할 수 있다. 그것들 역시 적절히 사용하고 충전해야 한다.

회로와 장비는 반드시 조심스럽게 취급해야 한다. 회로와 장비가 어떻게 작동하는지, 그리고 회로와 장비들의 정상적인 동작 상황을 인지하자. 항상 안전을 연습하자. 여러분의 건강과 삶은 안전에 달려 있다.

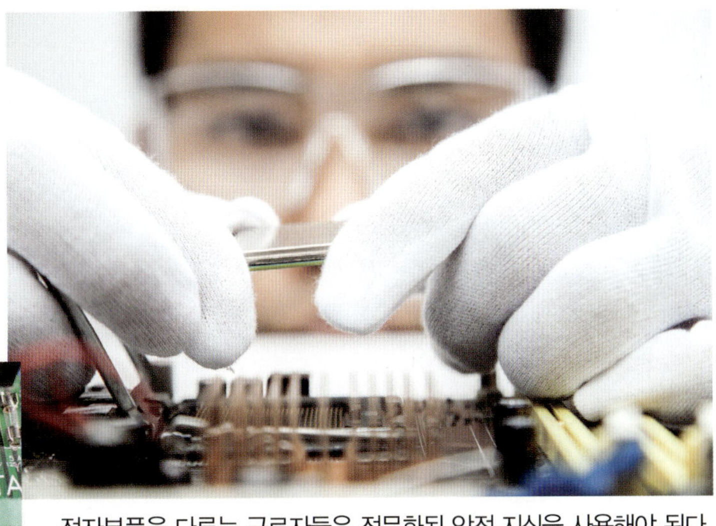

전자부품을 다루는 근로자들은 전문화된 안전 지식을 사용해야 된다.

CHAPTER 1 소개

학습 목표

이 장에서 다음 내용을 숙지하고 습득하자.

1-1 전자공학 역사에서 몇 가지 중요한 사건 **식별** [1-1]
1-2 디지털 또는 아날로그 회로의 동작 **분류** [1-2]
1-3 주요한 아날로그 회로 기능들 **확인** [1-3]
1-4 고장진단을 위해서 시스템 관점의 개발 **시작** [1-3]
1-5 dc 또는 ac 전원을 고려한 회로 **해석** [1-4]
1-6 전자공학에서 현재의 동향 **열거** [1-5]

전자공학은 폭발적인 성장을 거둔 최근의 기술이다. 이것은 널리 퍼져 있으며, 여러모로 우리의 생활 모든 것에 관련이 있다. 이 장은 여러분에게 어떻게 많은 세월 동안 전자공학이 발전을 해 왔는지, 어떻게 세부적인 분야에 대해 현재로 나뉘게 되었는지를 이해할 수 있도록 도움을 줄 것이며, 전자 회로와 전자 시스템에서 일어나는 몇 가지 기초적인 기능들을 이해할 수 있도록 도움을 줄 것이다. 또한 회로와 부품들에 대하여 이미 배워왔던 여러 지식은 기초적 기반이 될 수 있도록 도움을 줄 것이다.

1-1 주요한 역사

전자공학의 시작에 대한 정확한 날짜를 확인하는 것은 어렵다. 1899년도가 한 가지 가능성이다. 그 해 영국 케임브리지 대학의 톰슨(J. J. Thomson)은 전자를 발견했다. 20세기 초, 2개의 중요한 발전으로 사람들은 전자공학에 관심을 갖게 되었다. 첫 번째는 마르코니(Guglielmo Marconi)가 **무선** 전신을 이용하여 대서양을 통해서 메시지를 보낸 1901년이다. 오늘날 '무선통신 **라디오**'라고 부른다. 두 번째 발전은 포리스트(Lee De Forest)가 오디언 진공관을 개발한 1906년이다. '**오디언**'이라는 용어는 소리('오디오')를 크게 만들기 위한 첫 번째 발명품과 관련이 있다. 이것은 머지않아 무선 발명자들이 그들의 장비를 향상시키기 위하여 **진공관**을 사용했다.

1906년의 또 다른 발전은 특히 언급할 만하다. 피카드(Greenleaf W. Pickard)는 첫 번째 크리스탈 검파 라디오를 사용했다. 이런 대단한 개선은 무선분야와 전자공학이 더욱 인기가 있도록 도움이 되었다. 이것은 무선분야와 전자공학의 새로운 분야에 대한 미래 가능성의 재료로서 **반도체**의 활용이 제안되었다.

상업용 라디오는 1920년 펜실베이니아 피츠버그에 있는 KDKA 방송국에서 시작되었다. 이 발전은 일반적인 가정에 출현한 전자 장치들과 더불어, 새로운 시대의 시작임을 보여주었다. 1937년까지는 미국 내 가정의 절반 이상이 라디오를 가지고 있었다. 상업용 텔레비전은 대략 1946년에 시작되었다. 1947년에는 수십 만의 가정 라디오 수신기를 제조했고 판매하였다. 복잡한 텔레비전 수신기와 복잡한 전자 장치 덕분에 기술자들은 진공관보다 더 나은 것을 바라게 되었다.

첫 번째 진공관 컴퓨터 프로젝트는 미국 정부에 의해서 진행되었으며, 연구는 1943년에 시작되었다. 3년 후, 1946년 2월 15일 펜실베이니아 대학, 전기공학 무어 학교에서 '애니악'이 공식적으로 완성되었다. 이것은 '세계 최초 전자 디지털 컴퓨터'였다.

- 크기: 30 ft × 50 ft
- 무게: 30톤

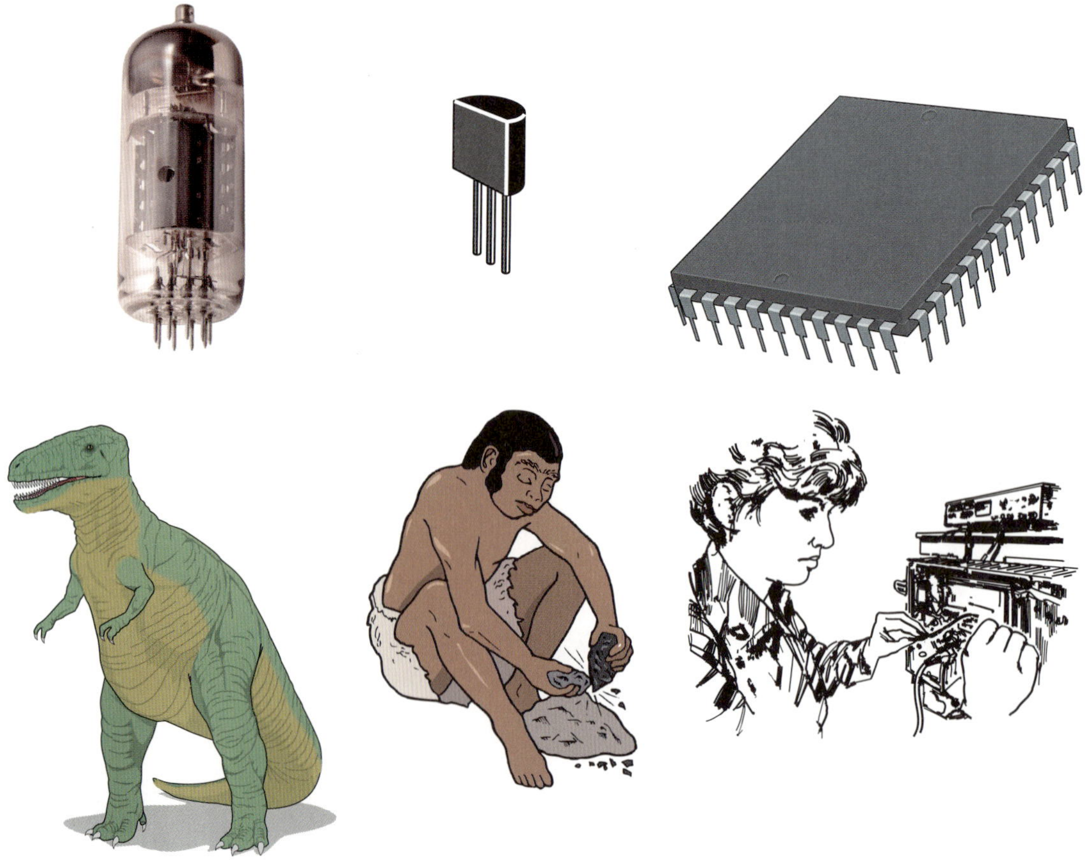

진공관, 트랜지스터, 그 다음에 집적회로. 전자부품의 진화는 생명의 진화와 비교될 수 있다.

- 진공관 수: 17,468
- 저항 수: 70,000
- 커패시터 수: 10,000
- 릴레이 수: 1,500
- 스위치 수: 6,000
- 전력: 150,000 W
- 비용: $486,000 (오늘날 약 $5,000,000)
- 신뢰성: 7분 평균고장 시간간격(MTBF)

무어 학교에서 한 학생 그룹은 등가형 상보 금속 산화막 반도체(CMOS) 칩을 개발하여 애니악 50주년 기념일 축하행사에 참가했다.

- 크기: 7.44 mm × 5.29 mm
- 패키지: 132 pin(PGA)
- 트랜지스터 수: 174,569
- 비용: 수 달러 (생산에 투입될 경우 단위당 추정)
- 전력: 약 1 W
- 신뢰성: 50년(추정)

과학자들은 오랫동안 진공관에 의해 행해지는 많은 연구들이 결정체를 반도체화 함으로써 더 효율적으로 만들어질 수 있다는 것을 알고 있었지만, 그 일을 할 수 있을 만큼 순수한 결정체를 만들 수는 없었다. 돌파구는 1947년에 이루어졌다. 벨(Bell) 연구소에서 함께 연구하는 3명의 과학자들은 최초로 동작하는 트랜지스터를 만들었다. 이것은 과학과 기술에 크게 기여하였다. 3명의 과학자 존 바딘(John Bardeen), 월터 브래튼(Walter H. Brattain), 윌리엄 쇼클리(William B. Shockly)는 노벨상을 수상했다.

비슷한 시기(1948), 당시 벨(Bell) 연구소에서 근무하던 클로드 섀넌(Claude Shannon)도 이진 코드로 의사소통에 관한 논문을 발표했다. 그의 연구는 휴대전화에서 인터넷까지 디지털 통신 혁명의 기초를 이루었다. 섀넌은 1940년 매사추세츠 공과대학에서 근무할 때 처음으로 전화 교환망에 부울 대수를 적용했다. 섀넌의 연구는 우리가 현재 통신과 컴퓨팅에서 즐기는 것들의 많은 기초를 형성하는 데 이바지하였다.

트랜지스터의 개선은 빠르게 이루어졌고, 이제 그것들은 진공관을 거의 완전히 대체했다. **솔리드 스테이트**는 친숙한 용어가 되었다. 많은 사람들은 트랜지스터가 역사상 가장 위대한 발전 중 하나라고 믿는다.

반도체는 작고 효율적이며, 더욱 신뢰적이다. 그러나 과학자들과 엔지니어들은 여전히 만족하지 못한다. 텍사스 인스트루먼트(Texas Instruments)의 잭 킬비(Jack Kilby)에 의해 수행되었던 연구는 1958년에 **집적회로**의 발전을 이끌었다. 페어차일드(Fairchild)에서 일하는 로버트 노이즈(Robert Noyce)도 비슷한 프로젝트를 개발했다. 두 사람은 집적 회로를 발명한 공로로 노벨 물리학상을 공동 수상했다.

집적회로들은 **기판**이라 불리는 공통기반에서 또는 실리콘의 작은 조각에서 여러 종류 소자들의 복잡한 조합들이다. 집적회로는 분리된 부품으로 제작된 동급 회로보다 저비용, 높은 성능, 우수한 효율성, 작은 크기 및 더 나은 신뢰성을 제공한다. 일부 집적회로의 복잡성은 단지 0.64 cm^2(0.25 $inch^2$)인 하나의 실리콘 칩이 거대한 장비 조각들을 대체하도록 허용한다. 이 칩은 수천 개의 트랜지스터를 장착할 수 있지만, 여전히 다이오드, 저항, 커패시터를 가지고 있다!

1971년 캘리포니아에 있는 인텔사는 마이크로프로세서라는 모든 집적회로 중 가장 정교한 것을 발표했다. **마이크로프로세서**는 단일 집적회로로 축소된 컴퓨터 회로의 대부분을 포함한다. 수십억 개의 트랜지스터와 동등한 것을 포함하고 있는 마이크로프로세서는 전자산업에 수십억 달러 가치의 성장을 제공해 왔으며, 모든 새로운 응용 분야들을 개방했다.

인텔 4004에는 2,300개의 트랜지스터가 포함되어 있고, 오늘날 Xeon 프로세서는 60억 개 이상의 트랜지스터를 가지고 있다. 4004는 10마이크로미터(μm)의 작은 특징을 가지고 있으며, 오늘날 그 특징의 크기는 10나노미터(nm)로 줄어들고 있다.

1977년에 휴대폰 시스템은 그것의 시험 단계에 들어갔다. 그 이후로, 그 시스템은 엄청난 성장을 경험했다. 그것의 압도적인 성공은 디지털 통신과 통신을 위한 선형 집적회로와 같은 새로운 기술의 개발을 촉진시켰다.

1982년 텍사스 인스트루먼트는 하나의 디지털 신호처리(DSP)칩을 제공했다. 이 때문에 많은 신제품 설계에 DSP를 적용하는 것이 실용화되었다. 그 이후로 계속 성장해 왔으며, DSP는 현재 반도체 업계에서 가장 빠르게 성장하고 있는 부문 중 하나이다.

집적회로로 인하여 전자제품은 폭발적인 증가를 하고 있다. 현재 전자제품은 그 어느 때보다도 다양한 방식으로 적용되고 있다. 한때 라디오는 거의 유일한 응용 제품이었다. 오늘날 전자공학은 우리 사회와 인간 활동의 모든 분야에 큰 공헌을 하고 있다. 그것은 우리가 알지 못하는 방식으로 우리에게 영향을 미친다. 우리는 현재 전자 시대에 살고 있다.

Self-Test

각 문장이 참인지 거짓인지 판단하시오.

1. 전자공학은 20세기에 시작된 신생 기술이다.
2. 라디오와 전자제품의 초기 역사는 밀접하게 연관되어 있다.
3. 트랜지스터는 진공관 이전에 발명되었다.
4. 현대의 집적회로는 수천 개의 트랜지스터를 포함할 수 있다.
5. 마이크로프로세서는 무선 수신기를 대체하는 데 사용되는 작은 회로다.

1-2 디지털 또는 아날로그

오늘날 전자공학은 매우 거대한 분야여서 종종 그것을 더 작은 하위 분야로 나눌 필요가 있다. 여러분은 의료 전자, 기기 전자, 자동차 전자, 항공 전자, 가전 전자, 산업 전자 등과 같은 용어를 듣게 될 것이다. 전자제품을 디지털이나 아날로그로 나눌 수 있는 한 가지 방법이 있다.

디지털 전자 장치 또는 회로는 몇 가지 제한된 상태의 출력만 인식하거나 생성할 것이다. 예를 들어 대부분의 디지털 회로는 low(낮음) 또는 high(높음) 2개의 입력 조건에만 반응한다. **디지털 회로**는 0과 1의 두 자리 숫자 시스템에 기초하기 때문에 **이진수**(binary)라고 할 수 있다.

아날로그 회로는 무한한 수의 상태에 대해 반응하거나 출력을 생성할 수 있다. 아날로그 입력 또는 출력은 0 ~ 10 V 사이에서 달라질 수도 있다. 실제 값은 1.5, 2.8 또는 7.653 V 가 될 수도 있다. 이론적으로 **무한히 많은** 전압들이 가능하다. 반면에 일반적인 디지털 회로는 0 ~ 0.4 V 범위의 입력을 low(이진수 0)로, 2.0 ~ 5.0 V 범위의 입력을 high(이진수 1)로 인식한다. 디지털 회로는 입력 4 V에서 1(high)로 응답하는 것보다 2 V의 입력에 대해 다르게 응답하지는 않는다. 이 두 전압들은 high 범위에 있다. 0.4 V와 2.0 V 사이의 입력 전압은 예측 불가능한 출력을 발생시키기 때문에 디지털 시스템에서는 허용되지 않는다.

오랫동안 거의 모든 전자 장치와 회로는 아날로그 방식으로 작동했다. 이것이 특정한 일을 하는 가장 확실한 방법인 듯하다. 결국, 우리가 측정하는 대부분의 것들은 본질적으로 아날로그이다. 여러분의 키, 몸무게, 그리고 자동차를 타고 여행하는 속도는 모두 아날로그 양이다. 여러분의 목소리는 아날로그다. 그것은 무한한 수의 레벨과 주파수를 포함하고 있다. 그래서 만약 여러분이 목소리를 증폭시키는 회로를 원한다면, 아마 아날로그 회로를 사용하는 것을 생각할 것이다.

전화 교환과 컴퓨터 회로 때문에 엔지니어들은 디지털 전자제품을 연구할 수밖에 없었다. 그들은 특정한 입력 조건에 근거하여 논리적인 결정을 하기 위한 회로와 장치가 필요했다. 그들은 항상 같은 방식으로 동작하는 매우 신뢰할 수 있는 회로가 필요했다. 회로가 동작해야 하는 조건들 또는 상태들의 수를 제한함으로써, 회로들은 더욱 신뢰성을 가질 수 있다. 무한한 상태의 아날로그 회로는 그들이 필요로 하는 것이 아니었다.

그림 1-1은 디지털 또는 아날로그 동작을 식별하는 데 도움이 되는 회로 동작의 예를 보여준다. 회로로 들어가는 신호는 왼쪽에 있고, 나오는 신호는 오른쪽에 있다. 현재에 대해서, 시간에 따라 변화하는 전압과 같은 어떤 전기적 양으로 신호를 생각해 보자.

*A*로 표시된 회로는 디지털 전자기기의 예다. 디지털 파형은 직사각형이다. 출력 신호는 직사각형 파형이며, 입력 신호는 정확히 직사각형 파형이 아니다. 직사각형 파형에는 2개의 전압 레벨만 있고 디지털 전자기기에서는 매우 일반적인 것이다.

그림 1-1의 회로 *B*는 아날로그 전자기기이다. 입력과 출력은 사인 파형이다. 출력은 입

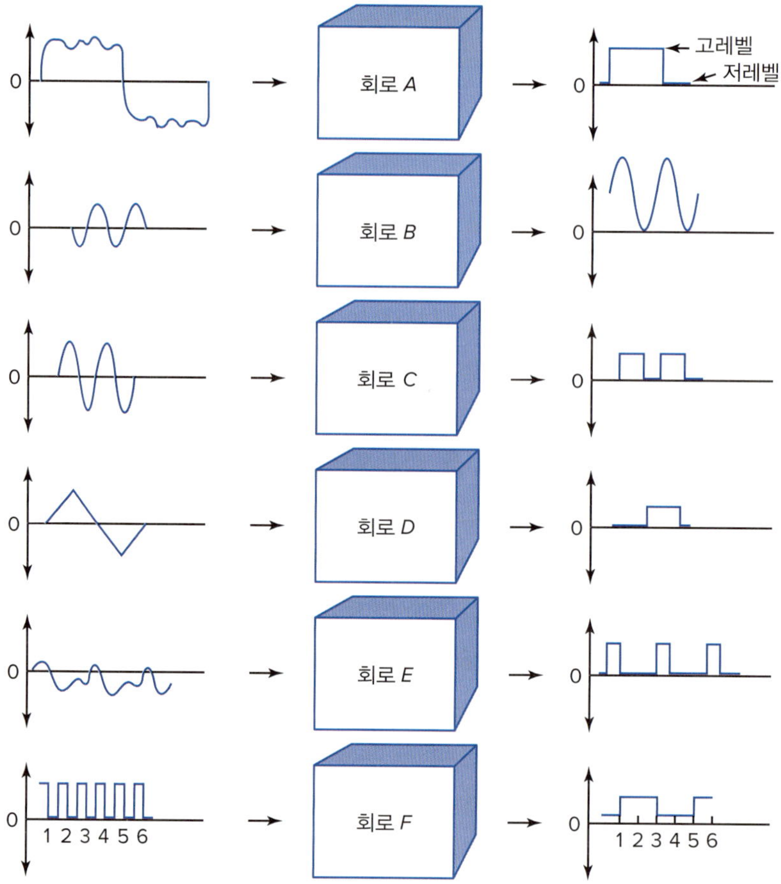

그림 1-1 디지털과 아날로그 회로의 비교

력보다 크고, 출력은 zero 축 위로 이동했다. 가장 중요한 특징은 출력 신호가 전압들의 무한한 수의 조합이라는 것이다. **선형 회로**에서 출력은 입력의 정확한 복제본이다. 비록 회로 *B*가 선형일지라도, 모든 아날로그 회로가 선형인 것은 아니다. 예를 들어, 특정 오디오 증폭기는 왜곡된 소리를 낼 수 있다. 이 증폭기는 여전히 아날로그 범주에 속하지만, 비선형일 것이다.

회로 *C*부터 *F*까지 모두 디지털이다. 출력은 모두 **직사각형** 파형(두 전압 레벨)이라는 점에 유의하자. 회로 *F*는 특별한 관심을 기울일 가치가 있다. 그것의 입력은 직사각형 파형이다. 이것은 다른 예에서 발생하지 않았던, 임의의 어떤 신호에 발생했던 것을 제외하고 두 전압 레벨에만 반응하는 아날로그 회로일 수 있다. 그림에서 보는 바와 같이 출력 주파수는 입력 주파수와 다르다. 이러한 출력을 만들어내는 디지털 회로를 **카운터**(counter) 또는 **디바이더**(divider)라고 부른다.

지금은 아날로그 신호를 컴퓨터 메모리나 자기 또는 광학 디스크 또는 자기 테이프에 저장할 수 있는 디지털 형식으로 변환하는 것이 일반적이다. 디지털 저장장치는 장점이 있다.

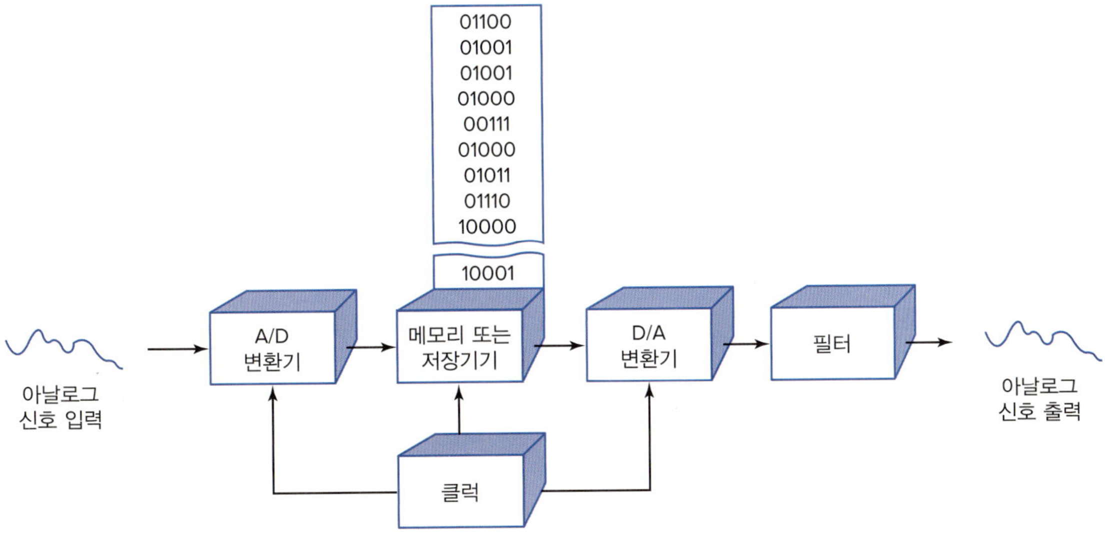

그림 1-2 아날로그-디지털-아날로그 시스템

디지털 디스크에서 음악을 재생하는 것을 들었던 모든 사람들은 보통 소음이 없다는 것을 안다. 디지털 녹음은 아날로그 녹음을 했던 것처럼 이용해도 녹음상태가 악화되지는 않는다.

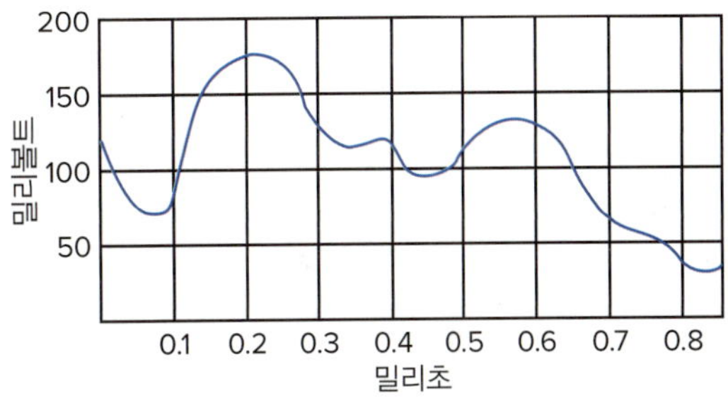

그림 1-3 아날로그 파형

아날로그 신호를 디지털로 변환하는 또 다른 이점은 컴퓨터를 사용하여 신호를 향상시킬 수 있다는 것이다. 컴퓨터는 디지털 기계다. 그들은 강력하고 고속의 대형 컴퓨터이다. 컴퓨터는 잡음과 왜곡을 없애고, 주파수와 위상 오류를 수정하고, 신호 패턴을 확인하는 등의 다양한 일을 할 수 있다. 전자공학의 이러한 영역은 디지털 신호처리(DSP)로서 알려져 있다. DSP는 인체 스캔 이미지를 향상시키기 위해 의료용 전자제품에서 이용되고, 오디오에서는 기존 녹음에서 발생하는 소음을 제거하기 위해 사용되며, 많은 다양한 분야에서도 활용된다.

그림 1-2는 아날로그 신호를 디지털로 변환했다가 다시 아날로그로 변환하는 시스템을 보여준다. **아날로그-디지털(A/D) 변환기**는 이진수(0초와 1초만) 출력을 내는 회로다. 메모리에 저장된 숫자는 이진수라는 점에 유의하자. 클럭(타이밍 회로)은 A/D 변환기를 구동하여 반복적으로 아날로그 신호를 샘플링한다. 그림 1-3은 아날로그 파형을 더 자세히 보여준다. 이 파형은 20마이크로초(μs)마다 A/D 변환기에 의해 샘플링된다. 따라서 0.8밀리초(ms)의 기간에 걸쳐 40개의 샘플을 채취한다. 아날로그 신호에 필요한 샘플링 속도는 해당 신호에 대한 주파수의 함수다. 신호의 주파수가 높을수록 샘플링 속도가 높다.

그림 1-2를 참조하자. 아날로그 신호는 메모리의 이진 내용을 **디지털-아날로그(D/A) 변환기**로

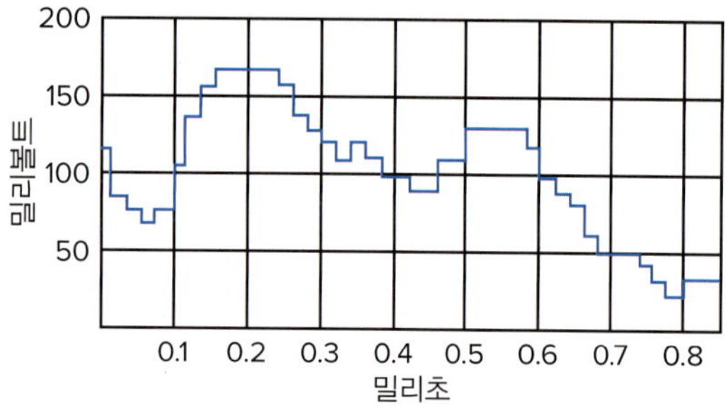

그림 1-4 디지털 파형

보내 재현할 수 있다. 이진 정보는 원래 신호가 샘플링된 것과 동일한 속도로 메모리에서 기록된다. 그림 1-4는 D/A 변환기의 출력을 나타낸다. 파형이 원래 아날로그 신호와 정확히 같지 않음을 알 수 있다. 이것은 이산 스텝(step)의 직렬 변환기다. 그러나 더 많은 스텝을 사용함으로써, 원래의 신호를 훨씬 더 가깝게 표현할 수 있다. 스텝 크기는 사용된 이진수(비트) 수에 따라 결정된다. 스텝 수는 2의 비트 수 거듭제곱에 의해서 알 수 있다. 5비트 시스템은

$$2^5 = 32 \text{ step}$$

을 제공한다. 8비트 시스템은

$$2^8 = 256 \text{ step}$$

을 제공할 것이다.

예제 1-1

오디오 콤팩트디스크(CD)는 신호의 각 샘플을 나타내기 위해 16비트를 사용한다. 몇 스텝 또는 볼륨 레벨이 가능한가? 2의 알맞은 거듭제곱을 이용하시오.

$$2^{16} = 65{,}536$$

이것은 x^y 버튼이 있는 계산기를 이용하여 해결하는 것이 용이하다. 2 그리고 x^y를 누른 다음 16을 누른 후, = 버튼을 누르시오.

사실 그림 1-2에 나온 필터는 스텝을 부드럽게 하며, 그 결과로 발생하는 아날로그 출력 신호는 음성 같은 많은 응용 부분에서 상당히 허용될 것이다.

충분한 비트와 적절한 샘플링 속도를 사용하면 아날로그 신호를 정확한 디지털 등가물로 변환할 수 있다. 신호는 아날로그 형태로 다시 변환될 수 있으며 원래 신호와 구별할 수 없다. 또는 DSP를 사용하는 것이 현저히 더 나을 수 있다.

아날로그 전자제품은 디지털 전자제품과는 다른 기술과 개념을 포함한다. 이 책의 나머지 부분은 주로 아날로그 전자제품에 할애된다. 오늘날 대부분의 전자 기술자들은 아날로그 회로 및 디지털 회로와 시스템에 대한 기술들을 가지고 있어야 한다.

혼합 신호라는 용어는 아날로그 기술과 디지털 기술을 모두 사용하는 응용 분야나 소자를 가리킨다.

Self-Test

각 문장이 참인지 거짓인지 판단하시오.

6. 전자회로는 디지털과 아날로그의 두 가지 범주로 나눌 수 있다.
7. 아날로그 회로는 무한대의 출력 조건을 생성할 수 있다.
8. 아날로그 회로는 두 가지 가능한 입력 조건만 인식한다.
9. 직사각형 파형은 디지털 시스템에서 흔히 볼 수 있다.
10. D/A 변환기는 아날로그 신호를 디지털 등가물로 변환하기 위해 사용된다.
11. 2비트 D/A 변환기의 출력은 8개의 다른 전압 레벨을 생성할 수 있다.

1-3 아날로그 기능들

이 절에서는 아날로그 전자 회로가 제공할 수 있는 몇 가지 기능에 대한 개요를 설명한다. 복잡한 전자 시스템은 개별 기능의 집합으로 나눌 수 있다. 개별 기능, 각 기능이 상호 작용하는 방식 및 시스템 작동에 기여하는 방식을 이해하는 능력은 시스템 분석과 문제해결을 더 쉽게 할 것이다.

아날로그 회로는 특정 동작을 수행한다. 이러한 작업은 대개 **신호**에 따라 수행된다. 신호는 전압이나 전류와 같이 어느 정도 장점이나 용도가 있는 전기량이다. 예를 들어, 마이크는 인간의 음성을 시간에 따라 주파수와 레벨이 변하는 작은 전압으로 변환한다. 이 작은 전압을 **오디오 신호**라고 한다.

아날로그 전자 회로는 흔히 그들이 제공하는 기능이나 동작의 이름을 따서 명명된다. **증폭**은 신호를 더 크게 또는 더 강하게 만드는 과정이며, 이를 수행하는 회로를 **증폭기**라고 한다. 다음은 아날로그 전자 회로의 주요 유형 목록이다.

1. **가산기**: 신호를 함께 추가하는 회로. **차동 증폭기**라고도 불리는 **감산기**도 이용할 수 있다.
2. **증폭기**: 신호 전압, 전류 또는 전력을 증가시키는 회로.
3. **감쇠기**: 신호 레벨을 감소시키는 회로.
4. **클리퍼**: 신호가 고정된 진폭 한계치 또는 한계를 초과하지 않도록 하는 장치.
5. **비교기**: 신호 전압을 기준 전압과 비교하는 장치. 임계 전압이 1개, 또는 임계 전압이 2개인 것도 있다.
6. **컨트롤러**: 신호 및 로드 장치를 조절하는 장치. 예를 들어, 컨트롤러를 사용하여 모터의 속도를 설정하고 유지할 수 있다.
7. **변환기**: 신호를 한 형식에서 다른 형식으로 변경하는 소자(예: 전압 대 주파수 및 주파수 대 전압 변환기)

8. **미분기**: 급격히 변화하는 동작에 대응하는 회로. 미분기는 **고역 통과 필터**라고도 불린다.
9. **디멀티플렉서**: 하나의 회로나 소자를 여러 개로 또는 하나의 출력 경로를 몇 개의 경로로 전송하는 소자.
10. **검파기**: 신호에서 정보를 제거하거나 복구하는 소자(무선 검출기는 라디오 신호에서 음성 또는 음악을 제거함). 그들은 또한 **복조기**라고 불린다.
11. **분배기**: 산술적으로 신호를 나누는 소자.
12. **필터**: 통과하려는 주파수만 허용하여 신호에서 원하지 않는 주파수를 제거하는 소자.
13. **적분기**: 일정 시간 간격으로 더하는 회로.
14. **인버터**: 직류(dc)를 교류(ac)로 변환하는 소자.
15. **믹서**: 가산기의 다른 이름. 또한 두 입력 신호의 합과 차의 주파수를 생성하는 비선형 회로.
16. **변조기**: 한 신호가 다른 신호의 진폭, 주파수 또는 위상을 제어할 수 있는 소자.
17. **멀티플렉서**: 많은 회로 또는 소자를 하나의 소자로 전송하는 소자. 몇 개의 신호원은 하나의 출력에 대해서 결합되거나 선택된다.
18. **멀티플라이어**: 일부 신호 특성의 연산 곱셈을 수행하는 소자. 주파수와 진폭 멀티플라이어가 있다.
19. **발진기**: dc를 ac로 변환하는 소자.
20. **정류기**: ac를 dc로 변경하는 소자.
21. **레귤레이터**: 전압 또는 전류와 같은 일부 값을 유지하는 회로.
22. **센서**: 일부 물리적 특성을 전압 또는 전류로 변환하는 회로.
23. **전원**: 에너지 유형−전압, 전류 또는 전력.
24. **스위치**: 전자 시스템에서 신호를 켜거나 끄거나 신호 경로를 변경하는 소자.
25. **타이머**: 시간을 제어하거나 측정하는 소자.
26. **트리거**: 일부 회로 값에서 작동하며 대개 출력 펄스를 생성하는 회로.

회로기판을 검사하는 기술자

회로도는 회로의 모든 각각의 부분과 연결 방법을 보여준다. 회로도는 회로 구성요소를 나타내기 위해 표준 기호를 사용한다. **블록도**는 시스템의 모든 각각의 기능과 신호가 시스템을 통해 어떻게 흐르는지를 보여준다. 회로도는 일반적으로

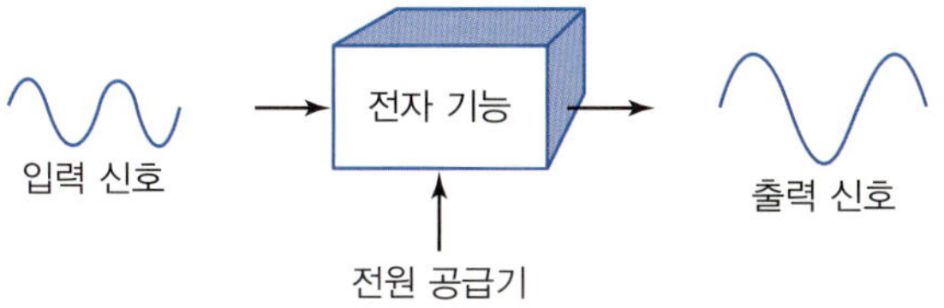

그림 1-5 블록도의 한 블록

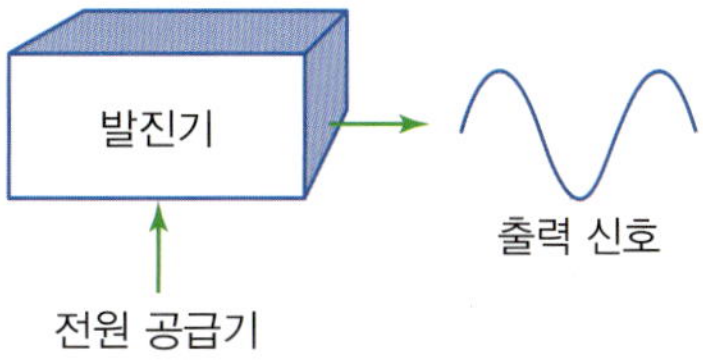

그림 1-6 전원 공급기 입력만 있는 블록

구성요소 수준 문제해결이라고 알려진 것을 필요로 한다. 구성요소는 저항, 커패시터 또는 집적회로와 같은 단일 부품이다. 기술자는 부품별로 수준에 맞는 수리를 위해서 결함이 있는 개별 부품을 분리 및 교체할 것을 요청할 수 있다.

시스템 수준 수리는 종종 블록도 또는 블록도에 대한 지식만 필요로 한다. 기술자는 증상을 관찰하고 측정하여 어떤 기능이나 기능이 부적절한지 판단한다. 그런 다음 전체 모듈, 패널 또는 회로기판은 교체된다. 구성요소 수준 문제해결은 일반적으로 시스템 수준보다 더 오래 걸린다. 시간은 돈이기 때문에 전체 모듈이나 회로기판을 교체하는 것이 경제적일 수 있다.

문제해결은 시스템 수준에서 시작한다. 기술자는 회로 기능과 블록도, 증상 관찰 및 측정에 대한 지식을 사용하여 난이도를 하나 이상의 회로 기능으로 분리한다. 교체가 가능한 기판이나 모듈이 사용 중인 경우, 하나 이상의 기능을 교체할 수 있다. 그러나 구성요소 수준 문제해결이 필요한 경우 기술자는 전압 측정계와 오실로스코프를 사용하여 구성요소 수준까지 분리 단계를 계속 진행한다.

그림 1-5는 과정을 볼 수 있는 블록도의 한 블록을 보여준다. 문제해결은 종종 간단하게 네 또는 아니오 결정의 연속이다. 예를 들어, 그림 1-5에 표시된 출력 신호는 정상인가? 그렇다면, 회로 기능을 해결할 필요가 없다. 정상적이지 않을 경우, 다음과 같은 네 가지 가능성이 존재한다. (1) 전원 공급기 문제, (2) 입력 신호 문제, (3) 결함 블록(기능) 또는 (4) 이 세 항목의 일부 조합. 전압 측정계 및/또는 오실로스코프는 일반적으로 블록에 대한 전원 공급과 입력 신호를 확인하는 데 사용된다. 공급 및 입력 신호가 정상이면 블록을 교체하거나 해당 회로 기능의 구성요소 수준 문제해결을 시작할 수 있다. 이 책의 다음 장에서는 전자 회로가 어떻게 작동하고 구성요소 수준 문제해결을 다루는지 자세히 설명한다.

그림 1-6은 입력(전원)과 출력 1개만 있는 블록을 나타낸다. 출력 신호가 없거나 부정확하다고 가정할 경우, 가능성은 (1) 전원 공급기에 결함이 있거나, (2) 발진기에 결함이 있거나, (3) 둘 다 결함이 있을 수 있다.

그림 1-7은 별도의 입력에 의해 제어되는 증폭기를 보여준다. 출력 신호가 정확하지 않을 경우, 가능한 원인은 (1) 전원 공급기에 결함이 있거나, (2) 입력 신호에 결함이 있거나, (3) 제어 입력에 결함이 있거나, (4) 증폭기가 오작동 했거나, (5) 이 4개 항목의 일부 조합이다.

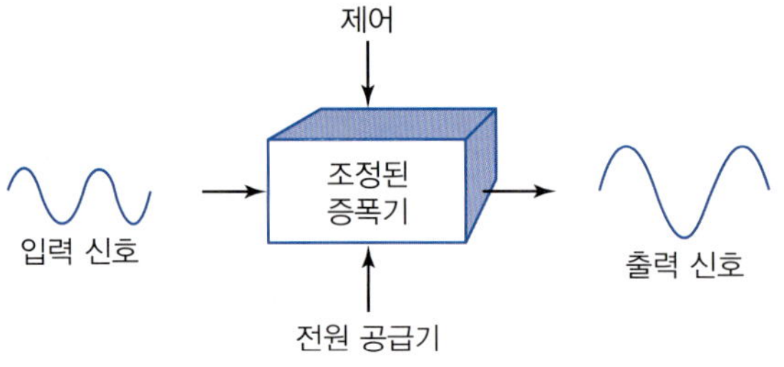

그림 1-7 제어 입력이 있는 증폭기

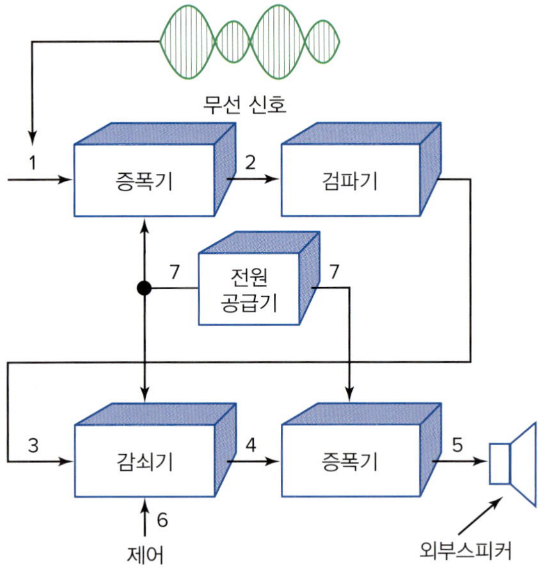

그림 1-8 무선 수신기의 부분 블록도

그림 1-8은 무선 수신기의 부분 블록도를 나타낸다. 그것은 어떻게 신호가 시스템을 통해 흐르는지 보여준다. 무선 신호를 증폭, 감지, 감쇠, 다시 증폭시킨 다음 확성기로 보내 소리를 낸다. 신호가 블록에서 블록으로 어떻게 이동하는지 알면 기술자가 효율적으로 작업할 수 있다. 예를 들어, 5번 지점에서 신호가 없거나 약할 경우, 1번 지점의 신호가 불량하거나 표시된 블록 중 하나 때문에 결함이 있을 수 있다. 일반적으로 표시된 대부분의 회로 기능에 영향을 미치므로 먼저 전원 공급기를 점검해야 한다. 상태가 양호하면 1번 지점에서 신호가 확인되고 2번 지점에서 신호가 확인될 수 있다. 이 규칙적인 과정에 의해 결함이 있는 단계가 신속하게 발견될 것이다. 3번 지점에서 신호가 정상이지만 4번 지점에서 신호가 없으면 감쇠기 블록 및/또는 그 제어 입력은 불량하다고 판단한다.

이 책의 대부분은 구성요소 수준 문제해결에 필요한 회로 세부 정보에 할애된다. 그러나 문제해결은 시스템 수준에서 시작한다는 것을 기억해야 한다. 각각의 개별적 회로 기능이 무엇인지, 그 기능이 어떻게 다른 기능과 결합되어 시스템 작동을 수행할 수 있는지 항상 명확히 기억해야 한다.

Self-Test

각 문장이 참인지 거짓인지 판단하시오.

12. 증폭기는 신호를 더 크게 만든다.
13. 증폭기로 들어가는 신호가 정상이지만 출력이 그렇지 않은 경우, 증폭기는 결함이 있다.
14. 구성요소 수준 문제해결에는 블록도만 있으면 된다.
15. 회로도는 회로의 개별 부품이 어떻게 연결되는지를 보여준다.
16. 문제해결의 첫 번째 단계는 각각 구성요소의 '단락' 여부를 확인하는 것이다.

1-4 DC 및 AC 회로들

첫 번째 전기 과정에서 전자공학 과정으로의 전환은 초기에 혼란을 야기할 수 있다. 그 한 가지 이유는 첫 번째 과정에서 dc와 ac 회로 개념을 분리하여 다루는 경우가 많기 때문이다. 이후 학생들은 dc와 ac 구성요소를 모두 갖춘 전자 회로를 경험하게 된다. 이 절은 이해를 더 용이하게 할 것이다.

그림 1-9는 dc와 ac 성분을 모두 포함하는 회로의 예를 나타낸다. dc 전원인 배터리는 ac 전원과 직렬로 연결된다. 저항의 파형은 직류 전류와 교류 전류가 모두 존재함을 보여준다. 그림 1-9의 상단에 있는 파형은 평균값이 양의 값인 사인파를 보여준다. 아래의 파형은 음의 평균 값을 가진 사인파를 보여준다. 두 파형의 평균값을 **파형의 dc 성분**이라고 하며, 이는 배터리 전압과 같다. 배터리가 없다면 파형의 평균값은 0 V가 될 것이다.

그림 1-10은 ac와 dc 전원을 모두 포함하는 저항-커패시터(*RC*) 회로를 보여준다. 이 회로는 많은 선형 전자 회로와 유사하다. 배터리와 같은 dc 전원 공급 장치에 의해 전원이 공

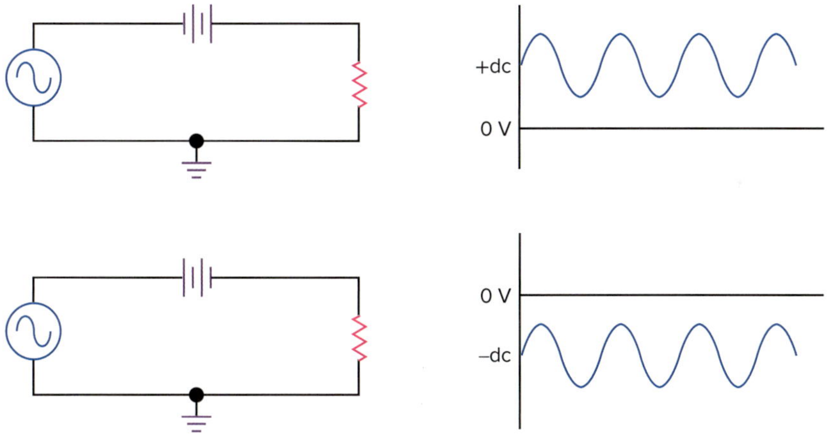

그림 1–9 dc와 ac 전원을 포함한 회로

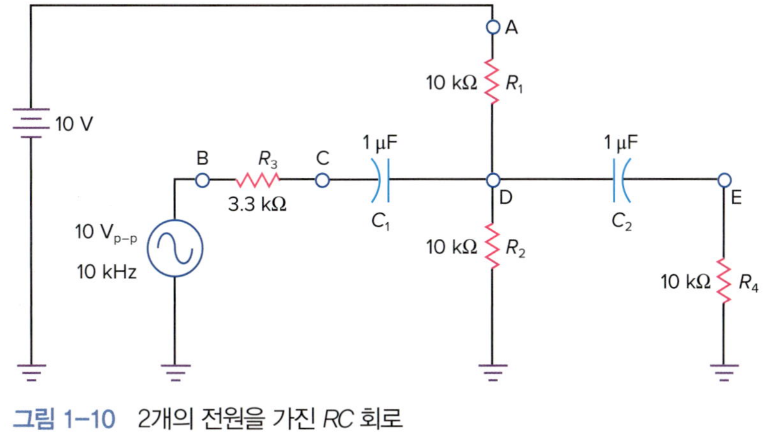

그림 1–10 2개의 전원을 가진 *RC* 회로

급되고 종종 ac 신호를 처리한다. 따라서 선형 전자 회로의 파형은 종종 ac 성분과 dc 성분을 모두 보여준다.

그림 1-11은 그림 1-10의 다양한 노드에서 발생하는 파형을 보여준다. 노드는 둘 이상의 회로 요소(저항, 인덕터 등)가 연결되는 지점이다. 이 두 가지 수치는 다음과 같은 몇 가지 중요한 생각들을 이해하는 데 도움을 줄 것이다. 선형 전자공학에 대한 학습자의 연구가 필요하다.

그림 1-11의 노드 A용 파형은 **순수한 직류**를 보여준다. ac 성분이 없기 때문에 '순수'라는 단어를 사용한다. 이것은 배터리와 같은 dc 전원에서 예상되는 파형이다. 그림 1-10의 노드 A는 배터리의 양극 단자이므로 dc 파형은 놀랄 일이 아니다.

그림 1-11에서 노드 B는 **순수한 교류**(dc 성분이 없다)를 나타낸다. 노드 B는 그림 1-10의 ac 전원 단자이므로 이 파형은 예상한 값이다.

그림 1-11의 다른 파형은 더 많은 생각을 필요로 한다. 노드 C를 시작으로, ac 전원 진폭의 약 반을 가지는 순수 ac 파형을 볼 수 있다. 진폭의 손실은 나중에 논의될 R_3에 걸친 전압 강하에 의하여 발생한다. 노드 D는 5 V dc 성분을 가진 ac 파형을 보여준다. 이 dc 성분은 그림 1-10의 R_1과 R_2에 의해 설정되며, 이는 10 V dc 배터리의 전압 분배기 역할을 한다. 마지막으로 그림 1-11의 노드 E는 순수한 ac 파형을 보여준다. 그림 1-10의 C_2에 의해 dc 성분이 제거된다. 노드 D에는 dc 성분이 존재하지만, **커패시터가 신호나 파형의 dc 성분을 차단하거나 제거**하기 때문에 노드 E에는 누락되어 있다.

기억해 보기

커패시터가 직류에 대한 무한 리액턴스(반대)를 가지며 개방회로로 작동하는지 여부

용량성 리액턴스의 공식은 다음과 같다.

$$X_C = \frac{1}{2\pi fC}$$

주파수(f)가 직류(0 Hz)에 가까워지면 리액턴스는 무한대에 접근한다. 커패시터에서는 주파수와 리액턴스 사이의 관계가 **반비례**이다. 하나가 내려가면 다른 하나가 올라간다.

예제 1-2

그림 1-10의 10 kHz 주파수에서 커패시터의 리액턴스를 결정하고 이 리액턴스를 저항의 크기와 비교하시오.

$$X_C = \frac{1}{2\pi fC}$$

$$= \frac{1}{6.28 \times 10 \times 10^3 \times 1 \times 10^{-6}}$$
$$= 15.9\ \Omega$$

리액턴스 15.9 Ω은 작은 값이다. 실제로 그림 1-10의 저항들이 훨씬 큰 10 kΩ이기 때문에 10 kHz에서 커패시터는 단락회로라고 생각할 수 있다.

두 가지 핵심사항을 요약해보자. (1) 커패시터는 직류회로에서 개방회로이고, (2) 커패시터는 신호 주파수가 상대적으로 높을 때 ac 신호에 대해서는 단락회로이다. 이 두 개념은 아날로그 전자 회로에서 반복적으로 적용된다. 이러한 것을 기억하도록 노력하자.

다른 주파수에서는 어떻게 되는가? 높은 주파수에서 용량형 리액턴스는 훨씬 더 낮기 때문에 커패시터는 여전히 단락으로 볼 수 있다. 낮은 주파수에서 커패시터는 더 많은 리액턴스로 나타나며 단락회로 관점은 더 이상 정확하지 않을 수 있다. 리액턴스가 유효 저항의 10분의 1 미만인 한, 단락회로의 관점은 일반적으로 충분히 양호하다고 할 수 있다.

예제 1-3

100 Hz 주파수에서 그림 1-10의 커패시터 리액턴스를 결정하자. 이 주파수에서 단락회로의 관점이 적절한가?

$$X_C = \frac{1}{2\pi fC}$$
$$= \frac{1}{6.28 \times 100 \times 1 \times 10^{-6}}$$
$$= 1.59\ \text{k}\Omega$$

이 리액턴스는 1,000 Ω 범위에 있으므로 커패시터는 이 주파수에서 단락회로로 볼 수 **없다**.

그림 1-12는 그림 1-10의 등가 회로를 나타낸다. dc 등가 회로는 배터리, R_1 및 R_2를 나타낸다. 다른 저항과 ac 전원은 어디로 갔을까? 이 소자들은 커패시터에 의해 '끊김'이 되며, 직류에서는 개방회로가 된다. R_1과 R_2는 값이 같으므로 노드

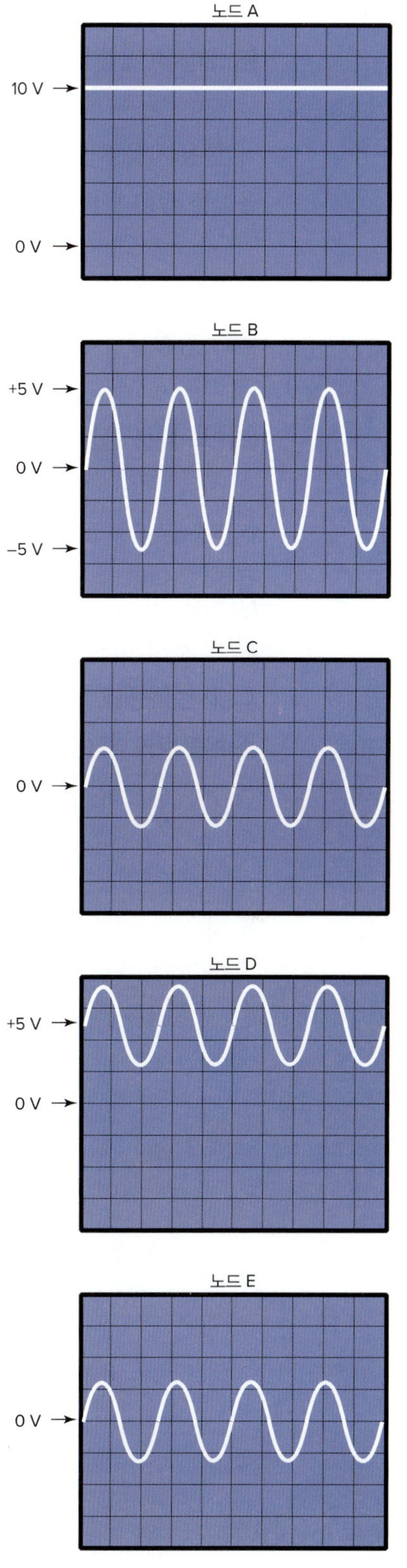

그림 1-11 그림 1-10의 파형

좀 더 알아보기

표면실장기술과 기술자
비록 표면실장기술(SMT)이 구성요소 수준 문제해결에 소요되는 시간을 줄였지만, 이러한 문제해결 능력을 갖춘 기술자는 여전히 수요가 있다.

D의 dc 전압은 배터리 전압의 절반 또는 5 V이다. ac 등가 회로는 더 복잡해진다. 저항 R_1, R_2 및 R_4가 병렬로 연결되어 있다는 점에 유의하자. R_2와 R_4는 그림 1-10의 C_2에 의해 연결되므로 ac 등가 회로에서는 단락회로로 인하여 결합될 수 있다. 커패시터는 10 kHz 신호에서 단락회로로 볼 수 있다는 점을 기억하자. C_2의 등가 단락은 R_2와 R_4를 병렬로 연결한다. 저항 R_1은 dc 전압원의 내부 ac 저항이 0 Ω으로 간주되기 때문에 병렬로 연결된다.

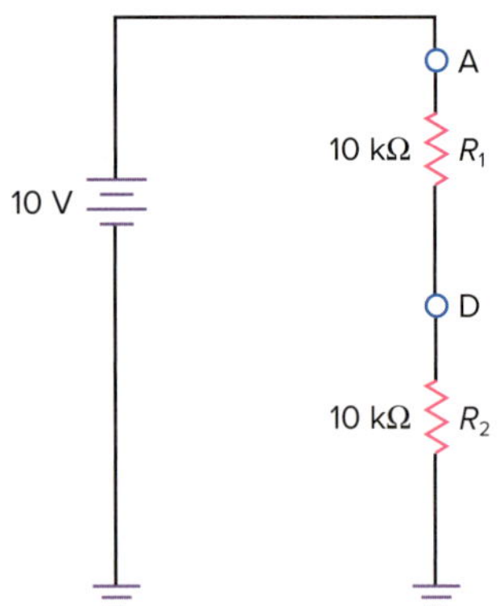

DC 등가 회로

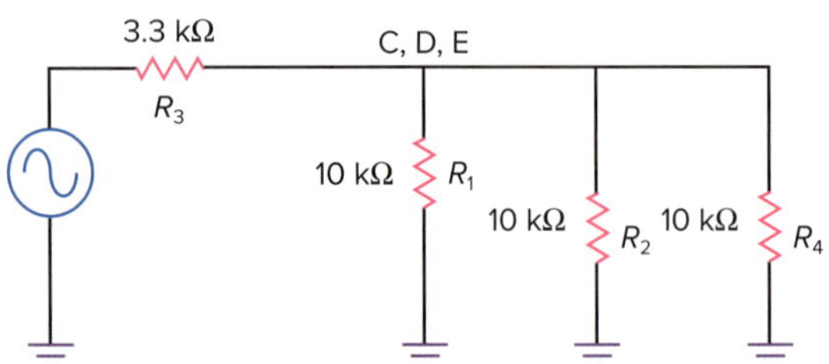

AC 등가 회로

그림 1-12 그림 1-10에 대한 등가 회로들

따라서 ac 등가 회로의 R_1은 한쪽 끝에 효과적으로 접지되어 있고 다른 쪽 끝에는 노드 D에 연결되어 있다. 병렬로 10 kΩ 저항 3개의 등가 저항은 10 kΩ의 1/3 또는 3.33 kΩ으로 거의 R_3 값과 동일하다. 저항 R_3와 3.33 kΩ의 등가 저항은 전압 분배기를 형성한다. 따라서 노드 C, D, E의 ac 전압은 ac 전원의 절반 정도, 즉 5 V_{p-p}가 될 것이다.

dc와 ac 등가 회로를 함께 취하면 노드 D의 결과는 5 V 직류 및 5 V_{p-p} 교류다. 이는 그림 1-11에 표시된 노드 D의 파형을 설명한다. 학습자가 공부했을지도 모르는 **중첩 원리**는 결합 효과에 대한 설명을 제공한다.

전자 회로에 사용되는 또 다른 매우 중요한 개념이 있는데, 이를 **바이패싱**이라고 한다. 그림 1-13을 보고 C_2가 오른쪽 끝에 접지되어 있다는 것을 주목하자. 이것은 ac 신호에 관한 한

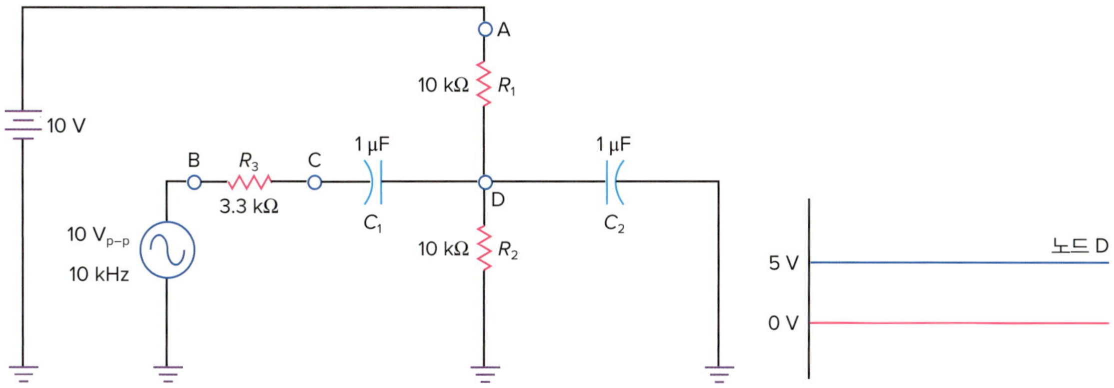

그림 1–13 바이패싱의 개념

노드 D 를 효과적으로 단락시킨다. 파형에서 ac 신호가 **바이패스**되었기 때문에 노드 D는 5 V dc만 가지고 있음을 보여준다. 바이패싱은 ac 신호가 제거되어야 하는 회로의 노드에서 사용된다.

커패시터는 여러 가지 방법으로 사용된다. 그림 1-10의 커패시터 C_2를 흔히 **커플링 커패시터**라고 한다. 이 이름은 그 기능이 노드 D에서 노드 E로 ac 신호를 결합하는 것이기 때문에 적절히 사용된다. 그러나 ac 신호를 결합하는 동안 dc 성분을 **차단**한다. 그래서 **차단 커패시터**라고도 할 수 있다. 그림 1-13의 커패시터 C_2는 다른 기능을 제공한다. 그것은 노드 D에서 ac 신호를 제거하며 **바이패스 커패시터**라고 불린다.

그림 1-14는 이 절에서 제시된 아이디어의 현명한 적용을 보여준다. 텔레비전 방송국의 약한 신호에 문제가 있다고 가정하자. 증폭기를 사용하여 약한 신호를 증폭시킬 수 있

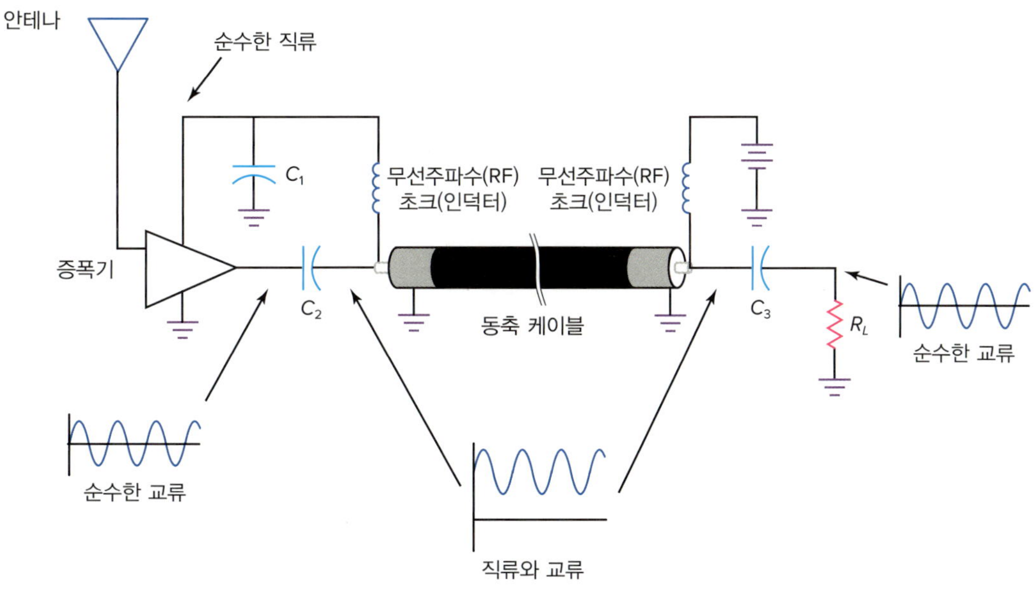

그림 1–14 동일한 케이블 위에서 전달되는 전원과 신호

다. 가장 좋은 것은 안테나지만, 안테나는 종종 지붕에 있다. 증폭기는 전력이 필요하므로, 한 가지 해결책은 텔레비전 신호를 위한 별도의 케이블과 함께 전원선을 지붕까지 연결하는 것이다. 하나의 동축 케이블은 두 가지 필요성(전원 및 신호)을 모두 충족시킬 수 있다.

그림 1-14의 배터리는 동축 케이블의 반대쪽 끝에 위치한 증폭기에 전원을 공급한다. 동축 케이블의 외부 도체는 배터리와 외부에 있는 증폭기에 대해서 접지 역할을 한다. 동축 케이블의 내부 도체는 배터리와 증폭기의 +(양극) 연결점 역할을 한다. 무선 주파수 초크(RFCs)는 신호를 전원 회로로부터 분리하는 데 사용된다. RFC는 구리선으로 감싼 코일이다. 그것들은 인덕터이며 더 높은 주파수에 대한 리액턴스를 더 많이 가지고 있다.

기억해 보기

주파수에 따라 유도성 리액턴스가 증가한다.

$$X_L = 2\pi fL$$

주파수 및 리액턴스는 인덕터에서 **직접** 관련이 있다. 하나가 증가함에 따라 다른 성분도 증가하게 된다.

직류(f = 0 Hz)에서 유도성 리액턴스는 0이다. dc 전원은 손실 없이 초크를 통과한다. 주파수가 증가하면 유도성 리액턴스도 증가한다. 그림 1-14의 오른쪽에 있는 초크의 유도성 리액턴스는 배터리가 고주파 신호를 접지 쪽에 단락시키지 못하게 한다. 그림 1-14의 왼쪽에 있는 초크의 유도성 리액턴스는 ac 신호가 증폭기로 가는 전원 배선에서 벗어나도록 한다.

기억해 보기

초크라는 것은 고주파 전류 흐름을 '차단'하기 때문에 '초크'라고 불린다.

예제 1-4

그림 1-14의 RFC가 10 μH라고 가정한다. 최저 주파수 텔레비전 채널은 54 MHz에서 시작한다. 텔레비전 신호에 대한 최소 유도성 리액턴스를 결정하자. 최소 초크 리액턴스를 72 V 동축 케이블의 임피던스와 비교하자.

$$\begin{aligned} X_L &= 2\pi fL = 6.28 \times 54 \times 10^6 \times 10 \times 10^{-6} \\ &= 3.39\ \text{k}\Omega \end{aligned}$$

초크의 리액턴스는 케이블 임피던스의 거의 50배이다. 즉, 초크가 케이블 신호를 배터리와 증폭기의 전원 회로에서 효과적으로 격리시킨다.

그림 1-14의 커패시터 C_2와 C_3는 커플링 커패시터다. 커플링 커패시터는 ac 신호를 동축 케이블과 연결하여 내보낸다. 이 커패시터는 신호 주파수에서 단락회로로서 역할을 한다. 그것들은 배터리에서 나오는 dc 신호의 개방회로이다. 커패시터 C_1은 바이패스 커패시터다. 그것은 증폭기가 순수한 직류에 의해 구동되는 것을 보장한다. 그림 1-14의 저항기 R_L은 ac 신호에 대한 부하이다. 그것은 텔레비전 수신기를 나타낸다.

Self-Test

17번부터 21번까지 문제를 해결하시오.

17. 배터리가 7.5 V를 만들어낼 경우 그림 1-9에 표시된 하단 파형의 평균값을 결정하시오.
18. 배터리가 25 V를 제공하는 경우 그림 1-10에서 노드 D와 노드 E에 대한 파형의 평균값을 찾으시오.
19. 직류를 차단하고, ac 신호를 커플링하고, 바이패싱하는 데 전자제품에 어떤 구성의 부품을 사용하는가?
20. 그림 1-14에서 C_1의 기능은 무엇인가?
21. 그림 1-14에서 C_2의 기능은 무엇인가?

1-5 전자공학의 경향

전자기술의 트렌드는 엄청난 성장과 세밀한 정교함이 특징이다. 그 성장은 **학습 곡선**과 경쟁의 결과물이다. 학습 곡선은 단순히 더 많은 경험을 얻을수록 더 많은 효율성의 결과를 얻게 된다는 것을 의미한다. 또한 전자기술이 기술로서 성숙하고 있다. 집적회로의 수율은 이것의 좋은 예다. 새로운 집적회로(IC)는, 특히 정교한 회로의 경우, 10% 미만을 생산할 수 있다. 10개 중 9개는 테스트를 통과하지 못하고 버려져 새로운 기술이 적용된 IC의 가격은 매우 높다. 나중에는, 제작하기 어려운 부분을 만드는 것에 대해 많은 것에 대한 실패와 테스트 후에, 생산량은 90%까지 올릴 수 있다. 가격은 급격히 떨어지며, 낮은 가격 때문에 많은 새로운 응용제품이 생산된다. 새로운 전자부품은 복잡하고 정교하지만, 일반적인 결과로는 사용하기 쉬운 제품이다. 사실 IC는 '사용자 친화적'인 세련된 제품을 묘사하는 데 사용되는 용어다.

IC는 대부분의 전자공학 트렌드의 핵심 부품이다. 이러한 **초소형 적층화**의 놀라운 점은 성능을 계속 확장시키고 제품의 비용을 대체적으로 감소시킨다. 그들은 또한 에너지를 덜 필요로 하고 높은 신뢰성을 제공한다. 가장 인기 있는 IC 중 하나인 마이크로프로세서는 많은 새로운 제품들을 만들어냈다. DSP 칩은 현재 빠르고 저렴하여 급속한 성장을 하고 있다.

IC와 함께, **표면실장기술**(SMT)도 전자 기술 응용제품의 확대에 많은 일조를 했다. SMT는 회로기판 제작을 위한 삽입 기술의 대안이다. 삽입 기술을 통해 소자 리드는 회로기판

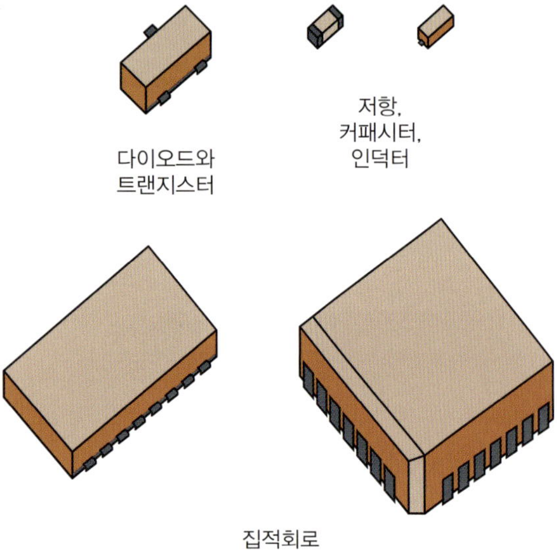

그림 1-15 표면실장기술에 대한 소자 패키징

의 구멍을 통과한다. 구멍의 내부는 보통 금속으로 도금되어 다양한 보드층을 전기적으로 연결한다. 삽입 기술을 위하여 설계된 회로기판은 일반적으로 도금이 된 구멍이 더 많고, 더 크며, 비용이 더 많이 든다.

SMT용으로 사용하려는 소자는 외관이 다르다. 그림 1-15와 같이 소자 패키지는 매우 짧은 리드 또는 단자를 가지고 있다. 이러한 패키지는 인쇄 회로기판의 표면에 납땜 하도록 설계되어 있다. 짧은 리드는 재료를 절약하고 삽입 기술에 사용되는 긴 리드와 관련된 전류 누설 효과를 줄일 수 있다. SMT는 특히 고주파 응용제품에서 더 우수한 전기 성능을 제공한다.

SMT의 또 다른 두 가지 장점으로 회로 조립 비용을 낮출 수 있다. 즉 자동화가 용이하고 낮은 높이 때문이다. 주어진 부피에서 더 많은 기판을 포장할 수 있기 때문에, 더 작고 덜 비싼 제품들을 사용할 수 있다.

SMT 기술의 단점은 IC 리드의 간격이 좁다는 것이다. 문제해결과 수리가 어렵다. 그림

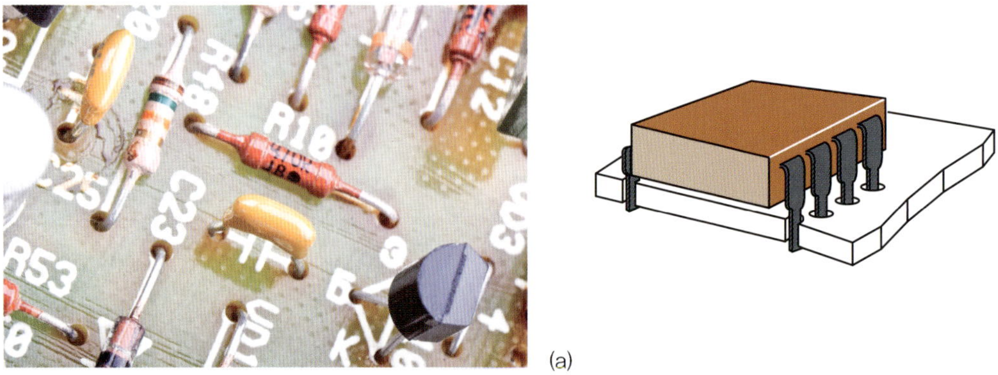

(a)

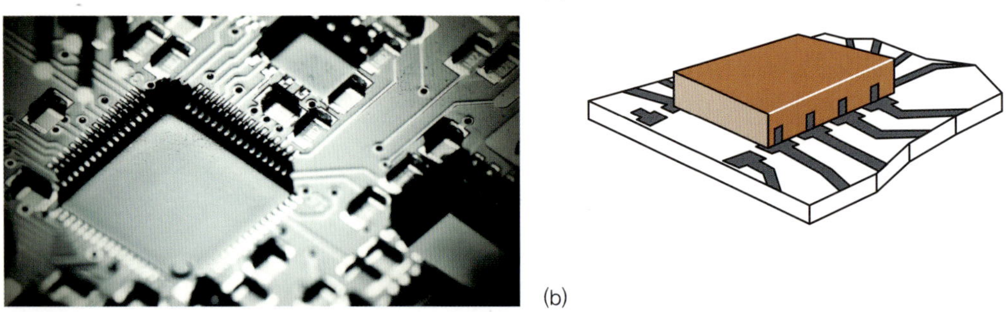

(b)

기존 탑재기술과 표면실장기술의 비교. (a) 그림과 도면은 일반적인 구성요소 실장을 보여준다. (b) 표면실장기술(SMT) 회로기판의 사진 및 그림

좀 더 알아보기

표면실장 집적회로를 안전하게 프로빙할 수 있다. 표면실장 장치를 프로빙하려면 소자핀이 함께 단락되지 않도록 세심한 주의가 필요하다.

1-16은 최신 회로기판에서 측정을 위해 직접 사용되어야 하는 몇 가지 도구를 보여준다. 프로브는 하나의 IC 핀에서 순간적인 접촉을 안전하게 할 수 있도록 한다. 일반적인 프로브는 절연되지 않으며 2개의 SMT 장치 리드 사이에서 미끄러질 가능성이 있다. 이렇게 되면 2개의 리드가 함께 단락되어 손상이 발생할 수 있다. 그림 1-16의 단일 접촉 테스트 클립은 둘 이상의 측정에 사용하는 연결을 위하여 선호된다. 그림 1-16의 IC 테스트 클립은 SMT IC 측정을 위한 최고의 도구다. 이것은 SMT IC에 클립을 장착하고 안전한 프로빙 또는 테스트 클립 연결을 위한 더 크고 넓은 간격의 테스트 접점을 제공한다. 다양한 SMT IC 패키지에 대해 다양한 모델을 사용할 수 있다.

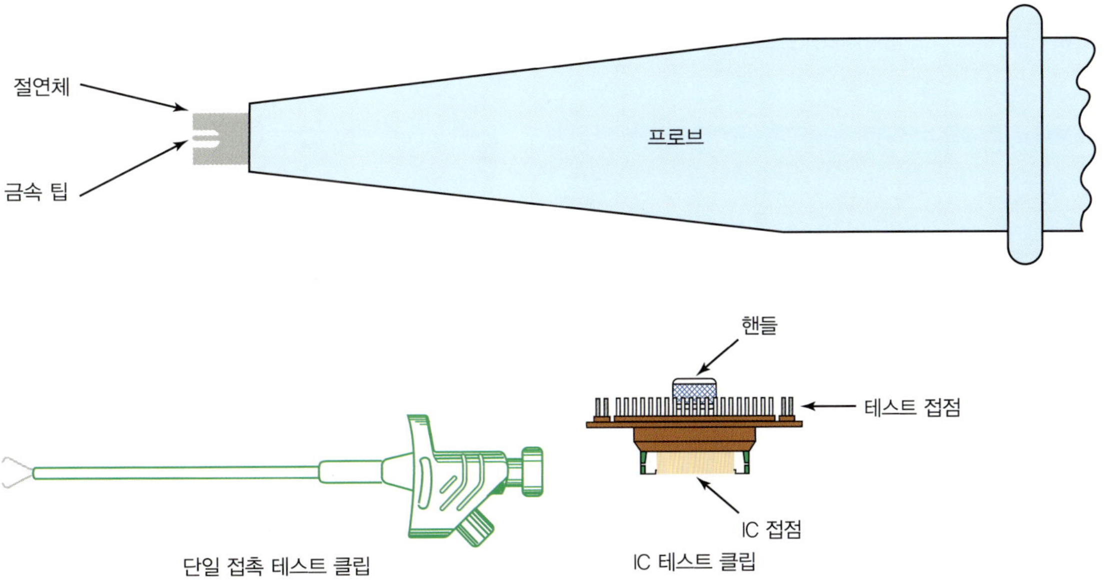

그림 1-16 SMT 측정에 대한 도구

전자기기, 제품, 시스템에 대해서 사용이 확대되고 있다. 컴퓨터 기술은 거의 매일 새로운 응용제품을 찾는다. 현재와 미래의 전자 통신은 급속히 확대되고 있다. 데이터 압축 및 처리의 큰 발전 덕분에 전자기술의 성장은 활발해지고 있다. 3차원 영상 처리는 제품 검사, 자동화된 보안 모니터링, 교육 및 엔터테인먼트를 위한 가상 현실까지 제공하는 시스템이다. 컴퓨터 기술은 새로운 정보 전달, 교육, 엔터테인먼트, 쇼핑 방법을 제공하기 위해 통신과 합병하고 있다. 시스템의 에너지 효율을 높이고 환경에 대한 피해를 줄이기 위해 새로운 센서가 개발되고 있다. 예를 들어 난방, 환기 및 냉방 시스템은 필요에 따라 건물 내 공기 흐름을 유도하기 위해 산소 센서를 사용할 것이다.

제품 기능이 계속 확장되고 있다. 디지털 카메라는 촬영장면을 가져온 위치를 식별하기 위한 GPS 수신기와 외부 장치나 작은 내장 LCD 화면에 의존하지 않고 이미지를 공유할 수 있는 내장 프로젝터를 가지고 있을 수 있다. 포인팅 장치, 스캐너, 키보드, 프린터와 같은 더 많은 부속품이 무선 연결을 제공한다. 텔레비전 수신기는 인터넷 접속과 다른 기기

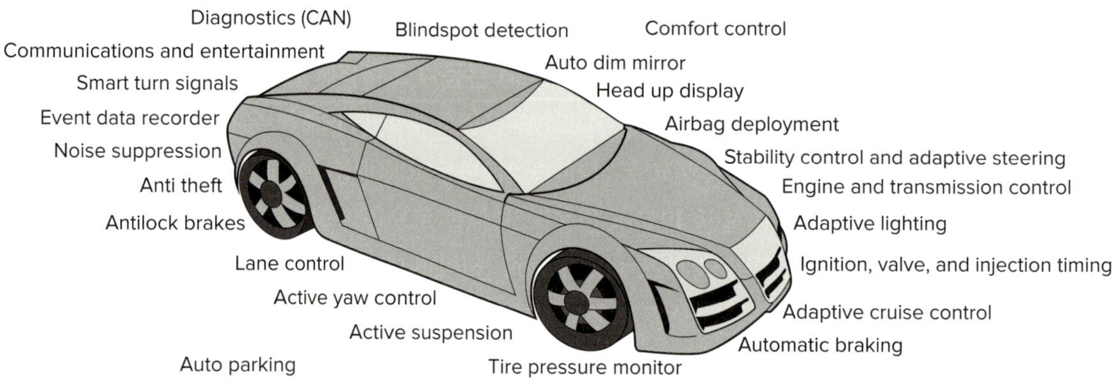

무인 자동차로 가는 분야에는, 많은 새로운 전자 시스템들이 항상 추가된다.

광전위 패널의 대형 배열

표면실장 소자에 대한 애질런트 1145A 프로브

와의 손쉬운 통합을 위해 이더넷, WiFi, HDMI, USB 포트가 내장되어 있으며, 일부 수신기는 생생한 3차원 시청을 제공한다. WiFi 또는 3G를 사용하는 모바일 기기는 전자 메일, 인터넷 검색, 소셜 네트워킹 등을 위해 컴퓨터를 대체한다. 스마트폰은 한번에 컴퓨터에 의존하는 기능들을 통합한다.

정보화 시대는 오류를 줄이고 안전성과 효율성을 향상시키기 위해 데이터베이스를 통합하고 있다. 환자는 자신이 필요로 하는 검사, 정확한 약물, 올바른 절차, 그리고 모든 것을 적시에 받을 가능성이 더 높다. 의료 전문가는 의료기록, 검사결과, 메모 및 다른 전문가의 의견을 즉시 접할 수 있다. 그리고 환자 손목 태그에는 무선 주파수(RF) 칩이 내장되어 있을 수 있다. 의료 영상촬영은 진단 절차를 앞당기고 정확도를 높이며 일부 외과적인 수술과 더 많은 비용이 들거나 위험한 테스트의 필요성을 제거하기 위해 지속적으로 개선되고 있다.

주택과 다른 구조물들은 복잡하지만 알맞은 제어 시스템과 향상된 가전제품 및 조명 덕분에 에너지 효율이 높아지고 있다. 광전지 배열과 같은 재생 가능한 전원은 잉여 에너지를 그리드에 공급할 수 있다. 이것은 인버터, 컨트롤러 및 스마트 컨버터와 같은 전자 장치가 없으면 안전하거나 실용적이지 않을 것이다.

전자공학 분야에서 경력을 쌓은 사람들에게는 전망이 밝다. 신제품, 새로운 응용제품, 그리고 엄청난 성장은 미래에 좋은 일자리를 의미한다. 그 일자리는 도전적이고 끊임없는 변화로 두드러질 것이다.

Self-Test

각 문장이 참인지 거짓인지 판단하시오.

22. 집적회로는 앞으로 덜 사용될 것이다.
23. 학습 곡선은 시간이 지날수록 전자기기들을 저렴하게 만든다.
24. 향후, 더 많은 회로가 삽입 기술을 사용하여 제작되고 SMT와 함께 더 적은 수의 회로가 제작될 것이다.

Chapter 1 요약 및 복습

요약

1. 전자공학은 비교적 역사가 짧은 분야다. 그것의 역사는 20세기에 시작되었다.
2. 전자 회로는 디지털 또는 아날로그로 분류할 수 있다.
3. 디지털 회로에서는 상태나 전압 레벨의 수가 제한된다(일반적으로 2개로 제한).
4. 아날로그 회로는 전압 레벨의 수가 무한하다.
5. 선형 회로에서 출력 신호는 입력의 복제본이다.
6. 모든 선형 회로는 아날로그적이지만, 모든 아날로그 회로는 선형인 것은 아니다. 일부 아날로그 회로는 신호를 왜곡한다.
7. 아날로그 신호는 A/D 변환기로 디지털 형식으로 변환할 수 있다.
8. 디지털-아날로그 변환기는 디지털 시스템으로부터 시뮬레이션된 아날로그 출력을 생성하는 데 이용된다.
9. 아날로그 신호의 디지털 표시 품질은 샘플링 속도와 사용된 비트 수에 따라 결정된다.
10. D/A 변환기의 출력 레벨 수는 사용된 비트 수에 대한 2의 제곱과 같다.
11. 디지털 신호 처리는 컴퓨터를 사용하여 신호를 강화한다.
12. 블록도는 전자 시스템 작동에 대한 개요를 제공한다.
13. 회로도는 각각의 부품 배선을 보여주며, 일반적으로 구성요소 수준 문제해결에 필요하다.
14. 문제해결은 시스템 수준에서 시작한다.
15. 교류와 직류 신호는 전자 회로에 결합되는 경우가 많다.
16. 커패시터를 사용하여 ac 신호를 커플링하거나 직류를 차단하거나 교류를 바이패스할 수 있다.
17. SMT는 부품 삽입 기술을 대체하고 있다.

관련 식

이진 시스템에서 수준의 수 $= 2^n$

유도성 리액턴스 : $X_C = \dfrac{1}{2\pi fC}$

용량성 리액턴스 : $X_L = 2\pi fL$

연습 문제

각 문장이 참인지 거짓인지 판단하시오.

1-1. 대부분의 디지털 회로는 high 및 low 2개의 상태만 출력할 수 있다. (1-2)

1-2. 디지털 회로 출력은 대체로 사인파다. (1-2)

1-3. 선형 회로의 출력은 입력의 정확한 복제본이다. (1-2)

1-4. 선형 회로는 아날로그로 분류된다. (1-2)

1-5. 모든 아날로그 회로는 선형이다. (1-2)

1-6. 4비트 D/A 변환기의 출력은 128개의 전압 레벨을 생성할 수 있다. (1-2)

1-7. 감쇠기는 신호를 더 강하게 만들기 위해 사용되는 전자 회로다. (1-3)

1-8. 블록도는 구성요소 수준 문제해결에 가장 적합하다. (1-3)

1-9. 그림 1-8에서 4번 지점의 신호에 결함이 있는 경우 3번 지점의 신호에도 결함이 있어야 한다. (1-3)

1-10. 그림 1-8을 참조하자. 전원 공급기 점검부터 해야 한다. (1-3)

1-11. 그림 1-10을 참조하자. 커패시터 C_2는 바이패스 커패시터라고 불릴 것이다. (1-4)

1-12. 그림 1-10의 노드 C는 C_1이 직류를 차단하므로 dc 성분이 없다. (1-4)

1-13. 그림 1-11에서 노드 D는 dc 및 ac 성분이 있는 유일한 파형이다. (1-4)

1-14. 그림 1-14를 참조하자. 코일의 리액턴스는 dc 신호에 대해서 높다. (1-4)

비판적 사고를 위한 문제

1-1. 전자공학을 사용하여 현재 수행되는 기능들은 미래에 다른 방식으로 수행될 수 있다. 어떤 예를 생각해볼 수 있는가?

1-2. 2개의 전선만 사용한다. 그러나 두 명의 다른 사람에게 선택적으로 신호를 보내는 간단한 시스템을 설명할 수 있는가?

1-3. 그림 1-10에서 커패시터 C_2에 어떤 문제가 발생할 수 있으며, 결함은 노드 D의 파형에 어떤 영향을 미칠 수 있는가?

1-4. 그림 1-13에서 커패시터 C_2에 어떤 문제가 발생할 수 있으며, 결함은 노드 D의 파형에 어떤 영향을 미칠 수 있는가?

Self test—정답

1.	T	7.	T	13.	F	19.	커패시터
2.	T	8.	F	14.	F	20.	바이패스
3.	F	9.	T	15.	T	21.	커플링 (dc 블럭)
4.	T	10.	F	16.	F	22.	F
5.	F	11.	F	17.	−7.5 V	23.	T
6.	T	12.	T	18.	12.5 V, 0 V	24.	F

LED 광원과 백열등 사이의 대조. LED는 훨씬 더 효율적이어서 예전의 백열등을 대체하게 될 것이다.

CHAPTER 2 반도체

학습 목표

이 장에서 다음 내용을 숙지하고 습득하자.

2-1 도체 또는 반도체로서 몇 가지 일반적인 전자 물질 **확인** [2-1]
2-2 도체에 미치는 온도의 영향 **예측** [2-1]
2-3 반도체 온도의 영향 **예측** [2-2]
2-4 반도체에서 전자 및 정공 전류의 방향 **인식** [2-3, 2-4]
2-5 N형 반도체에서 다수 및 소수 캐리어 **확인** [2-5]
2-6 P형 반도체에서 다수 및 소수 캐리어 **확인** [2-5]
2-7 밴드 갭이라는 용어 **설명** [2-7]

전자 회로는 진공관이라 불리는 기기에서 전자들의 흐름에 기초한다. 오늘날 거의 모든 전자 회로는 반도체에서 전류 흐름을 기반으로 한다. '솔리드 스테이트'라는 용어는 반도체의 결정이 임의의 작업 수행을 위하여 사용되고 있다는 것을 의미한다. 반도체에서의 전류 흐름의 역학은 도체에서의 전류 흐름과 다르다. 어떤 전류 캐리어들은 전자가 아니다. 고온은 반도체에서 추가적인 캐리어를 만들어낸다. 이것들은 반도체와 도체 간의 중요한 차이점이다. 트랜지스터는 역사상 가장 중요한 개발 중 하나로 생각할 수 있다. 이것이 반도체 소자이다. 다이오드나 집적회로도 또한 반도체다. 이 장은 반도체의 기본 속성을 다룬다.

2-1 도체와 절연체

모든 물질은 원자로 만들어진다. 어떤 원자의 중심에는 **핵**이라 불리는 작고 밀도가 높은 핵이 있다. 그림 2-1(a)는 구리 원자의 핵이 **양성자**(+) 입자와 **중성자**(N) 입자로 구성되어 있음을 보여준다. 핵 주위에는 음(–) 입자인 **전자**가 궤도를 돌고 있다. 구리는 모든 원자와 마찬가지로 양성자와 전자의 수가 같다. 따라서 원자의 전하는 0이다.

전자공학에서 주된 관심은 핵에서 가장 멀리 떨어진 궤도에 있다. 그것을 **가전자대 궤도**라고 한다. 구리의 경우 가전자대 전자는 단 1개뿐이다. **구리 원자**는 그림 2-1(b)와 같이 단순화할 수 있

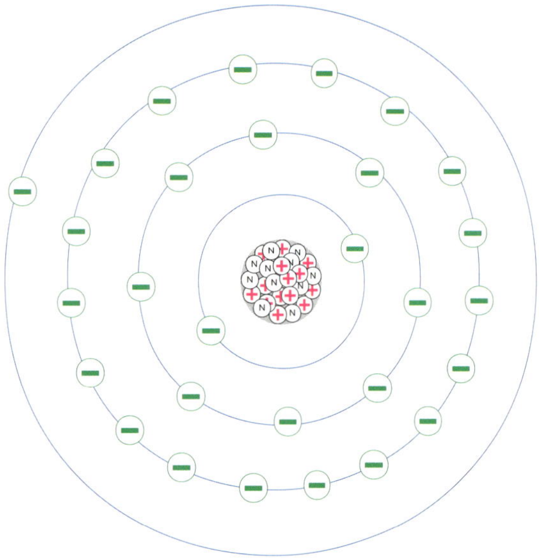

(a) 구리 원자의 보어 모델(크기를 표시하지 않음)

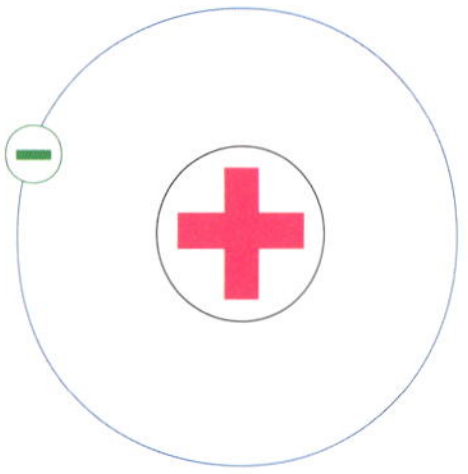

(b) 간략화 모델

그림 2-1 구리 원자

다. 여기서 핵과 처음 세 개의 궤도가 결합되어 양(+)전하 넷(net)이 된다. 이것은 단일 가전자대 전자에 의해 균형을 형성한다.

도체는 전자 회로의 기본 경로를 형성한다. 그림 2-2는 구리선이 전자의 흐름을 어떻게 지원하는지를 보여준다. 구리 원자는 핵 주위를 도는 양전하 핵과 음전하를 띤 전자를 포함한다. 그림 2-2는 가장 바깥쪽 궤도를 도는 전자인 **가전자대 전자**만을 표시하도록 단순화된다. 가전자대 전자는 **전류 캐리어**로 작용하기 때문에 매우 중요하다.

아주 작은 구리선에도 하나의 가전자대 전자와 함께 각각 수십억 개의 원자를 포함하고 있다. 이 전자들은 원자의 핵에 약하게 끌릴 뿐이다. 이것들은 움직이기 매우 쉽다. 전선에 **기전력**(**전압**)이 가해진 경우, 가전자대 전자는 반응하고 전압원의 양끝을 향해 표류하기 시작할 것이다. 가전자대 전자가 너무 많고 이동하기 쉽기 때문에, 작은 전압으로도 엄청난 수의 전자가 동작할 것으로 예상할 수 있다. 따라서 구리는 훌륭한 전기 전도체다. 구리는 **저항이 매우 낮다**.

구리선을 가열하면 저항이 변한다. 전선이 따뜻해질수록 가전자대 전자는 더 활발해진다. 그들은 핵에서 더 멀리 이동하고 더 빠르게 움직인다. 이 활동은 전류를 전달하는 전자가

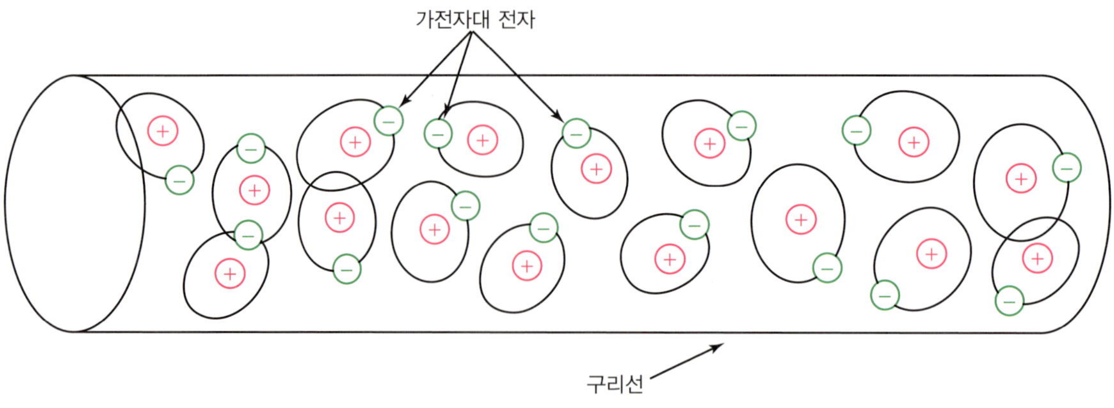

그림 2-2 구리 도체의 구조

좀 더 알아보기

전자공학에 대하여
초전도성은 극저온에서 발생한다. 의학에 사용되는 MRI 기계는 액화 수소를 사용하여 442°F를 달성한다.

전선의 양끝으로 이동함에 따라 충돌의 기회를 증가시킨다. 이러한 충돌은 에너지를 흡수하고 전류 흐름에 대한 저항을 증가시킨다. 전선이 가열될수록 전선의 저항은 증가한다.

모든 도체는 이러한 효과를 보여준다. 뜨거워질수록 효율성이 떨어지고, 저항도 높아진다. 이러한 물질은 **양의 온도 계수**를 가지고 있다고 한다. 이것은 단순히 온도와 저항 사이의 관계가 양 이라는 것을 의미한다. 즉, 그것들은 함께 증가한다.

구리는 전자공학에서 가장 널리 응용되는 도체다. 전자제품에 사용되는 전선의 대부분은 구리로 만들어진다. **인쇄 회로**는 회로 도체 역할을 하기 위하여 구리 호일을 사용한다. 구리는 도체가 좋으며, 납땜하기도 쉽다. 이러한 이유로 구리는 매우 인기가 있다.

알루미늄은 좋은 도체지만 구리만큼 좋은 도체는 아니다. 전자제품보다 전력 변압기와 송전선 등에서 더 많이 쓰인다. 알루미늄은 구리보다 가격이 저렴하지만 납땜이 어렵고 다른 금속과 접촉하면 빠르게 부식되는 경향이 있다.

최고의 도체는 저항이 가장 적은 은이다. 땜질하기도 쉽다. 은 값이 비싸서 구리보다 널리 응용되지 않는다. 그러나 은 도금 도체는 저항을 최소화하기 위하여 중요한 전자 회로에 사용되기도 한다.

금은 좋은 전도체다. 그것은 매우 안정적이고 구리와 은처럼 심하게 부식되지 않는다. 일부 불안정하고 움직이는 전자 접점은 금 도금되어 있다. 이것은 접점을 매우 신뢰할 수 있게 만든다.

도체의 반대는 **절연체**라고 한다. 절연체에서 가전자대 전자는 그들의 모원자에 단단히 묶여 있다. 그것들은 자유롭게 움직일 수 없기 때문에 전압을 가하면 거의 또는 전혀 전류가 흐르지 않는다. 실제로 전자제품에 사용되는 모든 절연체는 화합물을 기반으로 한다. **화합물**은 둘 이상의 다른 종류에 대한 원자의 조합이다. 널리 응용되는 단열재로는 고무, 플라스틱, 마일러, 세라믹, 테플론, 폴리스티렌 등이 있다.

물질이 절연될지는 원자들이 어떻게 배열되느냐에 달려 있다. 탄소가 그런 물질이다. 그림 2-3(a)는 다이아몬드 구조에 배열된 탄소를 보여준다. 이 결정체나 다이아몬드 구조로는 가전자대 전자가 전류 캐리어 역할을 하기 위해 움직일 수 없다. 다이아몬드는 절연체다. 그림 2-3(b)는 흑연 구조에 배열된 탄소를 보여준다. 여기서 가전자대 전자는 전압을 가하면 자유롭게 움직일 수 있다. 다이아몬드와 흑연 둘 다 탄소로부터 만들어진다는 것은 이상하게 보일 수 있다. 하나는 절연을 하고, 다른 하나는 그렇지 않다. 그것은 단순히 가

좀 더 알아보기

원소 물질은 도펀트, 반도체, 그리고 마이크로파 소자에 대해서 사용된다.

- 갈륨 비소(GaAs)는 전자 이동 속도가 빠르기 때문에 마이크로파 소자의 실리콘보다 더 잘 동작한다.
- 붕소 및 비소 이외의 물질은 도펀트로 사용한다.
- 결정 탄소로부터 반도체 소자를 만드는 것이 이론적으로 가능하다.
- 크리스탈 라디오 수신기는 반도체의 초창기 응용제품이다.

전자대 전자가 배열된 구조에 고정되어 있느냐의 문제일 뿐이다. 흑연 형태의 탄소는 저항과 전극을 만드는 데 사용된다. 지금까지 탄소의 다이아몬드 구조는 전기 기기나 전자기기를 만드는 데 사용되지 않았다.

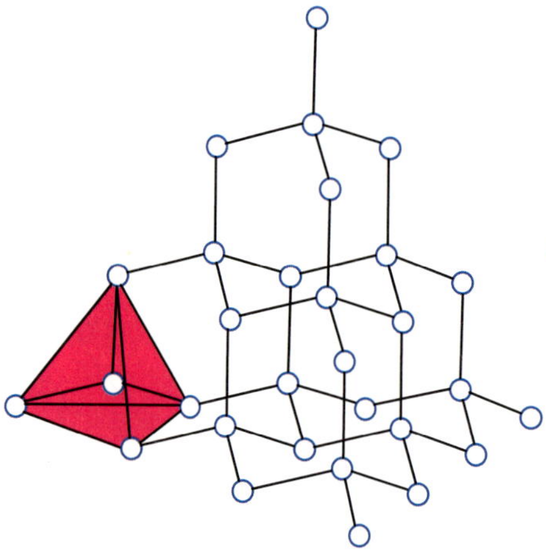

(a) 다이아몬드

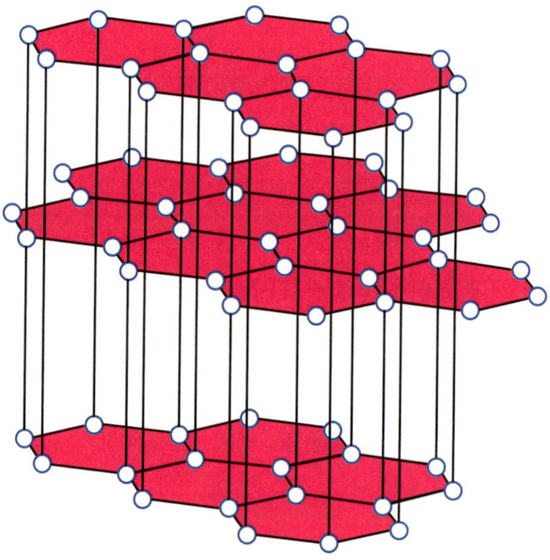

(b) 흑연

그림 2-3 다이아몬드와 흑연의 구조

Self-Test

각 문장이 참인지 거짓인지 판단하시오.

1. 가전자대 전자는 원자의 핵에 위치한다.
2. 구리는 하나의 가전자대 전자를 가지고 있다.
3. 도체에서는 가전자대 전자가 핵에 강하게 끌린다.
4. 도체에 있는 전류 캐리어는 가전자대 전자다.
5. 도체를 냉각하면 저항이 감소한다.
6. 은은 높은 저항을 가지기 때문에 전자 회로에서 자주 사용하지 않는다.
7. 알루미늄은 납땜이 어렵기 때문에 전자 회로에서는 구리만큼 사용하지 않는다.

2-2 반도체

반도체는 도체처럼 전류가 쉽게 흐르도록 하지 않는다. 어떤 조건에서는 반도체가 너무 불완전하게 동작하여 절연체 역할을 할 수 있다.

실리콘은 가장 널리 사용되는 반도체 소재로서, **다이오드**, **트랜지스터**, 집적회로를 만드는 데 사용된다. 이것들과 다른 구성요소들은 현대 전자제품들을 가능하게 한다. 실리콘에 대한 몇 가지 세부사항을 이해하는 것은 중요하다.

그림 2-4는 원자 실리콘을 보여준다. 원자의 중심부에 있는 입자의 촘촘한 그룹[그림 2-4(a)]은 양성자와 중성자를 포함하고 있다. 이 그룹은 **원자의 핵**이라고 한다. 양성자는 양전하를 나타내며, 중성자(N)는 전하를 나타내지 않는다. 음으로 충전된 전자는 궤도를 그리며 핵 주위를 돈다. 첫 번째 궤도는 2개의 전자를 가지고 있다. 두 번째 궤도는 8개의 전자를 가지고 있다. 마지막 또는 가장 바깥쪽 궤도는 4개의 전자를 가지고 있다. 가장 바깥쪽이나 가전자대 궤도는 물질의 전자적 행동에서 가장 중요한 원자 특성이다.

주로 가전자대 궤도에 관심이 있기 때문에 실리콘 원자의 도면을 단순화하는 것이 가능하다. 그림 2-4(b)는 실리콘 원자의 핵과 가전자대 궤도만을 보여준다. 가전자대 궤도에 4개의 전자가 있다는 것을 기억하자.

4개의 가전자대 전자를 가진 물질은 안정적이지 않다. 그들은 화학적으로 다른 물질들과 결합하는 경향이 있다. 그것들을 **능동 물질**이라고 한다. 이 활동은 그들을 더 안정된 상태로 이끌 수 있다. 자연의 법칙은 어떤 물질들이 8개의 전자를 가전자대 궤도에서 사용

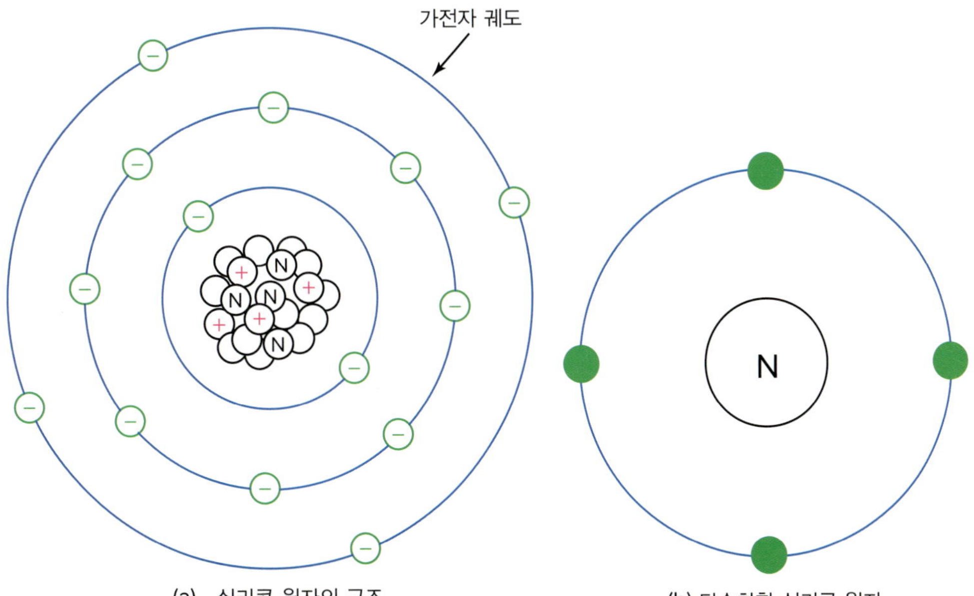

(a) 실리콘 원자의 구조

(b) 단순화한 실리콘 원자

그림 2-4 실리콘 원자

좀 더 알아보기

그래핀을 리튬과 함께 도핑하면 초전도성이 생성될 수 있다.

할 수 있게 만드는 조합을 형성하도록 만든다. 8개는 안정을 주기 때문에 중요한 숫자다.

한 가지 가능성은 실리콘이 산소와 결합하는 것이다. 하나의 실리콘 원자는 2개의 산소 원자와 결합하거나 연결하여 **이산화규소**(SiO_2)를 형성할 수 있다. 이 연결을 **이온 결합**이라고 한다. 새로운 구조인 SiO_2는 실리콘이나 산소보다 훨씬 안정적이다. 화학적, 기계적, 전기적 특성이 종종 평행을 이루는 것을 고려하는 것은 흥미로운 일이다. 이산화규소는 화학적으로 안정적이다. 그것은 다른 물질들과 쉽게 반응하지 않는다. 기계적으로도 안정적이다. 그것은 단단하고 유리와 같은 물질이다. 마지막으로 전기적으로도 안정적이다. 그것은 전기를 통하지 않는다. 사실, 그것은 집적회로와 다른 반도체 기기들에서 **절연체**로 사용된다. SiO_2는 모든 가전자대 전자가 이온 결합에 단단히 고정되어 있기 때문에 전기를 통하지 못한다. 그것들은 움직이기 쉽지 않고 따라서 전류의 흐름을 지원하지 않는다.

어떤 경우는 산소나 다른 물질은 실리콘이 결합할 수 없다. 실리콘은 여전히 8개의 가전자대 전자에 의해 주어지는 안정성을 원한다. 만약 조건이 맞는다면, 실리콘 원자는 가전자대 전자를 공유하도록 배열할 것이다. 이러한 공유 과정을 **공유 결합**이라고 한다. 그 결과가 나오는 구조를 **결정체**라고 한다. 그림 2-5는 순수한 실리콘 결정의 상징적 다이어그램

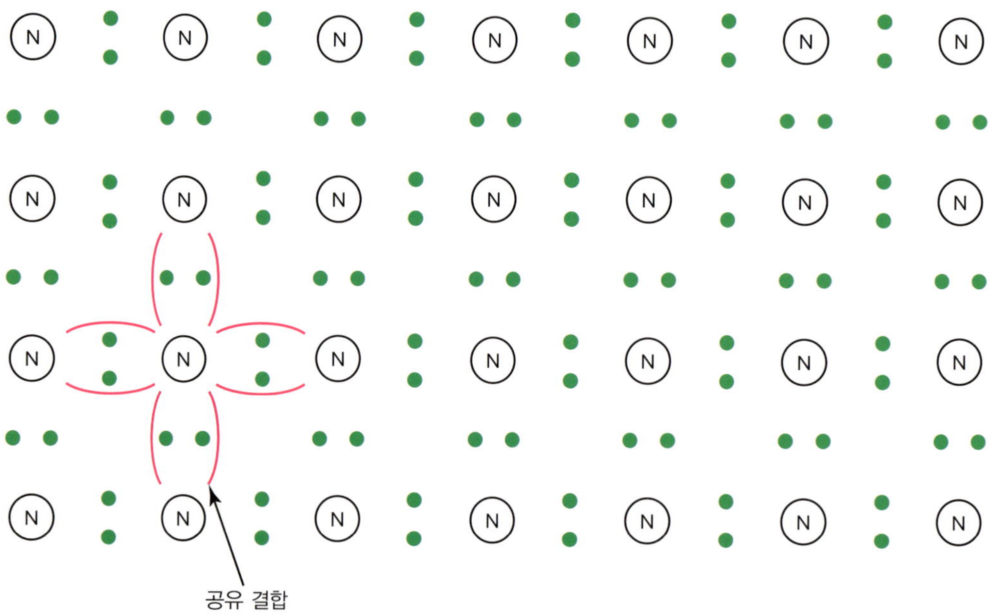

그림 2-5 순수 실리콘의 결정체

이다. 점들은 가전자대 전자를 나타낸다.

그림 2-5에 나타난 원자 중 하나의 핵 주위에 있는 가전자대 전자를 세어 보자. 동그라미 N으로 표시된 내부 핵 중 하나를 선택한다. 여러분은 8개의 전자를 셀 것이다. 따라서 실리콘 결정은 매우 안정적이다. 상온에서 순수한 실리콘은 매우 불완전한 도체다. 만약 적당한 전압을 결정체에 가하면, 아주 적은 전류가 흐를 것이다. 보통 전류 흐름을 지원할 수 있는 가전자대 전자는 모두 공유 결합에 단단히 고정되어 있다.

순수한 실리콘 결정체는 **절연체**처럼 작용한다. 하지만 실리콘 자체는 반도체로 분류된다. 순수 실리콘은 때때로 진성 실리콘이라고 불린다. **진성 실리콘**은 전류의 흐름을 지원하는 자유 전자가 거의 없으므로 절연체 역할을 한다.

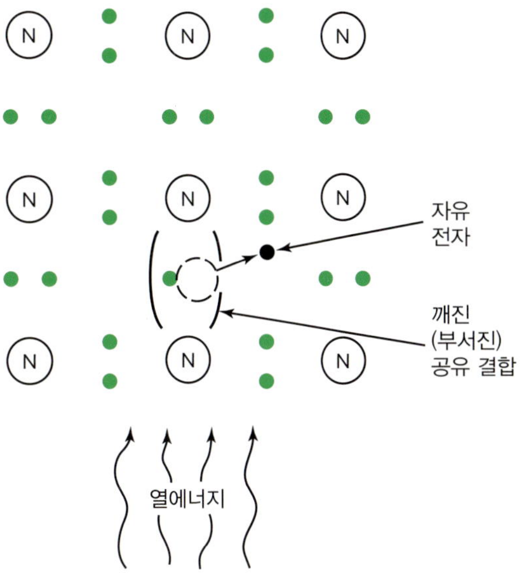

그림 2-6 열 캐리어 생성

결정질 실리콘은 반도체로 만들 수 있다. 전도를 개선하는 한 가지 방법은 전도체를 가열하는 것이다. 열은 에너지의 한 형태다. 가전자대 전자는 이 에너지의 일부를 흡수하고 더 높은 궤도 수준으로 이동할 수 있다. 높은 에너지 전자는 공유 결합을 **깨뜨린다**. 그림 2-6은 실리콘 결정의 높은 에너지 전자를 보여준다. 이러한 전자를 **열 캐리어**라고 한다. 자유롭게 움직일 수 있어 전류의 흐름을 지원할 수 있다. 이제 만약 전압이 결정체를 가로질러 인가된다면, 전류는 흐를 것이다.

실리콘은 **음의 온도 계수**를 가지고 있다. 온도가 증가함에 따라 저항은 실리콘에서 **감소한다**. 주어진 경우에 저항이 얼마나 많이 변할지를 정확히 예측하는 것은 어렵다. 대략 눈짐작으로 온도가 6℃ 상승할 때마다 저항이 반으로 줄어들 것이다.

반도체의 재료인 **게르마늄**은 트랜지스터와 다이오드에서도 사용된다. 게르마늄은 4개의 가전자대 전자를 가지고 있으며 실리콘과 같은 형태의 결정 구조를 형성할 수 있다. 최초의 트랜지스터가 모두 게르마늄으로 만들어졌다는 것을 관찰하는 것은 흥미로운 일이다. 최초의 실리콘 트랜지스터는 1954년까지 개발되지 않았다. 현재 실리콘은 게르마늄을 거의 완전히 대체했다. 게르마늄에서 실리콘으로 변화한 주요 원인 중 하나는 **온도 반응**이다. 게르마늄은 음의 온도 계수를 가지고 있다. 게르마늄은 대략적으로 온도가 10℃ 상승할 때마다 저항이 반으로 줄어든다는 것이다. 이것은 게르마늄을 온도 변화에 따라 더 안정되게 만들 수 있다.

게르마늄과 실리콘의 큰 차이는 공유 결합을 깨고 하나의 가전자대 전자를 더 높은 궤도로 이동하기 위하여 필요한 열에너지에 대한 양이다. 이것은 게르마늄 결정체에서 진행하는 것이 훨씬 쉽다. 실온에서 같은 크기의 게르마늄과 실리콘의 두 결정을 비교해보면 저항이 약 1,000:1로 나타날 것이다. 실리콘 결정은 실제로 게르마늄 결정의 1,000배 저항력을 가질 것이다. 그래서 실리콘의 저항이 온도가 상승하면서 게르마늄보다 더 빠르게 떨어지더라도, 실리콘은 여전히 일정한 온도에서 게르마늄보다 더 큰 저항을 보일 것이다.

회로 설계자는 대부분의 용도로 실리콘 기반의 소자를 선호한다. 열 효과, 즉 열은 일반적인 문제의 원인이다. 온도는 조절하기가 쉽지 않으며, 회로가 열에 의해 영향을 받는 것을 원하지 않는다. 그러나 모든 회로는 온도에 따라 변한다. 좋은 회로의 디자인은 온도의 변화를 최소화 하는 것이다.

때로는 열에 민감한 기기가 필요하다. 온도 측정 센서는 반도체의 온도 계수를 활용할 수 있다. 그래서 반도체의 온도 계수가 항상 불리한 것은 아니다.

게르마늄은 전자공학에서 반도체의 혁명을 시작했지만 실리콘이 그 자리를 차지했다. 집적회로는 오늘날 대부분의 전자부품 및 장비의 핵심 부분이다. 게르마늄으로 집적회로를 만드는 것은 실용적이지 않지만, 실리콘은 이러한 응용 기기에서 잘 동작한다.

Self-Test

각 문장이 참인지 거짓인지 판단하시오.

8. 실리콘은 도체다.
9. 실리콘은 4개의 가전자대 전자를 가지고 있다.
10. 이산화규소(SiO_2)는 좋은 도체다.
11. 실리콘 결정은 공유 결합에 의해 형성된다.
12. 진성 실리콘은 실온에서 절연체로 동작을 한다.
13. 반도체 실리콘을 가열하면 저항이 감소한다.
14. 열에 의해 공유 결합으로부터 떨어져 나가는 전자를 열 캐리어라고 한다.
15. 게르마늄은 실리콘보다 저항이 작다.
16. 실리콘 트랜지스터와 다이오드는 게르마늄 소자만큼 자주 활용되지 않는다.
17. 집적회로는 게르마늄으로 만들어진다.

2-3 N형 반도체

지금까지 순수한 반도체 결정이 매우 불완전한 도체라는 것을 알았다. 열 캐리어가 만들어지기 때문에 고온은 열 캐리어를 반도체로 만들 수 있다. 대부분의 응용에 있어서, 열 캐리어를 반도체로 쉽게 만들 수 있는 더 좋은 방법이 있다.

도핑은 실리콘 결정에 **불순물**이라 불리는 다른 물질을 첨가해 전기적 특성을 바꾸는 과정이다. 그러한 불순물 중 하나는 **비소**다. 비소는 각각의 비소 원자가 하나의 자유 전자를 결정체에 제공하기 때문에 **도너 불순물**로 알려져 있다. 그림 2-7은 단순화된 비소 원자를

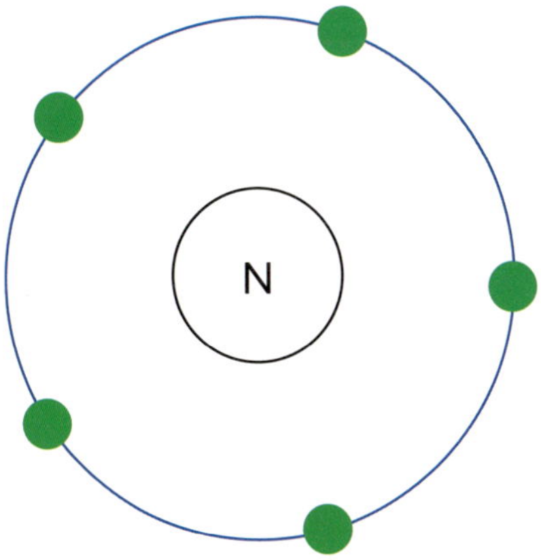

그림 2-7 단순화한 비소 원자

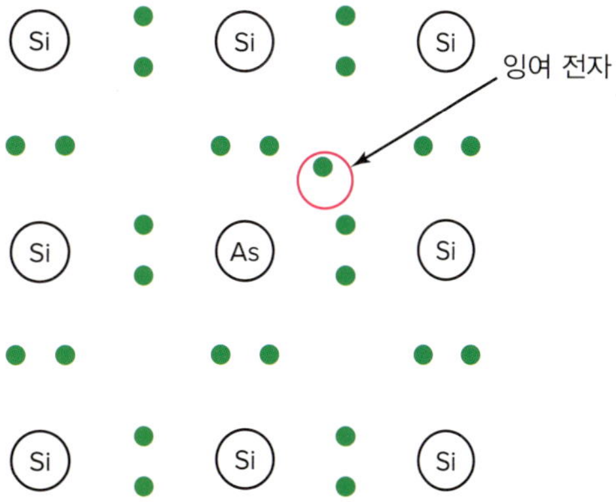

그림 2-8 N형 실리콘

보여준다. 비소는 여러 면에서 실리콘과 다르지만 중요한 차이는 가전자대 궤도에 있다. 비소는 **5개**의 가전자대 전자를 가지고 있다.

비소 원자가 실리콘 결정으로 들어가면, 자유 전자가 생성될 것이다. 그림 2-8은 무슨 일이 일어나는지 보여준다. 이웃한 실리콘 원자와의 공유 결합은 마치 다른 실리콘 원자가 된 것처럼 비소 원자의 가전자대 전자 4개를 점유할 것이다. 이것은 비소 원자를 결정체에 단단히 결합시킨다. 5번째 가전자대 전자는 결합을 형성할 수 없다. 그것은 결정체에 관한 한 **자유** 전자이다. 자유 전자는 전자를 매우 쉽게 움직이게 한다. 자유 전자는 전류 캐리어 역할을 할 수 있다. 일부 비소 원자가 있는 실리콘은 실온에서도 반도체가 될 것이다.

도핑은 실리콘 결정의 저항을 낮춰준다. 5개의 가전자대 전자를 가진 도너 불순물이 추가되면, 자유 전자가 생성된다. 전자는 음전하를 가지고 있기 때문에 **N형 반도체 물질**이 만들어진다.

Self-Test

각 문장에서 빠져 있는 단어를 채우시오.

18. 비소는 ______ 불순물이다.
19. 비소는 ______ 가전자대 전자를 가지고 있다.
20. 실리콘이 비소와 같이 도핑되어 있을 때, 각 비소 원자는 결정화된 하나의 자유 ______를 제공할 것이다.
21. 실리콘 결정에서 하나의 자유 전자는 현재의 ______로써 역할을 할 것이다.
22. 실리콘이 도핑되었을 때, 실리콘의 저항은 ______.

2-4 P형 반도체

도핑은 다른 종류의 불순물 사용을 포함할 수 있다. 그림 2-9는 단순화된 **붕소 원자**를 보여준다. 붕소는 3개의 가전자대 전자를 가지고 있다. 만약 붕소 원자가 실리콘 결정으로 들어가면, 또 다른 형태의 전류 캐리어가 만들어질 것이다.

그림 2-10은 인접한 실리콘 원자와 공유 결합 중 하나가 형성될 수 없음을 보여준다. 이것은 **정공**, 즉 **비어 있는 전자**를 만들어낸다. 이 정공은 전자를 끌어들이거나 전자로 채워질 수 있기 때문에 **양전하**를 할당 받는다.

붕소는 **억셉터 불순물**로 알려져 있다. 결정체 안에 있는 각각의 붕소 원자는 전자를 받아들일 수 있는 정공을 만들 것이다.

정공은 전류 캐리어 역할을 한다. 도체나 N형 반도체에서 캐리어들은 전자들이다. 자유전자는 인가된 전압에 의하여 동작되며, 양극 단자 쪽으로 이동한다. 그러나 P형 반도체에서는 정공들이 전압원의 음극 단자 쪽으로 이동한다. 정공 전류는 전자 전류와 동일하지

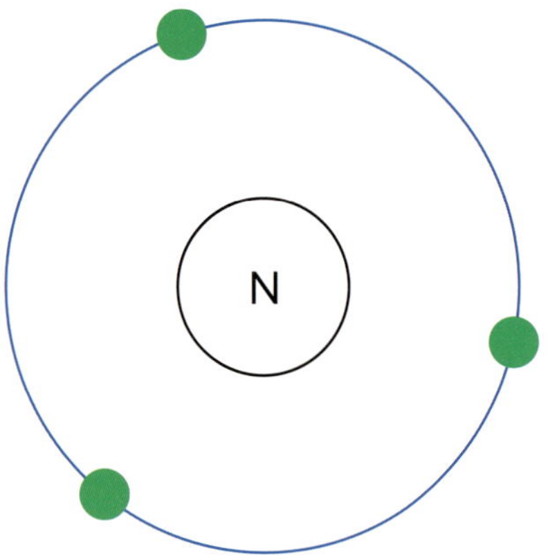

그림 2-9 단순화된 붕소 원자

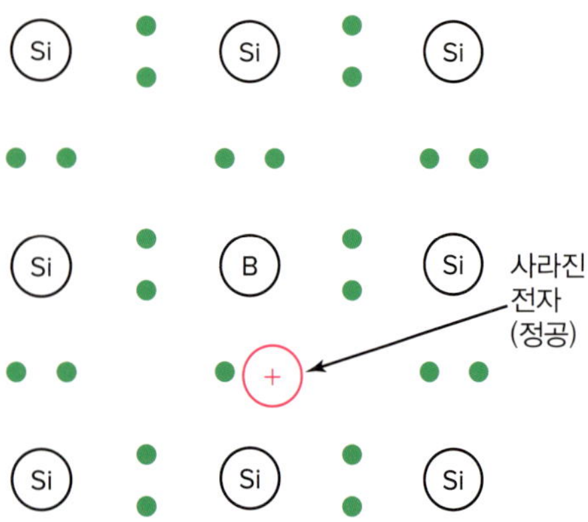

그림 2-10 P형 실리콘

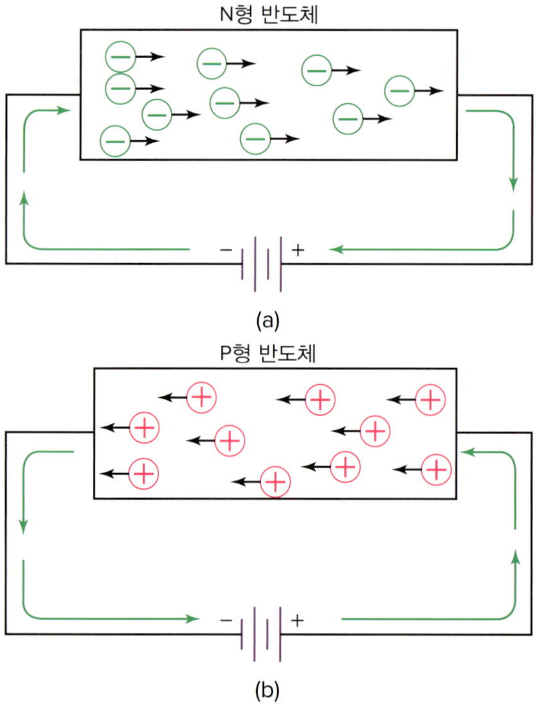

그림 2-11 N형 및 P형 실리콘의 전도

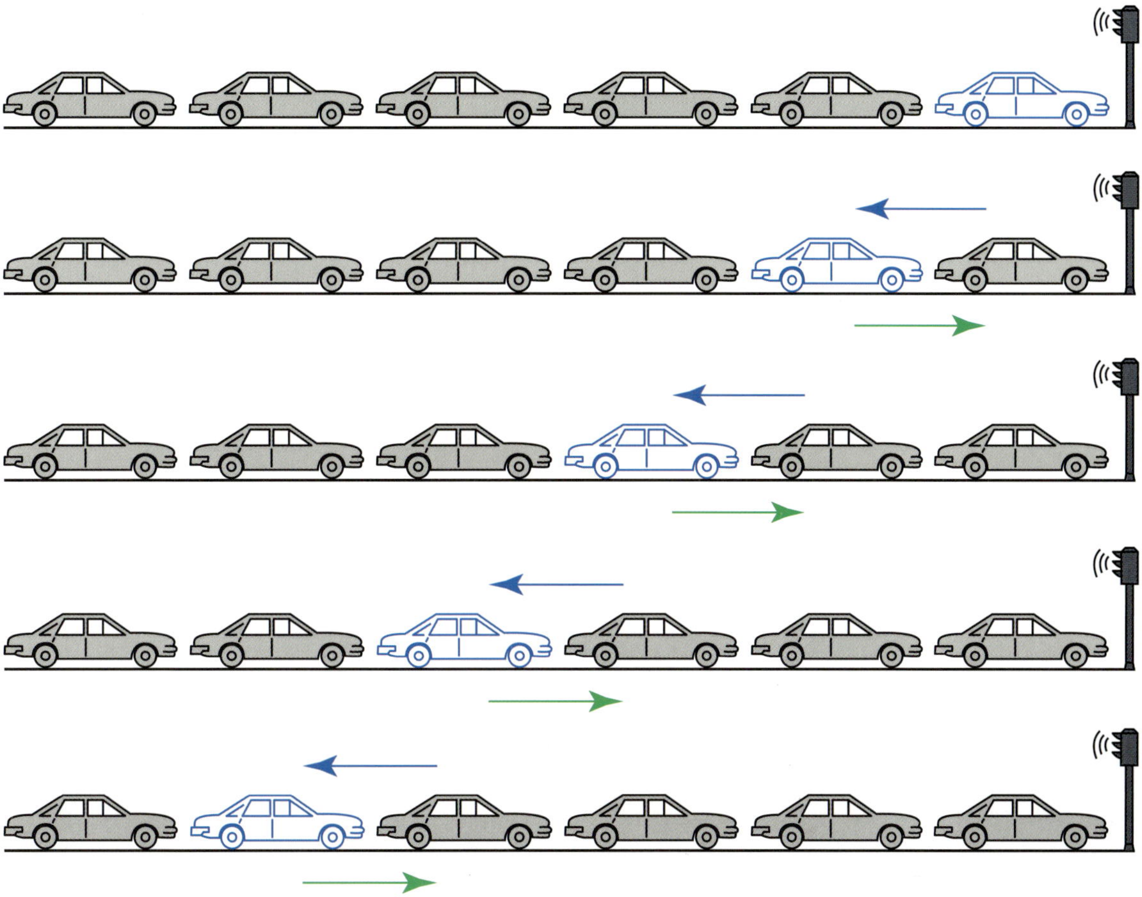

그림 2-12 정공 전류 유사성

만 이동 방향에서는 **반대**다. 그림 2-11은 N형과 **P형 반도체 물질**의 차이를 보여준다. 그림 2-11(a)에서 캐리어는 전자이며, 전자는 전압원의 양극 단자 방향으로 이동한다. 그림 2-11(b)에서 캐리어는 정공이며 정공은 전압원의 음극 단자 방향으로 이동한다.

그림 2-12는 정공 전류에 대한 간단한 유사성을 보여준다. 한 줄로 늘어선 차들이 적색 신호등에 대해서 정지했지만, 첫 번째 차가 임의의 위치로 전진할 수 있는 공간이 있다고 가정하자. 첫 번째 차의 운전자는 전진하기 위해서 기회를 잡을 것이고 바로 뒤의 공간을 만든다. 두 번째 차의 운전자도 또한 임의의 빈 위치로 전진한다. 이것은 세 번째 차, 네 번째 차, 그리고 다른 차들과 함께 계속된다. 차들이 왼쪽에서 오른쪽으로 이동하고 있다. 공간이 오른쪽에서 왼쪽으로 이동한다는 점에 유의하자. 정공은 전자에 대한 공간으로 간주될 수 있다. 이것이 정공 전류가 전자 전류와 반대되는 이유다.

Self-Test

각 문장에서 빠져 있는 단어를 채우시오.

23. 붕소는 ______ 불순물이다.
24. 붕소는 _____ 가전자대 전자를 가지고 있다.
25. 전자는 음전하로 할당되고, 정공은 ______ 전하로 할당된다.
26. 반도체 결정체가 붕소에 도핑되는 것은 ______로 불리는 전류 캐리어를 생성할 것이다.
27. 전자는 에너지원의 양극 단자 방향으로 움직일 것이고, 정공은 ____________ 단자 방향으로 이동할 것이다.

2-5 다수 및 소수 캐리어

N형 및 P형 반도체 물질을 만들 때 도핑 수준은 100만분의 1 또는 10억분의 1 정도로 작을 수 있다. 5개 또는 3개의 가전자대 전자를 가진 불순물 재료의 아주 작은 극소량만이 결정체로 들어간다. 실리콘 결정체를 절대적으로 순수하게 만드는 것은 불가능하다. 따라서 N형 반도체에는 가끔 3개의 가전자대 전자를 가진 원자가 존재할 수도 있다고 상상하기 쉽다. 원하지 않는 정공이 결정체에 존재할 것이다. 이 정공은 **소수 캐리어**라고 불린다. 자유 전자는 **다수 캐리어**라고 한다.

P형 반도체에서는 정공이 다수 캐리어가 될 것이다. 정공이 다수를 차지하고 있다. 몇 개의 자유 전자도 존재할 수 있다. 이 경우 자유 전자는 소수 캐리어가 될 것이다.

다수 캐리어는 N형 물질의 경우 전자가 되고, P형 물질의 경우 정공이 된다. 소수 캐리어는 N형 물질의 경우 정공이 되고 P형 물질의 경우에는 전자가 된다.

오늘날에는 매우 높은 등급의 실리콘이 제조될 수 있다. 이 고급 재료는 원치 않는 불순물이 거의 없다. 이로 인하여 소수 캐리어 수는 최소한으로 유지되지만, 고온에 의해 소수 캐리어 수가 증가하게 된다. 이것은 전자 회로에 상당한 문제가 될 수 있다. 고온이 소수 캐리어를 생성하는 방법을 이해하기 위해서는 그림 2-6을 참조하자. 추가적인 열에너지가 결정체에 들어가면서, 점점 더 많은 전자들은 공유 결합을 해체하기 위한 충분한 에너지를 얻을 것이다. 각각의 부서진 결합은 자유 전자와 정공을 만들어낸다. 고온은 캐리어를 **쌍**으로 생성한다. 만약 결정체가 N형 물질로 제조되었다면, 모든 고온의 정공은 소수 캐리어가 되고 고온의 전자는 다수 캐리어가 된다. 만약 결정체를 P형 물질로 만든다면, 고온의 정공은 다수 캐리어가 되고 고온의 전자는 소수 캐리어 캐리어가 된다.

고온으로 인하여 캐리어 생산은 결정의 저항을 감소시킨다. 이 고온은 또한 소수 캐리어를 생산한다. 고온과 그에 따른 소수 캐리어는 반도체 소자가 동작하는 조건에 악영향을 미칠 수 있다.

이 장은 대부분의 반도체가 실리콘으로 만들어졌기 때문에 실리콘에 초점을 맞추고 있다. 하지만 **화합물 반도체**라고 불리는 다른 물질들이 중요해지고 있다. 화합물 반도체는 특

전자공학의 역사

닐스 보어와 원자

과학자들은 다른 사람들의 아이디어를 개선함으로써 미래를 바꾼다. 과학자 닐스 보어는 1913년 원자의 러더퍼드 모델에 에너지 레벨(퀀텀 역학)을 적용한 원자 구조 모델을 제안했다. 보어는 또한 물리학자 막스 플랑크의 연구를 일부 사용했다.

정 분야에서 실리콘보다 더 좋은 물질을 사용함으로써 집약적인 항공 우주 산업과 최신 산업분야 연구의 반도체 소재로 활용될 것이다. 화합물 반도체의 장점을 활용하는 가장 중요한 3개 분야는 매우 높은 주파수(흔히 마이크로파라고 불림), 광학(빛의 생성, 감지, 제어 및 전송), 그리고 극한의 저온 및 고방사선과 같은 열악한 환경에서 활용된다. 다음은 화합물 반도체의 세부적 목록이다.

- 갈륨 비소
- 인화 인듐
- 텔루르화 수은 카드뮴
- 실리콘 카바이드
- 황화 카드뮴
- 텔루르화 카드뮴

Self-Test

각 문장이 참인지 거짓인지 판단하시오.

28. N형 반도체 물질을 만들 때, 전형적인 도핑 수준은 90개의 실리콘 원자에 대하여 약 10개의 비소 원자가 도핑된다.
29. P형 결정체에서는 자유 전자를 다수 캐리어라고 한다.
30. N형 결정체에서는 정공을 소수 캐리어라고 한다.
31. P형 반도체 물질이 열을 받으면, 소수 캐리어 수가 증가하는 것을 기대할 수 있다.
32. P형 반도체 물질이 열을 받으면, 다수 캐리어 수가 감소한다.
33. 열은 반도체에서 소수 및 다수 캐리어의 수를 증가시킨다.

2-6 다른 물질들

실리콘은 현재 만들어지고 있는 거의 모든 반도체 소자를 차지한다. 하지만 실리콘은 추가적 성능에 대한 상승을 달성하기 어려워지고 있다는 점에서 "실리콘이 고갈되고 있다"고 한다. 이것은 특히 집적회로의 경우에 해당된다. 트랜지스터와 같은 IC 기기는 점차 작아졌고, 정공과 전자는 멀리 이동할 필요가 없기 때문에 정공과 전자는 이동 속도가 점진적으로 향상되었다. 이제 정공과 전자는 원자 간의 상호작용이 적절한 동작을 간섭하기 시작할 정도로 충분히 작아졌다.

필요한 것은 더 높은 캐리어 이동성을 갖는 방법, 즉 정공과 전자가 더 빨리 움직이도록 하는 방법이다. 이동성은 갈륨 비소와 같은 다른 물질을 사용함으로써 개선될 수 있다. 여러분은 갈륨 비소 전계 효과 트랜지스터의 약자로 사용되는 GASFET라는 용어를 떠올릴 수 있다. GASFET는 고주파 응용제품에 사용된다.

캐리어 이동성은 변형된 실리콘, 실리콘 게르마늄(SiGe), 절연체 실리콘(SOI) 등 다양한 화합물 조합을 사용하여 향상시킬 수 있다.

변형된 실리콘은 원래의 실리콘 웨이퍼 위에 실리콘-게르마늄 층이 성장하면서 형성된다. 실리콘 웨이퍼는 집적회로 제조에 사용되는 기본 원료로, 게르마늄 층은 실리콘 웨이퍼에 성장하게 된다. 그리고 게르마늄 층 위에서 실리콘의 다른 층이 자라게 된다. 이러한 최종 실리콘 층은 실리콘 원자와 게르마늄 원자의 크기가 다르기 때문에, 즉 게르마늄 크기가 약 4% 크다는 이유로 인터페이스에서 변형된다. 더 큰 결정 격자는 실리콘 격자를 약간 당기는 상단 실리콘 층에 압박감을 주게 된다. 게르마늄의 양을 조절함으로써, 실리콘 층 위에 생성된 변형률의 양은 조정이 될 수 있다. 캐리어 이동성에 대한 개선은 실리콘을 일부 변형함으로써 최대 75%까지 만들어낼 수 있다. 고속 및 고주파 성능을 위한 반도체 분야에는 실리콘-게르마늄 트랜지스터가 사용된다. 트랜지스터는 5장에서 소개된다.

유기물 반도체는 또 다른 유망한 개발 분야이다. 이러한 소자들은 대부분 수소 및 산소와 결합하여 탄소를 함유한 분자로 만들어진 물질을 사용하고 때로는 전도한다. 실리콘보다 느리지만 유연성을 가지고 있으며 잠재적으로 훨씬 저렴한 유기물 전자제품은 이미 플라스틱, 실험 센서, 메모리 위에 인쇄된 수백 개의 트랜지스터와 종이처럼 휘어지는 디스플레이를 가진 회로를 생산하고 있다. 유기물 디스플레이는 액정 디스플레이와 경쟁할 수 있는데, 액정 디스플레이는 더 밝고 더 빠르며 제한된 시야각에 제한을 받지 않기 때문이다.

좀 더 알아보기

실리콘 카바이드(SiC) 소자는 수천 볼트를 안전하게 조절할 수 있다.

2-7 밴드 갭

실리콘과 같은 반도체에서는 가전자대 대역의 상단과 전도 대역 하단의 에너지 차이를 **밴드 갭**이라고 한다. 또는 그것은 그 궤도에서 가전자대 전자를 자유롭게 하고 그것을 전도 대역 수준으로 끌어올리는 데 필요한 에너지의 양, 전자볼트(eV)이다.

$$1\ \text{eV} = 1.602 \times 10^{-19}\ \text{joules}$$

줄(Joule)은 작업 또는 에너지의 SI 단위로서 1 m 거리에 걸쳐 1뉴턴의 힘을 가하거나 1 Ω 저항을 통하여 흐르는 1 A의 전류에 해당한다. 실리콘의 밴드 갭은 1.1 eV이고, 갈륨 비소의 경우 1.43 eV이다.

그림 2-13에서 볼 수 있듯이 도체 내 가전자 대역과 전도 대역 사이에는 에너지 갭(간격)이 없다. 사실, 이 대역들은 적색으로 표시된 것처럼 겹친다. 절연체는 에너지 대역 사이 갭이 크다. 이것은 가전자대 전자를 전도 대역으로 옮기는 것이 매우 어렵다는 것을 의미한다. 하지만 할 수도 있다. 이것은 절연체가 매우 높은 전압을 받으면 분해되어 전도할 수도 있다. 진성 실리콘에 대한 그래프를 살펴보자. 에너지 대역 갭은 절연체 간격보다 작지만, 대부분의 용도에 비해 여전히 너무 크다. 마지막으로 도핑된 실리콘을 살펴보자. 도펀트 물질(녹색)에 의해 제공되는 전자는 전도 대역 바로 아래에 있다. 도핑 반도체의 경우 에너지 대역 갭이 작다. 이는 다이오드나 태양전지 등의 기기 동작에 중요한 것으로, 두 가지 모두 다음 장에 설명되어 있다.

태양전지의 경우 전자를 자유롭게 하기 위해서는 광자(광입자 또는 빛에너지의 양자 단위)의 에너지가 최소한 대역 갭 에너지만큼 커야 한다. 대역 갭 에너지보다 더 많은 에너지를 가진 광자는 열로서 여분의 에너지를 소모할 것이다. 따라서 태양전지는 실리콘의 분자 구조를 약간 변형시킴으로써 최적화되는 것이 중요하다. 효율적인 태양전지를 얻기 위한 열쇠는 가능한 한 많은 햇빛을 전기로 전환하는 것이다.

빛의 광자 에너지는 빛의 파장에 따라 다르다. 적외선에서 자외선까지 전체 광선 스펙트럼은 약 0.5 eV에서 약 2.9 eV 범위에 걸쳐 있다. 예를 들어, 적색 빛은 약 1.7 eV의 에너지를 가지고 있고, 청색 빛은 약 2.7 eV의 에너지를 가지고 있다. 대부분의 태양전지는 태

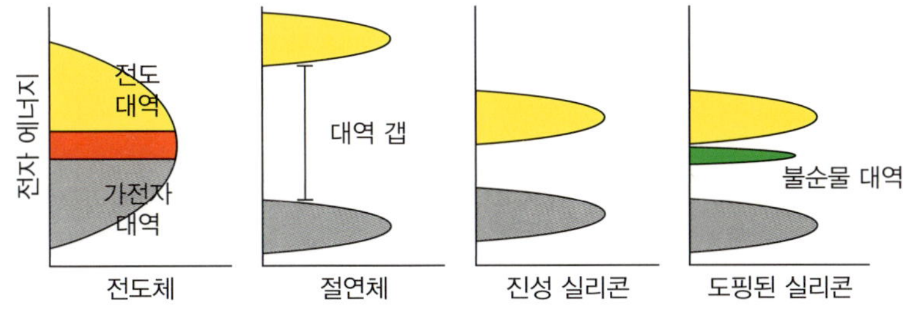

그림 2-13 에너지 대역 다이어그램

양 에너지의 대략 55%를 사용할 수 없다. 왜냐하면 이 에너지는 재료의 대역 갭 아래에 있거나 과도하기 때문이다. 현재 태양전지의 효율성을 높이고 비용을 낮출 수 있는 새로운 반도체 소재를 찾는 데 관심이 집중되고 있다. 효율을 높이기 위해서는 다른 대역 갭을 가지는 전지를 쌓는 것도 가능한 방법이 될 수 있다.

좀 더 알아보기

다이아몬드는 경우에 따라서, 최대한의 고전압/고전력 소자로 만들 수도 있다. 다이아몬드는 5.5 eV의 대역 갭과 뛰어난 열전도율을 가지고 있다.

Self-Test

각 문장이 참인지 거짓인지 판단하시오.

34. 반도체 재료의 대역 갭은 볼트 단위로 측정한다.
35. 구리나 은의 대역 차이는 0이다.
36. 전자볼트는 일 또는 에너지의 단위다.
37. 광자가 태양전지의 대역 갭보다 더 많은 에너지를 가지고 있다면, 전자를 전도 대역으로 끌어올릴 수 없다.
38. 도핑 반도체는 대역 갭을 증가시킨다.

Chapter 2 요약 및 복습

요약

1. 구리와 같은 좋은 도체는 전류 캐리어를 많이 포함하고 있다.
2. 도체에서는 가전자대 전자가 원자의 핵에 약하게 끌린다.
3. 도체를 가열하면 저항력이 높아진다. 이러한 반응을 양의 온도 계수라고 한다.
4. 실리콘 원자는 4개의 가전자대 전자를 가지고 있다. 그들은 안정된 결정 구조를 만드는 공유 결합을 형성할 수 있다.
5. 열에너지는 공유 결합을 깨뜨려 전류를 전도할 수 있는 자유 전자를 만들 수 있다. 이것은 실리콘과 다른 반도체 물질들에게 음의 온도 계수를 부여한다.
6. 실온에서 게르마늄 결정체는 실리콘 결정체보다 1,000배 더 많은 열 캐리어를 가지고 있다. 이것은 게르마늄 다이오드와 게르마늄 트랜지스터를 많은 응용에 대하여 실리콘 소자보다 덜 유용하게 만든다.
7. 반도체 결정체에 불순물을 추가하는 과정을 도핑이라고 한다.
8. 반도체 결정을 도핑하면 전기적 특성이 변한다.
9. 도너 불순물은 5개의 가전자대 전자를 가지고 있으며, 결정체에서 자유 전자를 생성한다. 이것은 N형 반도체 물질을 생성한다.
10. 자유 전자는 전류 캐리어 역할을 한다.
11. 억셉터 불순물은 3개의 가전자대 전자를 가지고 있으며, 결정체에서 정공을 생성한다.
12. 반도체 물질에서의 정공은 전류 캐리어 역할을 한다.
13. 정공 전류는 전자 전류와 반대 방향이다.
14. 자유 정공을 가진 반도체는 P형 물질로 분류한다.
15. 5개의 가전자대 전자를 가진 불순물은 N형 반도체를 만들어낸다.
16. 3개의 가전자대 전자를 가진 불순물은 P형 반도체를 만들어낸다.
17. 정공은 전압원의 음극 방향으로 이동한다.
18. 전자는 N형 반도체를 위한 다수 캐리어다. 정공은 P형 반도체의 다수 캐리어다.
19. 정공은 N형 반도체에 대한 소수 캐리어다. 전자는 P형 반도체에 대한 소수 캐리어다.
20. 소수 캐리어 수는 온도에 따라 증가한다.
21. 가전자대 전자를 전도 대역에 이동시키려면, 대역 갭과 같거나 그 이상의 에너지를 가해야 한다.

연습 문제

각 문장이 참인지 거짓인지 판단하시오.

2-1. 구리와 같은 전도체의 전류 캐리어는 정공과 전자이다. (2-1)

2-2. 전도체에 있는 가전자대 전자는 움직이기 쉽다. (2-1)

2-3. 양의 온도 계수는 온도가 내려가면서 저항이 올라가는 것을 의미한다. (2-1)

2-4. 전도체는 양의 온도 계수를 가지고 있다. (2-1)

2-5. 실리콘은 도핑이나 가열하지 않으면 반도체가 아니다. (2-2)

2-6. 실리콘은 5개의 가전자대 전자를 가지고 있다. (2-2)

2-7. 실리콘 결정체는 이온 결합에 의해 만들어진다. (2-2)

2-8. 8개의 가전자대 전자가 있는 물질은 불안정한 경향이 있다. (2-2)

2-9. 반도체는 음의 온도 계수를 가지고 있다. (2-2)

2-10. 실리콘은 어떤 온도에서도 저항이 더 높기 때문에 보통 게르마늄보다 선호된다. (2-2)

2-11. 반도체에 비소를 도핑하면 자유 전자가 결정체에 위치한다. (2-3)

2-12. N형 물질은 전류 흐름을 원활히 하도록 자유 전자를 활용한다. (2-3)

2-13. 결정체를 도핑하면 저항력이 높아진다. (2-3)

2-14. 붕소를 이용한 도핑은 결정체에서 자유 전자를 생성한다. (2-4)

2-15. 정공 전류는 전자 전류와 반대 방향이다. (2-4)

2-16. 정공은 전류 캐리어로서 양전하를 할당 받는다. (2-4)

2-17. P형 반도체가 몇 개의 자유 전자를 가지고 있다면, 그 전자를 소수 캐리어라고 한다. (2-5)

2-18. N형 반도체가 몇 개의 자유 정공을 가지고 있다면, 그 정공을 소수 캐리어라고 한다. (2-5)

비판적 사고를 위한 문제

2-1. 초경량 탄소 결정체를 저렴하게 만든 다음에 도핑하는 방법을 완성할 수 있다고 가정하자. 이러한 결정체들이 전자공학에 어떻게 사용될 수 있을까? (힌트: 다이아몬드는 극도의 견고성과 고온에 견딜 수 있는 능력으로 알려져 있다.)

2-2. 갈륨 비소 등 일부 반도체는 실리콘보다 캐리어 이동성이 뛰어나다. 즉, 캐리어는 결정체에서 더 빨리 움직인다. 어떤 종류의 소자들이 이것으로부터 이익을 얻을 수 있을까?

2-3. 반도체는 많은 전자제품에서 문제를 야기하는 저항 감소가 나타남으로써 온도에 반응한다. 여러분은 온도 민감도를 요구하는 응용 제품에서 생각해볼 수 있는가?

2-4. 여러분은 전도체와 반도체가 반대의 온도 계수를 가지고 있다는 것을 배웠다. 이 지식을 사용하여 광범위한 온도 범위에서 안정적인 회로를 설계할 수 있는 방법은 무엇인가?

Self test—정답

1.	F	11.	T	21.	캐리어	31.	T
2.	T	12.	T	22.	감소한다	32.	F
3.	F	13.	T	23.	억셉터	33.	T
4.	T	14.	T	24.	3	34.	F
5.	T	15.	T	25.	포지티브	35.	T
6.	F	16.	F	26.	홀	36.	T
7.	T	17.	F	27.	네거티브	37.	F
8.	F	18.	도너	28.	F	38.	F
9.	T	19.	5	29.	F		
10.	F	20.	전자	30.	T		

CHAPTER 3

다이오드

학습 목표

이 장에서 다음 내용을 숙지하고 습득하자.

3-1 순방향 및 역방향 바이어스 조건에서 다이오드의 전도율 **예측** [3-1]

3-2 다이오드의 전압-암페어 특성 곡선 **해석** [3-2]

3-3 육안 검사를 통해 일부 다이오드의 음극 및 양극 리드 **식별** [3-3]

3-4 옴미터 시험에 의한 다이오드의 음극 및 양극 리드 **식별** [3-3]

3-5 다이오드 회로도 기호 **식별** [3-3]

3-6 여러 다이오드 유형 및 응용 **열거** [3-4]

이번 장에서는 가장 기본적인 반도체 소자인 다이오드를 소개한다. 다이오드는 전자 회로에서 매우 중요하다. 전자공학에 종사하는 모든 사람들은 전자공학에 익숙해야 한다. 다이오드에 대한 공부를 통해 다이오드가 언제 동작되고 안 되는지 예측할 수 있다. 여러분은 다이오드의 특성 곡선을 이해할 수 있고 다이오드의 기호와 단자를 식별할 수 있다. 또한 이 장에서는 몇 가지 중요한 형태의 다이오드 및 다이오드에 대한 많은 응용을 소개한다.

3-1 PN 접합

P형 및 N형 반도체 물질의 기본적 용도는 **다이오드**에서 사용된다. 그림 3-1은 **PN 접합 다이오드**를 나타낸다. 다이오드는 자유 정공이 있는 P형 영역과 자유 전자가 있는 N형 영역이 포함되어 있다는 점에 유의하자. 다이오드 구조는 한쪽 끝에서 다른 쪽 끝까지 연속적인 구조이다. 그것은 하나의 완전한 결정체인 실리콘이다.

그림 3-1에 표시된 접합은 경계 또는 분할선이다. 그것은 한 구간의 끝과 다른 구간의 시작을 나타낸다. 그것은 기계적인 접합을 나타내지 않는다. 즉 다이오드의 **접합**은 P형 물질이 끝나고 N형 물질이 시작되는 결정체의 부분이다.

다이오드는 연속적인 결정체이기 때문에 자유 전자는 접합점을 가로질러 움직일 수 있다. 다

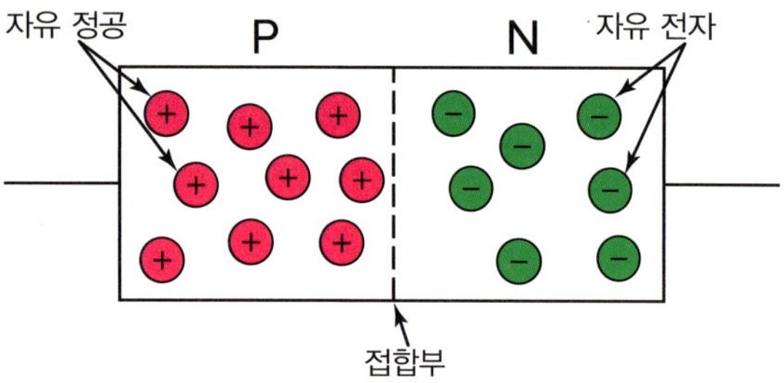

그림 3-1 접합 다이오드의 구조

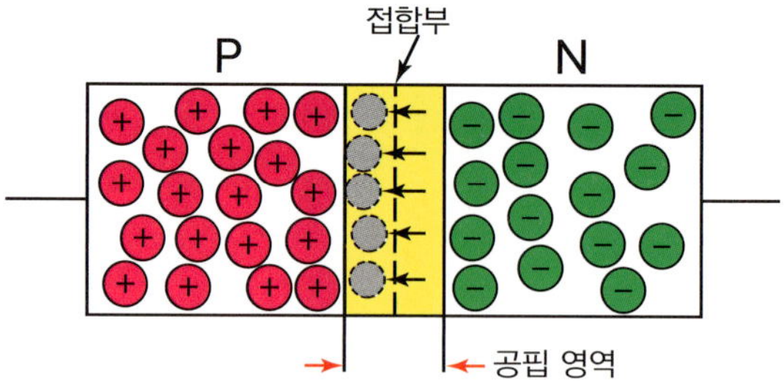

그림 3-2 다이오드 공핍 영역

이오드가 제조되었을 때, 일부 자유 전자는 정공의 일부를 채우기 위해 접합점을 통과한다. 그림 3-2는 이러한 효과를 보여준다. 그 결과 **공핍 영역**이 형성된다. 정공을 채운 전자는 효과적으로 점유(회색으로 표시)되며 더 이상 전류 흐름을 지원할 수 없다. 전자들이 없어지고 정공이 채워지면서, 자유 캐리어는 남아 있지 않다. 접합점 주변은 **공핍**되어진다(황색으로 표시).

공핍 영역은 오랫동안 계속 성장하지 않을 것이다. 전위 또는 힘은 공핍 영역과 함께 형성되며 모든 전자가 P형 물질의 모든 정공을 가로질러 교차하는 것을 방지한다.

그림 3-3은 이 전위가 형성되는 이유를 보여준다. 원자가 전자를 잃어버릴 때마다 균형이 맞지 않게 된다. 그것은 현재 궤도에 전자를 가지고 있는 것보다 원자핵에 더 많은 양자를 가지고 있다. 이것은 원자를 전체적으로 양의 전하로 만든다. 이것을 **양이온**이라고 부른다. 같은 방법으로 원자가 여분의 전자를 얻으면 전체적으로 음의 전하를 나타내며 **음이온**이라고 한다. N형 물질에 있는 자유 전자 중 하나가 모원자를 떠날 때, 그 원자는 양전자가 된다. 전자가 P형 영역에서 다른 원자와 이온에 결합하면 그 원자는 음이온이 된다. 이온들은 더 이상 전자가 접합점에서 교차하는 것을 막는 전하를 형성한다.

그래서 다이오드가 제조될 때, 어떤 전자는 정공의 일부를 채우기 위해 접합점을 통과한다. P형 영역에 음전하가 형성되어 교차하려는 다른 전자를 밀어내기 때문에 이러한 동작이 중단된다. 이러한 음전하를 **이온화 전위** 또는 **전위장벽**이라고 한다. '장벽'은 추가적인 전자들이 교차하는 것을 막기 때문에 적합한 용어이다.

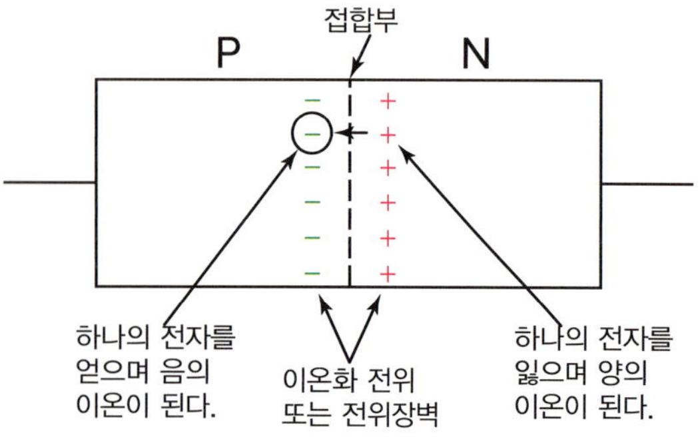

그림 3-3 전위장벽의 형성

이제 PN 접합부가 형성되면 어떻게 되는지 알게 되었으니 그것이 전기적으로 어떻게 동작할지를 확인할 수 있다. 그림 3-4는 상황을 요약한 것으로, 자유 캐리어와 함께 두 가지의 영역이 있다. 캐리어가 있기 때문에, 이 영역들이 **반도체**가 되는 영역들로 예상할 수 있다. 하지만 바로 한 가운데에서 오른쪽은 캐리어가 없는 영역이 있다.

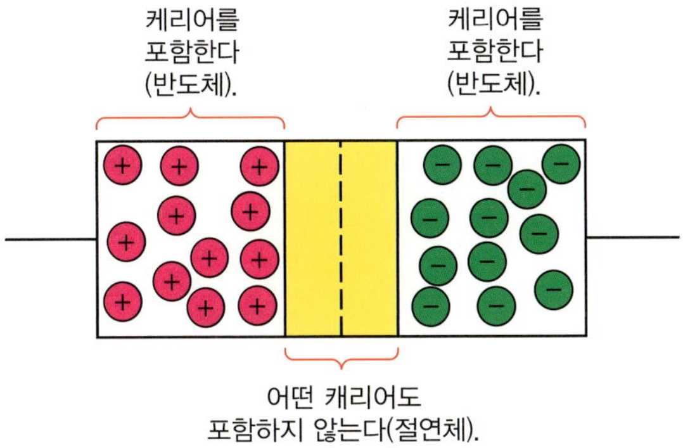

그림 3-4 절연체에서의 공핍 영역

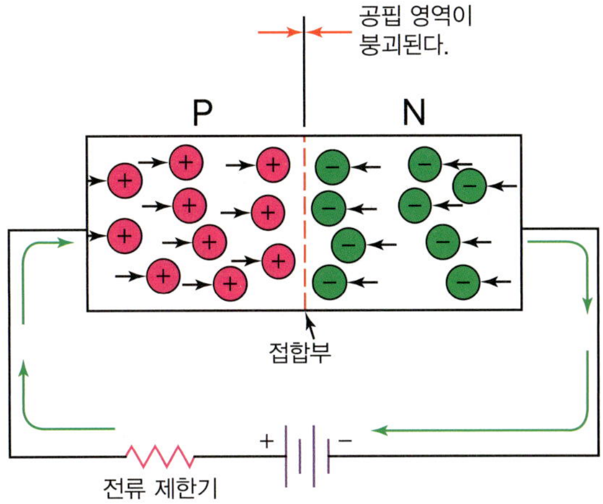

그림 3-5 순방향 바이어스

캐리어가 없을 때는 그곳이 **절연**되는 것을 기대할 수 있다.

중간에 절연체를 가지고 있는 소자는 전도되지 않는다. 그래서 PN 접합 다이오드가 절연체라고 가정할 수 있다. 그러나 공핍 영역은 고정된 절연체와 동일하지 않다. 그것은 전자가 움직이고 정공을 채움으로써 형성된 첫 번째 영역이다. 외부 전압은 공핍 영역을 **제거**할 수 있다.

그림 3-5에서, PN 접합 다이오드는 공핍 영역이 제거되는 방식으로 외부 배터리에 연결된다. 배터리의 양극 단자는 P형 영역에서 정공을 밀어내고 접합부 쪽으로 밀어낸다. 배터리의 음극 단자는 N형 영역에서 전자를 밀어내고 접합부 쪽으로 밀어낸다. 이것은 공핍영역을 **붕괴**시킨다.

공핍 영역이 붕괴되면서 다이오드는 반도체가 될 수 있다. 그림 3-5는 전류 제한기(저항)와 다이오드를 통하여 흐르며, 배터리 음극으로부터 떠나는 전자 전류를 보여준다. 이러 동작은 배터리의 양극 쪽으로 돌아간다. 전류가 흐르는 것을 안전한 수준으로 유지하기 위해 전류 제한 저항기가 필요한 경우도 있다. 다이오드는 과도한 전류에 의해 파괴될 수 있다. 옴의 법칙은 다이오드 회로에서 전류를 찾는 데 사용될 수 있다. 예를 들면 그림 3-5에서의 배터리가 6 V라면, 이것의 저항은 1 kΩ이다.

$$I = \frac{V}{R} = \frac{6\text{ V}}{1\text{ k}\Omega} = 6\text{ milliamperes (mA)}$$

위의 계산은 다이오드의 저항과 전압 강하를 무시한다. 그것은 회로 전류의 **근사치**에 불과하다. 다이오드를 통과하는 감소량을 알 수 있다면, 전류를 정확하게 예측할 수 있다. 다이오드 전압 강하는 공급 전압에서 간단히 감산된다.

$$I = \frac{6\text{ V} - 0.6\text{ V}}{1\text{ k}\Omega} = 5.4\text{ mA}$$

전형적인 실리콘 다이오드는 전도할 때 약 0.6 V가 떨어진다. 이것은 여전히 근사치지만 첫 번째 시도보다는 더 정확하다.

예제 3-1

그림 3-5의 1 V 배터리 및 1 kΩ 저항에 대한 전류를 계산하자. 다이오드 전압 강하의 보정 중요도를 결정하자. 먼저 다이오드 전압 강하에 대하여 보정하지 않고 전류를 계산하자.

$$I = \frac{1\ \text{V}}{1\ \text{k}\Omega} = 1\ \text{mA}$$

보정을 포함한 두 번째 계산을 하자.

$$I = \frac{1\ \text{V} - 0.6\ \text{V}}{1\ \text{k}\Omega} = 0.4\ \text{mA}$$

다이오드 강하 전압에 대해서 공급 전압이 상대적으로 작을 때 보정하는 것은 중요하다.

예제 3-2

쇼트키 다이오드는 전도 시 약 0.3 V 감소한다. 이 다이오드는 3.4절에 설명되어 있다. 그림 3-5에서 1 V 배터리 및 1 kV 저항의 전류를 계산하자.

$$I = \frac{1\ \text{V} - 0.3\ \text{V}}{1\ \text{k}\Omega} = 0.7\ \text{mA}$$

쇼트키 다이오드의 전압 강하는 저전압 회로에 큰 차이를 만든다.

예제 3-3

100 V 배터리와 1 kΩ 저항의 경우 그림 3-5에서 전류를 계산하자. 실리콘 다이오드의 전압 강하를 보정하는 것의 중요도를 논의해보자.

$$I = \frac{100\ \text{V}}{1\ \text{k}\Omega} = 100\ \text{mA}$$

$$I = \frac{100\ \text{V} - 0.6\ \text{V}}{1\ \text{k}\Omega} = 99.4\ \text{mA}$$

공급 전압이 상대적으로 높을 때 다이오드 전압 강하를 교정하는 것은 그리 중요하지 않다.

그림 3-5의 조건을 **순방향 바이어스**라고 한다. 전자공학에서 바이어스는 소자에 인가되는 전압 또는 전류다. 순방향 바이어스는 소자를 동작시키기 위해 전압이나 전류가 인가되는 것이다. 그림 3-5의 다이오드는 배터리에 의해 켜졌으므로 순방향 바이어스의 한 예다.

역방향 바이어스는 또 다른 가능성이다. 다이오드에 0 V 바이어스가 연결되어 있는 경우, 공핍 영역은 그림 3-6(a)와 같다. 접합 다이오드에 역방향 바이어스를 적용하면 공핍 역영은 붕괴되지 않는다. 사실 예전보다 영역이 더 넓어진다. 그림 3-6(b)는 역방향이 적용된 다이오드를 보여준다. 배터리의 양극 부분은 N형 물질에 적용이 된다. 이것은 접합부로부터 자유 전자를 끌어당긴다. 배터리의 음극 부분은 접합부로부터 P형 물질의 정공을 끌어당긴다. 이런 상황은 전압이 인가되지 않았을 때보다 공핍 영역을 더 넓게 만든다.

역방향 바이어스는 공핍 영역을 넓히기 때문에 어떤 전류 흐름도 발생하지 않을 것으로 예상할 수 있다. 공핍 영역은 절연체로서, 전류의 흐름을 차단할 것이다. 사실 **소수 캐리어** 때문에 작은 전류가 흐를 것이다. 그림 3-7은 왜 이런 일이 일어나는지 보여준다. P형 물질은 소수 전자가 몇 개가 있다. 이것들은 배터리에서 음극 측의 반발력에 의해 접합부로 밀린다. N형 물질은 소수 정공이 몇 개가 있다. 이것들도 접합부 쪽으로 밀린다. 역방향 바이어스는 소수 캐리어를 강제로 합치게 하고, 작은 **누설 전류**를 초래한다. 다이오드는 완벽하지는 않지만, 현대의 실리콘 다이오드는 보통 일반적 전류 미터기로 측정할 수 없을 정도로 작은 전류를 보여준다. 실온에서는 단지 실리콘에 소수 캐리어만 있기 때문에 역

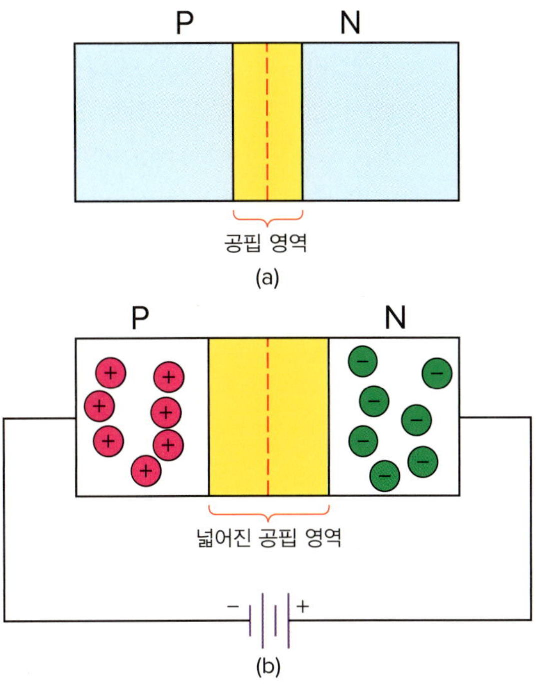

그림 3-6 공핍 영역의 역방향 바이어스 효과

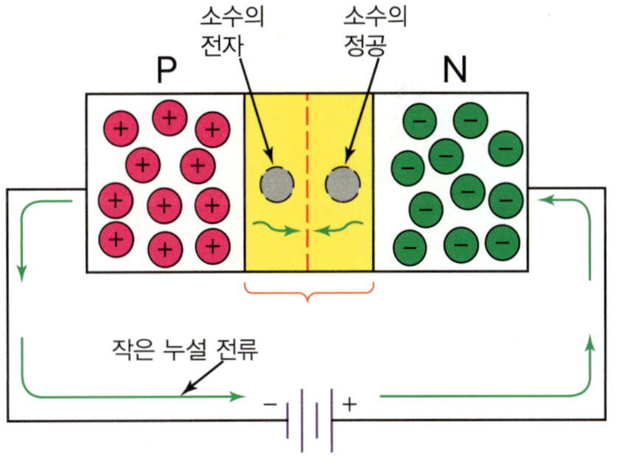

그림 3-7 소수 캐리어로 인한 전류 누설

좀 더 알아보기

다이오드는 역방향 극성으로부터 보호한다.

다이오드는 역방향 극성 보호를 제공할 수 있다. 한 가지 방법은 직렬 보호 다이오드를 사용하는 것이고 다른 하나는 극성이 반전될 때 퓨즈가 끊어지는 분로 보호 다이오드를 사용하는 것이다.

방향 누설 전류는 무시할 수 있다.

게르마늄 다이오드는 더 많은 누설 전류를 가지고 있다. 실온에서 게르마늄은 실리콘보다 약 1,000배나 많은 소수 캐리어를 가지고 있다. 실리콘 다이오드는 비용이 적게 들며, 작은 누설 전류를 가지고 있으며 많은 응용 분야에 더 적합하다. 게르마늄 다이오드는 낮은 턴온 전압, 낮은 저항과 같은 특정한 장점을 가지고 있으며, 여전히 몇몇 분야의 특정 분야에서 사용된다.

요약을 하면, PN 접합 다이오드는 한 방향으로 쉽게, 반대 방향으로는 거의 작동하지 않을 것이다. 수월한 전류 흐름의 방향은 P형 물질 영역으로부터 N형 물질 영역으로의 방향이다. 전압이 다이오드에 걸쳐 인가되어 이 방향에서 전류가 이동되는 경우, 그것은 순방향 바이어스라고 불린다. 다이오드는 주어진 방향으로 전류를 조종할 수 있기 때문에 매우 유용하다. 스위치로도 사용할 수 있고 교류에서 직류로 바꾸는 용도로도 사용할 수 있다. 다른 다이오드들은 전기 회로와 전자 회로에서 많은 특정한 용도로 활용된다.

Self-Test

각 문장이 참인지 거짓인지 판단하시오.

1. 접합 다이오드는 P형 불순물과 N형 불순물로 도핑된다.
2. 공핍 영역은 접합부의 N형 영역에서 정공들을 채우기 위하여 P형 영역을 통과하는 전자들에 의하여 형성된다.
3. 전위장벽은 모든 전자가 접합부를 가로지르며 모든 정공을 채우는 것을 막는다.
4. 공핍 영역은 좋은 도체이다.
5. 공핍 영역이 형성되면 제거할 수 없다.
6. 순방향 바이어스는 공핍 영역을 확장시킨다.
7. 역방향 바이어스는 공핍 역역을 붕괴시키고 다이오드를 동작시킨다.
8. 역방향 바이어스 다이오드는 소수 캐리어 동작 때문에 약간의 누설 전류가 나타날 수 있다.
9. 고온으로 인해 소수 캐리어 수와 다이오드 누설 전류가 증가할 것이다.

3-2 다이오드의 특성 곡선

다이오드는 한 방향으로는 잘 동작하지만 반대 방향으로는 동작하지 않는다. 이것이 다이오드의 기본 특성이다. 다이오드들은 또한 다른 특성들을 가지고 있고, 이들 중 일부는 전자 회로에 대한 실무 지식을 얻기 위하여 이해해야 한다.

전자 소자의 특성은 여러 가지 방법으로 보일 수 있다. 한 가지 방법은 전압의 각 값에 대한 전류 흐름을 나열하는 것이다. 이 값들은 표로 제시될 수 있다. 더 좋은 방법은 그래프에 값을 표시하는 것이다. 그래프는 데이터 표보다 사용하기 쉽다.

전자공학에서 가장 자주 사용되는 그래프 중 하나는 전압-전류 특성 곡선이다. 전압 단위는 수평축을 구성하고, 전류 단위는 수직축을 구성한다. 그림 3-8은 100 Ω 저항의 전압-전류 특성 곡선을 나타낸다. 원점은 두 축이 교차하는 지점이다. 이 지점은 전압과 전류를 0으로 표시한다. 저항 곡선이 원점을 통하여 지나간다는 것을 유의하자. 이것은 저항선을 교차하는 0 V 전압이 0 A의 전류가 된다는 것을 예상할 수 있다는 것이다. 옴의 법칙은 다음과 같이 검증할 것이다.

$$I = \frac{V}{R} = \frac{0}{100} = 0 \text{ A}$$

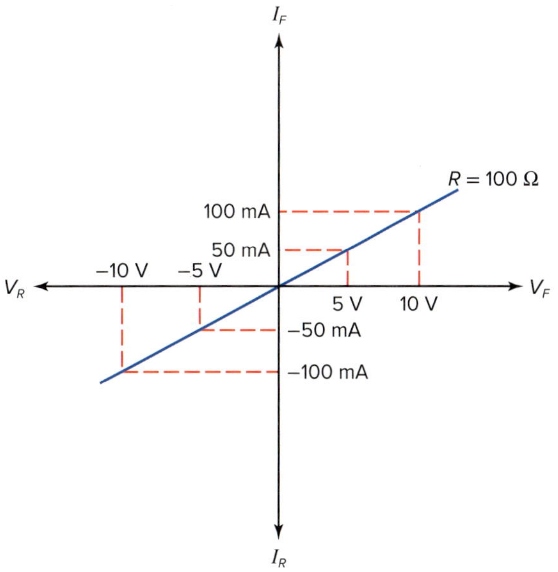

그림 3-8 저항에 대한 전압–전류 특성 곡선

수평축 5 V에서 곡선은 수직축의 50 mA와 정확히 반대되는 지점을 통과한다. 이 곡선을 보았을 때, 어떤 전압 값에 대한 전류를 빠르고 쉽게 찾을 수 있다. 10 V에서는 전류가 100 mA이다. 옴의 법칙을 이용하여 확인할 수 있다.

$$I = \frac{V}{R} = \frac{10}{100} = 0.1\text{A} = 100 \text{ mA}$$

그림 3-8의 원점 왼쪽으로 이동하면 역방향 전압 값에 대한 전류 레벨을 얻을 수 있다. 역방향 전압은 V_R로 표시되며, V_F는 순방향 전압을 나타낸다. −5 V에서 저항을 통과하는 전류는 −50 mA가 된다. 마이너스 부호는 저항 양단의 전압이 극성에서 뒤바뀔 때 저항의 전류가 반전됨을 나타낸다(방향 변경). 순방향 전류는 I_F로 표시하며, 역방향 전류는 I_R로 표시한다.

저항에 대한 특성 곡선은 직선이다. 이러한 이유 때문에 선형 소자라고 한다. 저항 곡선은 필요하지 않다. 이해를 돕는 옴의 법칙으로, 그래프 없이도 어떤 데이터 포인트도 쉽게 얻을 수 있다.

예제 3-4

50 Ω 저항에 대하여 그림 3-8은 어떻게 나타날 것인가?

$$I = \frac{V}{R} = \frac{10 \text{ V}}{50\ \Omega} = 200 \text{ mA}$$

이 곡선은 ±10 V 및 ±200 mA에서 원점과 데이터 포인트를 통과하는 직선이다. 따라서 50 Ω 곡선은 100 Ω 곡선보다 더 가파른(더 많은 기울기를 가진다) 곡선이 될 것이다.

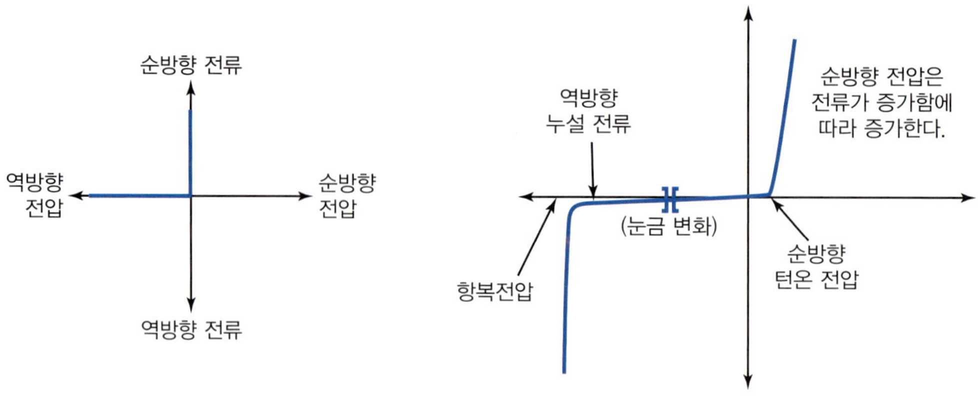

(a) 이상적 다이오드 (b) 실제 다이오드

그림 3-9 다이오드 전압-전류 특성 곡선

다이오드는 일반적인 저항보다 더 복잡하다. 다이오드의 전압-전류 특성 곡선은 단순한 방정식으로 제공할 수 있는 것보다 더 많은 정보를 제공한다. 그림 3-9는 이상적인 다이오드와 실제 다이오드에 대한 전압-전류 곡선을 보여준다. 이러한 곡선은 그림 3-8과 같은 선형이 아니다. 이상적인 다이오드는 존재하지 않지만, 실제 다이오드는 어떤 상황의 경우에 이상적 특성으로 근접할 수 있다. 고전압 회로에서는 순방향 전압 강하가 무시될 수 있다는 것이 이미 언급되어 있다. 따라서 이상적인 다이오드 전압-전류 곡선은 순방향 전압이 0인 것을 보여준다. 또한 이상적인 다이오드는 누설 전류가 없으며, 아무리 많은 양이 있더라도 역전압을 받을 때는 전혀 전도되지 않는다.

그림 3-9에 표시된 실제 다이오드는 약간의 순방향 전압 강하와 소량의 누설 전류가 있으며, 가장 중요한 것은 **항복전압**이라 불리는 한계를 가지고 있다. 항복전압은 대개 수백 볼트에서 발생하므로 수평축의 눈금은 이전의 원점 기준 왼쪽보다 훨씬 크다. 왼쪽의 눈금은 아마도 0에서 1,000 V 사이, 오른쪽 눈금은 0에서 2 V 사이일 것이다. 실리콘 다이오드의 순방향 턴온 전압은 약 0.65 V이다. 이것은 작은 순방향 전류 값, 아마도 1 mA에서 발생한다. 순방향 전류의 값이 클수록 순방향 전압은 1 A에서 1 V까지 증가한다. 역방향 누설 전류는 흔히 1 mA 미만이기 때문에 역방향 전류축은 훨씬 작은 전류 단위로 보정된다.

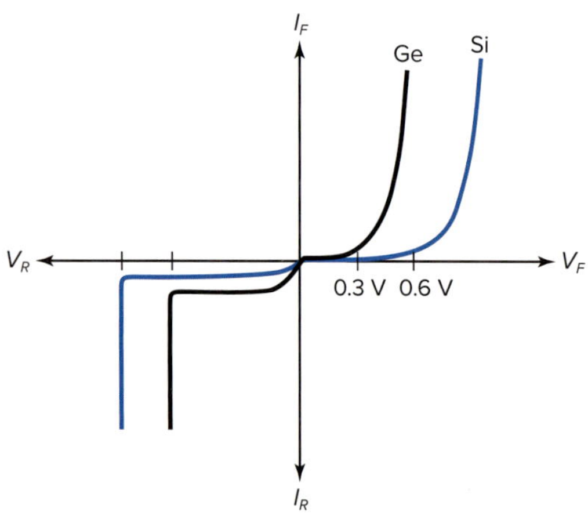

그림 3-10 실리콘 다이오드와 게르마늄 다이오드의 비교

실리콘 다이오드와 게르마늄 다이오드의 특성 곡선의 비교는 그림 3-10과 같다. 게르마늄 다이오드는 전도하기 위하여 더 작은 순방향 바이어스가 필요하다는 것은 분명하다. 이것은 저전압

회로에서 장점이 될 수 있다. 또한 게르마늄 다이오드는 실리콘 다이오드에 비해 주어진 전류 레벨에서 더 낮은 전압 강하를 보인다는 점에 유의하자. 게르마늄 다이오드는 게르마늄이 더 좋은 도체이기 때문에 전류의 저항이 적다. 그러나 실리콘 다이오드는 저렴한 비용과 낮은 누설 전류 때문에 대부분의 응용소자에서 더욱 우수한 장점을 가지고 있다.

그림 3-10은 역방향 바이어스 조건에서 실리콘과 게르마늄 다이오드가 어떻게 비교되는지를 보여준다. 역방향 전압 V_R의 적당한 수준에서는 실리콘 다이오드의 누설 전류는 매우 낮다. 게르마늄 다이오드는 훨씬 더 많은 누설 전류를 보여준다. 그러나 역방향 전압 V_R의 일정한 임계치에 도달하면 실리콘 다이오드는 역방향 전류량이 급격히 증가하게 된다. 이것은 **역방향 항복 지점**으로 표시된다. **애벌런치 전압**이라고도 한다. 애벌런치 항복은 캐리어가 밸런스 대역 전자와 충돌하여 그것들을 느슨하게 하기에 충분한 에너지를 얻을 때 발생한다. 이러한 현상으로 캐리어의 '애벌런치'를 발생시키고, 역방향 전류 흐름은 엄청나게 증가하게 된다.

실리콘 다이오드의 애벌런치 전압은 다이오드가 제조된 방식에 따라 50 V에서 1,000 V 이상의 범위에 있다. 애벌런치에서 역방향 전류량이 제한되지 않으면 다이오드는 파괴될 것이다. 애벌런치는 회로 전압을 안전하게 견딜 수 있는 다이오드를 사용하여 방지한다.

일부 다이오드는 에너지가 제한적일 경우 다이오드가 파괴되지 않도록 하기 위하여 지정된 전압에서 고장이 나거나 애벌런치가 일어나도록 제조된다. 보통 다이오드는 역방향 항복으로 파괴되는 경우가 많다. 역방향 전류는 한 곳에 집중되는 경향이 있어 열과 손상을 일으킨다. 애벌런치 다이오드는 고압 과도현상을 안전하게 흡수하고, 이를 통하여 손상으로부터 장비의 일부 회로 또는 다른 부분들을 보호할 수 있다. 과도 전압을 흡수할 수 있는 몇 가지 범주의 소자가 있지만 애벌런치 유형이 가장 빠르게 작동하고(pico 초 단위) 일부 응용분야에서 적합하다.

좀 더 알아보기

다이오드 1N5059와 같이 제어되는 애벌런치 다이오드는 다른 다이오드를 파괴할 수 있는 특정 조건 하에서 역방향 항복전압을 견딜 수 있다.

다음 절에서 다루는 제너 다이오드 또한 임의의 전압에서 고장이 나도록 제조된다. 그러나 일반적으로 전압은 더 작고, 실제 고장 메커니즘은 다르다. **애벌런치**는 이 용어가 무엇을 의미하는지 암시한다. 예를 들어, 가파른 산비탈에서 한 바위가 헐거워져서 다른 바위를 칠 수 있고 언덕 아래로 흐르는 바위 덩어리들을 초래할 수 있다. 애벌런치 다이오드에서는 역방향 전압의 영향을 받는 밸런스 대역 전자가 헐거워져 다른 밸런스 대역 전자와 부딪혀 역방향 전류가 크게 증가할 수 있다. 애벌런치는 고체, 액체 또는 기체에서 발생할 수 있다. 이온이 포함될 수 있지만, 애벌런치 다이오드의 경우, 이 메커니즘은 밸런스 대역 전자가 헐거워지기 때문이다.

애벌런치 다이오드는 많은 응용분야, 특히 전압 과도현상이 예상되는 응용분야에서 높은 신뢰성을 제공할 수 있다. 빠른 응답속도와 대량의 과도현상을 견딜 수 있는 능력 때문에 애벌런치 다이오드는 서지(전압/전류가 갑자기 높아지는 현상), 번개 및 기타 과도현상에 대하여 회로를 보호하는 데 사용된다. 그것들은 금속 산화 화합물질(MOVs), 제너 다이오드, 가스관보다 빠르다. 애벌런치 다이오드는 고전압 회로에 대하여 선택된 다이오드로서, 전압 멀티플레이어 및 고전압 상황에서 동작하도록 직렬로 연결된다.

유도성 부하로 인해 회로가 중단될 때 전압 과도현상이 발생하는 경우가 많다. 다이오드는 흔히 이러한 과도현상을 제어하고(그림 3-27) 전류가 흐르도록 하여 인덕터를 방전시키는 데 사용된다. 이것들은 종종 환류 다이오드라고 불리며 다음 장에서 더 자세히 논의된다. 애벌런치 다이오드는 종종 환류 다이어드 응용에 대하여 선호된다.

그림 3-11은 전압-전류 특성 곡선이 다이오드에 미치는 온도의 영향을 나타내기 위해 어떻게 사용될 수 있는지를 보여준다. 기온은 섭씨(°C)이다. 전자 회로들은 온도 −50°C에서 +100°C까지의 온도 범위에서 동작할 수도 있다. 낮은 온도에서는 수은이 얼고, 높은 온도에서는 물이 끓을 것이다. 군사용 전자 회로들의 동작 온도범위는 −55°C에서 +125°C이다. 전자 회로가 이처럼 광범위한 온도 범위에서 작동하려면 재료의 선택, 사용된 제조 공정, 완제품의 취급과 시험에 각별한 주의가 요구된다. 산업용이나 상업용보다 군사용에 사용되는 전자소자들이 더 비싼 것도 이 때문이다.

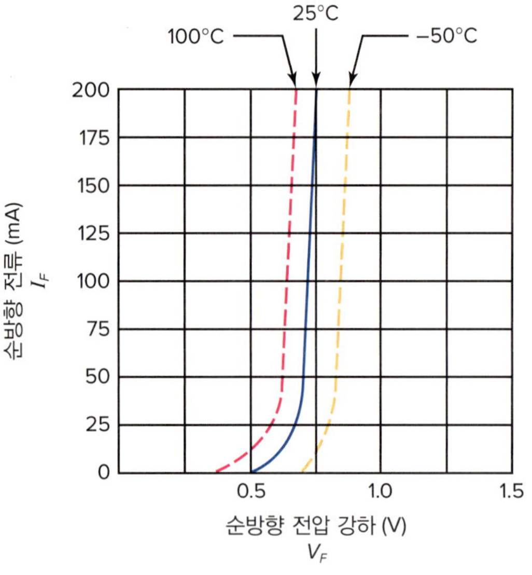

그림 3-11 전형적인 실리콘 다이오드에 대한 온도 효과를 보여주는 특성 곡선

그림 3-11의 곡선을 관찰함으로써 실리콘이 높은 온도에서 더 잘 전도된다는 결론을 내릴 수 있다. 온도가 올라갈수록 순방향 전압 강하 V_F가 감소하므로 저항값이 감소해야 한다. 이것은 실리콘음의 온도 계수와 일치한다. 그림 3-11은 또한 다이오드를 온도 센서로 사용할 수 있다는 것을 보여준다.

좀 더 알아보기

실리콘 다이오드와 자동차 산업

실리콘 다이오드의 개발로 자동차 설계자들은 발전기가 아닌 교류발전기를 사용할 수 있게 되었다. 이것은 충전 시스템의 성능과 신뢰성을 크게 향상시켰다.

Self-Test

각 문장에서 빠져 있는 단어를 채우시오.

10. 선형 소자에 대한 특성 곡선은 _____와 같은 모양으로 만들어진다.
11. 저항에 대한 전압-전류 특성 곡선은 ____와 같은 모양으로 만들어진다.
12. 1,000 Ω 저항에 대한 전압-전류 특성 곡선은 수평축 10 V에서 수직축 상 _____ 반대편의 한 점을 통하여 지나간다.
13. 개방회로(∞ Ω)에 대한 전압-전류 특성 곡선은 _____축 상에서 직선이 될 것이다.
14. 단락회로(0 Ω)에 대한 전압-전류 특성 곡선은 _____축 상에서 직선이 될 것이다.
15. 저항은 선형 소자이다. 다이오드는 ____소자이다.
16. 실리콘 다이오드는 순방향 바이어스 ___V가 적용될 때까지 전도가 되지 않는다.
17. 다이오드 애벌런치 또는 역방향 항복은 과도한 역방향 _____에 의해서 발생이 된다.

3-3 다이오드 리드 식별

다이오드는 극성을 가지고 있다. 저항기와 같은 구성요소는 회로에 어느 방향이든 배선할 수 있지만 다이오드는 제대로 설치해야 한다. 다이오드를 뒤쪽으로 연결하면 다이오드가 파괴될 수 있으며 회로의 다른 많은 부분에도 손상을 줄 수 있다. 기술자는 항상 다이오드가 올바르게 연결되어 있는지 확인해야 한다.

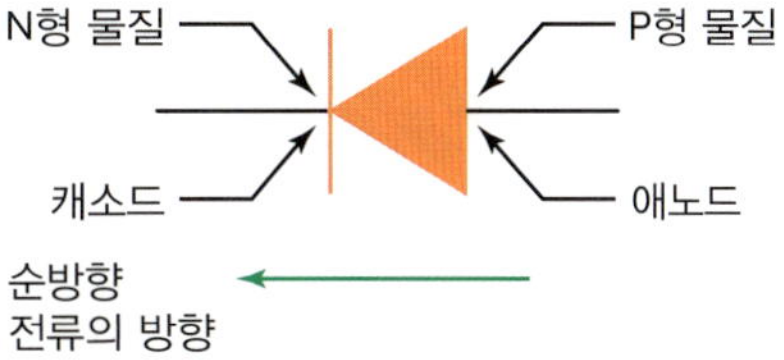

그림 3-12 다이오드 회로 기호

기술자들은 다이오드 극성을 점검할 때 종종 도표를 참조한다. 그림 3-12는 다이오드의 **회로 기호**를 나타낸다. P형 물질은 다이오드의 **양극**을 구성한다. **애노드**라는 단어는 전자를 끌어당기는 단자를 식별하는 데 사용된다. N형 물질은 다이오드의 **음극**을 구성한다. **캐소드**라는 단어는 전자를 방출하거나 방출하는 단자를 가리킨다. 순방향 전류는 양극에서 음극으로 이동한다는 점에 유의하자(전자의 흐름은 화살표 반대 방향).

다이오드는 많은 패키지 형태로 구입할 수 있다. 몇 가지 예는 그림 3-13에 나타나 있다. 제조업체는 플라스틱, 유리, 금속, 세라믹 또는 이러한 조합을 패키지 다이오드에 사용한다. 사용 가능한 크기와 모양이 꽤 있다. 일반적으로 대형 다이오드 소자는 더 높은 정격 전류를 가진다. 다이오드 패키지는 종종 **음극 리드**를 나타내기 위해 표시된다. 이것은 음극 리드 근처에 있는 하나 이상의 띠로 표시할 수 있다. 이 방법의 예는 그림 3-13의 DO-41 패키지에 나와 있다. 일부 오래된 패키지 스타일은 **음극 리드**를 나타내기 위해 사선 또는 더하기 기호(+)를 사용했다.

다른 형태의 패키지는 리드 식별을 위해 다양한 구성들을 사용한다. 몇몇 다이오드들

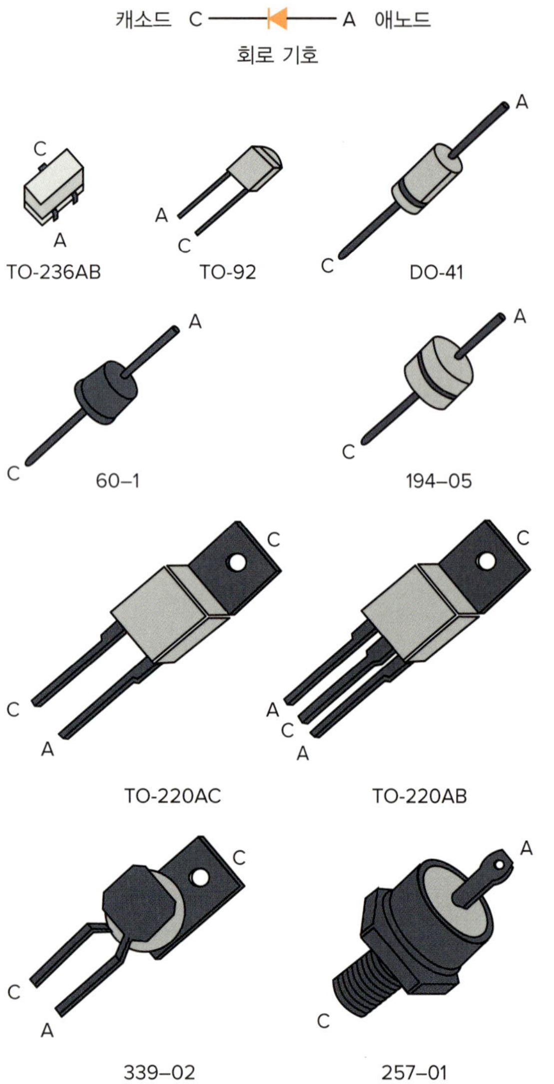

그림 3–13 다이오드 패키지 형태

은 다이오드 기호의 각인을 사용한다. 그림 3-13의 194-05 패키지는 이 방법을 사용할 수 있다. 단, 그림에는 각인을 보여주고 있지는 않지만, TO-220AC 형태는 음극 리드와 금속 탭이 모두 있으며, 음극 접촉의 역할도 한다. 리드 또는 탭을 사용하여 다이오드를 회로의 나머지 부분에 연결할 수 있다. TO-220AB 형태는 2개의 양극 리드를 보여준다. 이것은 패키지 안에 다이오드가 2개 들어 있어 상황이 다르다. 2개의 다이오드 양극은 별도의 단자로 사용할 수 있지만 음극은 내부적으로 연결되어 있다.

제조업체는 순방향 극성 버전과 역방향 극성 버전 모두에서 다이오드를 제공할 수 있다. 예를 들어, 그림 3-13의 257-01 패키지의 나사형 못의 끝은 역방향 극성 버전의 양극이다. 부품 번호 뒤에 'R'이 붙어서 역방향 극성 버전을 나타낸다. 그러나 부품 번호는 다이오드 소자에 거의 표시되지 않는다. 또 다른 문제는 제조업체들이 다른 소자들의 용이한 패키징을 위해 동일한 패키지를 사용한다는 점이다. 그림 3-13에 표시된 TO-236AB 패키지와 TO-220AB 패키지도 트랜지스터에 사용할 수 있다. 즉, 전자 회로의 일반적 검사는 구성요소와 그 리드를 항상 확실하게 식별할 수 있게 해주지는 않는다. 확실히 구별하기 위해서는 회로도나 다른 서비스 데이터 시트 등을 사용해야 한다.

전압-저항-전류 미터기(VOM) 또는 디지털 멀티미터기(DMM)를 사용하여 다이오드를 점검하고 리드를 구별하기 쉽다. 이 점검은 미터기의 옴미터 기능 또는 일부 DMM의 경우 다이오드 테스트 기능을 사용한다. 옴미터는 다이오드를 가로질러 연결되어 있고 저항은 그림 3-14(a)와 같이 기록된다. 다이오드가 켜져 있거나 순방향으로 바이어스 되면 옴의 스케일에서 상대적으로 낮은 판독값이 발생하거나 DMM의 경우 순방향 전압 강하가 표시된다. 그런 다음 그림 3-14(b)와 같이 옴미터 리드가 반대로 된다. 저항은 일반적으로 무한대이면 급격히 변해야 한다. 또는 DMM은 제한 범위 이상 또는 과부하(OL)를 표시해야 한다. 그림 3-14에서는 다이오드가 양호한 상태이고 음극 리드가 왼쪽에 있다고 결론을 내린

(a) 다이오드 동작(순방향 바이어스)

(b) 다이오드 동작 안함(역방향 바이어스)

그림 3-14 다이오드 테스트와 리드 식별

다. 옴미터의 양극 리드가 오른쪽 리드에 있을 때 다이오드는 켜진다. 순방향 전류는 양극에서 음극으로 흐른다. 양극이 전자를 끌어당기려면 양극을 +로 만드는 것이 필요하다. 다이오드를 켜기 위해서는 음극에 관해서 양극이 +이어야 한다는 것을 기억하자.

다이오드 테스트는 대개 순방향이지만, 고려해야 할 몇 가지 제한 조건이 있다. 구형 미터기는 저항 범위에서 역극성을 가질 수 있다. 다른 미터기는 다이오드를 켜기에 충분한 전압을 공급하지 못할 수 있다. 그러나 또 다른 미터기는 개방 회로에 좋은 다이오드를 보여주는 낮은 옴 기능을 가질 수 있다. 여러분은 시험장비의 특성과 한계를 알아야 한다.

현대의 DMM은 옴 범위와 다이오드 범위를 가지고 있다. 다이오드 범위는 대개 다이오드 회로 기호로 표시된다. 다이오드를 테스트할 때는 다이오드 범위를 사용하자.

일부 DMM은 다이오드 범위에서 들을 수 있는 출력을 가진다. 이러한 DMM은 양호한 다이오드가 순방향 바이어스 될 때 한 번 삐 소리를 내고 단락 다이오드에 대해서는 계속 삐 소리를 낸다. 양호한 다이오드가 역방향 바이어스 되면 소리가 나지 않는다.

일부 DMM의 다이오드 테스트 기능은 미터기 단자에 연결된 구성부품을 통해 약 0.6 mA 전류소비를 보여준다. 디지털 디스플레이는 구성부품을 통하여 전압 강하를 판독한다. 정상적인 순방향 바이어스 접합부는 이러한 유형의 미터기를 사용하여 0.250에서 0.700 범위의 임의 값을 표시할 것이다. 역방향 바이어스 접합부는 미터기 디스플레이에 제한범위 이상을 표시한다.

표 3-1은 다양한 다이오드 유형을 테스트하기 위해 옴 기능과 다이오드 기능에서 DMM

표 3-1 디지털 멀티미터(DMM)를 이용한 다이오드 테스트의 전형적 결과물

테스트된 소자	결과: 저항 기능 (kΩ)	결과: 다이오드 기능
Small silicon diode	19	0.571
1-A silicon diode	17	0.525
5-A silicon diode	14	0.439
100-A silicon diode	8.5	0.394
Small Schottky diode	7	0.339
Small germanium diode	3	0.277

을 사용하여 얻은 몇 가지 대표적인 측정값을 보여준다. 모든 경우에 다이오드는 정상이었고 미터기에 의하면 순방향 바이어스 되었다. 실리콘 다이오드의 전류 용량(크기)이 증가함에 따라 옴 기능을 사용할 때 다이오드의 순방향 저항이 감소하고 다이오드 기능을 사용할 때 다이오드의 전압 강하는 작아진다는 점에 유의하자. 또한 쇼트키와 게르마늄 다이오드는 최저 저항과 전압 강하를 나타낸다. 쇼트키 다이오드는 다음 절에서 설명된다.

다이오드는 비선형 소자다. 그들은 순방향 바이어스의 다른 레벨에서 동작할 때 동일한 저항을 보이지 않는다. 예를 들어 실리콘 다이오드는 2 kΩ 범위에서 측정할 때 500 Ω의 순방향 저항과 20 kΩ 범위에서 측정할 때 5 kΩ의 순방향 저항을 나타낼 수 있다. 이것은 옴미터가 다른 범위를 선택할 때 특성 곡선의 다른 지점에서 다이오드가 동작하기 때문에 예상할 수 있다. 그림 3-15는 이 아이디어를 예시한다. 옴의 법칙은 **특성 곡선**의 두 가지 다른 동작 지점에서 다이오드 저항을 계산하는 데 사용된다. 상위 동작 지점에서 다이오드의

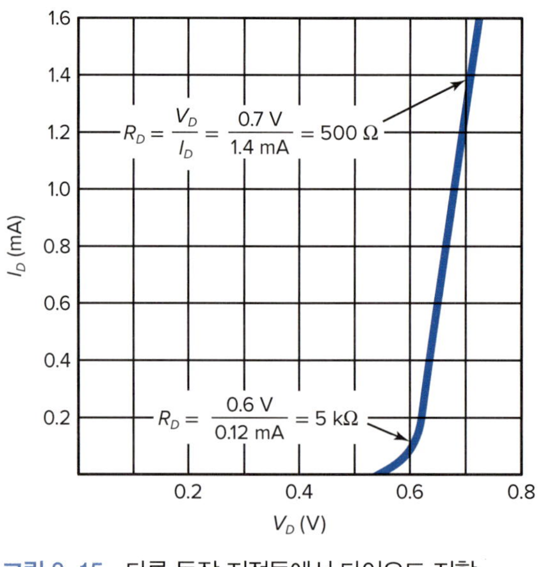

그림 3-15 다른 동작 지점들에서 다이오드 저항

저항은 500 Ω이고, 하위 동작 지점에서는 다이오드의 저항이 5 kΩ이다.

초보자들은 다이오드 극성에 의해 혼란스러울 수 있다. 그럴 만한 이유도 있다. 음극 리드를 표시하는 오래된 방법 중 하나는 플러스(+) 기호를 사용하는 것이었다(이는 더 이상 다이오드 제조업체에 의해 수행되지 않는다). 하지만 **양극**이 +로 만들어질 때 다이오드가 켜진다고 기술했다. 이것은 모순일 수도 있다. 단, 음극 리드를 나타내기 위해 + 기호를 사용한 이유는 **정류기 회로**에서 다이오드가 작동하는 방법과 관련이 있다. 정류기 회로에서 부하의 양극과 접촉하는 것은 음극 리드이다. 그래서 +기호는 기술자들이 부하 극성을 찾는 데 도움을 주기 위해 사용되었다. 정류기 회로는 다음 절에서 간략하게 다루며, 4장에서 자세히 설명되어 있다.

예제 3-5

$V_D = 0.2$ V일 때, 그림 3-15에서 R_D를 찾자. 옴의 법칙을 사용한다면,

$$R_D = \frac{V_D}{I_D} = \frac{0.2\text{ V}}{0} = \text{undefined.}$$

0에 의해 나누기는 정의할 수 없다. 그러나 분수의 분모를 0으로 근사화함에 따라, 분수의 값은 무한대로 근사화한다.

$$R_D \Rightarrow \infty$$

중요한 점은 이것이다. 다이오드를 통한 전압 강하가 전위장벽보다 작다면 다이오드의 저항은 무한대이다.

Self-Test

각 문장에서 빠져 있는 단어를 채우시오.

18. 다이오드가 순방향 바이어스 되어 있다고 가정하자. 전원의 음극 쪽에 연결된 다이오드 리드는 ______라고 부른다.
19. 패키지 띠 또는 사선 옆에 있는 다이오드 리드는 _____ 리드이다.
20. 구형 다이오드에 있는 + 표시는 ______ 리드를 나타낸다.
21. 옴미터는 다이오드를 통하여 연결되어 있다. 낮은 저항값이 나타난다. 리드가 역방향으로 연결되어 있다. 여전히 낮은 저항이 나타난다. 다이오드는 ______이다.
22. 옴미터로부터 +리드가 다이오드의 양극 리드에 연결되었을 때, 다이오드는 _____ 상태로 된다.
23. 다이오드는 ______이기 때문에 서로 다른 저항 범위에서 순방향 저항의 다른 값을 나타낸다.

3-4 다이오드 형태와 응용

전자 회로에는 많은 다이오드 형태와 응용제품이 있다. 중요한 것 중 일부는 이 절에 제시되어 있다.

정류 다이오드는 널리 사용된다. 정류기는 교류 전류를 직류 전류로 바꾸는 소자이다. 다이오드는 한 방향으로만 쉽게 전도되기 때문에 ac 주기의 절반만 다이오드를 통과한다. 다이오드는 간단한 배터리 충전기에 직접 전류를 공급하는 데 사용할 수 있다(그림 3-16). 보조 배터리는 방전 전류와 반대 방향으로 직류를 통과시켜 충전할 수 있다. 정류기는 배터리를 복원(재충전)할 수 있는 전류의 방향만 허용한다.

그림 3-16에서 다이오드가 연결되어 충전하는 동안에 전류 흐름은 방전하는 동안의 전류 흐름과 반대가 된다는 것에 주의하자. 다이오드의 음극은 반드시 배터리의 양극 단자에 연결되어야 한다. 이 연결이 잘못되면 배터리가 방전되거나 다이오드가 손상될 수 있다. 다이오드를 올바르게 연결하는 것은 매우 중요하다.

이상적인 정류기는 역바이어스 된 순간에 꺼질 것이다. 그러나 PN 접합 다이오드는 즉시 꺼질 수 없다. 다이오드가 전도될 때 접합부 주위에는 꽤 많은 정공과 전자가 있다. 역방향 바이어스를 적용하면 이러한 캐리어들을 접합부에서 멀리 보내 버리고 공핍 영역을 형성하는 데 시간이 걸리기 때문에 다이오드가 즉시 꺼지지는 않는다. 이 효과는 60 Hz와 같은 낮은 주파수를 정류할 때는 문제가 되지 않는다. 그러나 고주파 회로에서는 하나의 문제 요인이다.

지금까지 다이오드 동작을 생성하기 위한 두 가지 유형의 반도체 경계면을 살펴보았다. 일부 금속과 반도체의 경계면은 또한 정류될 것이다. 이러한 유형의 경계면을 **장벽**이라고 한다. **쇼트키 다이오드**(또는 **장벽 다이오드**)는 금속(백금)에 결합된 실리콘 N형 칩을 사용한다. 이 반도체와 금속 장벽은 다이오드 동작을 제공하고 PN 접합부보다 훨씬 더 빨리 꺼진다. 그림 3-17은 쇼트키 다이오드의 회로 기호를 나타낸다.

쇼트키 다이오드가 순방향 바이어스 될 때, N형 음극의 전자는 금속 양극으로 장벽을 넘

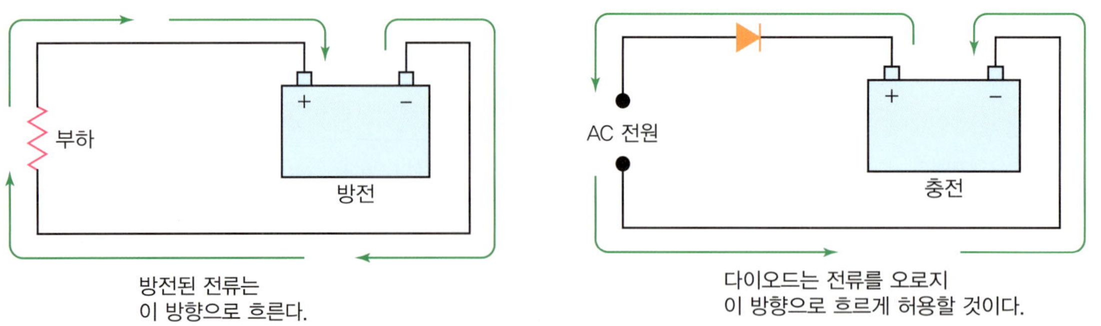

그림 3-16 다이오드와 연결된 배터리 충전

기 위해 에너지를 얻어야 한다. **핫 캐리어 다이오드**라는 용어는 이 사실 때문에 가끔 사용된다. 일단 '핫 캐리어'가 금속에 도달하면, 핫 캐리어는 그곳의 많은 수의 자유 전자와 결합하고 신속히 여분의 에너지를 포기한다. 역바이어스가 적용되면, 다이오드는 전류 흐름을 차단하기 위해, 공핍 영역을 형성할 필요가 없기 때문에 거의 즉시 전도하는 것을 중단한다. 또한 전자는 장벽을 넘기 위해 필요한 여분의 에너지를 잃었기 때문에 장벽을 넘을 수 없다. 그러나 약 50 V 이상의 역바이어스를 가하면 전자가 필요한 에너지를 얻고, 장벽이 허물어져 전도된다. 이것은 장벽형 소자가 고전압 회로에서 사용되는 것을 방지한다. 쇼트키 다이오드는 순방향 전류를 형성하기 위해 약 0.3 V의 순방향 바이어스만 필요로 한다. 쇼트키 다이오드는 고주파, 저전압 응용소자에 적합하다. 쇼트키 다이오드는 일반적으로 스위치 모드 전원 공급 장치에 사용된다.

그림 3-17 쇼트키 다이오드 회로 기호

다이오드는 일정한 전압을 유지하는 데 사용할 수 있다. 이것을 **전압 조정**이라고 한다. **제너 다이오드**라고 불리는 특수한 형태는 전압 레귤레이터로 사용된다. 제너 다이오드의 특성 곡선과 기호는 그림 3-18에 나타나 있다. 이 기호는 음극이 문자 Z를 나타내는 구부러진 선으로 그려진 것을 제외하고는 정류 다이오드와 유사하다. 제너 다이오드는 3.3~200 V의 전압을 조절하기 위해 제조된다. 일례로 1N4733은 인기 있는 5.1 V 제너 다이오드이다.

제너 다이오드와 정류 다이오드 사이의 중요한 차이점은 전자 회로에 사용되는 방법에 있다. 제너가 정상 범위 내에서 작동하는 한, 제너의 전압 강하는 정격 전압의 작은 + 또는 − 오류 전압과 동일할 것이다. 제너 다이오드는 정류 다이오드와 비교하여 **역방향**으로 작

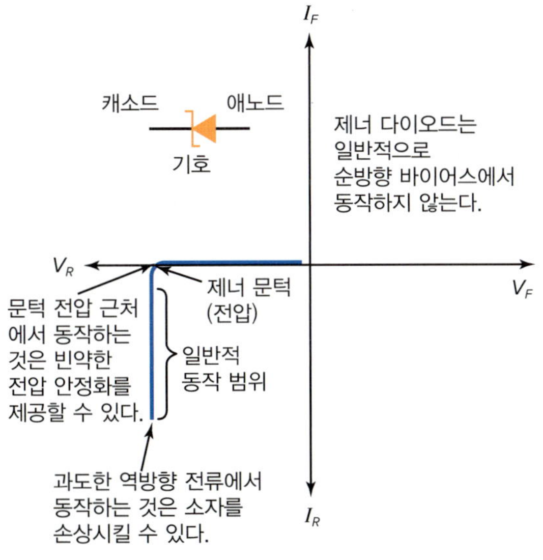

그림 3-18 제너 다이오드의 특성 곡선과 기호

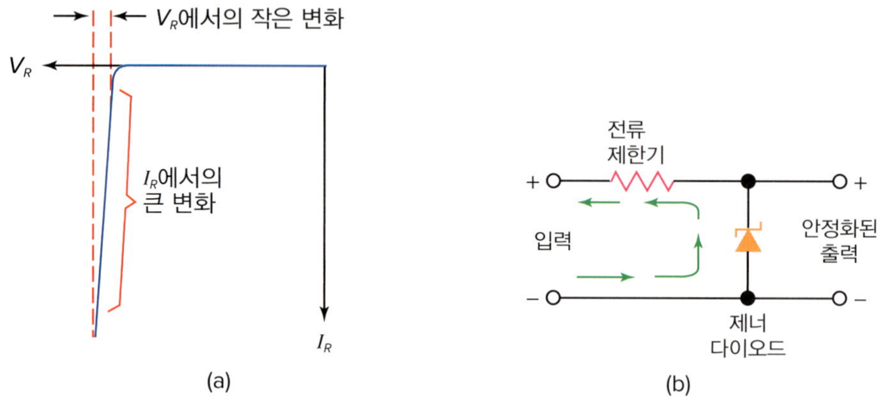

그림 3-19 전압 레귤레이터로서 이용된 제너 다이오드

동된다. 정류기에서 정상 전류는 음극에서 양극으로 흐른다. 제너는 역방향 브레이크오버로 작동하며 양극에서 음극으로 전도된다.

제너 다이오드 전류의 변화는 제너 전압의 작은 변화만을 야기할 것이다. 이것은 그림 3-19(a)에서 명확히 볼 수 있다. 정상 동작 범위 내에서, 제너 전압은 상당히 안정적이다.

그림 3-19(b)는 전압을 안정화하기 위해 제너 다이오드를 사용하는 방법을 보여준다. 제너 다이오드가 너무 많이 전도되고 과열되는 것을 방지하기 위해 전류 제한 저항기가 포함되어 있다. 안정화된 출력은 다이오드를 통하여 이용할 수 있다. 전도는 양극에서 음극으로 전달된다는 점에 주목하자. 제너 전압 레귤레이터는 4장에서 더 자세히 다루고 있다.

다이오드는 **클리퍼** 또는 **리미터**로 사용할 수 있다. 그림 3-20을 참조하자. 다이오드 D_1은 −0.6 V에서 입력 신호를 자르고(제한), D_2는 +0.6 V에서 입력 신호를 자른다. 2개의 다이오드에 너무 작을 정도로 순방향 바이어스 된 신호는 다이오드에 의한 영향을 받지 않을 것이다. 다이오드는 꺼졌을 때 저항이 매우 높다. 그러나 큰 신호는 다이오드를 동작시킬 것이고, 다이오드는 전도될 것이다. 이러한 경우, 초과된 신호 전압이 R_1에 걸쳐 떨어지게 된다. 따라서 총 출력 진폭은 1.2 V 피크 대 피크로 제한된다. 신호가 너무 커지면 이런 종류의 제한 조치를 사용할 수 있다. 예를 들어, 클리퍼를 사용하여 오디오 신호가 일부 음량 한계를 초과하지 않도록 할 수 있다.

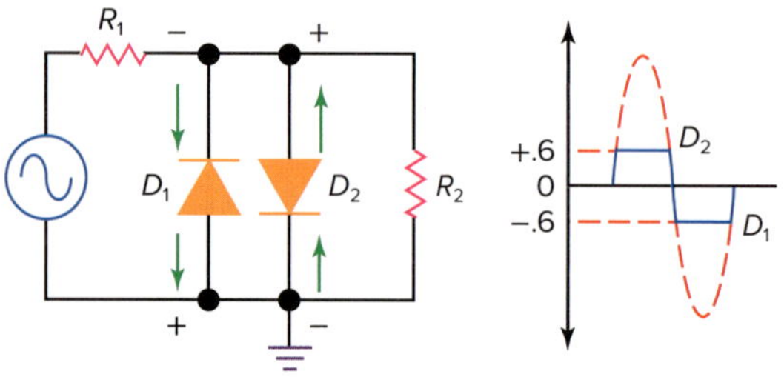

그림 3-20 다이오드 클리퍼

그림 3-20은 입력 신호가 사인파지만 출력 신호는 사각파에 가깝다는 것을 보여준다. 때때로 클리핑 회로가 신호의 모양을 바꾸는 데 사용된다. 클리퍼를 사용할 수 있는 세 번째 방법은 신호에 들어 있는 소음 펄스를 제거하는 것이다. 소음 펄스가 클리핑 포인트를 초과할 경우, 해당 펄스가 잘리거나 제한된다. 최종 신호는 원래의 신

호보다 소음이 없다는 것을 알 수 있다.

다이오드 D_2는 그림 3-20에서 신호의 양극(+) 부분을 자른다. 신호 전압이 0 V에서 증가하기 시작하면 처음에는 아무 일도 일어나지 않는다. 그리고 신호 전압이 0.6 V에 이르면 D_2가 켜지고 전도되기 시작한다. 이제 다이오드 D_2의 저항은 R_1의 저항보다 훨씬 작다. 저항 R_1은 0.6 V를 초과하는 신호 전원 전압을 떨어뜨린다. 이후 음의 전압으로 교체되기 시작한다. 신호가 먼저 음의 전압으로 바뀌면서 아무 일도 일어나지 않는다. −0.6 V가 되면 D_1이 켜진다. D_1이 동작할 때 R_1은 −0.6 V를 초과하여 신호 전압을 떨어뜨린다. 총 출력 진폭은 +0.6 V와 −0.6 V, 즉 1.2 V 피크 대 피크 사이의 차이를 보인다. 게르마늄 다이오드는 0.3 V에서 켜지며 클리퍼 회로에 사용할 경우 총 0.6 V의 피크 대 피크 진폭을 발생시킨다.

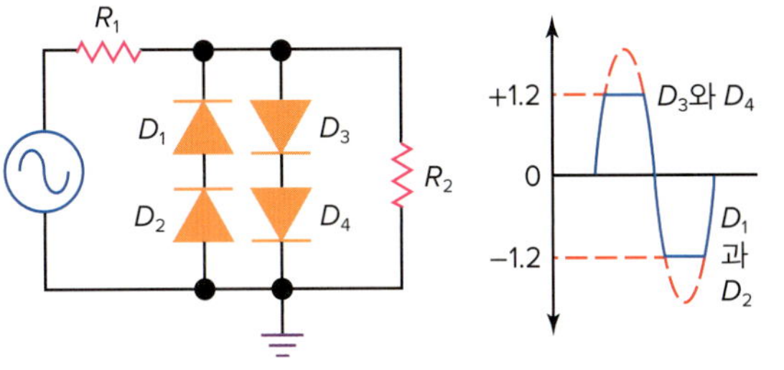

그림 3-21 높은 한계점에서의 클리핑

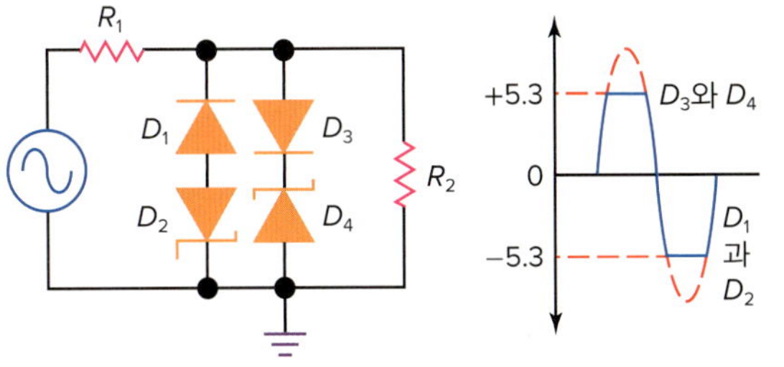

그림 3-22 높은 클리핑 한계점을 만들기 위한 제너 다이오드 활용

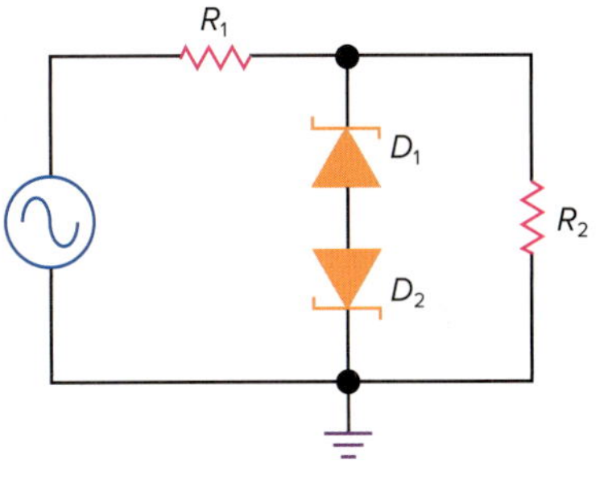

그림 3-23 간략화된 높은 한계점의 클리퍼

클리핑 포인트는 직렬 다이오드를 사용하여 더 높은 전압으로 변경할 수 있다. 그림 3-21을 살펴보자. D_3와 D_4를 켜려면 0.6 V + 0.6 V 또는 1.2 V가 필요하다. 이제 양의 클리핑 포인트가 +1.2 V의 그래프에 표시된다는 점에 유의하자. 비슷한 방식으로 D_1과 D_2는 신호가 −1.2 V로 흔들리면 동작한다. 그림 3-21의 출력 신호는 총 2.4 V 피크 대 피크 진폭으로 제한되었다. 더 높은 클리핑 전압은 그림 3-22와 같이 제너 다이오드를 사용하여 얻을 수 있다. D_2와 D_4가 4.7 V 제너라고 가정한다. D_4를 켜는 데 4.7 V가 필요하고 D_3을 켜는 데 +0.6 V가 필요하기 때문에 양(+)의 방향 신호가 +5.3 V에서 잘린다. 다이오드 D_1과 D_2는 −5.3 V 지점에서 음(−)의 방향 신호를 제한한다. 그림 3-22의 총 피크 대 피크 출력 신호는 10.6 V 로 제한된다.

제너 다이오드가 **순방향 바이어스** 되면 정류 다이오드(약 0.7 V)보다 약간 더 떨어진다. 따라서 그림 3-22의 회로는 그림 3-23과 같이 서로 마주한 2개의 제너를 사용하여 단순화할 수 있다. 전류가 위로 흐르면 하단의 제너는 0.7 V 감소하고 상단의 제너는 정격 전압을 떨어뜨린다. 전류가 아래로 흐를 때 상단의 제너는 0.7 V 감소하고 하단의 제너는 정격 전압을 떨어뜨린다. 예를 들어 회로가 2개의 1N4733s (5.1 V 소자)를 사용할 경우 총 출

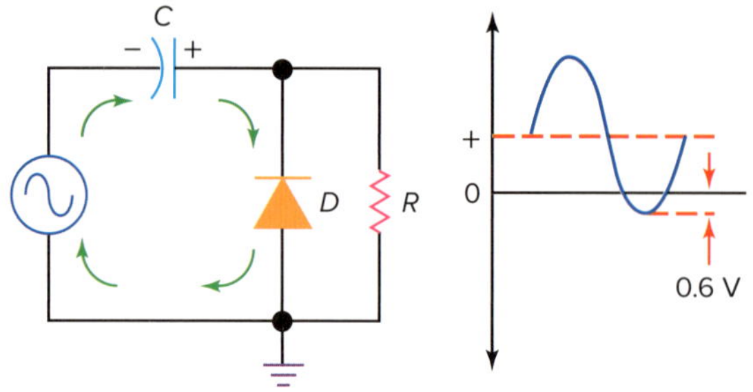

그림 3-24 포지티브 클램프

력 진폭은 5.1 + 0.7 = 5.8 V 피크 전압 또는 11.6 V 피크 대 피크 전압으로 제한될 것이다.

다이오드는 **클램프** 또는 **dc 재생회로**로 사용할 수 있다(그림 3-24 참조). 신호 전원은 ac 파형을 생성한다. 그래프는 저항을 가로질러 나타나는 출력 신호가 일반적인 교류는 아니라는 것을 보여준다. 평균값은 0 V가 아니다. 그것은 평균적으로 어느 정도 양의 전압이다. 이러한 신호는 전자 회로에 흔히 나타나며, ac 구성 소자와 dc 구성 소자를 모두 갖추고 있다고 할 수 있다. dc 구성 소자는 어디에서 왔는가? 다이오드는 커패시터를 충전하여 만든다. 그림 3-24의 다이오드 *D*는 충전 전류가 커패시터 *C*의 왼쪽으로 흐를 수 있도록 해준다는 점에 유의하자. 이 전류는 커패시터의 왼쪽에 여분의 전자를 배치하고 음(−) 전하를 발생시킨다. 전자들은 커패시터의 오른쪽 판에서 흘러나오고 양(+)의 전자로 만들어진다. 회로의 방전시간($T = R \times C$)이 신호주기보다 길어지면, 커패시터는 주기마다 일정한 전하를 유지할 것이다.

예제 3-6

커패시터가 1 μF, 저항은 10 kΩ, 전원이 1 kHz로 발생할 때, 그림 3-24에 대한 방전시간을 계산하시오.

$$\begin{aligned} T &= R \times C \\ &= 10 \times 10^3\ \Omega \times 1 \times 10^{-6}\ \text{F} \\ &= 0.01\ \text{s} \end{aligned}$$

에 의해서 *RC* 시간상수를 구하고 신호의 주기는 다음과 같다.

$$t = \frac{1}{f} = \frac{1}{1 \times 10^3\ \text{Hz}} = 0.001\ \text{s}$$

방전시간(T)는 신호주기(t)보다 10배 크다고 할 수 있다.

그림 3-25는 등가 회로이다. 충전된 커패시터가 ac 신호 전원과 직렬로 배터리 역할을 하는 것을 보여줌으로써 클램프를 설명할 수 있다. 배터리 전압 V_{dc}는 그래프에 표시된 상향 이동을 설명한다.

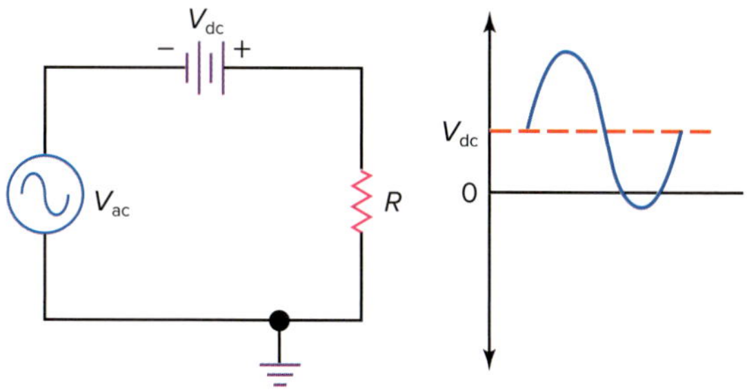

그림 3-25　클램프 등가 회로

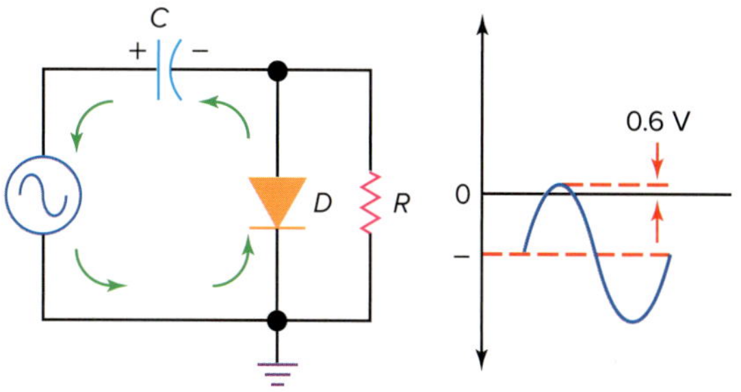

그림 3-26　네거티브 클램프

그림 3-24를 다시 참조하자. 그래프는 출력 신호가 제로(0)축보다 0.6 V 낮아지는 것을 보여준다. 이 −0.6 V 지점은 다이오드 *D*가 켜지고 동작할 때이다. 충전 전류는 신호 전원이 최대 음의 전압에 도달하면 사이클마다 한 번씩 짧게 흐른다.

그림 3-26은 다이오드가 반전되면 어떻게 되는지 보여준다. 충전 전류가 역방향으로 되고, 커패시터가 오른쪽 판에 음전압을 발생시킨다. 그래프는 출력 신호에 음의 dc 성분이 있음을 나타낸다. 이 회로를 **네거티브 클램프**라고 한다.

클램핑은 때때로 우리가 원하지 않을 때 일어난다. 예를 들어 신호 발생기는 회로 테스트에 종종 사용된다. 일부 신호 발생기는 출력 회로와 출력 잭 사이에 커플링 커패시터를 사용한다. 이러한 신호 발생기를 내장 커플링 커패시터에 전하가 축적될 수 있는 불균형 다이오드 부하에 연결하면 혼란스러운 결과가 발생할 수 있다. 결과로서 나타난 dc 충전은 ac 신호와 직렬로 동작하며 시험 회로 동작 방식을 변경할 수 있다. dc 전압계 또는 dc 커플링 오실로스코프를 접지로부터 출력 잭에 연결하여 클램핑이 발생하는지 확인할 수 있다.

그림 3-27은 아크 및 구성 부품 손상을 방지하기 위해 다이오드를 사용하는 방법을 보

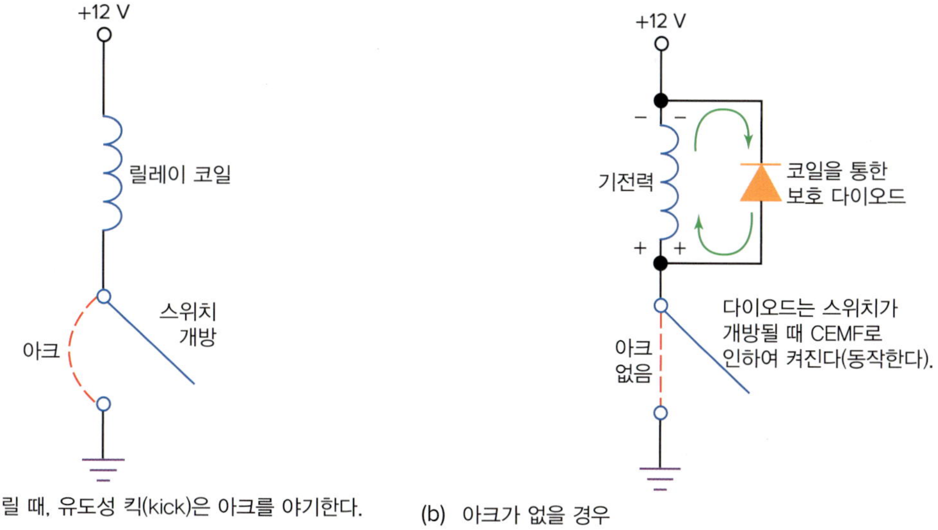

(a) 스위치가 열릴 때, 유도성 킥(kick)은 아크를 야기한다.　(b) 아크가 없을 경우

그림 3-27　'유도성 킥(kick)'을 멈추기 위한 다이오드 사용 예

여준다. 코일에서 전류가 갑자기 차단되면 코일에 걸쳐 큰 기전력(CEMF)이 발생한다. 이 높은 전압은 아크 발생을 일으킬 수 있으며 집적회로와 트랜지스터와 같은 민감한 소자도 파괴할 수 있다. 그림 3-27(a)에서 릴레이 코일과 직렬로 연결된 스위치가 열릴 때 아크가 있다는 점에 유의하자. 그림 3-27(b)에서는 코일을 가로지르는 보호 다이오드가 있다. 이 다이오드는 CEMF에 의해 순방향 바이어스 되어 있다. 다이오드는 안전하게 코일을 방전하고 아크 또는 손상을 방지한다.

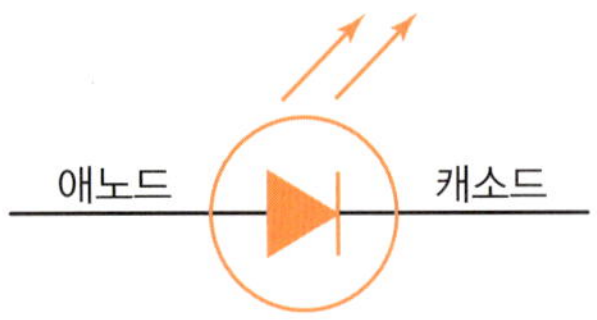

(a) 회로 기호

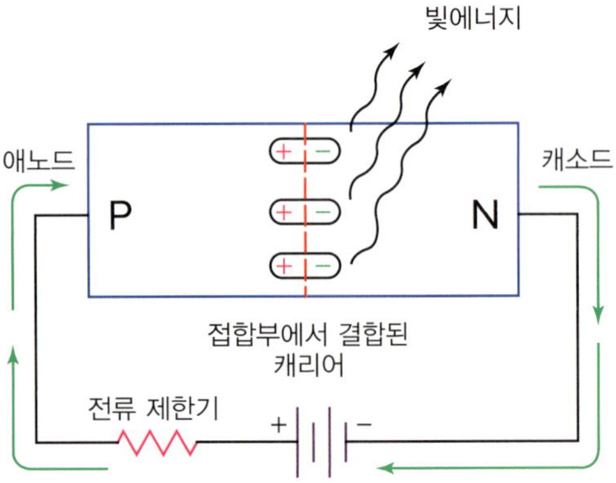

(b) 간단한 LED 회로

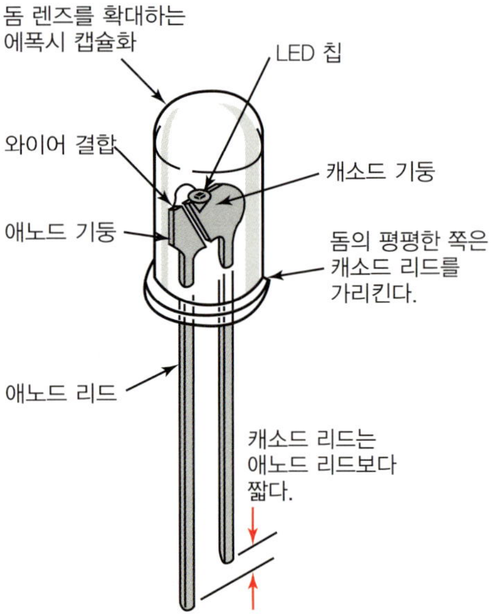

(c) T-1¾ 플라스틱 LED 특징

그림 3-28 발광 다이오드

또 다른 중요한 다이오드 유형은 **발광 다이오드**, 즉 LED이다. 도식 기호는 그림 3-28(a)에 나타나 있다. 그림 3-28(b)는 LED의 전자가 접합부를 교차할 때 전자는 정공과 결합한다는 것을 보여준다. 이것은 전자의 상태를 하나의 에너지 수준에서 낮은 에너지 수준으로 바꾼다. 그들이 자유 전자로 가지고 있던 여분의 에너지는 반드시 방출되어야 한다. 실리콘 다이오드는 이 여분의 에너지를 열로 발산한다. **갈륨 비소 다이오드**는 열과 적외선으로 에너지의 일부를 방출한다. 이러한 형태의 다이오드는 적외선 방출 다이오드(IRED)라고 불린다. 적외선은 사람의 눈에는 보이지 않는다. 다양한 재료를 사용한 갈륨 비소 도핑을 통하여 제조업체는 적색, 녹색 또는 황색의 가시광선 출력을 가진 다이오드를 생산할 수 있다.

더욱이 최근에는 청색 LED가 더 효율적이고 제조비용이 더 저렴하도록 생산 가능하다. 흰색 LED는 청색 빛과 반응하면 흰색으로 빛나는 형광 염료로 둘러 쌓인 청색 LED이다. 이것은 형광등 코팅이 튜브 안에서 발생하는 자외선에 의해 조사될 때 하얗게 빛나는 것과 유사한 과정이다. 일부 응용제품에서는 흰색 LED가 백열등을 대체하고 있다. 그것들은 많은 백열등의 경우 8,000시간과 비교하여 더 효율적이고, 원치 않는 적외선을 많이 생산하지 않으며, 100,000시간의 작동 수명을 가지고 있다. LED는 이제 소형 형광등의 효율성을 넘었고 어떠한 유해 물질도 포함하지 않는다. 그것들은 많은 응용제품에서 매우 매력적이 되어가고 있다.

현재 자외선 LED(UV LED)가 생산되고 있다. 이러한 '검은 빛'의 소스는 지폐 검증 장비, 의료 및 생물학적 검출기, 보안 시스템 및 누출 감지기 등의 다양한 응용제품에 적용할 수 있다.

레이저 다이오드는 공진 광학 캐비티를 생산하며 세심하게 제어가 가능한 물리적 치수를 가진 LED 또는 IRED이다. 공진 캐비티는 반도체 광자 방출에 인하여 위아래로 흔들리면서 빛에너지가 축적된다. 캐비티는 확실하게 튜닝된 필터 역할을 하며, 모든 출력 에너지는 같은 파장에 있다. 이것은 단색의 빛을 낸다. 또한 모든 레이저 소스의 전형적인 경우와 같이 모든 빛의 파장은 동일한 위상에 있다. 레이저 다이오드는 광섬유 통신 시스템, 간섭 측정 및 위치 측정 시스템, 스캐너 및 CD와 DVD와 같은 광학 저장 장치에 사용된다.

강한 세기를 가진 LED, UV LED, 레이저 LED는 **주의하여 취급해야 한다**. 그들의 빔을 직접 들여다보면 심각한 눈 손상을 입을 수 있다. 고반사성 표면이나 광섬유 케이블도 눈의 손상을 초래할 수 있다. 이것은 소자가 작동하지 않는 것처럼 보일 수 있기 때문에 '검은 빛'과 적외선 레이저 광원은 특히 위험하다. UV LED는 빛에너지를 생성하는지를 확인하기 위해 형광 표면을 자주 활용한다.

LED와 IRED는 실리콘 다이오드보다 순방향 전압 강하가 더 높다. 이러한 전압 강하는 다이오드 전류, 다이오드 유형 및 그 색상에 따라 1.5 V에서 2.5 V까지 다양하다. 제조업체의 데이터를 사용할 수 없는 경우 2 V가 좋은 시작점이다. 그림 3-28(b)의 다이오드 회로는 20 mA의 LED 전류에 맞게 설계되고 있으며 공급전압(배터리)이 5 V를 발생시킨다고 가정한다. 옴의 법칙은 전류-제한 저항의 값를 구하기 위해 사용된다. 다이오드 전압 강하는 저항에서 전압을 찾기 위하여 공급전압으로부터 빼야 한다.

$$R = \frac{V_S - V_D}{I_D} = \frac{5\text{ V} - 2\text{ V}}{20\text{ mA}} = 150\ \Omega$$

그림 3-28(c)는 T-1¾ LED 패키지의 물리적 외관을 보여준다. T-1¾ 패키지는 직경이 5 밀리미터(mm)이고 일반적인 크기다. 또 다른 일반적인 크기는 직경 3 mm인 T-1 패키지다. 그림은 음극 리드가 양극 리드보다 짧고 돔의 평평한 면은 음극 리드를 식별하는 데 사용할 수 있다는 것을 보여준다. 다른 다이오드 유형과 마찬가지로 LED도 정확한 극성으로 설치해야 한다.

발광 다이오드는 튼튼하고 작으며 수명이 매우 길다. 필라멘트의 점진적인 냉각 또는 가열로 인한 열적 지연이 없기 때문에, 발광 다이오드는 빠르게 동작할 수 있다. 그들은 특정한 광화학 제조 방법으로 생산되어 다양한 모양과 무늬로 만들어질 수 있다. 그것들은 백열등보다 훨씬 더 유연하다. 발광 다이오드는 숫자 표시로 0에서 9까지의 숫자를 나타낼 수 있다. 일반적인 **7 세그먼트 디스플레이**는 그림 3-29에 나타나 있

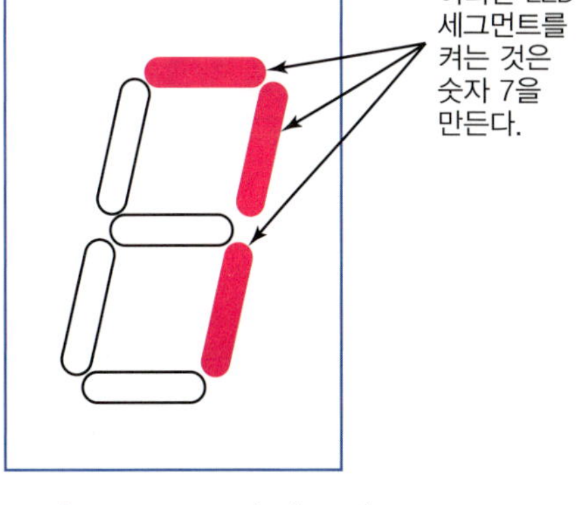

그림 3-29 LED 숫자 표기

다. 올바른 세그먼트를 선택하면 원하는 숫자가 표시된다.

예제 3-7

다이오드 전류가 15 mA이어야 하는 차량 회로에 대해 전류 제한 저항을 선택하자. 이러한 회로에는 12 V가 사용되며, 2 V 다이오드 강하를 가정할 수 있다.

$$R = \frac{12\,\text{V} - 2\,\text{V}}{15\,\text{mA}} = 667\ \Omega$$

전류를 제한하는 저항에서 전력소모는 중요하다.

$$\text{P} = I^2R = (15\ \text{mA})^2 \times 667\,\Omega = 150\ \text{mW}$$

더 우수한 안정성을 위하여, 전력소모는 일반적으로 두 배가 된다. 300 mW가 1/4 W보다 더 크기 때문에, 1/2 W 저항은 좋은 선택이 될 것이다.

광 다이오드는 빛 입력에 민감한 실리콘 소자이다. 그들은 보통 역바이어스에서 동작한다. 빛에너지가 공핍 영역에 들어가면 정공과 전자의 쌍이 생성되어 전류의 흐름을 지원한다. 따라서 광 다이오드는 빛 입력이 없으면 매우 높은 역방향 저항을 나타내고, 빛 입력이 있으면 낮은 역방향 저항을 나타낸다. 그림 3-30은 **광 커플러 회로**를 보여준다. **광 커플러**는 LED 또는 IRED와 광 다이오드 또는 광 트랜지스터를 포함하는 패키지다. S_1이 열리면 LED가 꺼지고 광 다이오드로 빛이 들어오지 않는다. 광 다이오드의 저항은 높고, 출력 신호는 높을 것이다. S_1이 닫히면 LED가 켜진다. 빛은 광 다이오드로 들어가 저항이 떨어지고, 출력 신호는 R_2에 걸친 전압 강하 때문에 더 낮은 수준으로 떨어진다. 광 커플러는 한 회로를 다른 회로와 전기적으로 분리하는 데 사용된다. 그들은 또한 **광 아이솔레이터**라고 불리기도 한다. 그림 3-30의 출력 회로에 입력 회로를 연결하는 유일한 것은 빛이기 때문에 서로 전기적으로 절연되어 있다.

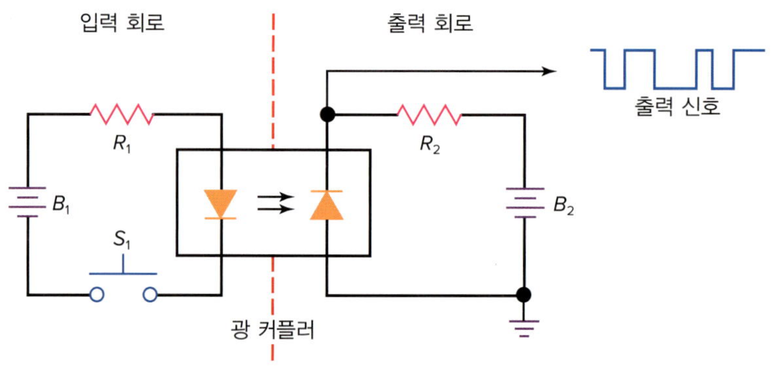

그림 3-30 광 커플러 회로

발광 다이오드 및 광 다이오드는 데이터 전송을 목적으로 광섬유 케이블과 함께 사용하는 경우가 많다. 와이어와 비교하여 광섬유 케이블은 더 비싸지만 다음과 같은 몇 가지 장점이 있다.

1. 전기장 및 자기장 간섭 제거
2. 장시간 운영을 위한 대용량 데이터 수용
3. 데이터 보안
4. 급격한 환경에서 안전
5. 소형 경량

LED와 레이저 다이오드는 모두 고속 데이터 전송이 가능하도록 빠르게 펄스가 가능하다. 다른 쪽에서는 빛을 다시 전기 펄스로 바꾸려면 광 검출기가 필요하다. 광 다이오드는 이것을 만들기 위해 사용된다. 그림 3-31은 다이오드에서 나오는 빛이 케이블의 한쪽 끝으로 들어가 다른 쪽 끝을 통해 다른 다이오드에 도달하는 것을 보여준다.

그림 3-31에는 **광섬유 케이블**의 구조와 종류를 보여준다. 이 케이블들은 가벼운 파이프다. 작동 원리는 빛의 완전한 내부 반사다. 빛이 투명한 표면에 부딪히면 반사 빔과 굴절 빔으로 나뉜다. 한 줄기 빛이 소위 임계각 이하 어떤 각도로 부딪히면 모든 빛이 반사된다. 굴절률이 더 작은 다른 물질로 핵심 물질을 결합할 경우, 얕은 각도에서 피복재를 충돌하는 광선들에 대해서 총 반사가 이루어진다. 대부분의 광 케이블은 코어 및 피복재에 다양한 혼합 실리콘 유리를 사용한다.

그림 3-31에 표시된 스텝 인덱스 멀티모드 섬유는 비교적 큰 코어를 사용한다. 따라서 가벼운 펄스를 구성하는 광선 중 일부는 직접 경로를 이동할 수 있는 반면, 다른 광선은 피복재에서 튕겨나가면서 지그재그로 이동할 수 있다. 다른 광선은 다른 경로 길이에 따라 다른 시간에 검출기 다이오드에 도달한다. 출력 펄스가 적당한 시간에 퍼진다. 그림 3-31의 입력 펄스와 출력 펄스의 관계를 자세히 살펴보자. 멀티모드 케이블에서 퍼지는 펄스는 고속 전송을 허용하지 않는다는 것을 알 수 있다. 고속 펄스 전송은 펄스의 간격을 시간 내에 매우 가깝게 해야 한다. 펄스의 간격이 점점 가까워짐에 따라 퍼짐으로써 개별 펄스로 분리할 수 없게 된다. 멀티모드 섬유는 장거리 고속 통신에는 사용되지 않는다.

그림 3-31에는 그레이드 인덱스 멀티모드 섬유도 보여준다. 이 케이블 유형은 출력 펄스가 덜 확산된다. 여기서, 더 작은 코어의 굴절률 지수는 중심에서 피복재 쪽으로 점차 변한다. 지그재그보다는 코어 곡선을 따라 이동하는 빛, 이것은 인덱스의 점진적인 변화 때문이다. 또한 직사광선이 코어의 중심보다 느리게 이동해야 하기 때문에, 직사광선과 거의 동시에 구부러진 (곡선) 선이 다이오드 검출기에 도달하여 감긴다.

그림 3-31에 나타낸 단일 모드 섬유는 최고 속도를 낼 수 있다. 빛은 좁은 중심부에서 직진 경로로만 이동한다는 점에 유의한다. 펄스 확산은 최소로, 고속을 사용할 수 있다. 현재

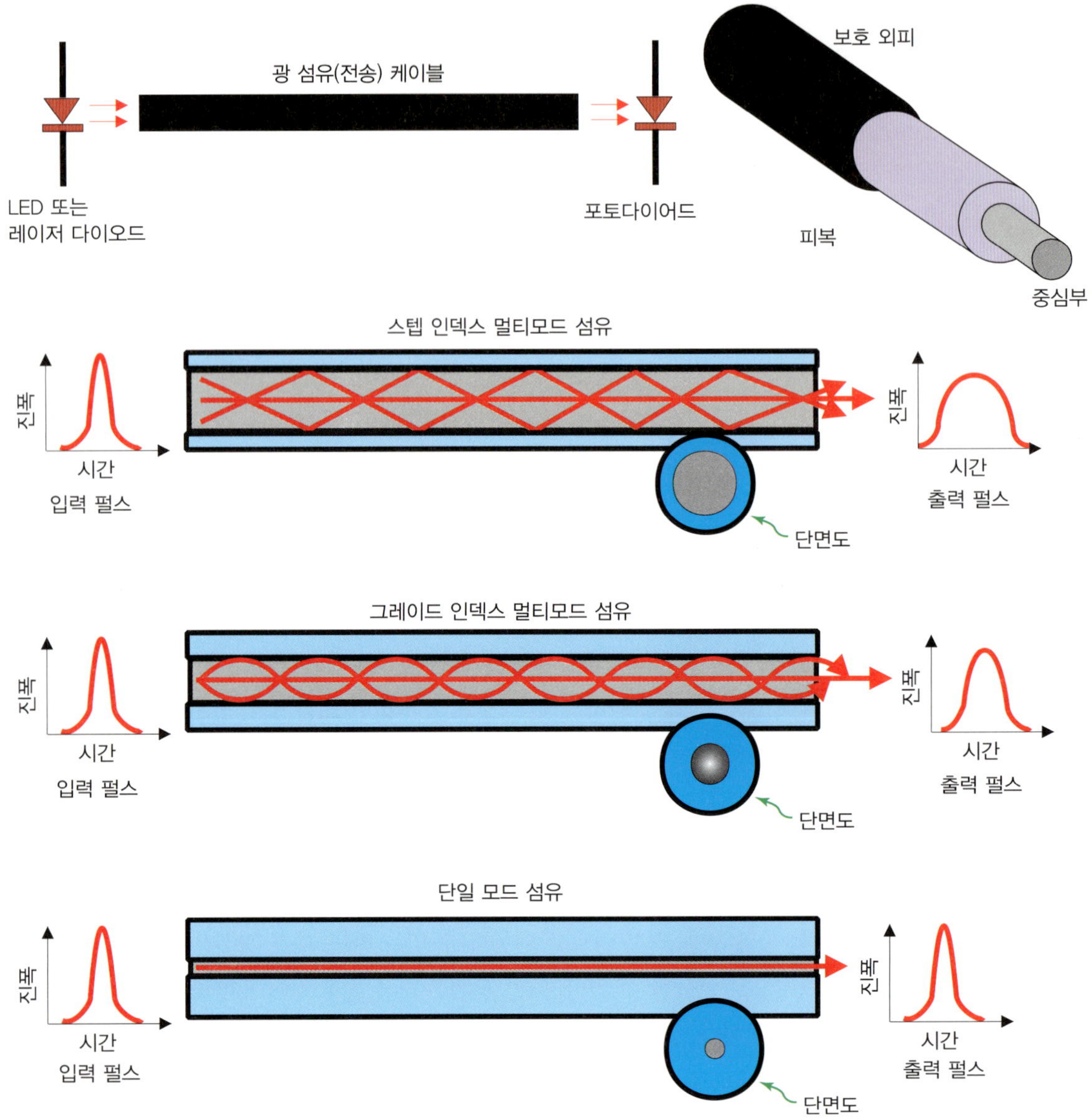

그림 3-31 광섬유 케이블 유형

광섬유 전송 속도 제한은 초당 약 100억 비트(펄스)이다. 1초당 1조 비트가 앞으로 몇 년 안에 도달할 것으로 예상된다.

데이터 전송에 사용되는 광섬유 케이블은 일반적으로 100마이크로와트(μW) 수준의 광신호를 전달한다. 이러한 수준에서는 사람 눈의 손상이 불가능하다. 그러나 다른 응용제품에서는 훨씬 더 높은 수준의 전력을 사용할 수 있다. 전력 세기가 절대적으로 안전한 것으로 확인되지 않는 한 광섬유 케이블의 끝을 들여다보면 안 된다. 또한 어떤 시스템들은 적외선을 사용한다는 것을 기억하자. 여러분이 볼 수 없는 것은 여러분을 다치게 할 수도 있다.

배리캡 또는 **버랙터** 다이오드는 가변 커패시터의 반도체 대체품이다. 전자 회로의 많은 튜닝과 조정은 커패시턴스의 변화를 포함한다. 가변 커패시터는 종종 크고 섬세하며 비싼 부품이다. 장비 전면 패널에서 커패시터를 조정해야 하는 경우 금속 축 또는 복잡한 기계적 연결을 사용해야 한다. 이것은 몇몇 설계상의 문제를 일으킨다. 배리캡 다이오드는 전압에 의해 제어될 수 있다. 제어축 또는 기계적 링크가 필요하지 않다. 배리캡 다이오드는 작고, 견고하며, 저렴하다. 그것은 현대 전자 장비에서 가변 커패시터 대신 사용된다.

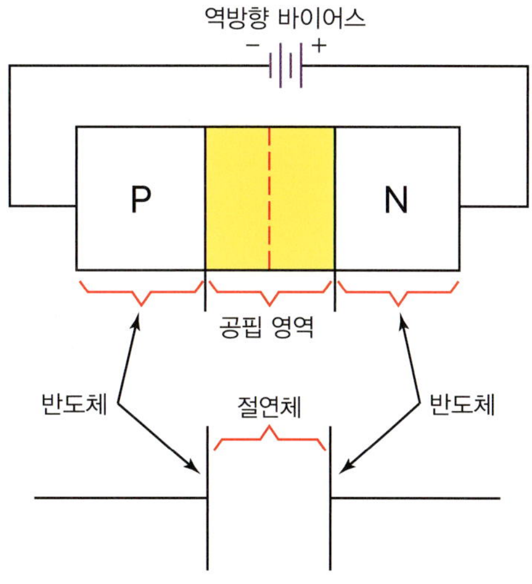

그림 3-32 다이오드 커패시턴스 효과

PN 접합부의 커패시터 효과는 그림 3-32에 나타나 있다. 커패시터는 유전체 또는 절연체로 분리된 2개의 전도판으로 구성된다. 그것의 정전 용량은 판의 면적과 간격 정도에 따라 달라진다. 역방향 바이어스 다이오드는 유사한 전기 구성방식을 가지고 있다. P형 재료는 반도체이고 하나의 판을 형성한다. N형 재료도 반도체이고 다른 판을 접고 형성한다. 공핍 영역은 절연체로서 유전체를 형성한다. 역방향 바이어스를 조정함으로써, 공핍 영역, 즉 유전체의 폭이 변경되고, 이는 다이오드의 용량을 변경한다. 역방향 바이어스가 높은 경우, 다이오드 커패시턴스는 공핍 영역이 넓어지기 때문에 낮을 것이다. 이것은 가변 커패시터의 판을 더 멀리 떨어뜨리는 것과 같은 효과를 보인다. 역방향 바이어스는 거의 없고, 공핍 영역은 좁다. 이것은 다이오드 커패시턴스를 증가시킨다.

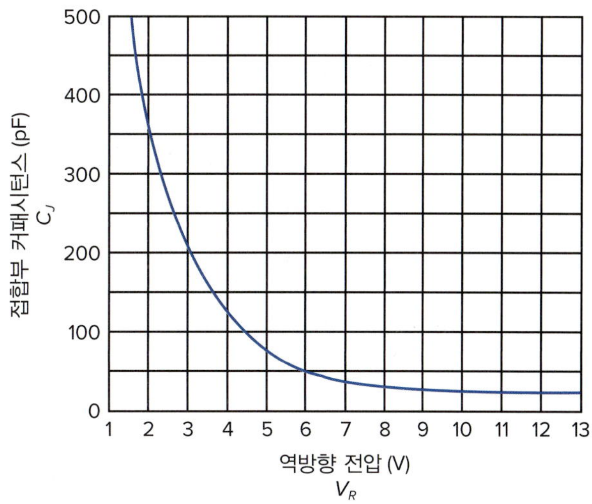

그림 3-33 배리캡 다이오드의 접합 커패시턴스 대 역방향 전압 특성 곡선

그림 3-33은 배리캡 **튜닝 다이오드**의 역방향 바이어스 대 피코패럿(pF)의 커패시턴스를 보여준다. 역방향 바이어스가 증가함에 따라 커패시턴스가 감소한다. 배리캡 다이오드는 그림 3-34와 같이 간단한 *LC* 튜닝 회로에서 사용할 수 있다. 그림 3-34의 튜닝된 회로는 인덕터(*L*)와 2개의 커패시터(*C*)에 의해 형성된다. 상단 커패시터 C_2는 일반적으로 하단 배리캡 다이오드 커패시터 C_1보다 값이 훨씬 높다. 이것은 튜닝된 회로의 공진 주파수가 인덕터와 배리캡 커패시터에 의하여 만들어지기 때문이다.

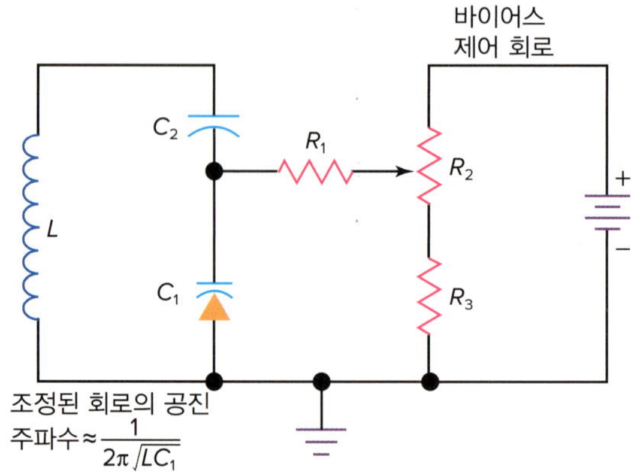

그림 3-34 배리캡 다이오드 튜닝

기억해보기

커패시터가 직렬로 있을 때, 커패시터의 전체 합 또는 등가 커패시턴스는 곱 나누기 합 공식으로 계산한다.

$$C_S = \frac{C_1 \times C_2}{C_1 + C_2}$$

직렬 커패시턴스는 그림 3-34의 인덕터를 조정한다. 이 커패시턴스는 바이어스 제어 회로에 의해 결정되므로 R_2를 조정하면 LC 튜닝 회로의 공진 주파수가 변경될 것이다.

기억해보기

LC 회로의 공진 주파수는 다음 식에 의하여 결정된다.

$$f_r = \frac{1}{2\pi\sqrt{LC}}$$

그림 3-34의 R_1은 높은 저항값이며 튜닝된 회로를 바이어스 제어 회로에서 격리시킨다. 이렇게 하면 튜닝된 회로의 Q, 즉 공진의 민감함이 저항 부하단에 의해 낮아지는 것을 방지할 수 있다. 높은 저항은 낮은 부하와 더 우수한 Q를 제공한다. 저항 R_2와 R_3는 가변

예제 3-8

C_2가 0.005 μF이고 튜닝 전압이 증가함에 따라 C_1이 400 pF에서 100 pF까지 변한다면 그림 3-34에 대해서 등가 직렬 커패시턴스를 계산하자. 첫 번째, 0.005 μF을 피코패럿으로 변환한다.

$$0.005 \times 10^{-6} = 5{,}000 \times 10^{-12}$$

다음으로는 직렬 커패시턴스를 결정하자.

$$C_1 = 400 \text{ pF}:$$
$$C_S = \frac{400 \times 5{,}000}{400 + 5{,}000} = 370 \text{ pF}$$

또한 직렬 커패시턴스를 결정하자.

$$C_1 = 100 \text{ pF}:$$
$$C_S = \frac{100 \times 5{,}000}{100 + 5{,}000} = 98 \text{ pF}$$

이러한 두 가지 경우에서는, 직렬 커패시턴스는 단지 C_1의 값에 근접한다.

적 바이어스 분배기를 형성한다. 그림에서 보이는 것처럼 저항의 와이퍼 암이 위로 이동하면 다이오드를 가로지르는 역방향 바이어스는 증가할 것이다. 이렇게 하면 배리캡 다이오드의 커패시턴스는 감소하고 튜닝된 회로의 공진 주파수는 증가한다. 여러분은 공진 주파수 공식을 확인하고 이 경향을 검증해야 한다. 또한 R_3가 없으면 다이오드 바이어스는 0으로 감소할 수 있다. 배리캡 튜닝 다이오드에서, 0 V 바이어스는 일반적으로 허용되지 않는다. 튜닝된 회로의 ac 신호는 다이오드를 순방향의 전도성으로 전환할 수 있다. 이것은 원치 않는 결과를 초래할 것이다. 그림 3-34와 같은 회로는 전자제품에서 많은 튜닝을 위해 사용될 수 있다.

예제 3-9

코일이 1 μH라면, 그림 3-24의 배리캡 값이 100 pF에서 400 pF 범위인 것에 대한 주파수 범위를 구하라. 단 C_2의 값이 명확한 효과를 가지지 못할 정도로 충분히 크다는 것을 가정한다. 고주파수를 구하자.

$$f_h = \frac{1}{6.28 \times \sqrt{100 \times 10^{-12} \times 1 \times 10^{-6}}}$$
$$= 15.9 \text{ MHz}$$

저주파수를 구하자.

$$f_l = \frac{1}{6.28 \times \sqrt{400 \times 10^{-12} \times 1 \times 10^{-6}}}$$
$$= 7.96 \text{ MHz}$$

주파수 범위를 구하기 위하여 빼기를 해보자.

$$f_{\text{range}} = f_h - f_l = 15.9\ \text{MHz} - 7.96\ \text{MHz}$$
$$= 7.94\ \text{MHz}$$

고주파수와 저주파수의 **비율**은 배리캡에 커패시턴스 범위 4:1에 대해서 2:1인 것을 주목하자. 이것은 주파수가 커패시턴스의 제곱근처럼 변화하기 때문이다.

예제 3-10

배리캡이 10에서 1까지의 커패시턴스 범위를 가진다면 그림 3-34에 대해서 주파수 비율을 구하라. 이 주파수 비율은 커패시턴스 범위의 제곱근과 같은 것이다.

$$f_{\text{ratio}} = \sqrt{10} = 3.16$$

일부 다이오드는 P와 N 영역 사이에 **고유**층을 포함하여 제작된다. 이것을 **PIN 다이오드**라고 하는데, 여기서 'I'는 P 재료와 N 재료 사이의 고유층을 나타낸다. 고유층은 순수한 실리콘이다(도핑이 안 되어 있는). PIN 다이오드가 순방향 바이어스 되면 캐리어들이 고유 영역으로 주입된다. 그런 다음 다이오드가 역바이어스 될 때 이들 캐리어들이 고유 영역에서 다 빠져나가는 데는 비교적 오랜 시간이 걸린다. 이러한 현상은 PIN 다이오드를 고주파 정류기로서의 용도에 대하여 쓸모없게 만든다.

PIN 다이오드의 값은 RF 전류에 대한 가변 저항기 역할을 할 수 있다는 것이다. 그림 3-35는 일반적인 PIN의 저항이 어떻게 되는지 보여준다. 다이오드는 그것을 통과하는 직류에 따라 변화한다. 직류량이 증가하면 다이오드의 저항이 떨어진다.

PIN 다이오드는 RF 스위칭에도 사용된다. 더 빠르고, 더 조용하고, 더 안정적인 작동을 위해 릴레이를 교체하는 데 사용할 수 있다. 쌍방향 라디오에서 발생하는 전형적인 상황

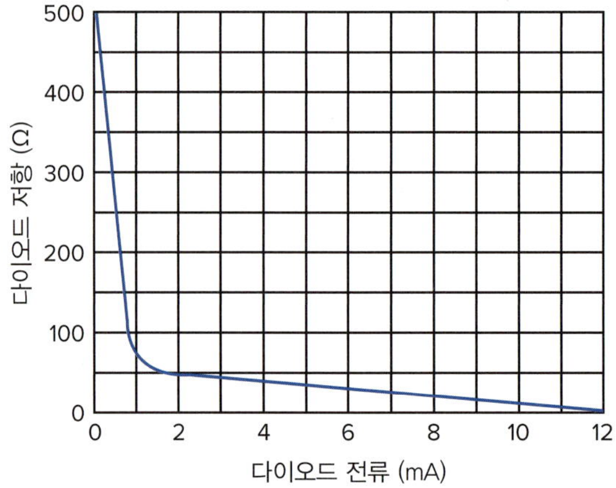

그림3-35 PIN 다이오드 저항 대 전류 특성 곡선

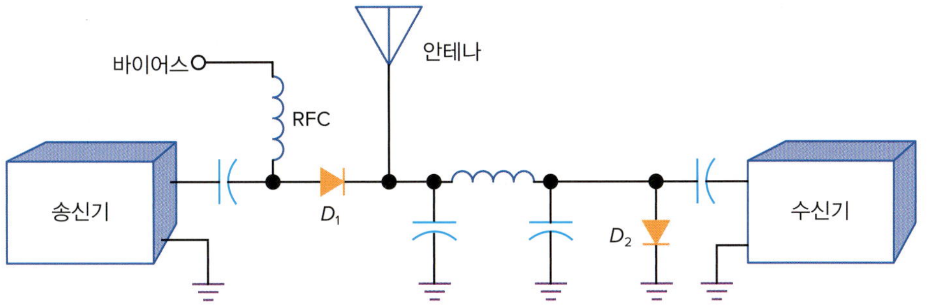

그림 3-36 PIN 다이오드 송신-수신 스위칭

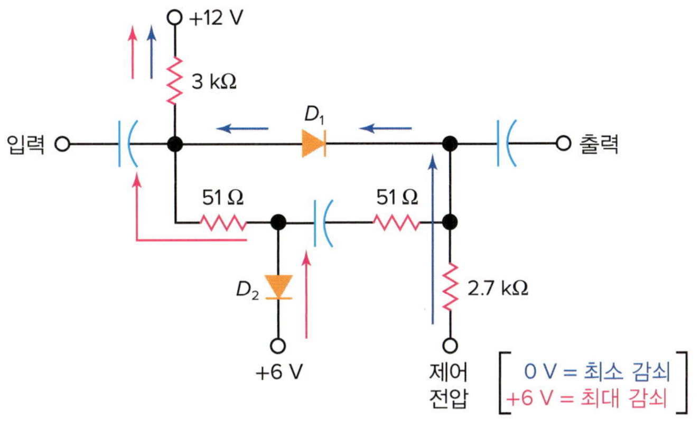

그림 3-37 PIN 다이오드 감쇠기

은 그림 3-36과 같다. 송신기와 수신기는 안테나를 공유한다. 송신기가 켜져 있거나 수신기가 손상되었을 때 수신기를 안테나로부터 분리해야 한다. 이는 그림 3-36의 바이어스 단자에 양의 전압을 가하여 두 PIN 다이오드를 모두 켜는 방식으로 이루어진다. 직류는 지면에서 D_2와 코일을 거치고 D_1을 거쳐 무선 주파수 초크(RFC)를 통해 바이어스 단자로 흐른다. 두 다이오드는 모두 저항이 낮으며, 송신기에서 나오는 무선 신호는 D_1을 통과하여 거의 손실 없이 안테나로 전달된다. 또한 D_2는 신호를 전송 시에 저항이 낮으며, 이는 수신기 입력을 통하여 나타나는 명확한 RF 전압을 방지한다. 바이어스 전압은 신호를 수신할 때 제거되고 2개의 다이오드는 모두 높은 저항을 나타낼 것이다. 안테나는 D_1에 의해 송신기에서 효과적으로 분리된다.

PIN 다이오드는 스위칭 외에도 RF 신호의 **감쇠**를 제공할 수 있다. 그림 3-37은 PIN 다이오드 감쇠기 회로를 보여준다. 제어점이 0 V일 때 신호는 입력에서 출력까지 거의 손실 없이 통과한다. 이것은 D_1이 순방향으로 바이어스 되어 있고 저항이 낮기 때문이다. D_2는 현재 역방향 바이어스 되어 있으며, 신호에 거의 영향을 미치지 않는다. 바이어스 조건은 3,000 Ω 저항에서 dc 전압 강하를 해결함으로써 결정할 수 있다. 0 V의 제어점에서는, 3000 Ω 저항, D_1, 그리고 2,700 Ω 저항을 포함하는 직렬 회로를 통하여 12 V의 전원이 있다. 파란 화살표를 따라가자. 다이오드 저항은 무시할 수 있을 정도로 작다. 3,000 Ω 저항에 대한 전압 강하는 전압 분배기 수식으로 확인할 수 있다.

$$V = \frac{3,000}{3,000 + 2,700} \times 12\ \text{V} = 6.32\ \text{V}$$

왼쪽 51 Ω 저항 상단 끝의 전압은 12 V 전원에서 6.32 V 전압 강하를 뺌으로써 확인할 수 있다.

$$V = 12\,\text{V} - 6.32\,\text{V} = 5.68\,\text{V}$$

따라서 D_2의 음극은 +6 V이며, 양극은 51 Ω 저항을 통하여 5.68 V의 전압으로 연결된다. 음극이 양극보다 더욱 양극인 상황에서 D_2는 역바이어스 되어 매우 높은 저항을 갖는다.

그림 3-37에서 제어 전압이 +6 V로 변경되면 상황은 반전된다. 붉은 화살표를 따라가자. 지금 D_2가 켜져 있고 D_1이 꺼져 있다. D_2가 낮은 저항 상태에 있기 때문에 입력 신호는 출력에 거의 도달할 수 없다. 입력 신호는 왼쪽 51 Ω 저항에서 소멸된다. 이것은 D_2의 음극이 RF 접지에 있다고 가정한다. (일반적으로 그것은 신호 주파수에서 리액턴스가 낮은 커패시터를 사용하여 접지로 바이패스 된다.)

그림 3-37에서 제어 전압이 6 V일 때 D_1이 꺼져 있다는 것을 증명하기 위하여, 다시 전압 분배기 수식을 사용할 것이다. 전류는 이제 D_2, 51 Ω 저항, 그리고 3,000 Ω 저항을 통과한다(붉은 화살표 참조). 3,000 Ω 저항을 통하는 전압 강하는 다음과 같이 확인이 된다.

$$V = \frac{3,000}{3,000 + 51} \times (12\,\text{V} - 6\,\text{V}) - 5.9\,\text{V}$$

D_1의 양극 단자 전압은 12 V 전원에서 전압 강하만큼의 값을 빼서 확인할 수 있다.

$$V = 12\,\text{V} - 5.9\,\text{V} = 6.1\,\text{V}$$

따라서 D_1의 양극 끝부분은 음극 끝부분과 관련하여 0.1 V 높을 뿐이다. 이것은 순방향 바이어스 조건에 충분하지 않기 때문에, D_1은 꺼져 있고 높은 저항의 상황에 있다.

Self-Test

각 문장이 참인지 거짓인지 판단하시오.

24. 정류기는 교류 전류를 직류 전류로 바꾸는 데 사용하는 소자다.
25. 쇼트키 다이오드는 저전압 고주파 응용제품에 사용된다.
26. 전압 레귤레이터 역할을 하는 제너 다이오드는 양극에서 음극으로 전자가 흐른다.
27. 정상적으로 작동하는 정류기 다이오드는 양극에서 음극까지 전도될 것이다.
28. 다이오드 클램프는 신호의 피크 대 피크 진폭을 제한하기 위해 사용된다.
29. 다이오드 클램프는 dc 재생회로라고도 할

수 있다.

30. 동일한 밀봉된 패키지에 LED와 광 다이오드가 들어 있는 소자를 광 아이솔레이터라고 한다.
31. 버랙터 다이오드는 바이어스 변화에 따른 인덕턴스 변화가 크다.
32. 공핍 영역은 배리캡 다이오드 커패시터에서 유전체의 역할을 한다.
33. 배리캡 다이오드를 가로질러 바이어스(역방향)를 증가시키면 커패시턴스가 증가할 것이다.
34. 튜닝된 회로에서 커패시턴스를 감소시키면 공진 주파수가 증가할 것이다.
35. PIN 다이오드는 고주파 정류기로 사용된다.

Chapter 3 요약 및 복습

요약

1. 가장 기초적이고 유용한 전자부품 중 하나가 PN 접합 다이오드다.
2. 다이오드가 형성되면 절연체 역할을 하는 공핍 영역이 나타난다.
3. 순방향 바이어스는 다수 캐리어를 접합부로 이동시키고 공핍 영역을 무너뜨린다. 다이오드는 전류가 흐르도록 전도한다. (기술적으로 말하면, 그것은 반도체이다.)
4. 역방향 바이어스는 공핍 영역을 넓힌다. 다이오드는 전도되지 않는다.
5. 역방향 바이어스는 소수 캐리어를 접합부로 이동시킨다. 이것은 작은 누설 전류를 흐르게 한다. 그것은 보통 무시될 수 있다.
6. 전압-전류 특성 곡선은 전자 소자의 동작을 설명하는 데 매우 자주 사용된다.
7. 저항의 전압-전류 특성 곡선은 선형(직선)이다.
8. 다이오드의 전압-전류 특성 곡선은 비선형이다.
9. 게르마늄 다이오드를 켜려면 순방향 바이어스 약 0.3 V, 실리콘 정류기의 경우 약 0.6 V, LED의 경우 약 2 V 전압이 필요하다.
10. 실리콘 다이오드는 어떤 높은 값의 역방향 전압으로 애벌런치를 일으킬 것이다.
11. 다이오드 리드는 음극 리드와 양극 리드로 구별된다.
12. 다이오드가 전도되도록 양극은 음극에 대하여 +로 만들어야 한다.
13. 제조업체는 음극 리드를 띠, 사선, 테두리 또는 + 기호로 표시한다.
14. 다이오드의 극성 구별이 안 되면, 옴미터 테스트로 음극 리드를 식별할 수 있다. 음극 리드는 음극 단자에 연결될 것이다. 저항값이 낮으면 옴미터의 음극 단자가 음극에 연결되어 있음을 나타낸다.
15. 옴미터 테스트를 적용할 때는 주의를 기울여야 한다. 일부 옴미터는 극성이 뒤바뀐다. 때로는 일부 옴미터의 전압이 너무 낮아서 PN 기능 다이오드를 켤 수가 없다. 일부 옴미터의 전압이 너무 높으면 정밀한 PN 접합부를 손상시킬 수 있다.
16. 교류 전류를 직류 전류로 바꾸는 데 사용되는 다이오드를 정류기 다이오드라고 한다.
17. 쇼트키 다이오드는 공핍 영역이 없으며 실리콘 다이오드보다 훨씬 빨리 꺼진다.
18. 전압을 안정시키거나 조절하기 위해 사용하는 다이오드는 제너 다이오드이다.
19. 제너 다이오드는 레귤레이터로 동작할 때 양극에서 음극으로 전도된다. 이것은 정류기 다이오드가 작동하는 방식과는 정반대가 된다.
20. 다이오드 클리퍼 또는 리미터는 신호의 피크 대 피크 진폭을 안정화하는 데 사용할 수 있다. 신호의 모양을 바꾸거나 잡음 함량을 줄이는 데도 사용할 수 있다.
21. 클램프 또는 dc 재생회로는 ac 신호에 dc 구성요소를 추가한다.
22. 발광 다이오드는 송신기 및 수신기와 광 아이솔레이터에서 사용된다.
23. 배리캡 다이오드는 반도체 가변 커패시터이다. 배리캡 다이오드는 역바이어스 조건 하에서 동작된다.
24. 배리캡 다이오드는 최대 바이어스에서 최소 커패시턴스를 보여준다. 배리캡 다이오드는 최소 바이어스에서 최대 커패시턴스를 보여준다.
25. PIN 다이오드는 무선 주파수 신호 변환과 감쇠에도 사용된다.

관련 식

다이오드 순방향 전류: $I_F = \dfrac{V_S - 0.6}{R}$ 또는 $\dfrac{V_S - V_D}{R}$

RC 시정수: $T = RC$

공진 주파수: $f_R = \dfrac{1}{2\pi\sqrt{LC}}$

직렬 커패시턴스: $C_S = \dfrac{C_1 C_2}{C_1 + C_2}$

연습 문제

각 문장이 참인지 거짓인지 판단하시오.

3-1. PN 접합 다이오드는 P형 결정을 N형 결정에 기계적으로 결합하여 만든다. (3-1)

3-2. 공핍 영역은 반도체 다이오드의 PN 접합부 P형 측면에서만 형성된다. (3-1)

3-3. 전위장벽은 P형 측면의 모든 정공을 채우기 위하여 N형 측면의 모든 전자가 접합부를 통과하지 못하도록 한다. (3-1)

3-4. 공핍 영역은 절연체 역할을 한다. (3-1)

3-5. 순방향 바이어스는 공핍 영역을 붕괴시키는 경향이 있다. (3-1)

3-6. 역방향 바이어스는 다수 캐리어를 접합부 쪽으로 유도한다. (3-1)

3-7. 공핍 영역을 붕괴시키고 실리콘 반도체 다이오드를 동작시키기 위해서는 순방향 바이어스 0.6 V가 필요하다. (3-1)

3-8. 다이오드는 선형 전압-전류 특성 곡선을 가진다. (3-2)

3-9. 정류기 다이오드에 과도한 역방향 바이어스가 인가되면 애벌런치를 일으켜 파괴할 수 있다. (3-2)

3-10. 실리콘은 게르마늄보다 더 우수한 전도체이다. (3-2)

3-11. 게르마늄 다이오드를 켜는 전압은 실리콘 다이오드를 켜는 전압보다 작은 전압이 요구된다. (3-2)

3-12. 다이오드와 같은 전자 소자의 동작은 온도에 따라 변화한다. (3-2)

3-13. 전자에는 섭씨 온도 눈금이 사용된다. (3-2)

3-14. 다이오드의 누설 전류는 음극에서 양극까지 이다. (3-2)

3-15. 다이오드의 순방향 전류는 음극에서 양극으로 전달된다. (3-2)

3-16. 다이오드 제조업체는 대개 음극 리드를 식별하기 위해 어떤 식으로든 패키지를 표시한다. (3-3)

3-17. 음극에 대하여 다이오드 양극을 −로 만들면 다이오드가 켜진다. (3-3)

3-18. 옴미터로 대부분의 다이오드를 테스트하고 음극 리드를 구별할 수 있다. (3-3)

3-19. 정류기 다이오드는 제너 다이오드와 같은 방식으로 사용된다. (3-4)

3-20. 제너 다이오드는 일반적으로 양극에 대하여 + 음극 단자로 작동한다. (3-4)

3-21. 게르마늄 다이오드 2개는 그림 3-20과 같이 연결된다. 10 V 피크 대 피크 입력 신호의 경우, R_2의 신호는 0.6 V 피크 대 피크가 된다. (3-4)

3-22. 그림 3-24에서 D의 기능은 출력 신호 진폭을 0.6 V 피크 대 피크 이하로 제한하는 것이다. (3-4)

3-23. 발광 다이오드는 작은 필라멘트를 뜨겁게 달구어 빛을 방출한다. (3-4)

3-24. 배리캡 다이오드의 커패시턴스는 그것을 가로지르는 역방향 바이어스에 의해 결정된다. (3-4)

3-25. 게르마늄 다이오드는 비용이 적게 든다. 따라서 최근에 사용되는 회로에서는 실리콘 다이오드보다 인기가 높다. (3-4)

3-26. 다이오드 클리퍼를 클램프라고 부르기도 한다. (3-4)

3-27. 그림 3-34에서 R_2의 와이퍼 암이 위로 이동하면 f_r이 증가한다. (3-4)

종합 문제

3-1. 그림 3-5를 참조하자. 다이오드는 실리콘, 배터리는 3 V, 전류 제한기의 저항은 150 Ω이다. 회로에서 전류 흐름을 찾아보자. (힌트: 다이오드의 순방향 전압 강하를 빼는 것을 잊지 말자.) (3-1)

3-2. 그림 3-11을 참조하자. 25°C의 온도 및 순방향 전류 25 mA일 때, 다이오드의 순방향 저항값을 계산하자. (3-2)

3-3. 그림 3-11을 다시 참조하자. 25°C의 온도 및 순방향 전류 200 mA일 때, 다이오드의 순방향 저항값을 계산하자. (3-2)

3-4. 그림 3-23을 참조하자. 두 저항은 모두 10 kV이고, 두 제너에는 3.9 V의 정격이 있으며, 입력 신호는 2 V의 피크 대 피크이다. 출력 신호를 계산하자. (힌트 : R_1과 R_2의 전압 분배 동작을 기억하자.) (3-4)

3-5. 종합 문제 3-4와 동일한 조건으로 입력 신호가 20 V 피크 대 피크인 경우 그림 3-23의 출력 신호를 찾아보자. (3-4)

3-6. 원하는 LED 전류가 15 mA일 경우 8 V로 구동되는 LED 회로에 사용해야 하는 전류 제한기 저항값은 얼마인가? LED는 순방향 전압 강하가 2 V라고 가정할 수 있다. (3-4)

비판적 사고를 위한 문제

3-1. 거의 이상적인 다이오드는 다른 특성 중에서도 매우 작은 장벽전위를 가질 수 있다(밀리볼트 정도). 그렇게 작은 전위장벽의 장점은 무엇일까?

3-2. 다이오드를 사용하여 온도를 측정하는 방법을 생각해볼 수 있는가?

3-3. 고출력 다이오드는 매우 뜨거워질 수 있으며, 열은 전자 소자에서 고장의 주요 요인이다. 이 장에서 가능한 해결책이 제시되어 있는가?

3-4. 적외선 리모컨 유닛은 텔레비전 수신기나 DVD 플레이어와 같은 제품에서 매우 인기가 있다. 리모컨 유닛의 문제를 진단하는 데 도움이 될 수 있는 오실로스코프와 함께 사용할 수 있는 간단한 회로를 설명할 수 있는가?

3-5. 광 아이솔레이터가 의료용 전자제품에 자주 사용되는 이유를 생각해볼 수 있는가?

3-6. 그림 3-36에 표시된 PIN 다이오드 송신 및 수신 회로가 휴대 전화에 유용하지 않은 이유는 무엇인가?

3-7. 장식용 조명에 직렬 정류기를 추가하여 발생하는 두 가지 효과를 구별할 수 있는가?

Self test–정답

1. T
2. F
3. T
4. F
5. F
6. F
7. F
8. T
9. T
10. 직선
11. 직선
12. 10 mA (0.01 A)
13. 수평의
14. 수직의
15. 비선형
16. 0.6
17. 바이어스 (전압)
18. 캐소드
19. 캐소드
20. 캐소드
21. 단락된
22. 온
23. 비선형의
24. T
25. T
26. T
27. F
28. F
29. T
30. T
31. F
32. T
33. F
34. T
35. F
36. 재생가능한

37. 밸런스(가전자)
38. 전위장벽
39. 홀
40. 보다 작은
41. 전류
42. 단결정
43. 셀
44. 전압
45. 가장 낮은,
가장 낮은
46. dc 대 dc
47. dc 대 ac

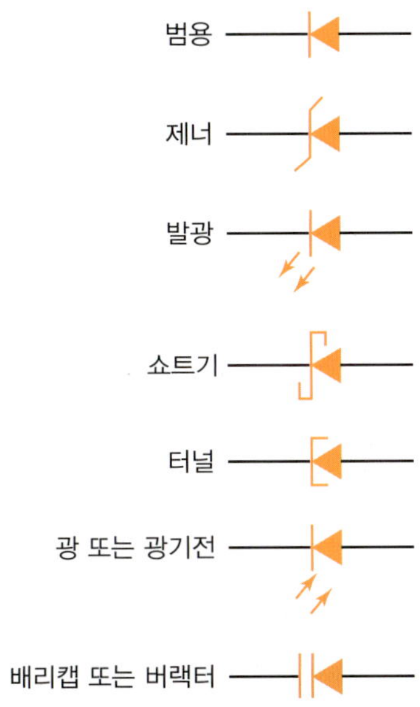

그림 3-43 다양한 다이오드 형태와 기호

CHAPTER 4 전력 공급기

학습 목표

이 장에서 다음 내용을 숙지하고 습득하자.

4-1 시스템으로서의 전원 **확인** [4-1]

4-2 일반적인 정류기 회로 구별 및 **설명** [4-2, 4-3]

4-3 dc 출력 전압 **예상** 및 측정 [4-4]

전자 회로는 동작하기 위해 에너지가 필요하다. 대부분의 경우, 이 에너지는 전력 공급기라고 불리는 회로에 의해 공급된다. 전력 공급기 고장은 다른 모든 회로에 영향을 미친다. 전력 공급은 모든 전자 시스템의 핵심 부분이다. 전력 공급기는 정류 다이오드를 사용하여 교류 전류를 직류 전류로 변환한다. 전력 공급기는 또한 전압 레귤레이터로 제너 다이오드를 사용한다. 이 장에서는 이러한 방법으로 다이오드를 사용하는 회로를 다룬다. 또한 구성부품 수준 문제 해결에 대해서도 논의한다. 회로의 각 부분이 무엇을 하고 회로가 어떻게 작동하는지 알면 기술자는 결함이 있는 구성부품을 찾을 수 있다.

4-1 전력 공급기 시스템

오늘날 대부분의 전력 공급기는 하이브리드이다. 그것들은 선형 회로와 디지털 회로의 조합이다. 이 장에서는 선형 회로 부분을 다룬다. 이 부분은 보통 ac 라인에 직접 연결되거나 60 Hz 전력 변압기를 통하여 연결된다. 주로 전해질의 성분인 다이오드와 필터 커패시터를 사용해 ac를 dc로 변환한다. 선형 회로 부분은 흔히 **스위처** 또는 **스위치 모드 공급기**라고 불리는 디지털 섹션이 뒤따른다.

전력 공급기는 사용 가능한 전기 에너지(보통 ac)를 시스템 내의 다양한 회로가 요구하는 형태(일반적으로 dc)로 변경한다. 전자 시스템 문제 해결의 초기 단계 중 하나는 회로의 다양한 단계에서 공급 전압을 확인하는 것이다.

전력 공급기는 시스템의 요구 사항에 따라 단순함에서 복잡함까지 다양하다. 12 V dc를 공급

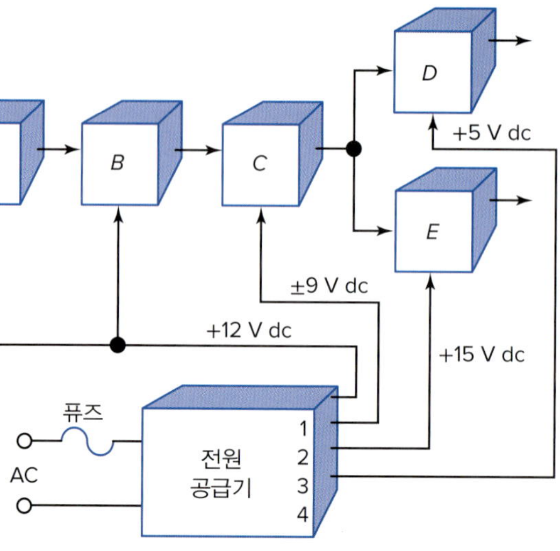

그림 4-1 전자 시스템의 블록 다이어그램

하기 위하여 간단한 전력 공급기가 필요할 수 있다. 좀 더 복잡한 전력 공급기는 섀시 접지와 관련하여 몇 개의 전압을 제공할 수 있으며, 일부는 + 전압과 − 전압을 제공할 수 있다. 양쪽 극성에 전압을 공급하는 전력 공급 장치를 **쌍극성 전력 공급기**라고 한다. 일부 전력 공급기는 출력 전압 공차가 클 수 있다. 출력 전압은 ±20% 차이가 날 수 있다. 다른 전력 공급기는 출력 전압을 ±0.01% 이내로 유지해야 한다. 분명히 엄격한 허용오차는 전력 공급기의 설계를 복잡하게 한다.

그림 4-1은 전자 시스템의 블록 다이어그램을 보여준다. 전력 공급기는 다른 회로에 전력을 공급하기 때문에 시스템의 핵심 부품이다. 전력 공급기에 문제가 발생하면 퓨즈가 '파괴'될 수 있다(개방). 이 경우 다른 회로에는 어떤 전압도 공급되지 않는다. 또 다른 유형의 문제는 전력 공급기의 출력 중 하나만 고장 날 수도 있다. 전력 공급기의 구성부품 고장으로 인해 +12V dc 출력 전압이 0V로 떨어진다고 가정하자. 회로 *A*와 *B*는 더 이상 동작하지 않을 것이다.

그림 4-1에 표시된 전력 공급기의 두 번째 출력은, 공통적(일반적으로 금속 섀시)으로 + 및 − dc 전압을 모두 발생시킨다. 이 출력도 실패할 수 있다. − 출력만 실패할 가능성도 있다. 어느 경우든 회로 *C*는 그러한 조건에서 정상적으로 동작하지 않을 것이다.

전자 시스템의 문제 해결은 블록 다이어그램으로 훨씬 더 쉬워질 수 있다. 고장 증상이 블록 중 하나의 블록 고장을 나타내는 경우, 기술자는 회로의 해당 부분에 특별한 주의를 기울일 것이다. 전력 공급기는 대부분의 다른 블록 또는 모든 블록에 전원을 공급하므로 문제 해결 시 가장 먼저 확인해야 할 사항 중 하나이다.

Self-Test

각 문장에서 빠져 있는 단어를 채우시오.

1. 전력 공급기는 일반적으로 교류를 ______로 변경할 것이다.
2. 전력 공급기의 전압은 일반적으로 기준점으로 섀시의 ______를 이용하여 명확히 제공한다.
3. 그림 4-1과 같은 그림을 ______ 다이어그램이라고 부른다.
4. 블록 다이어그램에서 모든 블록에 전력을 공급하는 회로를 ______라고 부른다.

4-2 정류

대부분의 전자 회로는 직류를 필요로 한다. 교류는 전력회사에서 공급한다. 전원 공급기의 목적은 **정류**에 의하여 교류 전류를 직류 전류로 바꾸는 것이다. 교류는 양방향으로 흐르고 직류는 한 방향으로만 흐른다. 다이오드는 한 방향으로만 작동하므로 정류기 역할을 한다.

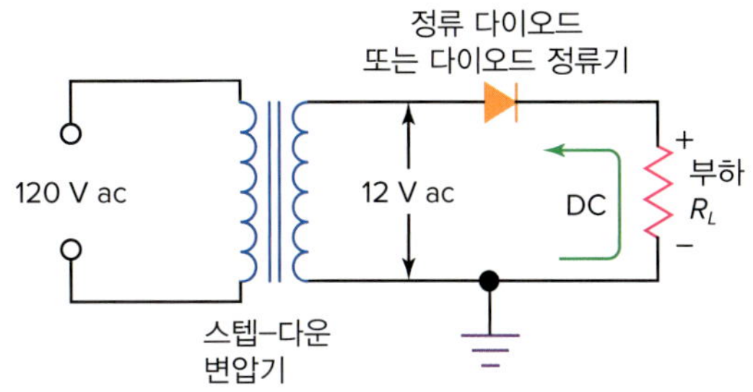

그림 4-2 간단한 dc 전력 공급기

일반적인 벽면 콘센트에서 이용할 수 있는 ac 전력 공급은 120 V, 60 Hz이다. 전자 회로는 종종 더 낮은 전압을 필요로 한다. 변압기를 사용하여 전압을 필요한 수준으로 낮출 수 있다. 그림 4-2는 계단식 변압기와 다이오드 정류기를 사용한 간단한 전력 공급기를 보여준다.

그림 4-2의 전력 공급기에 대한 부하는 전기 회로, 충전 중인 배터리 또는 다른 전자 소자일 수 있다. 이 장에서는 부하를 R_L로 표기한 저항으로 나타낸다.

그림 4-2의 변압기는 전압비가 10:1이다. 첫 번째는 120 V를 공급하고 두 번째에서는 12 V ac를 공급한다. 다이오드는 음극에서 양극으로 전류만 흐르게 한다. 다이오드는 부하와 직렬로 연결되어 있다. 전류는 직렬 회로의 어디에서나 동일하므로 다이오드 전류와 부하 전류는 동일하다. 부하 전류는 한 방향으로만 흐르기 때문에 **직류**다. 직류가 부하를 통과할 때 부하를 가로질러 dc 전압이 나타난다.

예제 4-1

변압기 비율이 2:1일 경우 그림 4-2의 2차 전압은 얼마가 될까? 전압비가 2:1이면 1차 전압을 2로 나누어 정답을 찾을 수 있다.

$$V_{\text{secondary}} = \frac{V_{\text{primary}}}{2} = \frac{120\text{ V}}{2} = 60\text{ V}$$

그림 4-2의 부하를 통한 극성을 확인하자. 전자는 부하를 통하여 −에서 +로 움직인다.

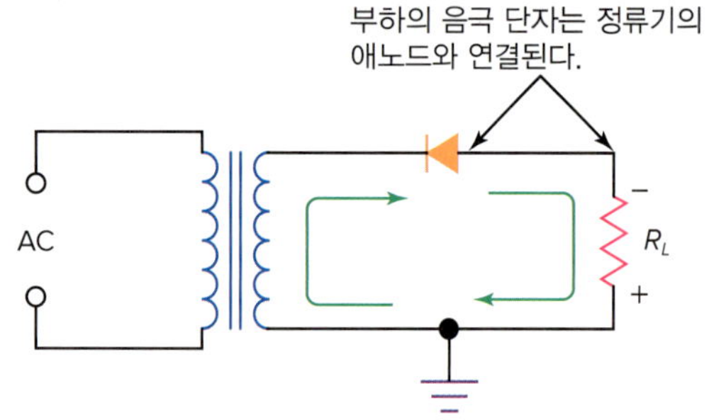

그림 4-3 정류기 회로에서 결정되는 극성

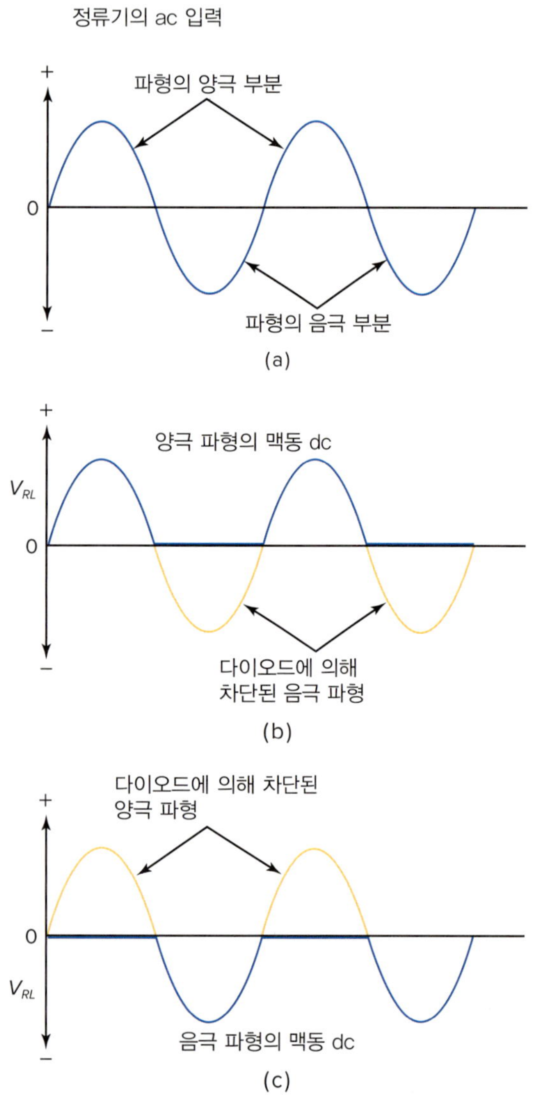

그림 4-4 정류기 회로의 파형

부하의 **+** (포지티브) 단자는 정류기의 **음극** 단자에 연결되어 있다. 모든 정류기 회로에서, 부하의 + 단자는 정류기의 − 단자에 연결될 것이다. 또한 부하의 **−** (네거티브) 단자가 정류기의 **양극** 단자와 결합하는 것을 확인할 수 있다. 그림 4-3은 이러한 경우를 보여준다. 그림 4-2와 4-3을 비교해보자. 다이오드 극성이 부하 극성을 결정한다는 점에 유의하자.

3장에서 다이오드를 순방향 바이어스 하기 위해서는 음극에 관해서 양극이 +로 만들어져야 한다고 언급되었다. 또한 다이오드 제조업체들이 음극에 플러스(+) 표기를 붙이곤 했다는 점도 주목되었다. 다이오드가 정류기 역할을 하면 플러스 기호의 기능이 명확해진다. − 기호를 음극 단자에 배치하여 기술자에게 부하의 어떤 쪽이 +가 될 것인지를 알려주었다. 그림 4-2를 다시 보고 이것을 확인해보자.

그림 4-4(a)는 그림 4-2 및 4-3의 정류기 회로에 대한 입력 파형을 나타낸다. 2개의 완전한 주기를 보여준다. 그림 4-4(b)에는 그림 4-2의 부하 저항에 걸쳐 나타나는 파형이 표시된다. 다이오드가 차단하기 때문에 주기의 − 신호 절반은 사라진다. 이러한 파형을 **반파정류 직류전류**라고 한다. 이것은 정류기에 대한 ac 입력 신호의 + 절반만 나타낸다.

그림 4-3에서 다이오드는 반전되었다. 이로 인해 주기의 + 신호 절반이 차단된다[그림 4-4(c)]. 이 파형 역시 반파정류 직류전류라고 한다. 그림 4-2와 4-3인 2개의 회로는 **반파 정류기**로 분류된다.

접지 기준점은 정류기 회로에 대해 어떤 파형이 표시될지 결정한다. 예를 들어, 그림 4-3에서 부하의 + 단자는 접지된다. 오실로스코프가 부하에 걸쳐 연결되어 있는 경우, 오실로스코프의 접지 리드는 +극이 되고 프로브 팁은 −극이 된다. 오실로스코프는 일반적으로 화면에서 '업'으로 +를, '다운'으로 −를 나타낸다. 실제 파형은 그림 4-4(c)와 같이 나타난다. 파형은 회로 극성, 계측기 극성, 계측기와 회로 사이의 연결에 따라 위 또는 아래로 나타날 수 있다.

반파 정류기는 보통 저전력 응용제품으로 제한된다. 입력 주기의 절반만 ac 전원으로부터 유용한 출력을 얻는다. 반파 정류기는 절반의 시간 동안 어떤 부하 전류도 공급하지 않는다. 이것은 반파 정류기가 일정 기간 동안 전달할 수 있는 전기 에너지의 양을 제한한다. 고출력은 주어진 시간에 대량의 에너지를 전달하는 것을 의미한다. 반파 정류기는 고출력 응용제품에서는 좋지 않은 선택이다.

Self-Test

각 문장이 참인지 거짓인지 판단하시오.

5. 양방향으로 흐르는 전류를 교류라고 한다.
6. 한 방향으로 흐르는 전류를 직류라고 한다.
7. 다이오드는 두 방향으로 진행되기 때문에 정류기로 사용된다.
8. 정류기는 전압 상승을 위해 전력 공급기에 사용할 수 있다.
9. 정류기 회로에서 부하의 + 단자는 정류기의 음극에 연결된다.
10. 반파 정류기 회로의 부하를 가로지르는 파형을 반파정류 직류전류라고 한다.
11. 반파 정류기는 부하 전류를 공급하는 시간이 50%에 불과하다.
12. 반파 정류기는 주로 고출력 응용제품에 사용된다.

4-3 전파 정류

전파 정류기는 그림 4-5(a)에 나타나 있다. 그것은 두 번째의 중심 탭 변압기와 2개의 다이오드를 사용한다. 변압기 중심 탭은 2차 권선 상에서 전기적 양의 중간에 위치한다. 예를 들어, 2차 권선이 총 100회 회전하는 경우, 중앙 탭은 50회 회전한 곳에 위치한다. 그림 4-5(a)의 부하를 가로지르는 파형은 중심 탭으로 인하여 2차 피크 전압의 절반이 **전파정류 직류전류**가 된다. ac 입력 신호에 대한 X축을 중심으로 양과 음의 교차는 부하에 전원을 공급하는 데 사용된다. 따라서 전파 정류기는 반파 정류기 전력을 두 배로 전달할 수 있다.

ac 입력 주기는 두 부분으로 나뉜다. 즉 **+ 부분 교차**와 **− 부분 교차**로 + 부분 교차는 그림 4-5(b)에 나타나 있다. 2차 권선에서 유도 극성은 D_1이 켜지는 것과 같다. 전자는 중심 탭을 떠나 부하를 통과하여 D_1을 통과하고 다시 2차 권선 상단으로 흐른다. 부하 저항의 + 단자가 D_1의 음극과 연결된다는 점에 유의하자(전자와 전류가 흐르는 방향은 서로 반대).

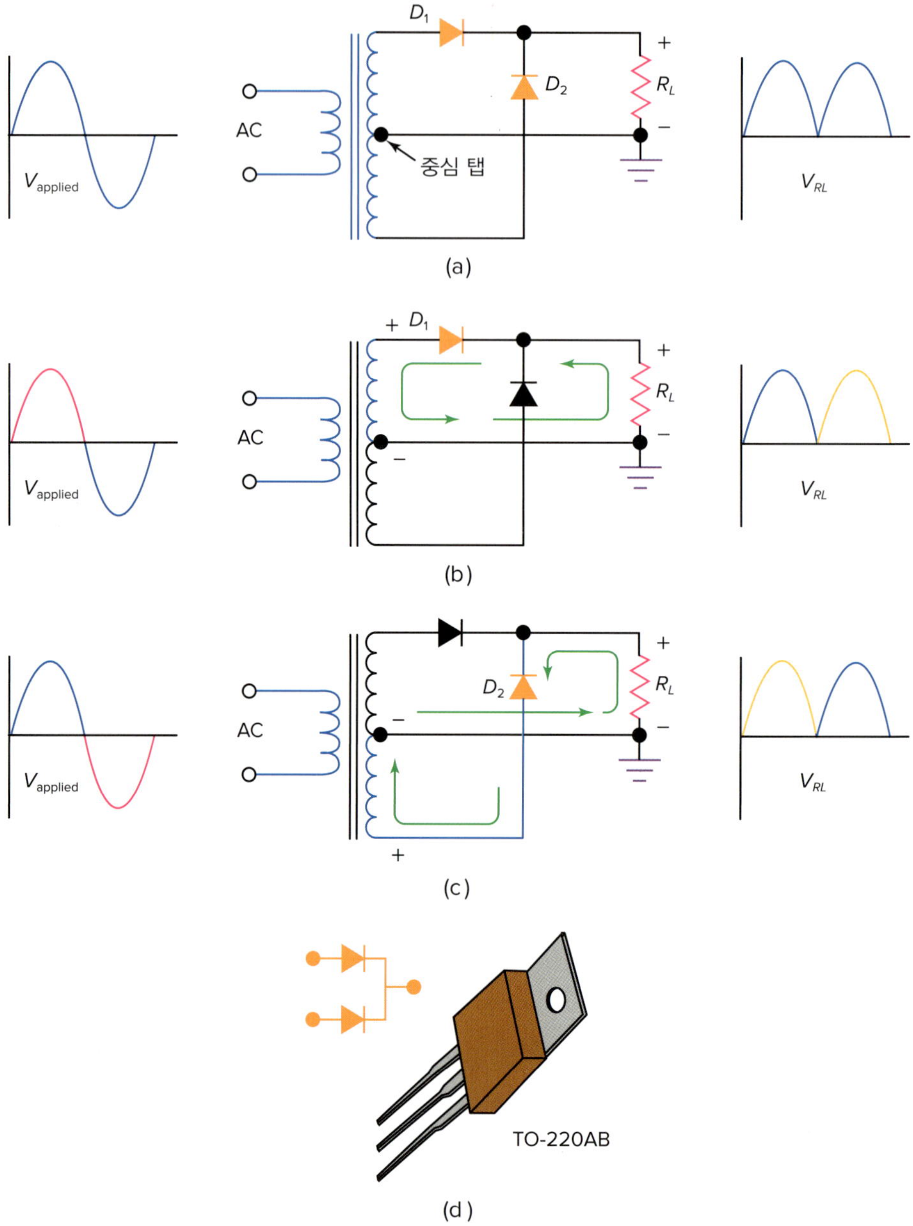

그림 4-5 전파 정류기

– 부분 교차에서는 2차 권선의 극성이 변경된다. 이것은 그림 4-5(c)에 나타나 있다. 전자는 중앙 탭을 떠나 부하를 통과해 D_2를 거쳐 다시 2차 권선 하단으로 흐른다. 부하 전류는 두 번의 교차에서 동일하며, 저항을 통해 위로 흐른다. 방향이 절대 변하지 않기 때문에 부하 전류는 **직류**이다.

전파 정류기는 별도로 2개의 다이오드를 사용하거나 2개의 다이오드가 들어 있는 패키지를 사용하여 구성할 수 있다. 예는 그림 4-5(d)에 나타나 있다.

그림 4-6은 다이오드가 반전된 전파 정류기를 보여준다. 이것은 부하 저항의 극성을 역전시킨다. 출력 파형에서 음의 방향으로 가는 쌍방 교차가 표시된다는 점에 유의하자. 출력이 접지에 대하여 음수이기 때문에 오실로스코프에서 볼 수 있는 것이다. 극성에 관한 다이오드 규칙은 그림 4-6에서 볼 수 있다. 부하의 − 단자는 정류기의 양극과 결합되어 있다.

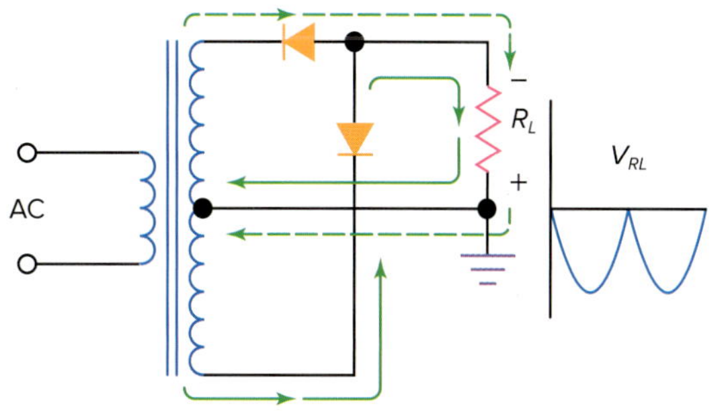

그림 4-6 정류기 다이오드의 파형 반전

전파 정류기는 한 가지 단점이 있다. 변압기는 반드시 중앙 탭으로 가운데에 놓여야 한다. 이것이 항상 가능한 것은 아닐지도 모른다. 실제로 크기, 중량 또는 비용 제한 때문에 변압기를 사용하는 것이 바람직하지 않은 경우가 있다. 그림 4-7(a)는 변압기 없이 전파의 성능을 제공하는 정류기 회로를 보여준다. **브리지 정류기**라고 한다. 4개의 다이오드를 사용해 전파 정류를 할 수 있다.

그림 4-7(b)는 ac 입력의 + 교차에 대한 회로 동작 상황을 보여준다. 전류는 D_2를 거치고 부하를 거친 후, D_1을 통하여 다시 전원으로 이동한다. − 교차는 그림 4-7(c)에 나타나 있다. 전류는 항상 부하를 통해 왼쪽에서 오른쪽으로 이동한다. 다시, 부하의 + 단자는 정류기 음극과 연결되어 있다. 이 회로는 부하의 왼쪽 또는 오른쪽 끝을 공통점으로 선택하기만 하면 접지 극성 중 하나에 배치될 수 있다.

브리지 정류기는 4개의 개별 다이오드 또는 브리지 구성에 연결된 4개의 다이오드를 포함하는 특수 정류기 패키지가 필요하다. 그림 4-7(d)는 패키지형 브리지 정류기의 세 가지 예를 보여준다.

Self-Test

각 문장에서 빠져 있는 단어를 채우시오.

13. 2차 권선 변압기는 중심 탭이 있다. 50 V가 2차 권선 전체에 인가된다면 양 끝단으로부터 중심 탭까지의 전압은 ________가 될 것이다.
14. 반파 정류기는 ______ 다이오드를 이용한다.
15. 중심 탭 변압기를 활용한 전파 정류기는 _______ 다이오드를 요구한다.
16. ac 입력 신호의 각 주기는 2개의 ______를 가지고 있다.
17. 정류기 회로에서, 부하 전류는 절대로 ______를 변화시키지 않는다.
18. 브리지 정류기는 _______에 대한 필요성을 제거할 수 있다.
19. 브리지 정류기는 ______ 다이오드를 요구한다.

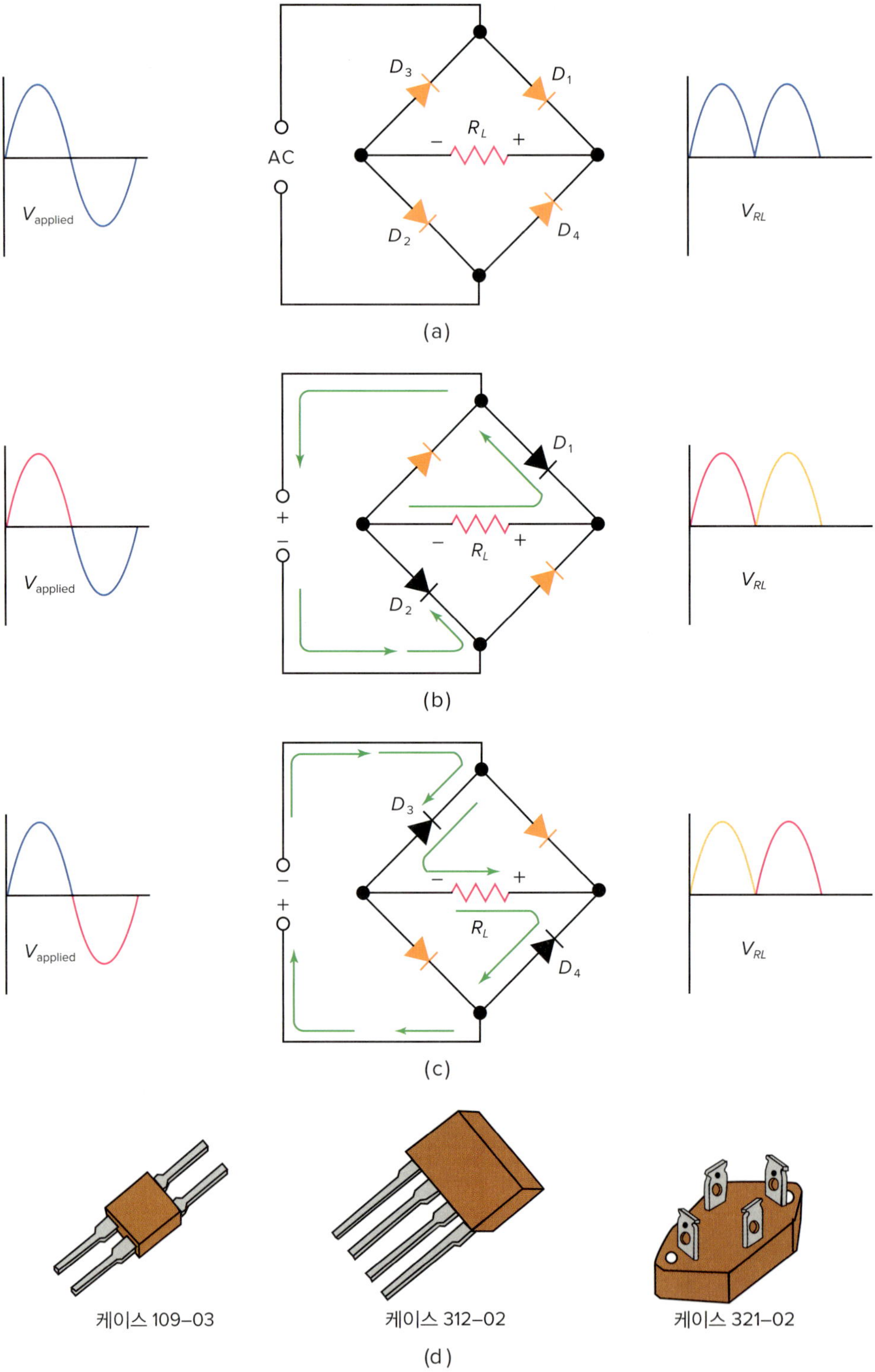

그림 4-7 브리지 정류기 회로와 케이스 형태

4-4 RMS 값과 평균값의 변환

순수한 직류와 **정류된 직류** 사이에는 상당한 차이가 있다(정류된 교류). 정류기 회로에서 측정된 미터 측정값의 차이를 이해하지 못할 경우 혼동을 일으킬 수 있다. 그림 4-8은 순수한 dc 파형과 정류된 dc 파형을 비교하였다. 순수한 dc 회로에서 측정을 하기 위해 사용되는 미터기는 직류의 일정한 값에 반응한다. 정류된 dc의 경우, 미터기는 정류된 파형을 따르려고 시도할 것이다. 한 순간에 미터기는 0을 읽으려고 한다. 또 다른 순간, 미터기는 피크값을 읽으려고 한다. 미터기 동작은 메커니즘의 **감쇠** 때문에 급격한 변화에 반응할 수 없다. 미터기의 감쇠는 포인터가 위치를 변경할 수 있는 속도를 제한한다. 미터기는 파형의 **평균값**으로 안정화된다.

디지털 미터기는 감쇠가 없지만 동일한 결과를 만들어낸다. 디스플레이는 정류된 dc 파형을 따를 정도로 충분히 업데이트되지 않는다. 만약 그것이 파형을 빠르게 따라간다면, 표시장치는 끊임없이 변화하는 숫자의 의미 없는 측정 장비가 될 것이다. 이 때문에 디지털 미터기는 정류된 dc 파형의 평균값도 표시한다.

교류 공급 전압은 일반적으로 **루트 평균 제곱근**(rms) **값**으로 지정된다. 정류기 회로 동작 시에 rms 값을 평균값으로 변환하는 방법이 있으면 편리할 것이다.

기억해보기

사인파 모양의 교류 전류는 몇 개의 방법으로 측정할 수 있다.

그림 4-9에는 측정 및 변환 계수의 일부분을 보여준다. 계산기를 활용할 수 있는 경우 변환 계수를 기억하는 것보다 변환 계수를 계산하는 것이 더 쉬울 수 있다.

$$0.707 = \frac{1}{\sqrt{2}} \text{ (피크값에서 rms 값으로 변경하는 경우)}$$
$$0.637 = \frac{2}{\pi} \text{ (피크값에서 평균값으로 변경하는 경우)}$$

또 다른 도움으로, rms는 **루트 평균 제곱근**을 의미하며 피크를 rms로 변환할 때 사용할 수 있다.

좀 더 알아보기

휴대가 가능한 실용적 전력 공급기 '월 변압기'
휴대용 전력 공급기는 제품의 무게와 크기를 줄이기 때문에 노트북 컴퓨터와 같은 제품에서는 좋은 선택이 된다. 오늘날 이것들은 보통 스위치 모드 공급품이다.

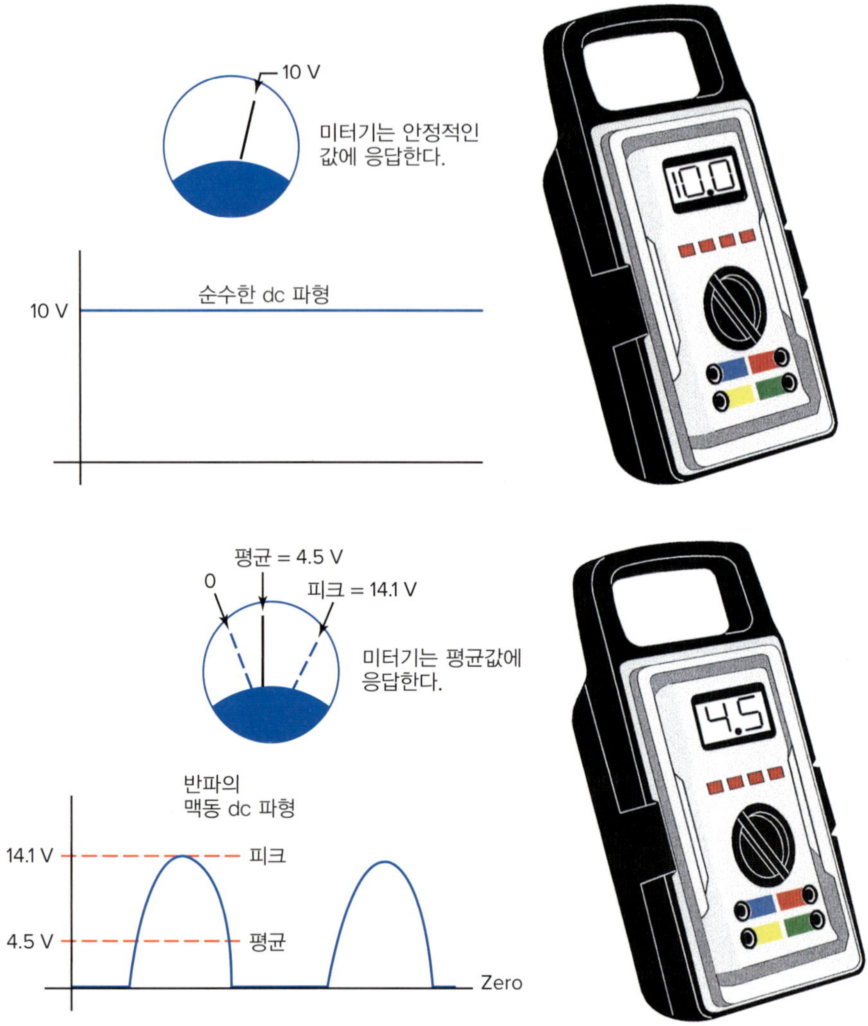

그림 4-8 미터기는 정상값 또는 평균값을 측정한다.

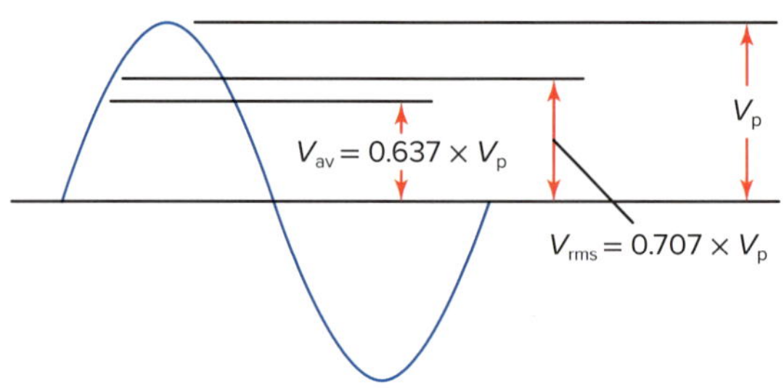

그림 4-9 사인파 모양의 ac 측정

예제 4-2

그림 4-9에서 보여준 사인파의 피크 대 피크값이 340 V라고 가정하자. 평균값과 rms 값을 구하자. 첫 번째로, 피크값을 구하기 위하여 2로 나눈다.

$$V_p = \frac{V_{\text{p-p}}}{2} = \frac{340\ \text{V}}{2} = 170\ \text{V}$$
$$V_{\text{av}} = V_p \times 0.637 = 170\ \text{V} \times 0.637 = 108\ \text{V}$$
$$V_{\text{rms}} = V_p \times 0.707 = 170\ \text{V} \times 0.707 = 120\ \text{V}$$

대수학은 rms 값을 평균값과 연관되도록 할 수 있다.

$$V_{\text{av}} = 0.637 \times V_p$$
$$V_{\text{rms}} = 0.707 \times V_p$$

두 번째 수식을 정리하면 다음과 같다.

$$V_p = \frac{V_{\text{rms}}}{0.707}$$

위의 수식에서 오른쪽에 있는 항을 아래에 수식으로 대체하면 다음과 같다.

$$V_{\text{av}} = 0.637 \times \frac{V_{\text{rms}}}{0.707} = 0.9 \times V_{\text{rms}}$$

따라서 정류된 사인파의 **평균값**은 rms 값의 90%인 0.9이다. 즉 정류기의 출력에 연결된 dc 전압계는 정류기에 대한 rms 전압 입력의 90%를 표시해야 한다. 이는 전체 파형에 해당할 것이다. 그러나 그림 4-10과 같이 평균값은 파형의 절반보다 작아야 한다. 반파정류 직류전류는 전파정류 직류전류에 비하여 평균값의 절반이다. 따라서 반파 정류기의 경우 파

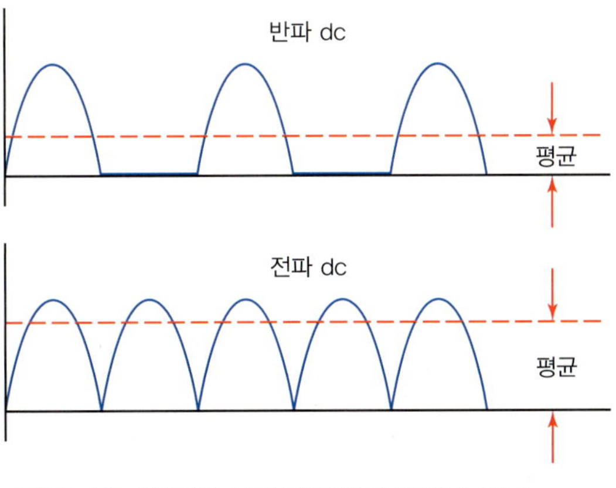

그림 4-10 반파와 전파 직류전류에 대한 비교

형의 평균값은 rms 값의 0.9/2 = 0.45 또는 45%이다.

예제 4-3

그림 4-11에서 보여준 dc 전압계는 무엇을 판독해야 하나? 변압기의 단계별 동작을 먼저 고려하여,

$$V_{secondary} = \frac{120}{10} = 12 \text{ V}$$

이다. 다음으로, 그림 4-11은 반파 정류기를 나타낸다는 것을 인식하자. 적당한 변환 계수는 0.45이다.

$$\begin{aligned} V_{av} &= V_{rms} \times 0.45 \\ &= 12 \times 0.45 \\ &= 5.4 \text{ V} \end{aligned}$$

dc 전압계는 5.4 V로 표시되어야 한다.

그림 4-11의 회로가 구성되었다면 실제 측정값이 얼마나 근접할 것으로 예상할 수 있는가? 실제 판독값은 다음과 같은 몇 가지 요인에 의해 영향을 받는다. (1) 실제 라인 전압, (2) 변압기 권선 허용오차, (3) 미터기 정확도, (4) 정류기 손실, (5) 변압기 손실. 실제 라인 전압과 실제 변압기 2차 전압은 정확한 측정으로 설명할 수 있다. 미터기 정확도는 표준값을 기준으로 비교된 품질이 우수한 미터기로 높을 수 있다. 정류기 손실은 실리콘 다이오드의 전도에 필요한 0.6 V 순방향 전압 강하에 의해 발생한다. 높은 전류 수준에서 전압의 하락폭은 더 클 것이다. 예를 들어 정류기 전류가 수 암페어(A)일 경우, 다이오드 손실은 1 V에 가까울 것이다. 변압기 손실은 높은 전류 수준에서 증가한다. 따라서 실제 측정값은, 특히 높은 부하 전류 수준에서 작을 것으로 예상할 수 있다.

미터기는 27 V로 판독되어야 한다. 부하가 높은 전류를 요구하면 실제 전압은 더 작아진다. 다이오드 중 하나가 '소진(개방)'되면 어떻게 될까? 이렇게 되면 회로가 **전파**에서 **반파**로 바뀌게 된다. dc 전압계는 다음과 같이 판독될 거라 기대할 수 있다.

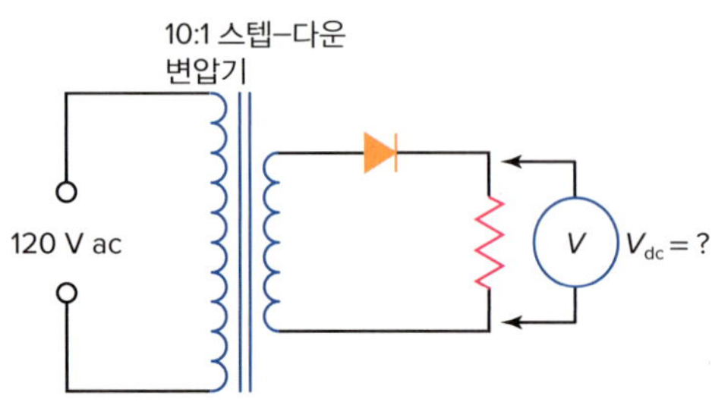

그림 4-11 반파 정류기 회로에서 dc 전압 계산

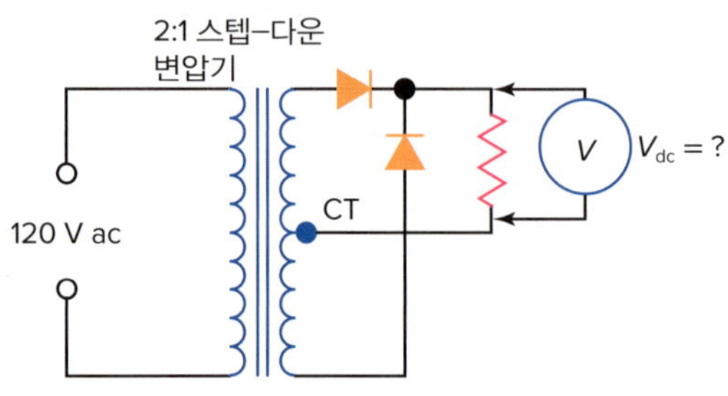

그림 4-12 전파 정류기 회로에서 dc 전압 계산

$$\begin{aligned} V_{av} &= V_{rms} \times 0.45 \\ &= 30 \times 0.45 \\ &= 13.5 \text{ V} \end{aligned}$$

예제 4-4

그림 4-12에서 보여준 dc 전압계는 무엇을 판독해야 하나? 변압기의 단계별 동작을 먼저 고려하여,

$$V_{secondary} = \frac{120}{2} = 60 \text{ V}$$

이다. 그림 4-12는 전파 회로를 나타내므로 적절한 변환 계수는 0.9이다. 그러나 2차 전압의 **절반만이** 주어진 시간에 동작하고 있다는 것을 고려해야 한다. 헷갈릴 경우 그림 4-5를 검토하자.

$$\begin{aligned} V_{av} &= \frac{V_{secondary}}{2} \times 0.9 \\ &= \frac{60}{2} \times 0.9 = 27 \text{ V} \end{aligned}$$

예제 4-5

그림 4-12에 대해서 평균 dc 전압을 계산하자. 단 브리지 정류기는 전체 2차 권선에 이용될 것이다.

$$V_{av} = V_{secondary} \times 0.9 = 60 \text{ V} \times 0.9 = 54 \text{ V}$$

예제 4-6

그림 4-13에서 보여준 dc 전압계는 무엇을 판독해야 하나? 변압기의 단계별 동작을 먼저 고려하여,

$$V_{secondary} = \frac{120}{4} = 30 \text{ V}$$

이다. 그림 4-13은 전파 브리지 회로를 나타낸다. 따라서 적당한 변환 계수는 0.9이다.

$$V_{av} = 30 \times 0.9 = 27 \text{ V}$$

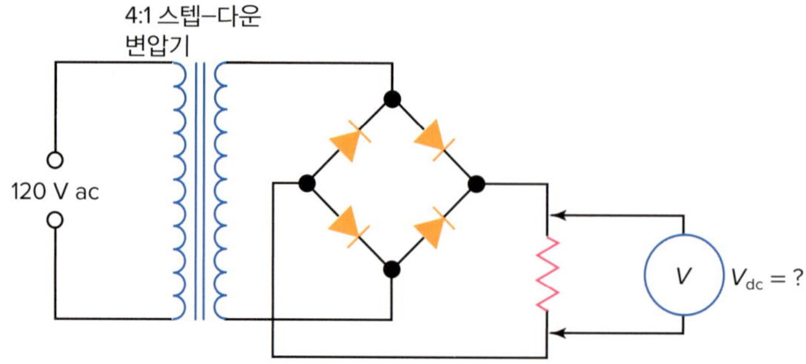

그림 4-13 브리지 정류기 회로에서 dc 전압 계산

브리지 정류기에서 다이오드 손실은 다른 회로의 **두 배**가 된다. 그림 4-7에서는 **2개**의 다이오드가 항상 **직렬**로 동작한다는 것을 보여줄 것이다. 0.6 V 전압 강하는 1.2 V로 두 배의 전압 강하가 될 것이다. 저전압 정류기 회로에서는 이 값이 명확해질 수 있다. 현재 수요가 많을 경우, 각 다이오드가 약 1 V씩 떨어져 총 2 V의 손실을 입힐 수 있다. 이 장의 목적으로, 여러분이 dc 출력 전압에 대한 계산을 수행할 때 다이오드 손실을 무시할 수도 있다.

3상 교류 전류는 대부분의 상업, 산업 현장 및 많은 차량에서 이용할 수 있다. 그림 4-14(a)의 회로 블록도에 나타난 바와 같이 3상 ac 파형을 정류하는 것이 가능하다. 6개의 다이오드는 전파 전류에 대해서 요구된다. 그림 4-14(b)는 정류 동작을 하기 전 ac 파형을 나타낸다. ac 전원들은 1/3 주기(120도)씩 위상 이동을 한다. 청색 전원을 기준으로 이용하면, 적색 전원의 위상은 120도 앞서 나아가고, 녹색 전원 위상은 120도 지연된다. 그림 4-14(c)는 −의 교차가 하나의 위상, 전파 회로에 있으므로 '접혀져 있다'는 것을 나타낸다. 그림 4-14(d)는 부하 저항의 파형을 보여준다. 부하 전압이 3상 전원의 피크값 근처에서 상당히 일정하게 유지된다는 점에 유의하자. 이것은 3상 전력의 장점이다. 불행하게도, 3상 전력은 가정집과 몇몇 일부의 다른 장소에서는 사용할 수 없다. 통상 부하 전류와 전압을 원활하게 하기 위하여 필터가 단상 정류기에서 필요하다.

그림 4-14의 파형을 그림 4-10의 파형과 비교하면, 3상 정류기의 평균 dc 값이 더 높다는 것을 분명히 알고 있어야 된다. 전파 3상 회로의 경우, 평균값은 $V_{rms} \times 1.35$이다.

예제 4-7

그림 4-14(a)에서 보여준 ac 전원은 208 V이다. 부하 R_L을 통하여 연결되었다면 dc 전압계는 무엇을 판독할 것인가?

$$V_{av} = V_{rms} \times 1.35 = 208 \times 1.35 = 281 \text{ V}$$

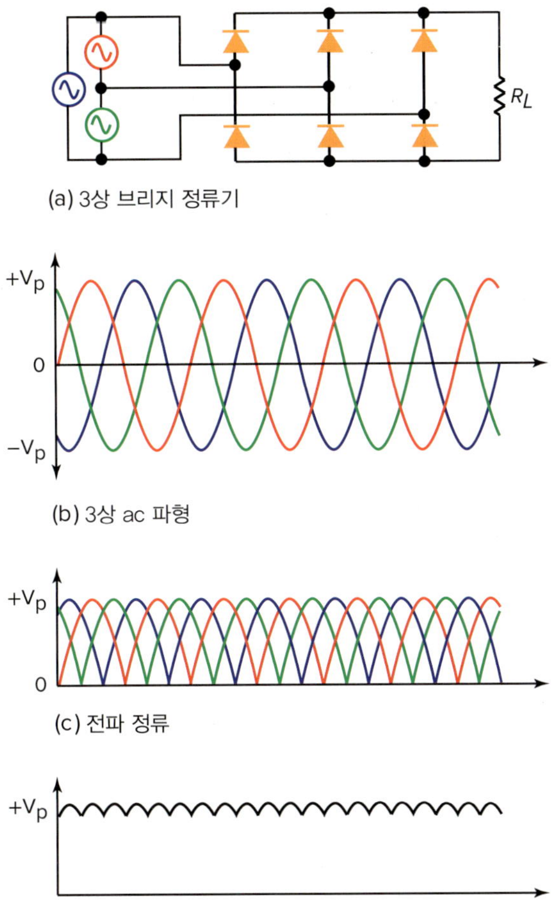

(a) 3상 브리지 정류기

(b) 3상 ac 파형

(c) 전파 정류

(d) R_L을 통과한 파형

그림 4-14 3상 정류 동작

Self-Test

각 문장에서 빠져 있는 단어 또는 숫자를 채우시오.

20. 변압기는 2차 회전보다 5배나 많은 1차 회전수를 가지고 있다. 120 V ac가 1차 권선에 적용되면, 2차 권선의 전압은 ______가 될 것이다.
21. 문제 20번에서 변압기는 중심 탭이 있는 상태이고 전파 정류기에 연결되어 있다고 가정하자. 부하에 걸린 평균 dc 전압은 ______가 될 것이다.
22. 정류기들에서 하나의 다이오드가 소모(개방)된다면, 문제 21번에서 평균 dc 부하 전압은 ______가 변할 것이다.
23. 반파 정류기의 ac 입력 전압은 32 V이다. 부하를 통하여 연결된 dc 전압계는 ______을 판독해야 한다.
24. 브리지 정류기의 ac 입력 전압은 20 V이다. 부하를 통하여 연결된 dc 전압계는 ______을 판독해야 한다.
25. 정류기 회로에서 부하 전류 ______로써 전압이 강하되는 출력 전압을 기대할 수 있다.
26. 정류기 손실은 ______ 전압 정류기 회로에

서 더욱 명확해진다.

27. 높은 전류 브리지 정류기에서 각 다이오드가 1 V 전압 강하된다면, 그 때 총 정류기 손실은 ______가 된다.

Chapter 4 요약 및 복습

요약

1. 전력 공급기는 전자 시스템의 회로에 대해서 다양한 전압을 공급한다.
2. 양극성 전력 공급기는 섀시 접지에 관해서 두 극성을 모두 발생시킨다.
3. 전자 시스템의 주요 부분과 그 관련성을 나타내는 도표를 블록 다이어그램이라고 한다.
4. 전력 공급기는 보통 전압 레벨을 바꾸고 교류 전류를 직류 전류로 바꾼다.
5. 다이오드 정류기 회로에서는 부하의 + 단자는 정류기의 음극과 연결된다. 부하의 − 단자는 정류기의 양극과 연결된다.
6. 하나의 다이오드가 반파 정류기를 형성한다.
7. 반파 정류는 일반적으로 저전력 응용제품으로 제한된다.
8. 전파 정류기는 ac 입력의 양방향 +, − 교차를 활용한다.
9. 전파 정류를 달성하는 한 가지 방법은 중심 탭의 2차 변압기 및 다이오드 2개를 사용하는 것이다.
10. 브리지 회로에 다이오드 4개를 사용함으로써 중심 탭의 변압기가 없이 전파 정류를 만드는 것이 가능하다.
11. dc 전압계 또는 dc 전류계는 정류 파형의 평균값을 판독한다.
12. 반파정류 직류전류의 평균값은 rms 값의 45%이다.
13. 전파정류 직류전류의 평균값은 rms 값의 90%이다.
14. 정류 직류전류는 리플이라는 ac 성분을 포함하고 있다.
15. dc 출력 전압을 예측하는 계수는 반파의 경우 0.45, 전파의 경우 0.90이다.

관련 식

변압기 동작(감압):

$$V_{\text{secondary}} = \frac{V_{\text{primary}}}{\text{turns ratio}}$$

변압기 동작(승압):

$$V_{\text{secondary}} = V_{\text{primary}} \cdot \text{turns ratio}$$

사인파 변환:

$$V_{\text{rms}} = 0.707 \cdot V_p$$

$$V_p = 1.414 \cdot V_{\text{rms}}$$

$$V_{\text{av}} = 0.9 \cdot V_{\text{rms}} \text{ (전파)}$$

$$V_{\text{av}} = 0.45 \cdot V_{\text{rms}} \text{ (반파)}$$

연습 문제

각 문장이 참인지 거짓인지 판단하시오.

4-1. 회로도는 블록 형태로 전자 시스템의 주요 부분만을 보여준다. (4-1)

4-2. 문제 해결 시 가장 먼저 점검해야 할 사항 중 하나가 전력 공급 전압이다. (4-1)

4-3. 정류는 필터링과 동일하다. (4-2)

4-4. 다이오드는 좋은 정류기를 만든다. (4-2)

4-5. 변압기는 1차 측 120 V 교류, 2차 측 40 V 교류로 되어 있다. 이것은 감압식 변압기이다. (4-2)

4-6. 부하의 + 단자는 정류기의 음극과 연결된다. (4-2)

4-7. 단일 다이오드는 전파 정류를 제공할 수 있다. (4-2)

4-8. 반파 정류기는 저전력 응용제품으로 한정된다. (4-2).

4-9. 전파 정류기는 다이오드 2개와 중앙 탭 변압기를 사용한다. (4-3)

4-10. 브리지 정류기는 중심 탭 변압기 없이 전파 정류를 제공할 수 있다. (4-3)

4-11. 브리지 정류기는 3개의 다이오드를 사용한다. (4-3)

4-12. 사인파의 평균값은 rms 값의 0.637배이다. (4-4)

4-13. 정류 직류전류에서 dc 전압계는 파형의 rms 값을 판독한다. (4-4)

4-14. 반파 정류기의 ac 입력은 20 V이다. 부하를 통하여 연결된 dc 전압계는 10 V로 판독되어야 한다. (4-4)

4-15. 전력 공급기에서 발생하는 부하 전류를 증가시키면 출력 전압이 하락하는 경향이 있다. (4-4)

4-16. 다이오드 손실은 정류기로 사용할 때 항상 무시될 수 있다. (4-4)

종합 문제

4-1. 그림 4-3을 참조하자. ac 라인은 120 V, 변압기는 3:1의 스텝-다운(감압)이다. R_L을 통해 연결될 경우 dc 전압계 수치는 얼마인가? (4-2)

4-2. 그림 4-5를 참조하자. ac 라인은 120 V이며, 1차 권선 회전은 2차 권선 회전과 같다. R_L을 통해 연결될 경우 dc 전압계 수치는 얼마인가? (4-3)

4-3. 그림 4-7을 참조하자. ac 입력은 120 V이다. 부하 저항에 연결된 경우 전압계 수치는 얼마인가? (4-4)

비판적 사고를 위한 문제

4-1. 그림 4-1을 참조하면, *A*단과 *B*단은 전력 공급기의 +12 V dc 출력에 의해 모두 전원이 인가되어 동작된다. *A*단은 *B*단이 가지지 못한 전력 공급기 문제가 있을 가능성이 있는가?

4-2. 다이오드 제조업체는 전파 정류기 회로에 사용할 수 있도록 하나의 케이스에 2개의 다이오드를 패키징한다. 이 패키지에는 2개의 음극에 접촉하는 금속 탭이 있다. 패키지들은 또한 탭이 양쪽의 + 극에 접촉하는 **역방향 극성** 버전을 제공한다. 역방향 극성 버전이 제공되는 이유는 무엇인가?

4-3. 분리된 변압기가 1차 권선으로부터 2차 권선까지의 단락회로를 가지고 있다면, 변압기는 여전히 동작할까?

4-4. 문제 4-3에 언급된 것과 같은 문제가 없는지 확인하기 위해 분리된 변압기를 어떻게 점검할 수 있는가?

Self test—정답

1.	직류	8.	F	15.	2	22.	5.4 V dc
2.	접지 (common)	9.	T	16.	교체, 대체	23.	14.4 V dc
3.	블록	10.	T	17.	방향	24.	18 V dc
4.	전원 공급기	11.	T	18.	중심-탭 전압기	25.	증가한다
5.	T	12.	F	19.	4	26.	낮은
6.	T	13.	25 V	20.	24 V ac	27.	2 V
7.	F	14.	1	21.	10.8 V dc		

CHAPTER 5 트랜지스터

학습 목표

이 장에서 다음 내용을 숙지하고 습득하자.

5-1 증폭기 및 전력 이득의 **정의** [5-1]

5-2 트랜지스터 회로 기호와 리드 **식별** [5-2, 5-6]

5-3 전류 이득 **계산방법** [5-2]

5-4 NPN과 PNP 트랜지스터에 대한 전원 공급기 극성 및 전류 흐름 **식별** [5-2]

5-5 특성 곡선을 **해석**하고 전류 이득 및 전력 손실 분석 [5-3]

5-6 패키지 스타일 및 데이터 시트 **분석** [5-4]

5-7 옴미터를 사용하여 양극 접합 트랜지스터 **실험** [5-5]

5-8 접합형 전계효과 트랜지스터와 금속 산화물 반도체 전계효과 트랜지스터를 **설명**하고 그들의 도식 기호를 식별 [5-6]

5-9 트랜지스터 종류 **비교** [5-6]

5-10 작은 신호 트랜지스터와 전력 트랜지스터 비교 [5-7]

5-11 전력 트랜지스터 정격 및 SOA 분석 [5-7]

5-12 열 데이터를 사용하여 최대 안전 전력 설정 [5-7]

5-13 트랜지스터 스위칭 및 과도 포화 상태 **설명** [5-8]

5-14 아날로그 스위칭 **설명** [5-8]

5장에서는 트랜지스터의 종류와 트랜지스터의 특성에 대해 소개한다. 트랜지스터는 앞 장에서 학습한 여러 가지 형태의 다이오드와 같이 솔리드 스테이트 소자이다. 트랜지스터는 다이오드에 비해 복잡하고 회로설계의 응용분야에 다양한 형태로 사용된다. 트랜지스터는 신호를 증폭하고, 스위칭 기능을 수행하는 특징을 가지고 있는 소자이며, 증폭 기능은 전자응용 분야에서 입력된 소신호를 원하는 출력 신호로 증폭하는 기능을 가지고 있다. 예를 들어, 오디오 증폭기의 입력 신호를 원하는 크기의 출력 신호로 증폭하는 데 사용될 수 있다.

5-1 증폭기

트랜지스터의 증폭 기능은 전자공학에서 가장 기본적인 개념 중에 하나이다. 증폭기는 작은 소리를 큰소리로 증폭시키고, 소신호 레벨을 더 높게 하는 기능을 한다. 이러한 증폭기 성능은 일반적으로 **이득**이라는 명칭으로 증폭기의 성능을 설명할 수 있다. 그림 5-1은 일반적인 **증폭기**를 제시한다. 증폭기에는 반드시 **DC 전원**과 **입력 신호**가 제공되어야 한다. 입력 신호는 감지되는 전기적인 신호가 약하여 인식할 수 없지만, 증폭회로를 설계하여 이득을 크게 얻게 된다면 원하는 출력 신호를 얻을 수 있다. 그림 5-1과 같이 출력 신호는 증폭으로 더 높은 이득을 얻을 수 있게 된다.

그렇다면 증폭기 이득의 측정방법과 이득값의 결정을 어떻게 하는지 알아보자. 이득은 여러 가지 방법으로 측정할 수 있다. 만약 오실로스코프 장비로 측정을 하고자 한다면, 증폭기의 입력 신호 전압과 출력 신호 전압을 비교해서 측정 가능하고, 측정된 신호 데이터를 가지고서 **전압 이득값**을 결정할 수 있다. 어떤 특정 증폭기는 입력 전압보다 증폭도가 10배 정도 되는 높은 출력 전압을 제공할 수 있다. 이때 증폭기의 전압 이득은 10이 된다. 또한 전류미터계를 사용하여 증폭기의 입력 전류 및 출력 전류를 측정하면, **전류 이득값**을 얻을 수가 있다. 예를 들어, 전류 이득이 5인 경우의 증폭기는 입력 신호가 0.1 A일 때 0.5 A 출력 신호에 대한 전류 이득을 얻을 수 있다. 만약 전압 이득과 전류 이득을 모두 알고 있다면, **전력 이득값**도 계산할 수 있다. 증폭기의 전압 이득이 10이고 전류 이득이 5일 때 이득값을 아래 식에 대입하면 전력 이득값을 계산할 수 있다.

$$P = V \times I$$

또는

$$\begin{aligned} P_{\text{gain}} &= V_{\text{gain}} \times I_{\text{gain}} \\ &= 10 \times 5 \\ &= 50 \end{aligned}$$

예제 5-1

전압 이득이 0.5이고 전류 이득이 100인 증폭기의 전력 이득을 계산하시오.

$$P_{\text{gain}} = V_{\text{gain}} \times I_{\text{gain}} = 0.5 \times 100 = 50$$

증폭기는 전압 손실과 이득값에 대한 전력 이득이 존재할 수 있다. 또한 다른 증폭기도 전류 손실이 있을 수 있으며 여전히 전력 이득을 가질 수 있다.

전력 증폭기는 전력 이득을 제공할 수 있다. 다른 소자는 전압 이득 혹은 전류 이득 하나만을 제공할 수 있지만 둘 다 제공하지는 못한다. 예를 들어, 승압 변압기는 전압 이득을 제공하지만 증폭기는 **아니다**. 변압기는 전력 이득을 제공하지 않는다. 만약 변압기의 상승 전압이 10이라면, 그에 반해 전류는 10이 낮아진다. 전력 이득에서, 변압기의 무손실은 아래 식과 같이 계산할 수 있다.

$$\begin{aligned} P_{\text{gain}} &= V_{\text{gain}} \times I_{\text{gain}} \\ &= 10 \times 0.1 \\ &= 1 \end{aligned}$$

강압 변압기는 전류 이득을 제공할 수 있지만, 증폭기로는 간주되지 않는다. 또한 전류 이득은 전압 손실에 의해 상쇄되기 때문에 전력 이득이 없다.

하지만 전력 이득은 증폭기 응용 회로설계에서 중요한 개념으로 보아야 하고, 증폭기들은 **전압 증폭기**로 분류된다. 특히, **소신호**를 처리하도록 설계된 증폭기 회로 설계에서 전압 이득만 언급되기도 한다. 학습자는 전자 시스템에서 많은 전압 증폭기 또는 **소신호 증폭기**를 접할 수 있을 것이다. 이러한 증폭기 소자들은 전력 이득을 제공한다는 것을 꼭 확인하여야 한다.

좀 더 알아보기

트랜지스터는 흐름제어(flow control)를 하기 때문에 전자관과 비교되었고, 이로 인해 일부 국가에서는 전자관이라 불리던 진공관을 트랜지스터로 거의 대부분 대체했다.

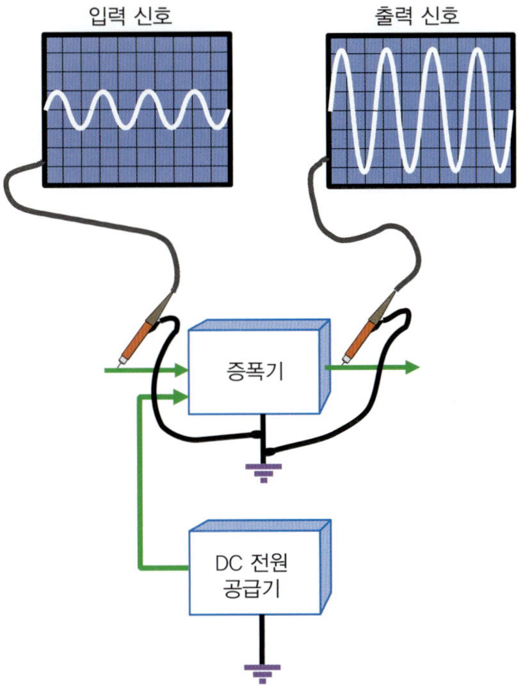

그림 5-1 증폭기 이득

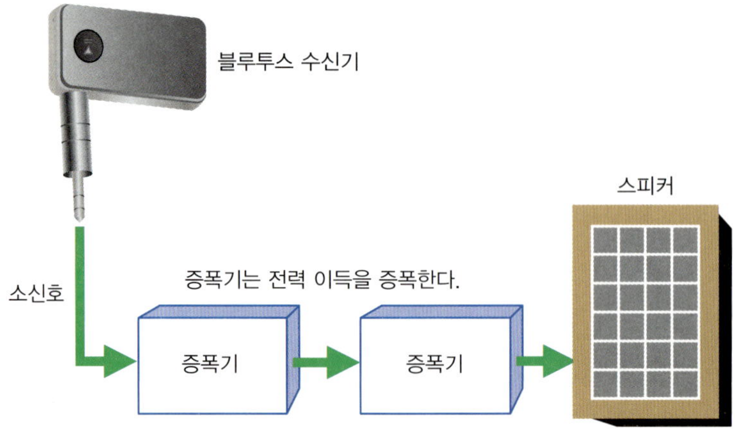

그림 5-2 소신호와 대신호 증폭기

전력 증폭기 개념은 소신호를 **대신호**로 증폭 설계할 때 증폭기라는 명칭을 사용한다. 전력 증폭기는 5-7절에서 다루는 전력 트랜지스터를 사용한다. 전력 트랜지스터의 신호는 전압 레벨, 전류 레벨 또는 두 가지 측면에서 높일 수 있다. 그림 5-2의 전자 시스템에서, 스피커의 좋은 음량을 설계하기 위해서는 높은 와트(W) 양이 요구된다. 예를 들어, 블루투스 수신기 신호는 밀리와트(mW) 영역이 수신 지역이다. 이 지역에서 수신하기 위해서는 높은 전력 이득이 필요하게 된다.

전자공학에서 **이득**은 전압(볼트), 전류(암페어) 또는 전력(와트)으로 표현되지 않는다. 만약 전압 이득을 학습하고 있다면, 순수한 숫자로 학습을 해야 한다. 다시 말하면, 이득은 어떤 입력에 대한 증폭된 출력의 비율이다. 문자 A는 주로 이득 또는 증폭의 상징으로 사용된다. 전압 이득의 수식은 다음과 같다.

$$A_V = \frac{V_{out}}{V_{in}}$$

예제 5-2

입력 신호가 15 mV이고 출력 신호가 1 V인 경우 증폭기의 전압 이득을 계산하시오.

$$A_V = \frac{V_{out}}{V_{in}} = \frac{1\ V}{15 \times 10^{-3}\ V} = 66.7$$

만약 1 V의 입력에 대해 증폭기 출력이 10 V가 되기 위해서 전압 이득값은 10과 같다. 이때, 전압 이득의 단위는 dB(데시벨)이 되어 전압 이득은 10 dB로 표현되는 경우도 있다. 이는 6장에서도 설명되어 있지만, 그림 5-2의 블루투스 수신기의 출력 신호는 일반적으로 약 300 mA rms로 표현되기도 한다.

Self-Test

각 문장이 참인지 거짓인지 판단하시오.

1. 증폭기는 전원이 공급되어야 하고, 정상적인 출력 신호를 생성하기 위해 입력 신호가 인가되어야 한다.
2. 입력 신호가 2밀리볼트(mV)이면 출력 신호는 50 mV일 경우 증폭기의 전압 이득은 50이다.
3. 증폭기의 입력 신호는 1 mA이고, 출력 신호는 10 mA이다. 이때, 증폭기의 전류 이득은 10 W이다.
4. 증폭기의 입력 신호는 100 마이크로볼트(μV)이고, 출력 신호는 50 mV이므로 전압 이득은 500이다.
5. 승압 변압기는 전압 이득을 가지므로 증폭기로 간주될 수 있다.
6. 모든 증폭기는 전력 이득을 갖는다.

5-2 트랜지스터

트랜지스터는 전력 이득 및 전압 이득, 전류 이득을 제어할 수 있으며, 다양한 전자응용 분야에 활용되고 있다. 먼저, 트랜지스터의 몇 가지 종류에 대하여 알아보자. 트랜지스터는 크게 두 가지 유형으로 구분하고 있으며, 가장 보편적인 유형은 **양극 접합 트랜지스터**(BJT), 전계효과 트랜지스터(FET)로 구분한다.

그림 5-3에서 트랜지스터의 기본적인 구조를 보면, 양극 접합 트랜지스터는 접합 다이오드와 유사하지만, 1개의 접합부가 추가되어 있고, P형 반도체 영역은 2개의 N형 반도체 영역으로 구분되어 있다. 이러한 영역의 극성은 도핑 과정에서 사용되는 반도체 재료의 밸런스(valance)에 의해 제어된다(2장 참조).

그림 5-3에서와 같이 트랜지스터는 **이미터**, **컬렉터**, **베이스** 영역으로 구분한다. **이미터**는 전류 캐리어가 다수 풍부하며, 이미터에서 베이스 영역으로 캐리어를 보낸 후 컬렉터로 보내는 역할을 수행한다. 다시 말하면, **컬렉터**는 캐리어를 수집하고 이미터는 캐리어를 방출하게 된다. 이때 베이스는 제어 역할을 하는 영역이다. **베이스**는 이미터에서 컬렉터로 전도되는 캐리어를 제어할 수 있어서 소수 또는 다수 캐리어를 이미터에서 컬렉터로 보낼 수도 있는 중간적인 입장이 된다.

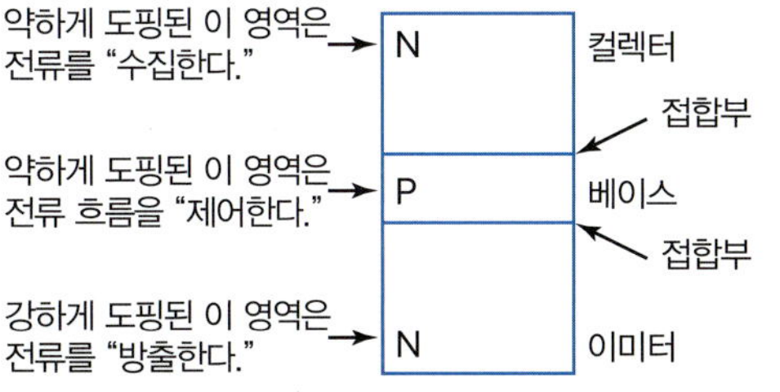

그림 5-3 NPN 트랜지스터 구조

그림 5-3의 트랜지스터의 특성을 보면, 전류 흐름

에 따라 정공(+)과 전자(−)가 트랜지스터 소자에 형성되기 때문에 이를 **양극성**이라고 한다. 이때 양극성이란 N형 영역과 P형 영역을 의미하고, N형 영역은 음극 캐리어인 자유 전자 영역이고, P형 영역은 양극 캐리어인 자유 정공 영역이다. 캐리어의 2개 (양)극성을 가지고 있다. 또한 트랜지스터는 2개의 PN 접합을 가지고 있어 이를 BJT라고 표현한다.

그림 5-3과 같이 구성된 트랜지스터는 위의 영역부터 읽어보면 NPN이 되고 이를 **NPN 트랜지스터**로 분류한다. 그리고 반대로 P부터 시작하게 되면 PNP가 되어 **PNP 트랜지스터**로 분류한다. 이때 PNP 양극 접합 트랜지스터를 제작한다면 P형 재료는 이미터 및 컬렉터가 되고, N형 재료는 베이스가 된다. 이 형태가 바로 **PNP 트랜지스터** 구조가 된다. 그림 5-4는 NPN형, PNP형의 트랜지스터 구조와 전자회로 기호를 제시한다. 첫 번째로, 트랜지스터 기호는 꼭 기억해야 한다. 두 번째로, 트랜지스터 기호에서 이미터 리드의 화살표 방향을 꼭 기억하여야 한다. 화살표가 *iN*을 가리키지 **않는다면** 트랜지스터는 NPN형의 트랜지스터임을 명심해야 한다.

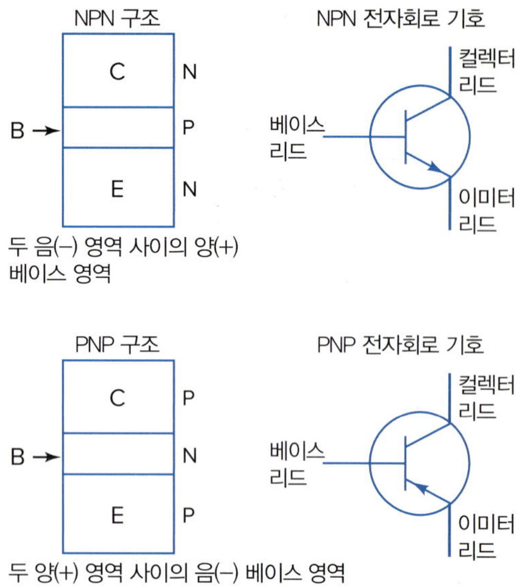

그림 5-4 트랜지스터 구조 및 기호

그리고 P형과 N형 2개의 접합 트랜지스터는 알맞게 바이어스가 되어야 하고, NPN형 트랜지스터와 PNP형 트랜지스터는 양극성이 서로 다르기 때문에 대체될 수가 없다. 그림 5-5는 트랜지스터의 바이어스를 제시한다. **컬렉터−베이스 접합**은 트랜지스터의 동작을 위해 **역방향 바이어스**가 되어야 한다. NPN형 트랜지스터에서 컬렉터는 베이스에 대하여 양(+)의 극성이 되어야 하고, PNP형 트랜지스터에서 컬렉터는 베이스에 대하여 음(−)의 극성이어야 한다. PNP형과 NPN형 트랜지스터는 서로 내부적으로 교환이 불가능하기 때문이다.

그림 5-5와 같이 **베이스−이미터 접합**은 트랜지스터의 정상적인 동작을 위해 **순방향 바이**

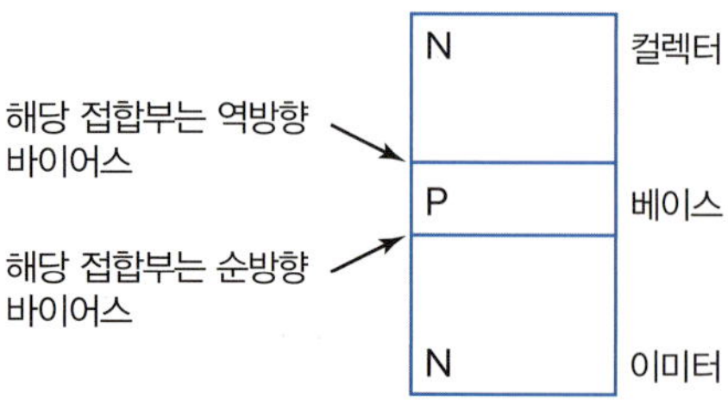

그림 5-5 양극성 접합 트랜지스터

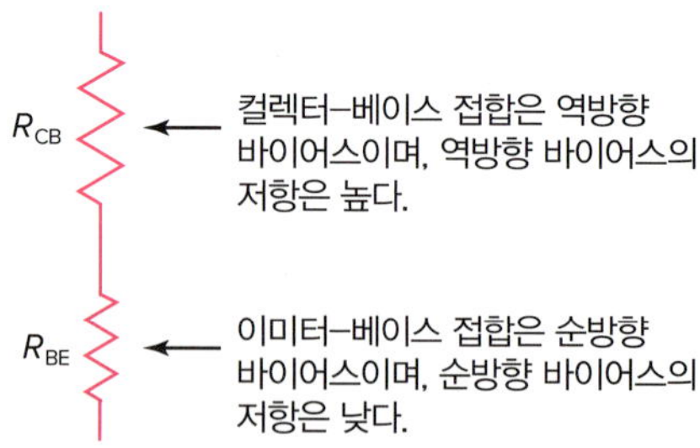

그림 5-6 접점 저항 비교

어스가 되어야 한다. 순방향 바이어스는 컬렉터-베이스와 베이스-이미터 저항 성분을 비교하였을 때 베이스-이미터 접합 저항이 낮아야 한다. 따라서 순방향 바이어스 반도체 접합은 저항이 낮고, 반대로 역방향 바이어스 접합은 저항이 높다는 것이다. 그림 5-6은 2개의 접합 저항을 비교하여 보여준다.

2개의 접합 저항의 큰 차이는 트랜지스터가 전력 이득이 형성되는 것이다. 그림 5-6과 같이 2개의 저항을 통해 전류가 흐른다고 가정해보고, 아래 수식을 사용하여 전력을 계산해보자.

$$P = I^2 \times R$$

R_{BE}에서 R_{CB}의 전력 이득은 각각에서 전력을 계산하고 다음과 같이 나누어 계산할 수 있다.

$$P_{gain} = \frac{I^2 \times R_{CB}}{I^2 \times R_{BE}}$$

만약 R_{CB}를 통해 흐르는 전류가 R_{BE}를 통해 흐르는 전류와 같다면 I^2은 상쇄되고 전류 이득은 다음과 같다.

$$P_{gain} = \frac{R_{CB}}{R_{BE}}$$

수식과 같이 트랜지스터의 전류는 같지는 않지만 동등한 상태에서 약간의 차이만 있다. 예를 들어, R_{CB} 값과 R_{BE} 값을 정의해주고 계산을 해보자. R_{CB}의 일반적인 값은 10 kΩ으로 정의하고, R_{BE}의 일반적인 값은 100 Ω으로 정의한다. 이때, 컬렉터-베이스 접합은 역방향 바이어스로서 높고, 베이스-이미터 접합은 순방향 바이어스로서 낮게 된다. 일반적인 트랜지스터의 전력 이득은 다음 수식에 대입하여 계산해 보자.

$$P_{gain} = \frac{R_{CB}}{R_{BE}} = \frac{10 \times 10^3\ \Omega}{100\ \Omega}$$

$$= 100$$

여기서 단위는 저항(Ω)에서 전력 이득 단위로 바뀌게 된다.

위의 수식에 대한 중요한 해석 부분은 순방향 바이어스 접합을 통과한 전류만큼 역방향 바이어스 접합을 통과한 전류가 높을 것이다. 이론상 다이오드 보충설명을 해보면, 역방향 바이어스 접합을 통한 전류는 거의 흐르지 않을 것으로 예상된다. 즉, 다이오드에서는 전류가 흐르지 않지만 트랜지스터의 컬렉터-베이스 접합에서는 다이오드의 이론과는 다르다.

그림 5-7의 NPN 트랜지스터 전류 흐름도에서는 컬렉터-베이스 접합 전류가 전원의 역방향 바이어스가 되어 높은 것을 알 수가 있다. 컬렉터-베이스 전압 V_{CB}는 컬렉터-베이스 접합과 연결된 전원과 역방향 바이어스가 된다. 베이스-이미터 전압 V_{BE}는 베이스-이미터 접합과 연결된 전원과 순방향 바이어스가 된다. 만약 트랜지스터가 일반적인 2개의 다이오

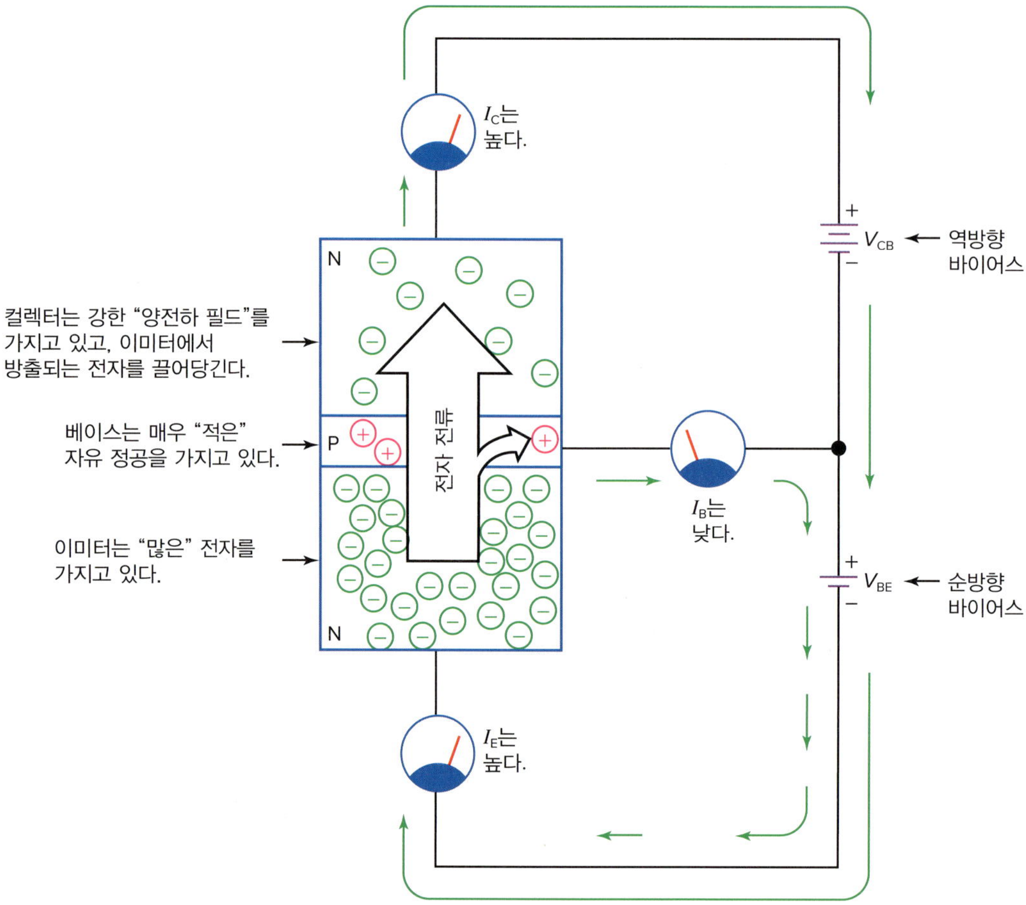

그림 5-7 NPN 트랜지스터 전류

드로 구성이 되었다면, 그 결과는 다음 내용과 같을 것이다.

- I_B와 I_E는 높게 된다.
- I_C는 0이 된다.

중요한 사실로, 트랜지스터의 기본적인 베이스 영역은 매우 좁다는 것이다(약 0.0025 cm 또는 0.001 in.). 베이스 영역은 도핑이 약하게 되어, 아주 약간의 자유 정공밖에 가지고 있지 않다. 베이스 영역에 전자-정공 결합이 매우 적기 때문에 이미터에서 입력되는 전자는 베이스의 정공을 찾아 결합하는 데 어려움이 있다. 이로 인해 베이스의 전류는 **매우 작아지게 된다.** 트랜지스터의 컬렉터 영역은 N형 영역이지만 V_{CB}에 의해 양전하가 충전된다. 베이스가 매우 좁은 영역이기 때문에, 이미터로부터 입력되는 전자의 대부분은 컬렉터에 의해 수집되고, 반응하여(끌어당겨짐) 컬렉터의 양전하의 분포(필드)는 매우 강해지게 된다. 따라서

- I_E와 I_C는 높다.
- I_B는 낮다.

위의 식과 같이 그림 5-7의 회로에서 컬렉터에 흐르는 전류는 이미터 전류보다 작고, 이미터 전류는 가장 높다. 일반적으로, 약 99%의 이미터 캐리어가 컬렉터로 이동하는데, 나머지 약 1%의 이미터 캐리어가 베이스 캐리어와 결합하고 베이스 전류가 된다. 그림 5-7의 전류 방정식은 다음과 같다.

$$I_E = I_C + I_B$$

일반적인 백분율을 사용하면 다음과 같다.

$$100\% = 99\% + 1\%$$

위에서 설명한 바와 같이 베이스 전류는 매우 작지만 **매우** 중요하다. 예를 들어, 그림 5-7에서 트랜지스터의 베이스가 개방되었다고 가정하자. 그림 5-7의 회로에서 베이스가 개방이 되면, 베이스에 전류가 흐를 수 없기에 V_{CB}와 V_{BE} 전압은 직렬로 추가되어 이미터에 대하여 컬렉터를 포지티브(+극성)로 만듭니다. 하지만 **베이스 전류가 흐르지 않는다면, 이미터와 컬렉터 전류도 흐르지 않을 것이다.** 베이스-이미터 접합부는 이미터 동작이 되도록 하기 위해서는 순방향 바이어스 되어야 한다. 결론적으로, 베이스 회로를 개방하면 순방향 바이어스는 제거된다. 만약 이미터가 출력되지 않는다면, 컬렉터가 입력받을 것은 아무것도 없게 된다. 이에 대하여, 베이스 전류가 매우 낮을지라도, 이미터에서 컬렉터로 전류가 흐르기 위해 베이스 전류는 트랜지스터에서 꼭 존재해야 한다.

예제 5-3

베이스 전류가 1 mA이고 컬렉터 전류가 150 mA일 때, 트랜지스터의 이미터 전류를 구하시오.

$$I_E = I_C + I_B = 150\,\text{mA} + 1\text{ mA} = 151\text{ mA}$$

좀 더 알아보기

트랜지스터 응용–과거와 현재

- 초기 상용 트랜지스터는 1 MHz 미만의 주파수에서만 작동한다.
- 극한 환경을 위해서 금속, 유리 및 세라믹 패키지 형태로 트랜지스터를 제작하여 사용한다.

예제 5-4

이미터 전류가 58 mA이고 컬렉터 전류가 56 mA일 때, 트랜지스터의 베이스 전류는 얼마인가? 방정식은 다음과 같이 재배열된다.

$$I_B = I_E - I_C = 58\text{ mA} - 56\text{ mA} = 2\text{ mA}$$

트랜지스터의 가장 중요한 기능은 베이스의 소전류로 이미터와 컬렉터의 높은 전류를 제어하는 것이다. 이 기능은 트랜지스터가 높은 전류 이득을 구할 수 있는지를 보여준다. 일반 회로설계에서도 자주 베이스 단자에서 컬렉터 단자의 전류 이득은 명시하게 된다. 이것은 트랜지스터의 가장 중요한 특성 중 하나이며, β(그리스어로 베타) 또는 h_{FE}라고 명칭한다.

$$\beta = \frac{I_C}{I_B} \qquad \text{또는} \qquad h_{FE} = \frac{I_C}{I_B}$$

전형적인 트랜지스터의 β는 얼마일까? 만약 베이스 전류가 1%이고 컬렉터 전류가 99%라면, 아래 수식과 같이 β를 구할 수 있다.

$$\beta = \frac{99\%}{1\%} = 99$$

퍼센트 백분율 계산은 분자와 분모 양쪽에 분수 계산을 적용하여 단위를 제거할 수 있다. 만약 실제 전류 측정값이 사용되는 경우에도 같은 방법으로 계산한다. 전류 단위는 제거되고, β값은 순수값으로 표현한다.

예제 5-5

베이스 전류가 0.3 mA이고 컬렉터 전류가 60 mA일 때 트랜지스터의 β값을 구하시오.

$$\beta = \frac{I_C}{I_B} = \frac{60\text{ mA}}{0.3\text{ mA}} = 200$$

β 방정식을 사용할 때는 milli , micro 단위를 사용해야 한다. 예를 들어, 트랜지스터의 컬렉터 전류가 5 mA이고 베이스 전류가 25 μA인 경우, β값은 다음과 같다.

$$\beta = \frac{I_C}{I_B} = \frac{5 \times 10^{-3}\text{A}}{25 \times 10^{-6}\text{A}} = 200$$

위의 식과 같이 암페어 단위는 삭제되고, β값은 순수값으로 표기된다. β값은 베이스 전류 및 컬렉터 전류를 구하는 데 사용하기도 한다. 트랜지스터의 β가 150이고 컬렉터의 전류가 10 mA일 때 베이스 전류를 구해보자. I_B를 계산하고 β 방정식을 재정립해보면 다음과 같은 결과를 볼 수 있다.

$$I_B = \frac{I_C}{\beta}$$

$$= \frac{10 \times 10^{-3}\text{A}}{150}$$

$$= 66.7\ \mu\text{A}$$

또 다른 예를 보면, β가 40이고 베이스 전류가 85 mA일 때 트랜지스터 회로에서 컬렉터 전류를 계산해보자.

$$I_C = \beta \times I_B$$

$$= 40 \times 85\ \text{mA}$$

$$= 3.4\ \text{A}$$

위 식과 같이 전류 이득이 결정되기 전에 전류를 계산해야 한다. 중요한 내용으로 이미터 전류는 컬렉터와 베이스 전류의 합이라는 사실을 기억해야 한다.

예제 5-6

12.1 mA의 이미터 전류와 12.0 mA의 컬렉터 전류를 갖는 트랜지스터가 있다. 이 트랜지스터의 β값은 얼마인지를 구해보자. 첫째, 베이스 전류를 찾기 위해 전류 방정식을 재배열하시오.

$$I_B = I_E - I_C = 12.1\ \text{mA} - 12.0\ \text{mA}$$

$$= 0.1\ \text{mA}$$

둘째, 그 후 β를 찾으시오.

$$\beta = \frac{I_C}{I_B} = \frac{12\ \text{mA}}{0.1\ \text{mA}} = 120$$

현재 사용되는 트랜지스터의 β값은 매우 다양하다. 예를 들어, 전력 트랜지스터는 20 만큼 낮은 β값을 가질 수도 있고, 소신호 트랜지스터는 400 만큼 높은 β값을 가질 수 있다. 일반적으로 사용 가능한 트랜지스터의 β값을 보면, 소신호 트랜지스터의 β값은 150 정도이고, 전력 트랜지스터의 β값은 50 정도를 사용할 수 있다.

트랜지스터는 부품 번호가 같은 트랜지스터라도 β값은 다를 수 있다. 예를 들어, 2N2222

트랜지스터를 제조하는 부품업체는 100~300의 일반적인 β값 범위를 설정한다. 그리고 제조업체는 다르지만 패키지가 동일한 3개의 2N2222 트랜지스터의 β값은 108, 167 및 256 등으로 차이가 있을 수 있다. 특히 트랜지스터의 제조업체들은 트랜지스터의 패키지에 표기를 하지 않거나 트랜지스터에 마킹이 되어 있지 않을 경우에는 제조업체와 트랜지스터 규격을 확인하기가 매우 어렵다.

이렇듯 β값은 중요하지만, β값의 예측이 어려워 특정 회로를 설계하기란 상당한 어려움이 있다. 이러한 문제를 해결하기 위해서는 베이스 단자에서 컬렉터 단자까지의 전류 이득이 높다는 사실에 초점을 맞추어야 한다. 또한 베이스 전류는 작고 컬렉터 전류를 제어한다는 점을 기억해야 한다. 이는 트랜지스터를 이용한 회로설계 방법으로 β값의 실제값을 제어할 수 있어야 한다는 것이며, 다음 장에 더 자세히 설명되어 있다.

그림 5-8은 PNP 트랜지스터에서 순방향 바이어스와 역방향 바이어스를 보여준다. 앞장에서 설명한 바와 같이 트랜지스터가 작동하기 위해서는 베이스-이미터 접합은 순방향 바이어스 되어야 하며. 그림 5-7과 비교해보면, V_{BE}는 전원 극성이 반대로 되어 있다. PNP

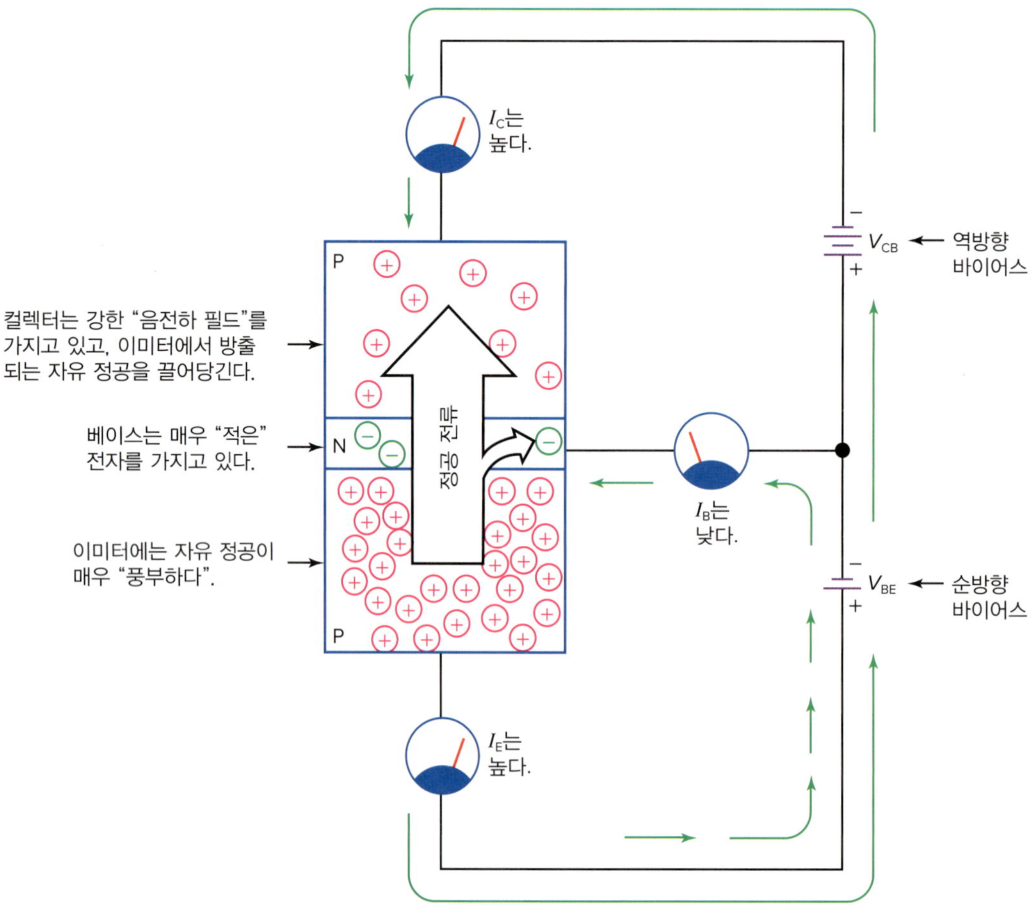

그림 5-8 PNP 트랜지스터 전류

트랜지스터의 컬렉터-베이스 접합은 역방향 바이어스 되어야 하고, V_{CB}의 전원 극성도 반대로 되어 있다. 그림 5-7과 5-8은 PNP와 NPN 트랜지스터가 서로 상호 교환되고 연동될 수 없다는 것을 확인할 수 있다.

그림 5-7에서는 NPN 트랜지스터에서는 정공이 아닌 **전자 전류**가 흐르는 것을 볼 수 있고, 그림 5-8에서는 PNP 트랜지스터에서는 **정공 전류**가 이미터에서 컬렉터로 흐르는 것을 볼 수 있다. 이것은 PNP형과 NPN형 트랜지스터 구조는 대부분 같은 방식으로 동작을 한다는 것이다. 지금까지 학습한 결과로, 이미터는 캐리어가 매우 풍부하고, 베이스는 꽤 좁아서 캐리어가 거의 존재하지 않는다. 컬렉터는 이미터에서 오는 캐리어를 끌어당기며, 외부 바이어스 소스에 의해 충전된다는 것을 꼭 기억해야 한다. 그림 5-7과 5-8을 비교해보면, PNP형과 NPN형 트랜지스터의 주된 차이점은 바로 극성이 다르다는 것이며, 두 가지 형태의 트랜지스터는 회로설계 방법이 다양하지만, PNP형 트랜지스터보다 NPN형 트랜지스터가 더 다양하게 활용되고 있다는 사실이다.

특히, 전자는 정공보다 **이동성**이 뛰어나고, 전자와 정공의 결정 구조를 통해 더 빨리 움직일 수 있는 장점을 활용해 고주파 회로에서 NPN형 트랜지스터를 활용한 회로설계 방법이 많이 채택되고 있다. 이를 위해, 트랜지스터 제조업체는 자사 라인에서 NPN 유형을 더 많이 보유하고 있다. 이는 회로 설계자가 정확한 회로설계 특성에 맞도록 필요한 NPN형 트랜지스터를 원활하게 공급받을 수 있도록 하기 위함이다. 또한 접지 시스템에서 NPN형을 이용한 장치를 많이 사용하고 있으며, 회로설계 방법이 공개되어 있다.

그리고 회로설계와 기법에 따라 PNP형과 NPN형 트랜지스터는 다양한 전자 시스템의 회로설계에서 다양하게 활용되고 있으며, 이는 두 가지 형태의 트랜지스터는 두 가지 극성을 모두 사용할 수 있는 편리성으로 인해 회로설계에 유연성을 더해준다.

Self-Test

각 문장이 참인지 거짓인지 판단하시오.

7. 접합 트랜지스터의 이미터 영역은 과도한 전류 캐리어를 갖도록 강하게 도핑된다.
8. 양극성 소자는 양방향으로 연결될 수 있고, 일반적인 동작을 제공할 수 있다.
9. 트랜지스터 소자의 컬렉터-베이스는 순방향 바이어스로 동작되어야 한다.
10. NPN 트랜지스터는 PNP형으로 대체될 수 있다.
11. 컬렉터-베이스 접합이 역방향 바이어스로 동작이 된다면, 회로에서 상당한 전류가 흐를 수 있다.
12. BJT의 베이스는 소공간이며, 불순물이 가볍게 도핑되어 있다.
13. I_B가 0일 때 BJT는 오프가 된다. 그리고 I_C는 0과 동일한 값이 될 것이다.
14. 베이스 전류는 컬렉터 전류를 제어한다.
15. 베이스 전류는 이미터 전류보다 크다.

16. 트랜지스터 β는 밀리암페어에서 측정된다.
17. 2N2222 트랜지스터는 베이스에서 컬렉터까지 전류 이득이 222로 생산된다.
18. PNP형 트랜지스터에서, 이미터는 정공을 방출하고 컬렉터는 정공을 충전한다.
19. PNP형 트랜지스터는 베이스-이미터 접합의 순방향 바이어스에 의해 동작된다.

다음 문제를 해결하시오.

20. 트랜지스터의 베이스 전류는 500 μA이고 β는 85이다. 컬렉터 전류를 구하시오.
21. 트랜지스터의 컬렉터 전류는 1 mA이고 β는 150이다. 베이스 전류를 구하시오.
22. 트랜지스터의 베이스 전류는 200 μA이고 컬렉터 전류는 50 mA이다. β값을 구하시오.
23. 트랜지스터의 컬렉터 전류는 1 A이고 이미터 전류는 1.01 A이다. 베이스 전류를 구하시오.
24. 문제 23에 설명된 트랜지스터에 대한 β값을 구하시오.

5-3 특성 곡선

특성 곡선은 다이오드와 트랜지스터의 동작 및 조건특성에 따라 구체적으로 설명할 수 있고, 트랜지스터 특성 곡선은 트랜지스터 특성에 따라 여러 종류로 구분한다. 그림 5-9에서는 컬렉터의 특성 곡선을 제시한다. 그래프에서 수직축(Y축)은 컬렉터 전류(I_C)를 나타내고, 단위는 mA(밀리암페어)를 사용한다. 수평축(X축)은 컬렉터-이미터 바이어스(V_{CE}) 상태를 나타내고, 단위는 V(볼트)를 사용한다. 그림 5-9와 같이 동일한 트랜지스터 해석을 위

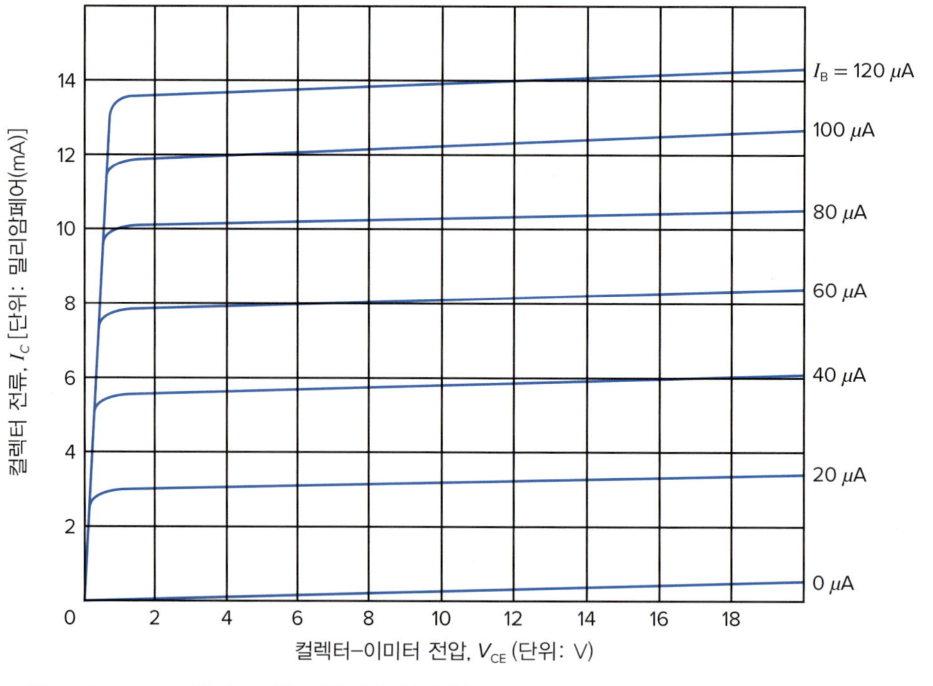

그림 5-9 NPN 트랜지스터용 컬렉터 특성 곡선

해 사용되고 있는 다양한 특성 곡선을 '컬렉터 **패밀리**'라고 한다.

그림 5-10은 트랜지스터의 컬렉터 특성 곡선을 분석하기 위해 컬렉터 데이터 값을 측정하고자 제시한 회로도이다. 회로도에서 3곳의 측정 포인트는 베이스 전류 I_B, 컬렉터 전류 I_C, 컬렉터-이미터 전압 V_{CE}이며, 전압 및 전류 흐름을 모니터링하는 데 사용된다. 그래프는 측정 포인트 세 지점의 측정값으로 얻어진 데이터로 특성 곡선을 생성한다. 특성 곡선은 측정이 될 때마다 하나의 곡선이 만들어지고, 그 일정한(상수) 값은 새로운 데이터로 설정된다. 이러한 과정으로 두 번째 곡선이 생성되며, 이 과정을 측정하는 시간 동안 계속적으로 반복될 수 있다. 그림 5-10의 회로도를 분석해보자. 회로도 왼쪽 가변 저항기는 베이스와 연결되어 베이스 전류가 요구되는 레벨을 제어한다. **베이스 전류**는 '컬렉터 특성 곡선'을 위한 일정한(상수) 값이라 할 수 있다. 이렇게 가변 저항기에서 베이스를 제어하게 되면, 제어 소스는 V_{CE}의 요구되는 값으로 설정된다. 이 과정에서 컬렉터 전류가 측정되고 V_{CE}는 새로운 값으로 생성되고, I_C값도 생성된다. 이러한 데이터 측정값은 I_C 대 V_{CE}의 특성 곡선이 그래프에 생성된다. 이때, 측정된 많은 데이터 값으로 정확도가 높은 특성 곡선을 생성할 수 있고, 특성 곡선의 그래프는 동일한 측정 방식으로 베이스 전류의 새로운 레벨에서 연속적으로 생성된다.

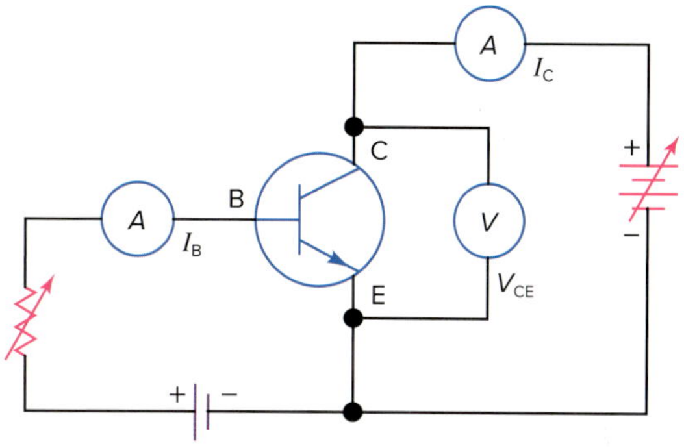

그림 5-10 트랜지스터의 컬렉터 데이터 측정을 위한 회로도

그림 5-9와 같이 트랜지스터의 특성 곡선은 접합 트랜지스터의 중요한 I_C 전류 특성, V_{CE}의 전압 특성을 보여준다. 그래프를 보면, 컬렉터-이미터 전압은 **컬렉터 전류**에 영향을 주지 않는다는 것을 알 수 있다. $I_B = 20\ \mu A$의 특성 곡선을 확인하고, 2~18 V 범위에서 컬렉터 전류의 변화는 얼마인지 확인해보자(단, 0.5 mA의 변경으로 3 mA에서 3.5 mA로 증가). 이때 트랜지스터가 단순한 저항이라면 전류가 9배 증가하게 되고, 옴의 법칙을 활용해서 전압의 변화를 계산해보면 전압에 9배의 변화가 일어난다. 이와 같이 트랜지스터의 베이스 전류는 컬렉터 전류에 큰 영향을 주며, 컬렉터 전압이 **매우 낮을 때만** 전류에 영향을 미친다는 점에 주의하여야 한다(그림 5-9의 1 V 미만).

예를 들어, 그림 5-9의 특성 곡선에서 $V_{CE} = 6V$, $I_B = 20\ \mu A$일 때 I_C 값은 얼마인지 살펴보자. 첫째로, 그래프의 수평축(X축) 6V 지점을 확인해보고, 동시에 특성 곡선 X축 오른쪽 20 μA에 도달지점을 확인해본다. 확인이 되었다면, 마지막으로 그래프 왼쪽의 수직축 I_C 값 3 mA 값을 구할 수 있다. 다른 문제도 시도해보자. 첫 번째, 특성 곡선 그래프에서 $I_C =$ 10 mA, $V_{CE} = 4$ V일 때 I_B값을 찾아보자. 그래프에서 2개의 데이터가 교차되는 지점을 확인해보면, 80 μA를 구할 수 있다. 두 번째로, 특성 곡선 그래프에서 $V_{CE} = 10$ V, $I_C = 7$ mA일 때 베이스 전류값을 찾아보자. 2개의 데이터가 교차되는 지점은 그래프 40 μA와 60 μA

곡선의 중간지점으로 예상 결과값은 50 μA가 된다.

예제 5-7

그림 5-9의 특성 곡선 그래프를 사용하여 V_{CE} = 8V, I_B = 20 μA일 때 컬렉터 전류를 구하시오. I_C값을 확인하면 약 3.1 mA이다.

예제 5-8

그림 5-9의 특성 곡선에서 V_{CE}가 6 V, I_B가 100 μA일 때 이미터 전류를 구하시오. 컬렉터 특성 곡선은 이미터 데이터 값을 확인할 수 없지만, 베이스 전류와 컬렉터 전류에서 이미터 전류를 구할 수 있다. 여기서, 베이스 전류는 특성 곡선에서 확인할 수 있고, 특성 곡선을 확인하여 컬렉터 전류를 구한다. 그림 5-9의 특성 곡선은 V_{CE} = 6 V, I_B = 100 μA가 I_C = 12 mA에서 교차지점을 확인할 수 있다. 다음 식으로 나타내면,

$$I_E = I_C + I_B = 12\,\text{mA} + 100\,\mu\text{A}$$
$$= 12.1\,\text{mA}.$$

특성 곡선에는 베이스, 컬렉터, 이미터의 다양한 정보를 기반으로 요구되는 값을 계산할 수가 있다. 그림 5-9의 특성 곡선을 보고, β값을 계산해보자. 첫째로, V_{CE} = 8 V, I_C = 8 mA일 때 β값은 얼마인지 계산해보자. 먼저 베이스 전류의 값을 구해야 한다. 특성 곡선에서 확인해보면, 두 값은 그래프 60 μA의 베이스 전류에서 교차되는 것을 볼 수 있다. 이를 아래 수식에 대입하면 β값을 구할 수 있다.

$$\beta = \frac{I_C}{I_B}$$
$$= \frac{8\,\text{mA}}{60\,\mu\text{A}}$$
$$= 133$$

두 번째로, V_{CE} = 12 V, I_C =14 mA라는 조건에 대한 β값을 계산해보자. 2개의 값은 I_B = 120 μA 교차지점에서 확인할 수 있다.

$$\beta = \frac{14\,\text{mA}}{120\,\mu\text{A}}$$
$$= 117$$

위의 계산으로 β값은 트랜지스터마다 다를 뿐만 아니라, I_C값에 의해 β값이 변한다는 것을 알 수 있으며, 트랜지스터의 패키지 온도 및 외부온도의 조건에서도 β값은 영향을 받는

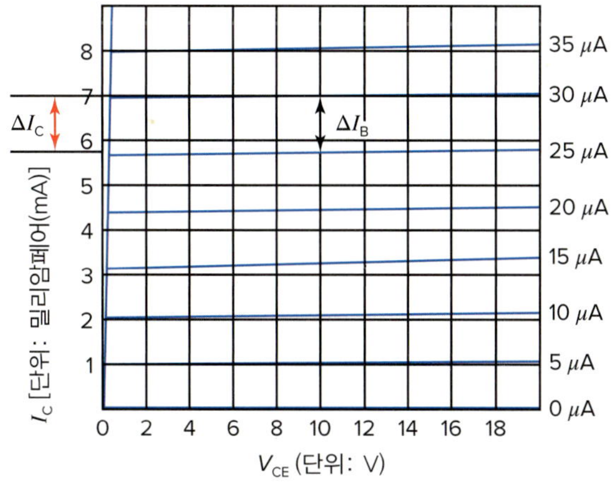

$$\beta_{ac} = h_{fe} = \frac{\Delta I_C}{\Delta I_B} = \frac{1.3\ \text{mA}}{5\ \mu\text{A}} = 260$$

그림 5-11 특성 곡선으로 β_{ac}계산

다는 사실을 확인할 수 있다.

트랜지스터에서 β값은 상당히 중요한 요소라고 할 수 있다. 그림 5-11의 그래프에서 트랜지스터 베이스 전류가 상대적으로 크다면 트랜지스터에 어떤 일이 일어나는지 확인해보자. 예를 들어, $I_B = 1$ mA일 경우, 그래프에서 결과값이 벗어나게 된다. 이때 왜 벗어났는지 그래프의 특성 곡선을 보고 분석해보자. 우선, 컬렉터 손실률이 한계점을 초과하지 않았다면 트랜지스터는 손상되지 않지만, $I_B = 1$ mA일 경우, 트랜지스터는 과도한 베이스 전류에 의해 손상될 수 있다. 그렇다면 트랜지스터가 손상되기 전 포화 상태에 도달할 때 트랜지스터의 상태를 확인해보자. 그림 5-11의 그래프에서, 트랜지스터의 특성 곡선은 0 V와 2 V 사이에 **빠른 수직 상승**으로 동작하는 것을 확인할 수 있고, 베이스 전류가 35 μA 이상이면 트랜지스터 전압 V_{CE}는 낮은 값으로 확인되며, 그래프에서 예측할 수가 없게 된다. 베이스 전류가 35 μA 이상일 때 트랜지스터를 동작시키면, 트랜지스터는 포화 영역에 도달하게 되고, 컬렉터에서 이미터의 스위치가 차단되는 동작을 실행한다. 차단된 스위치는 저항성분이 없어 0 V로 낮아진다. 이때 실제 스위치 동작은 매우 작은 저항을 가지고 있고, 작은 전압으로 천천히 낮아진다. 또한 높은 베이스 전류로 양극성 트랜지스터가 동작한다면 차단된 스위치처럼 동작하게 된다(트랜지스터의 스위칭 응용은 이 장의 마지막 절 참조).

지금까지 학습한 내용을 기반으로 베이스에서 컬렉터로부터 전류 이득을 계산하는 방법을 습득해보자. 전류 이득의 수식의 명칭은 β_{ac} 또는 h_{fe}라고 표현하며, 이미 학습한 바와 같이 β_{ac}는 어떻게 다른지 다음 수식을 보고 학습해보자.

$$\beta_{dc} = h_{FE} = \frac{I_C}{I_B}$$

$$\beta_{ac} = h_{fe}$$
$$= \frac{\Delta I_C}{\Delta I_B}\bigg|V_{CE}$$

그리스 델타 기호(Δ)의 의미는 시간에 대한 '변화'를 의미하고, 기호 |는 V_{CE}가 일정하게 유지되어야 함을 의미한다. 이러한 과정은 그림 5-11에서 확인할 수 있다. 우선, 컬렉터-이미터 전압은 10 V로 유지한다. 두 번째로, 베이스 전류가 30 μA에서 25 μA로 바뀐다면, ΔI_B값은 5 μA이다. (이때, 그래프의 왼쪽 컬렉터 전류는 7.0 mA에서 5.7 mA로 바뀌게 되고. 1.3 mA의 ΔI_C값을 확인할 수가 있다. 확인된 ΔI_B와 ΔI_C값을 나누어 주면, β_{ac} = 260 이라는 값을 구할 수 있다.)

마지막으로, 저주파에서 β_{dc}와 β_{ac}는 서로 큰 차이가 없다는 것을 알 수 있다. 그리고 이 장에서 중요시 되는건 β_{dc}를 강조하고 있다. 이를 위해 기호의 의미와 활용방법을 확인해보자(아래 첨자가 없는 β 기호는 **dc 전류 이득**, 교류 전류 이득은 β_{ac}로 나타낸다).

예제 5-9

그림 5-9에서 V_{CE} = 4 V이고, I_B가 20 μA에서 40 μA로 바뀔 때 β_{ac}를 구하시오.

$$\beta_{ac} = \frac{\Delta I_C}{\Delta I_B} = \frac{2.6\text{ mA}}{20\,\mu\text{A}} = 130$$

트랜지스터는 각 모델마다 규격이 거의 표준화되어 있으며, 트랜지스터의 기본적인 규격은 각 모델의 데이터시트에 포함되어 있다. 이러한 규격에는 각 트랜지스터의 주파수 범위가 규격화되어 있다. 규격화된 주파수 범위는 트랜지스터의 이득과 대역폭 사이에 절충관계를 가지고 있으며, 이는 **이득 대역폭 곱**(Gain-bandwidth product)으로 확인할 수 있다. 이득 대역폭 곱은 AC 전류가 점점 제거되어 1로 떨어지는 주파수를 의미한다. 이득 대역폭 곱의 기호는 f_T를 사용하며, BJT 트랜지스터 특성은 고주파 응용 분야에서 매우 중요하다. 예를 들어, 무선 주파수 트랜지스터 2N5179는 1.4 GHz의 이득 대역폭 곱(f_T)을 가지고 있고, 범용 트랜지스터 2N3904는 300 MHz의 이득 대역폭 곱(f_T)을 가지고 있다. 따라서 응용 회로에 트랜지스터를 활용할 때는 이득 대역폭 곱을 확인하고, 주파수 규격에 맞는 트랜지스터를 선택하여야 한다.

그림 5-12에서는 일반적인 그래프[즉, 수평축에서 오른쪽으로 양(+)의 값을 표시하고, 수직축에서 위로 양(+)의 값을 표시]를 표시하지 않고, 음(−)의 값을 왼쪽과 아래쪽으로 나타내는 PNP형 트랜지스터의 곡선들을 표시한다. 그림 5-12의 그래프를 보면, PNP형 트랜지스터의 컬렉터 전압은 음(−)이 되어서 왼쪽으로 곡선이 표시된다. 이는 PNP형 트랜지스터의 컬렉터 전류는 NPN형 트랜지스터의 컬렉터 전류가 서로 반대 방향으로 흘러서

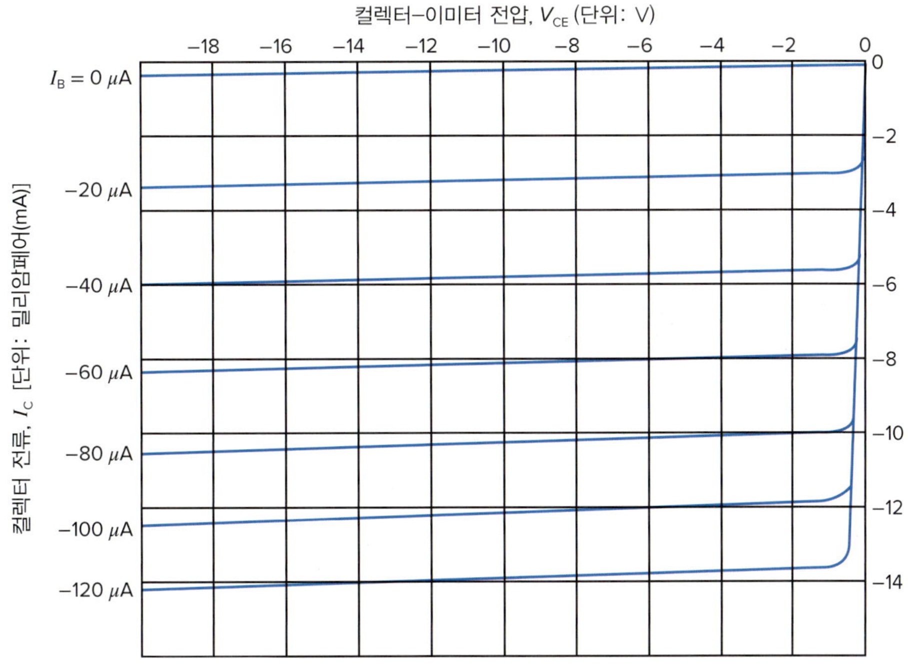

그림 5-12 PNP 트랜지스터의 컬렉터 패밀리 특성 곡선

PNP형 트랜지스터 곡선은 아래로 내려가게 표시한다.

개발실 및 실험실에는 **커브 트레이서**(그림 5-19)라는 소자를 사용한다. 이 소자는 음극선관 또는 액정표시장치(LCD)에 특성 곡선을 표시한다. 커브 트레이서는 측정 데이터를 수집하고 수작업으로 곡선을 그리는 것보다 훨씬 더 편리하다.

그림 5-13은 트랜지스터의 전기적 특성을 표시하고, 예시로 **전달 특성 곡선**을 제시한다. 이러한 형태의 곡선은 트랜지스터 단자(베이스)가 다른 트랜지스터 단자(컬렉터)에 어떠한 영향을 미치는지를 그래프로 나타냈는데, 이를 전달 특성 곡선이라 한다.

이 절을 마치며, 핵심적인 내용을 기억해보자. 기본적인 트랜지스터의 특성을 생각해보면, 베이스 전류는 컬렉터 전류를 제어한다고 학습하였다. 또한 베이스-이미터 바이어스가 베이스 전류의 레벨을 설정함에 따라 베이스-이미터 전압이 컬렉터 전류를 어떻게 제어하는지 확인하였다. 이러한 학습내용을 기반으로 트랜지스터 제작 성분에 미치는 영향을 간단히 확인해보자. 그림 5-13은 실리콘 트랜지스터와 게르마늄 트랜지스터 간의 중요한 차이점을 보여준다. 다이오드처럼 게르마늄으로 제작된 트랜지스터는 훨씬 낮은 전압에서 동작

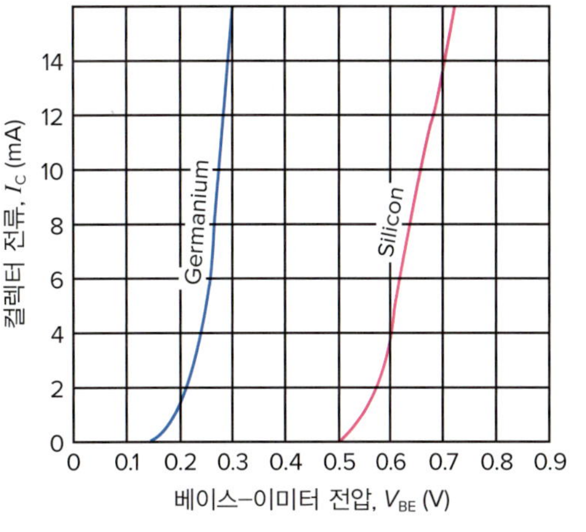

그림 5-13 실리콘 및 게르마늄 트랜지스터 비교

한다(약 0.2 V). 실리콘 장치는 0.6 V 근처에서 동작한다. 이러한 소자들의 동작전압은 매우 중요하다. 그리고 트랜지스터에서 동작전압은 일정하게 유지되어야 하는 특성을 가지고 있다. 또한 트랜지스터가 실리콘으로 제작되었는지, 게르마늄으로 제작되었는지 알 수 있다. 게르마늄 트랜지스터는 현재 거의 사용되지 않고, 고온에서도 동작이 안정적인 실리콘 소자로 대부분 대체되었다.

Self-Test

각 문단에서 빠져 있는 단어 또는 숫자를 채우시오(그림 5-9, 5-13 참조).

25. 전압 $V_{CE} = 4$ V이고 전류 $I_C = 3$ mA이다. $I_B =$ _____.
26. 전류 $I_B = 90\ \mu$A이고 전압 $V_{CE} = 4$ V이다. $I_C =$ _____.
27. 전압 $V_{CE} = 6$ V이고 전류 $I_C = 8$ mA이다. $\beta =$ _____.
28. 전류 $I_B = 100\ \mu$A이고 전압 $V_{CE} = 8$ V이다. $P_C =$ _____.
29. V_{CE}는 4 V에서 일정하게 유지된다. I_B는 60 μA에서 80 μA로 변화한다. $\beta_{ac} =$ _____.
30. 게르마늄 트랜지스터는 V_{BE}가 _____ V에 도달했을 때 작동한다.
31. 실리콘 트랜지스터는 V_{BE}가 _____ V에 도달했을 때 작동한다.
32. 두 가지 반도체 소재 중 _____이 고온에 안정적인 도체이다.

5-4 트랜지스터 데이터

트랜지스터 제조업체는 자사 부품의 물리적, 온도특성 및 전기적 특성을 상세히 기술한 데이터 시트가 있다. 표 5-1은 2N2222A BJT의 **최대 정격** 및 **특성**을 제시한 데이터 시트 매뉴얼이며, 특성 곡선의 데이터도 포함하고 있다.

일반적인 기술전문가는 트랜지스터에 문제가 발생이 되면 대체적으로 결함이 있는 트랜지스터를 동일한 부품 번호로 교체하려고 한다. 이는 제조업체가 다른 경우에도 '적절한 대체품'으로 간주되고 있기 때문이다. 이러한 경우, 전기적 특성과 특성 곡선을 기존 제품과 비교할 수 있는 데이터 시트가 필수적이라 할 수 있다. 기술전문가는 적어도 원래 부품과 동일한 최대 정격의 대체품을 선택해야 한다.

그리고 비교대상 2개의 트랜지스터를 비교하면 매우 유사하다는 것을 알 수 있다. 예를 들어, 2N3904 트랜지스터의 사양은 표 5-1에 표시된 2N2222A 트랜지스터의 규격과 매우 흡사하고, 표에 표기되어 있지 않은 항목은 2N2222의 경우 25 ns, 2N3904의 경우 35 ns인 상승 시간 항목의 차이만 있다. 특히 2N2222는 스위칭 트랜지스터로서 전자 회로의 응용 분야에서 대부분 많이 사용하고 있다.

기술전문가가 특정 트랜지스터에 규격을 확인할 수 있는 방법은 **공통** 가이드를 사용하는 것이다. 공통 가이드는 완벽히 정확하지는 않지만, 관심 있는 장치에 대한 일반적인 개념을 제공한다. 또 다른 방법은 트랜지스터의 **부품 카탈로그**를 확인하는 것이다. 그림 5-14는 트랜지스터의 부품 카탈로그 목록을 보여준다. 이러한 트랜지스터의 카탈로그를 보면, 2N5179 트랜지스터는 실리콘 NPN 유형, TO-72 **케이스 디자인**을 사용하며, UHF(ultra-high-frequency) 증폭기로 사용되고, 0.2 W 소비전력 규격을 확인할 수 있다. 이러한 카탈로그를 수집하고, 새로운 카탈로그를 받아볼 수 있도록 준비하면 트랜지스터 개발에 많은 도움이 된다.

또한 정확한 대체품을 구할 수 없을 때는 대체품을 만들어 놓아야 하며, 반드시 중요한 트랜지스터의 규격을 충족하여 제품의 안전성, 기능성, 신뢰성이 충족되어야 한다.

좀 더 알아보기

인터넷 검색 엔진에 부품 번호를 입력하면 데이터 시트, 케이스 도면 등을 검색할 수 있다.

트랜지스터 케이스 스타일을 알아보자. 트랜지스터 케이스 스타일은 아주 다양하고, 대부분은 Joint Electron Device Engineering Council에 등록되어 있다. JEDEC 웹사이트는 TO-1에서 TO-249까지의 트랜지스터 케이스(트랜지스터 개요)를 보여준다. 그림 5-15는 트랜지스

표 5-1 2N2222A BJT 트랜지스터 규격

파라미터	기호	값
최대 정격		
컬렉터-이미터 전압	V_{CEO}	40 V dc
컬렉터-베이스 전압	V_{CB}	75 V dc
이미터-베이스 전압	V_{EB}	6 V dc
컬렉터 전류	I_C	800 mA dc
총 소비전력 (25°C 이상에서 발생)	P_D	1.8 W 12 mW/°C
특성		
DC 전류 이득	h_{FE}	100 to 300
AC 전류 이득	h_{fe}	50 to 375
이득 대역폭 곱	f_T	300 MHz
컬렉터-이미터 포화도	$V_{CE(sat)}$	0.3 V dc
잡음 지수	NF	4 dB

			Maximum Ratings			Beta H_{FE}@Ic		
Type	Case	Material Function	Dissi-pation Watts	Coll. to Base Volts	Coll. Curr. mA	Min. Max.	mA	f_T MHz
2N2870/ 2N301	TO-3	GP AP	30C	80	3A	50-165	1A	.200
2N2876	TO-60	SN AV	17.5C	80	2.5A			.200
2N2894	TO-18	SP SH	1.2C	12	200	40-150	30	400
2N2895	TO-18	SN GP	.500	120	1A	60-150	1	120
2N5070	TO-60	SN AP	70C	65	3.3A	10-100	3A	100
2N5071	TO-60	SN AP	70C	65	3.3A	10-100	3A	100
2N5086	TO-92	SP GP	.310	50	50	150-	1	40
2N5087	TO-92	SP GP	.310	50	50	250-	1	40
2N5088	TO-92	SN GP	.310	35	50	350-	1	
2N5172	TO-98	SN GP	.200	25	100	100-	10	
2N5179	TO-72	SN AU	.200	20	50	25-	20	900
2N5180	TO-104	SN AU	.180	30		20-	2	650
2N5183	TO-104	SN GP	.500	18	1A	70-	10	62
2N5184	TO-104	SN GP	.500	120	50	10-	50	50

재료 코드:
- GP .... 게르마늄, PNP
- SN .... 실리콘, NPN
- SP .... 실리콘, PNP

기능 코드:
- AP .... 증폭기, 전력
- AV .... 증폭기, VHF(초단파)
- SH .... 스위치, 고속
- GP .... 범용
- AU .... 증폭기, UHF(극초단파)

그림 5-14 트랜지스터 카탈로그 목록

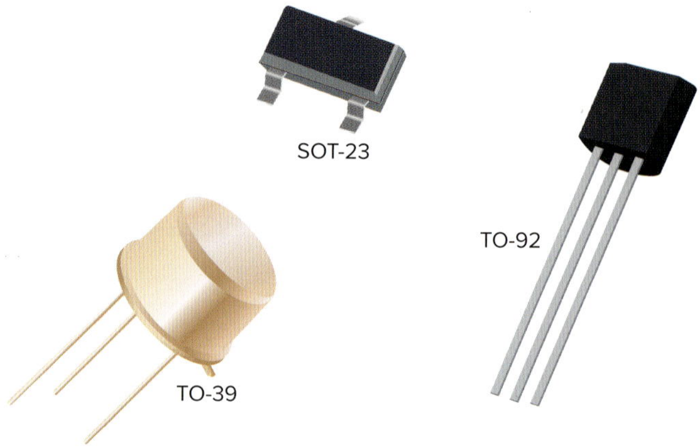

그림 5-15 트랜지스터의 세 가지 케이스 형태

터 소자의 세 가지 형태의 예시를 제시한다. SOT는 small-outline-transistor를 의미하고, 데이터 시트는 케이스의 치수와 이미터, 베이스 및 컬렉터 연결선 표시를 제공한다.

그리고 가이드나 혹은 데이터 시트에서 트랜지스터의 부품 번호를 찾을 수가 없어도, 일반적으로 보편적인 소자를 사용할 수는 있다. 예를 들어, 2N2222A(또는 2N3904)는 소신호 실리콘 NPN BJT로 2N3904로 대체할 수 있으며, 2N2905A(또는 2N3906)는 범용적인 PNP 대체품으로 2N3906 소자를 사용할 수 있다. 하지만 아래와 같은 경우에는 대체품 활용은 신중하게 생각해야 한다.

- VHF 또는 UHF 응용 범위
- 고출력 응용
- 고전압 응용

이와 같이 트랜지스터는 동일한 재질 및 동일한 극성을 가져야만 교체가 가능하고, 크기와 도선 배열이 호환되는지 확인해야 하며, 동일한 기술을 기반으로 제조되어야 한다.

Self-Test

각 문장이 참인지 거짓인지 판단하시오.

33. 소자 제조업체는 솔리드 스테이트 소자에 대한 데이터 시트 및 데이터 매뉴얼을 발행한다.
34. 대부분의 솔리드 스테이트 소자에는 케이스에 연결선이 표시되어 있다.
35. PNP형 트랜지스터가 범용인 경우, NPN형으로 교체할 수 있다.
36. Motorola가 만든 2N2222 트랜지스터를 다른 회사에서 만든 2N2222 트랜지스터로 교체하는 것은 알맞은 교체가 아니다.
37. 극성, 반도체 재료, 전압 및 전류 레벨, 회로 기능 등을 고려하여 교체 트랜지스터를 선택할 수 있다.

5-5 트랜지스터 테스트

트랜지스터를 테스트하는 방법은 다양하지만 그 중에 커브 트레이서로 테스트하는 방법을 추천한다. 이 방법은 수입 부품을 테스트하는 반도체 제조업체, 장비 제조업체, 반도체 개발연구소에서 사용되고 있다.

그리고 제조 및 회로설계 센터에서 트랜지스터를 테스트하는 방법으로는 특수 고정 장치를 사용하거나 일반회로에 테스트 회로를 사용해서 시험하는 방법이 있다. 이 방법은 **동적 테스트**로 분류되며, VHF 및 UHF 트랜지스터에 자주 사용되는 방법이다. 동적 테스트는 신호를 인가하는 조건에서 전력 이득 및 **잡음 지수**를 측정한다. 잡음 지수 측정은 트랜지스터에서 동작되는 소신호가 증폭되는 정도를 측정하는 것이다. 잡음 지수가 높은 트랜지스터는 소신호와 함께 높은 전기적 소음이 발생된다.

그리고 또 다른 형태의 트랜지스터는 전력 이득의 손실이 조금씩 일어나는 트랜지스터도 있다. 예를 들어, 무선 주파수 전력 증폭기는 **오버레이형 트랜지스터**를 사용하는데, 오버레이형 트랜지스터는 베이스-이미터 전력 변화에 의해 전력 이득이 조금씩 감소되고, 이미터의 격자 길이가 100개 이상 길어질 수 있다. 그리고 트랜지스터의 패키지에 습기가 스며들어 성능을 저하시키는 문제가 있다.

이러한 문제로 인해 대부분의 **트랜지스터는 갑작스럽게 동작이 멈추게 된다**. 트랜지스터의 고장 원인을 알아보자. 첫째로, 내부 연결의 접촉이 불안하거나 과부하로 인해 양쪽 접합부(접합부는 P와 N 사이의 전이 영역) 및 한쪽 접합부가 단락이 될 수 있다. 이러한 트랜지스터의 고장 원인은 트랜지스터의 회로 전압계 측정 및 회로 외부의 옴미터 측정으로 확인할 수 있다.

양호한 트랜지스터는 두 개의 PN 접합을 가지고 있다. 두 개의 PN 접합은 옴미터로 확인할 수 있다. 그림 5-16과 같이, PNP형 트랜지스터는 공통 캐소드 연결로 2개의 다이오드와 비교될 수 있고, 베이스 리드는 공통 캐소드 역할을 한다. 그림 5-17은 공통 애노드 연결로 2개의 다이오드와 같이 NPN형 트랜지스터를 보여준다. 만약 2개의 다이오드가 정상이라면, 옴미터기로 검증할 수 있고, 검증된 트랜지스터는 정상적으로 동작된다.

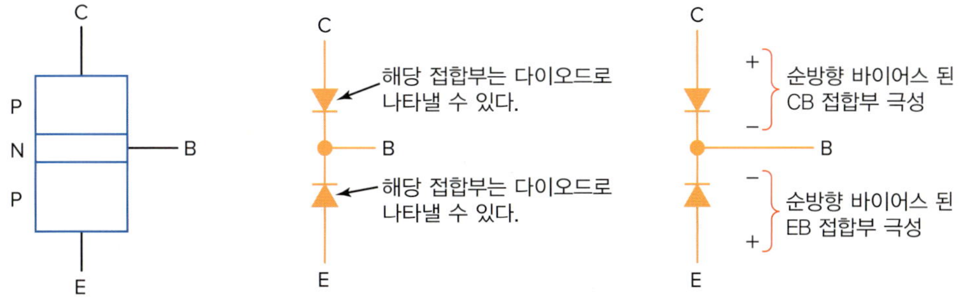

그림 5-16 PNP 접합 극성

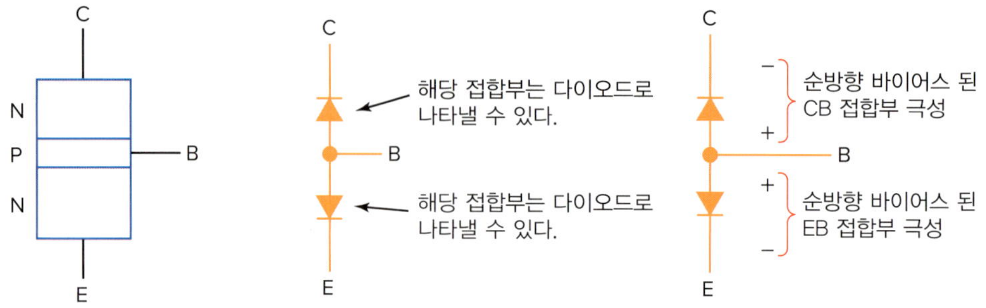

그림 5-17 NPN 접합 극성

그리고 옴미터는 트랜지스터의 데이터 시트에 표기되지 않을 경우, 트랜지스터 3개의 연결리드를 측정하여 NPN형 또는 PNP형의 극성을 식별하는 데 사용할 수도 있다. 아날로그 옴미터는 대부분의 트랜지스터를 테스트하기 위해 $R \times 100$ 범위로 설정해야 한다.

트랜지스터 테스트의 첫 단계는 2개의 트랜지스터 연결리드에 옴미터 리드를 연결한다. 이때 저항이 낮게 측정이 된다면 트랜지스터는 단락이 된 경우다. 이를 다시 확인하기 위해 옴미터 연결리드를 반대로 다시 한번 측정한다. 결과적으로, **트랜지스터 접점**이 정상이면 저항값이 높게 나타나고, 이미터와 컬렉터 리드를 가로질러 연결하면 저항값이 양방향으로 높게 나타난다.

저항은 소량의 베이스 전류를 트랜지스터에 제공하기 위해 사용된다. 트랜지스터의 전류 이득이 정상이면, 컬렉터 전류는 매우 높아진다. 옴미터는 트랜지스터의 전류 이득을 측정하고 증명할 수 있어 100,000 Ω보다 훨씬 낮은 저항을 표시할 수 있다. 그림 5-18은 2개의 계측기를 활용하여 트랜지스터를 테스트하는 방법으로 컬렉터와 베이스를 가로질러 저항을 연결하고, 동시에 이미터와 컬렉터를 가로질러 옴미터에 연결하면 된다. 만약 잘못 판단하여 양(+)극 리드를 이미터에 연결하고, 음(−)극 리드를 컬렉터에 연결하면, 낮은 저항값은 측정되지 않는다. 여기서 중요한 측정 포인트는 NPN형 트랜지스터를 테스트할 때는 저항을 양(+)극 리드에서 베이스로 연결해야 한다.

트랜지스터는 소수 캐리어로 인해 약간의 **누설 전류**를 가지고 있다. 트랜지스터에서 누설 전류는 I_{CBO}라고 한다(I 기호는 전류를 의미, CB는 컬렉터-베이스 접합부를 의미, O는 이미터 오픈 표시). 누설 전류는 이미터 리드가 오픈 상태로 역방향 바이어스 조건에서 컬렉터-베이스 접합부를 통해 흐르는 전류이다. 다른 트랜지스터 누설 전류는 I_{CEO}로 나타낸다(I 기호는 전류를 의미, CE는 컬렉터-이미터 단자를 의미, O는 베이스 단자 오픈 표시). I_{CEO}는 가장 큰 누설 전류이며, I_{CBO}가 증폭된 형태이며 다음 식과 같이 계산할 수 있다.

$$I_{CEO} = \beta \times I_{CBO}$$

베이스 단자가 오픈 상태에서, 컬렉터-베이스 접합에 역바이어스 상태의 누설되는 전류는 외부로 인가되는 베이스 전류처럼 베이스-이미터 접합부에 동일한 영향을 미친다. 베이스

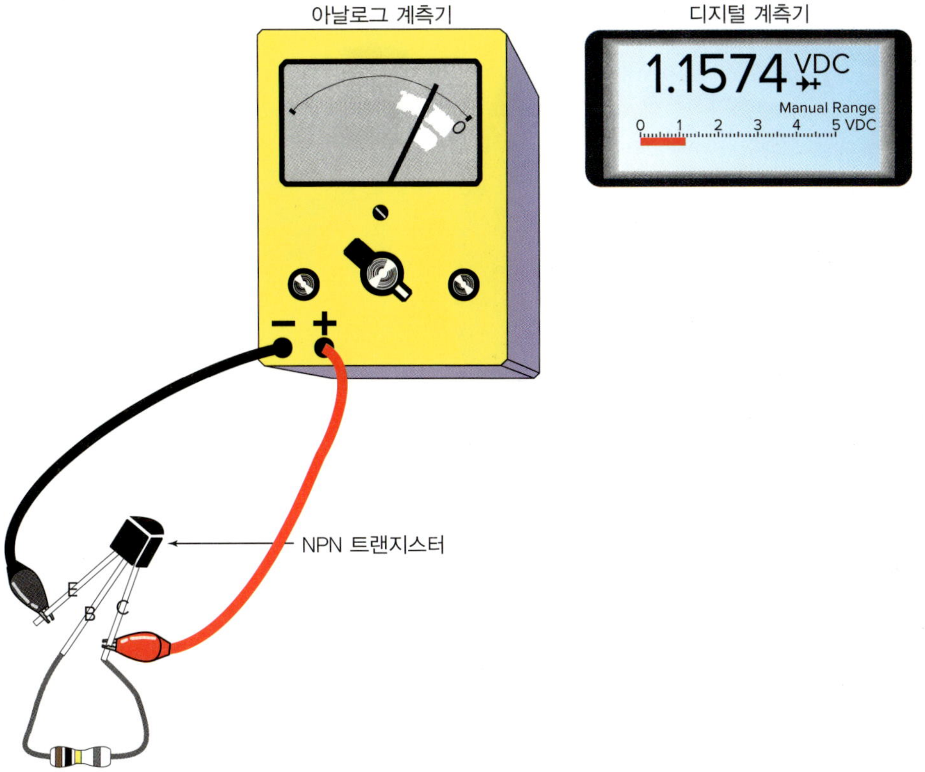

그림 5-18 NPN 이득 측정

단자가 오픈되면, 누설 전류의 이동 경로가 없다보니 트랜지스터는 베이스 전류와 마찬가지로 누설 전류를 증폭시킨다.

$$I_C = \beta \times I_B$$

현재 전자제품에 가장 많이 사용되고 있는 실리콘 트랜지스터의 누설 전류는 매우 낮은 편에 속한다. 이러한 누설 전류를 측정하기 위해 회로 내에서 트랜지스터의 정상 동작 측정은 간단하지는 않지만 꼭 해야만 하는 테스트로 다음 세 가지를 주의해야 한다.

첫 번째, 실제 회로에는 절대로 사용해서는 안 된다.

두 번째, 트랜지스터 주변의 경로로 인해 옴미터가 낮게 판독될 수 있다.

세 번째, 일반적으로 전압 또는 신호 경로 해석을 위한 신뢰성 있는 측정방법을 선호해야만 한다. (뒷장에서는 자주 사용되는 문제 해결 기법에 대해 다룬다.)

그림 5-19는 USB로 연결된 컴퓨터에서 트랜지스터의 특성 곡선 측정값을 측정하고 있다. MOSFET 트랜지스터는 다음 절에서 자세히 살펴보자.

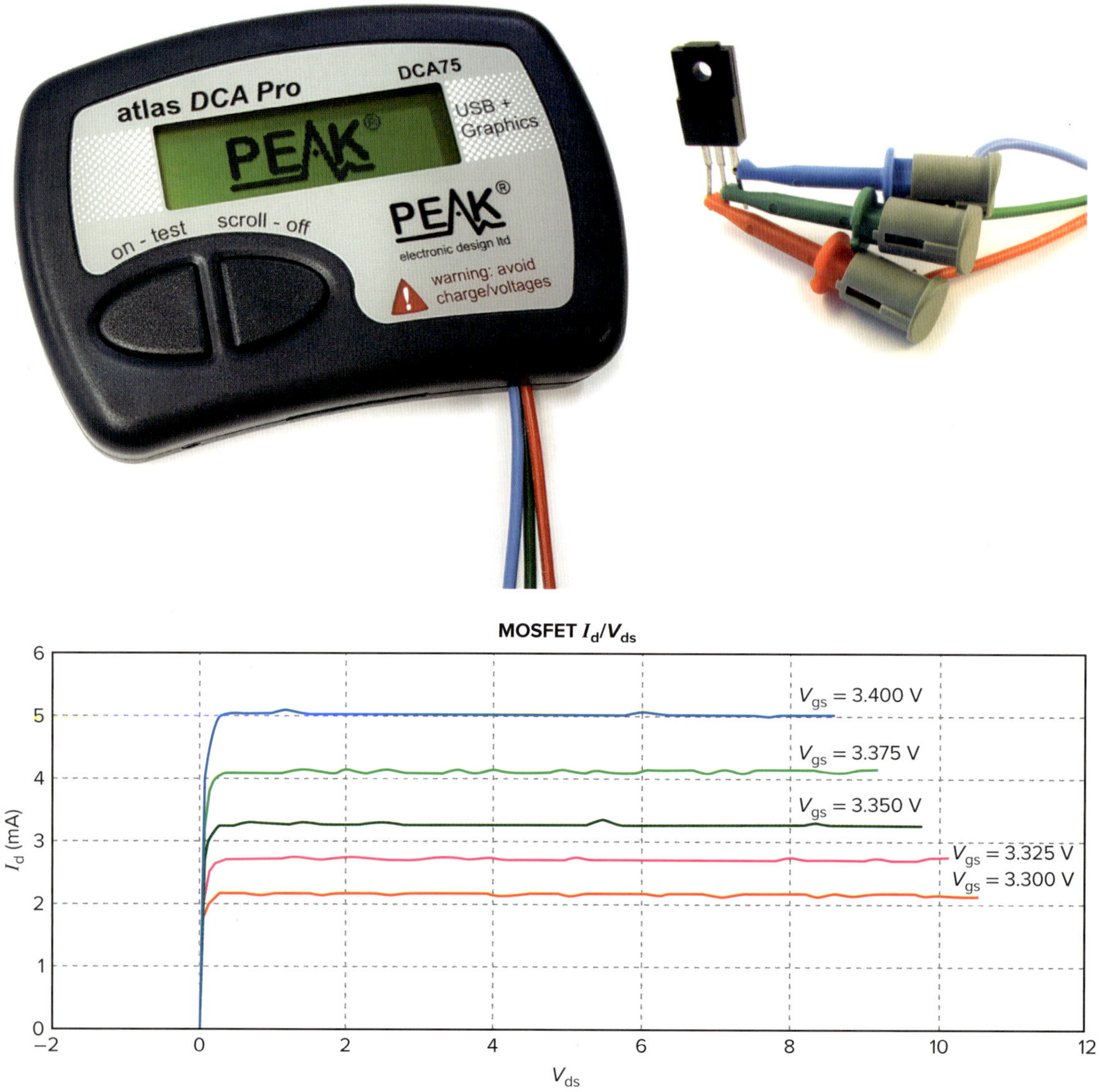

그림 5–19 Atlas DCA Pro 커브 트레이서 및 분석기

Self-Test

각 문장이 참인지 거짓인지 판단하시오.

38. 트랜지스터 접점은 옴미터로 확인할 수 있다.
39. 접합 불량은 대부분 트랜지스터의 고장 원인이 된다.
40. 정상적인 트랜지스터는 옴미터 극성에 관계없이 이미터에서 컬렉터까지 낮은 저항이 나타나야 한다.
41. 옴미터로 트랜지스터의 베이스 리드를 찾을 수 없다.
42. 옴미터의 양극선이 정상적인 트랜지스터의 베이스에 연결되어 있고, 나머지 트랜지스터 리드 중 하나를 음극선과 연결하면 중간

저항을 나타낸다고 가정하자. 이것은 NPN 형 트랜지스터이다.

43. 옴미터로 트랜지스터 이득을 확인할 수 있다.

44. 옴미터를 사용한 트랜지스터 테스트는 회로 내 점검으로 제한된다.

45. 회로에 납땜된 트랜지스터는 점검할 수 없다.

5-6 트랜지스터 분류

트랜지스터의 유형은 단극 트랜지스터와 양극 트랜지스터로 구분할 수 있다. 양극 트랜지스터는 전자와 정공을 전류 캐리어로 사용하고, 단극(극성이 하나임) 트랜지스터는 한 가지 유형만 전류 캐리어로 사용한다. 그림 5-20에서 **접합형 전계효과 트랜지스터**(JFET)의 단극형 트랜지스터 예시를 보자. 그림 5-20은 **N채널 JFET** 구조와 회로 기호를 나타내며, 기호에서 리드명은 **소스**, **게이트**, **드레인**으로 명칭하고 있다.

JFET의 제조 방법은 두 가지가 있으며, N형 소재, P형 소재로 구분할 수 있다. 그림 5-20의 회로와 기호는 N 채널 소자이고, i*N*으로 표현하는 소자를 **N 채널 소자**라고 한다. **P 채널 소자**의 기호는 게이트 리드의 화살표가 외부 방향을 향하는 형태로 표시한다.

BJT에서는 정공과 전자의 구성으로 동작되지만, JFET의 N 채널 소자는 **전자만** 사용되고, P 채널 소자는 **정공만** 사용된다.

그림 5-20과 같이, 일반적인 N 채널 JFET은 소스에서 드레인 단자로 전도되고, 게이트 단자의 제어 전압은 채널 내의 캐리어를 제거해서 **공핍 모드**로 동작한다. 또한 N 채널은 전류 흐름을 도와줄 수 있는 충분한 자유 전자를 포함하고 있으며, 게이트가 음(−)이 되면 자유 전자를 **채널 밖으로 방출**하여 자유 캐리어가 남지 않게 된다. 이때 N 채널 저항은 높아지고, 소스와 드레인 전류는 낮아진다. 실제로 게이트가 최대 음(−)의 상태가 되면, 소자는 오프되고 어떠한 전류도 흐르지 않게 된다.

그림 5-21의 JFET 특성 곡선을 분석해보자. 먼저 기본적인 이론으로 게이트에서 소스까지의 전압 $(-V_{GS})$은 상승하고, 드레인 전류 I_D는 감소한다는 점을 기억해야 한다. 그리고 그림 5-21의 JFET의 특성 곡선은 다음과 같이 세 영역으로 분리할 수 있다.

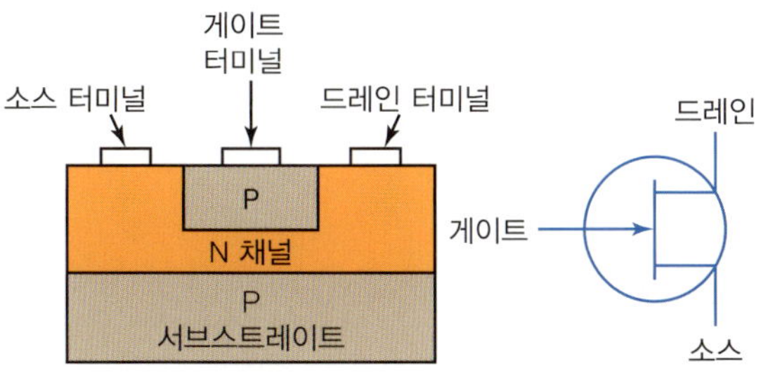

그림 5-20 N 채널 JFET

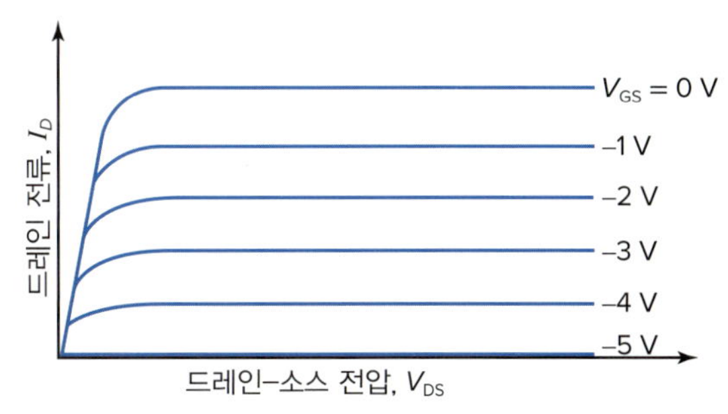

그림 5-21 JFET 특성 곡선

(1) 전류 I_D가 급하게 0에서부터 증가하는 저항성 영역
(2) 곡선이 평평해지는 포화 영역
(3) 소자가 오프되고 I_D가 0이 되는 컷오프 영역

이러한 세 영역에 대해 BJT와 JFET을 비교해보자.

- 베이스 전류가 공급될 때까지 BJT는 오프되어 있다(컬렉터 전류 없음).
- 채널단에서 게이트 전압이 높아질 때까지 JFET가 켜진다(드레인 전류가 흐름).

그리고 또 다른 차이점은 다음과 같다.

(1) 양극성 소자는 전류 제어
(2) 단극성 소자는 전압 제어
(3) 양극성 트랜지스터는 일반적으로 오프됨
(4) 일반적으로 JFET은 동작됨

그림 5-20에서 JFET **게이트 전류**가 흐르는지 확인해보자. 게이트는 P형 소재로 제작되고, 채널 영역에 전도하기 위해 게이트는 음(−)이 되도록 제어한다. 그리고 게이트-채널 다이오드를 역방향 바이어스로 만들면, 게이트 전류는 **0**이 된다(아주 작은 누설 전류가 있을 수 있음).

P 채널 JFET은 채널을 제조할 때 P형 소재를 사용하고, 게이트를 제조할 때 N형 소재를 사용한다. 게이트는 채널 내에서 정공이 방출되어 양(+)이 되고, 정공이 방출되면 게이트-채널 다이오드는 역방향 바이어스로 되어, 게이트 전류는 0이 된다. 그리고 N 채널 JFET와 P 채널 JFET은 극성이 달라서 서로 상호 교환이 되지 않는다.

다음으로, 그림 5-22와 같이 금속 산화막 반도체 전계효과 트랜지스터에 대해서 알아보자.

MOSFET의 게이트는 금속으로 제조할 수 있으며, MOSFET의 절연체는 실리콘 산화물로 되어 있다. 이러한 구조는 그림 5-22에서와 같이 **금속 산화막 반도체 전계효과 트랜지스터**라고 명칭한다(MOSFET). MOSFET는 P 채널이나 N 채널로 제작되며, *iN*(가운데 방향)을 가리키는 화살표는 채널이 N형 물질이라는 것을 의미한다.

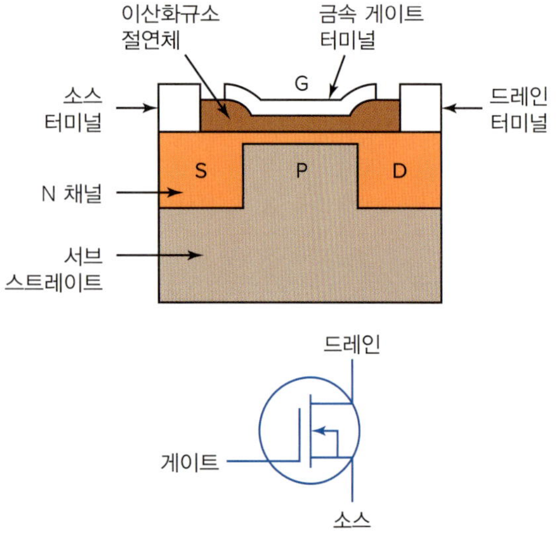

그림 5-22 N 채널 MOSFET

MOSFET은 산화 절연체로 구성되어 있으며, 얇은 산화 절연체는 과도한 전압에 쉽게 손상되기도 하고, 정전기가 발생되면 게이트 절연체의

영역이 쉽게 파괴되는 경우가 있다. 이러한 MOSFET의 손상을 방지하기 위해서는 정전기 패드로 정전기를 없앤 후에 매우 조심히 다루어야 하고, 소자가 회로에 납땜이 되어 부착이 되기까지 리드를 단락시켜야 한다. 그리고 MOSFET 회로에서 안전하게 측정하기 위한 예방 방법들을 숙지해야 한다. 이러한 문제점을 해결하기 위해 오늘날 대부분의 MOSFET 소자는 게이트 전압이 과도하게 올라가면, 다이오드가 켜지고 전위를 안전하게 방전하도록 게이트 절연체를 보호하는 다이오드가 내장되어 있다(보호회로 설계). MOSFET 제조 업체도 이러한 문제점 때문에 MOSFET의 취급 주의를 권고하고 있다.

MOSFET은 두 가지 형태로 분류하며, **공핍형**(depletion mode) MOSFET과 **증가형**(enhancement mode) MOSFET이 있다. 공핍형은 평상시에 소스와 드레인 사이에 채널이 형성되어 있어 전류가 흐르다가 게이트를 닫아주면 전류가 차단되는 형태로 동작하고, 증가형은 반대로 평상시에 소스와 드레인 사이에 채널이 형성되지 않아 전류가 흐르지 못하다가 게이트를 열어주면 전류가 흐르게 되는 형태로 동작한다. 이는 두 가지 모드의 차이가 있다.

그림 5-23은 N 채널 증가형(enhancement mode)의 특성 곡선을 보여준다. 게이트가 양의 상태로 되면, 많은 전자들이 채널 영역으로 수집되어 N 채널이 형성된다. 이러한 과정은 채널 영역 전도성이 올라가고, 드레인 전류가 증가된다. 그림 5-23에서 $V_{GS}=0$일 때, 드레인 전류는 0이 되는 컷오프 영역을 나타냈다. 컷오프 영역은 Y축 I_D가 0이고, V_{DS} X축을 의미한다. 그림 5-23의 그래프에서 X축 V_{DS}가 평탄하게 표현된 그래프는 포화 영역을 의미하고, 가파른 수직 곡선은 저항성 영역을 의미한다.

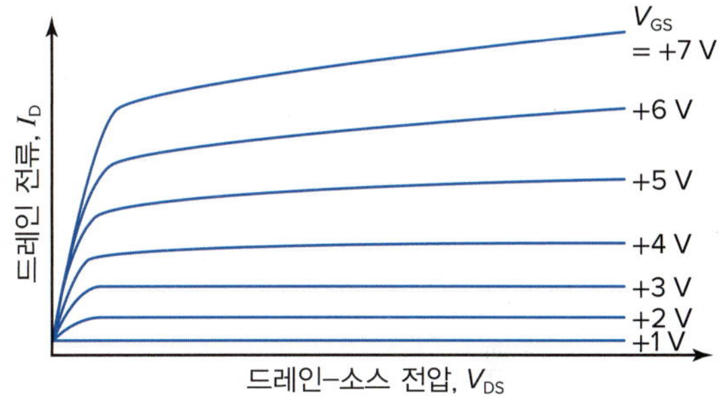

그림 5–23 증가형 특성 곡선

그림 5-24에서는 트랜지스터의 분류를 위한 구성도를 확인해보자. 증가형 기호는 소스부터 드레인으로 연결된 리드가 조금씩 끊어져 있는데, 이러한 기호의 형태는 정상적인 게이트 전압이 인가되어 채널을 생성하거나 향상시킬 수 있다는 의미다. 전계효과 트랜지스터의 게이트 단자는 전류가 필요치 않고, 양극 트랜지스터보다 특정 응용 분야에 활용도가 높으며, 입력 저항이 높은 증폭기에 많이 사용된다. 다음과 같이 옴의 법칙을 사용하여 확인해보자.

$$R=\frac{V}{I}$$

V(전압)는 증폭기에 공급되는 신호 전압이고, I(전류)는 증폭기에서 받아들이는 전류이다. 이 식에서 I가 감소할수록 R(저항)은 증가한다. 즉, 입력 신호원으로부터 전류가 흐르지 않으면 증폭기의 입력 저항은 높아진다는 뜻이다. 양극성 트랜지스터는 전류로 제어되는데,

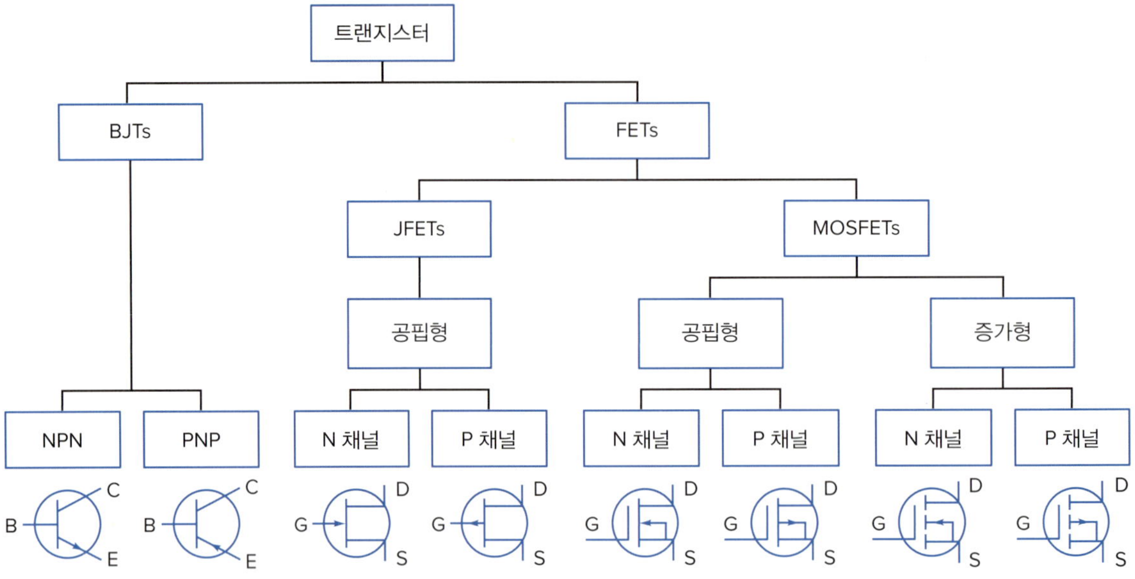

그림 5-24 트랜지스터 가계도

양극성 증폭기는 신호원으로부터 훨씬 더 많은 전류를 소비해야 한다. *I*(전류)가 증가하면 *R*(저항)은 감소한다.

지금까지 전류 제어(BJT)와 전압 제어(FET) 트랜지스터를 학습하였다. 다음은 트랜지스터의 활용 용도에 따른 포토트랜지스터를 알아보도록 하자. **포토트랜지스터**는 비접촉식 소자로서, 포토트랜지스터의 결정에 빛이 흡수되어 신호를 출력한다. 빛이 입력될 때 포토트랜지스터의 동작 과정을 알아보자. 만약 포토트랜지스터에 빛에너지가 입력되면 베이스 영역에 정공-전자가 쌍을 생성하고, 베이스 전류 대신 빛에 의해 제어될 수 있다. 다음은 포토트랜지스터의 기호를 학습해보자. 그림 5-25는 포토트랜지스터의 두 가지 기호와 등가 회로를 제시한다. 다음은 포토트랜지스터가 빛에 따라 어떻게 동작되는지 확인해보자. 포토트랜지스터에 빛이 입력되지 않는다면, 컬렉터는 이미터에 소전압과 소전류만 흐르게 된다. 실온에서 일반적인 측정값을 보면 10나노암페어(nA) 정도 되는 **암전류**(dark current)가 흐른다. 만약 포토트랜지스터에 빛이 입력되면, 포토트랜지스터의 베이스 전류가 흐르게 되고, 다이오드 공핍 영역을 통과하여 캐리어를 생성한다. 이때, 포토트랜지스터는 이득을 얻게 되어 그림 5-25(b)의 다이오드에 흐르는 전류보다 더 높은 전류가 컬렉터에 흐른다. 일반적인 포토트랜지스터는 평방 센티미터당 3 mW의 광 입력으로 5 mA의 컬렉터 전류가 흐르게 된다.

그림 5-26의 포토트랜지스터는 한 가지 응용 분야에 활용하는 회로도이다. 이 회로는 자동으로 조명을 제어하는 회로이며, 빛이 존재할 경우 포토트랜지스터는 릴레이의 정상적인 폐쇄로 릴레이 접점에 전달되고, 개방 상태를 유지하여 조명을 오프한다. 빛이 존재하지 않을 경우에는, 포토트랜지스터의 암전류가 너무 작아 릴레이가 작동되지 않고 접점이

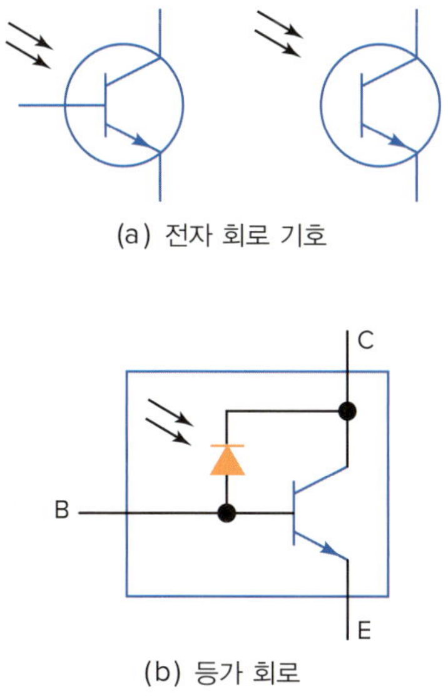

그림 5-25 포토트랜지스터

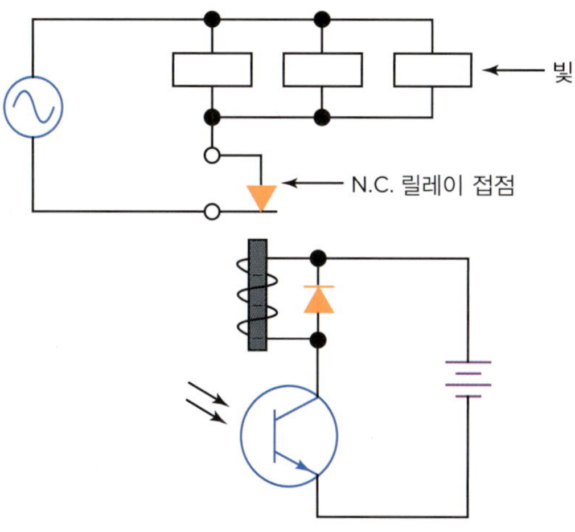

그림 5-26 포토트랜지스터 응용 회로도

폐쇄되어 조명이 꺼지게 된다.

포토트랜지스터는 **광 아이솔레이터**(광 커플러)에도 활용된다. 그림 5-27은 갈륨 비소, 적외선 방출 다이오드 및 NPN형 실리콘 포토트랜지스터가 적용되어 있는 4N35 소자는 광 아이솔레이터 패키지이다. 4N35 소자는 회로의 안전성이 확보되어 입출력 회로에서 최대 2,500 V까지 차단 기능이 제공된다. 4N35 패키지는 SMT 조립공정에 사용할 수 있다.

그림 5-28은 포토 MOSFET 트랜지스터로서, DIP(Dual Inline Package) 타입 패키지 형태이며, 광학적으로 결합된 갈륨 비소, 적외선 방출 다이오드 방식으로 구성된다. 그림 5-28의 TLP222A 포토 릴레이는 BJT 포토트랜지스터형 포토커플러보다 정격 전류 출력이 높으며, 동작 저항은 2 Ω이고, 최대 전류는 500 mA이며, 3번 핀에서 4번 핀 또는 4번 핀에서 3번 핀 양방향으로 전류가 흐른다. 최대 절연 등급은 2,500 V로 4N35 소자와 같다.

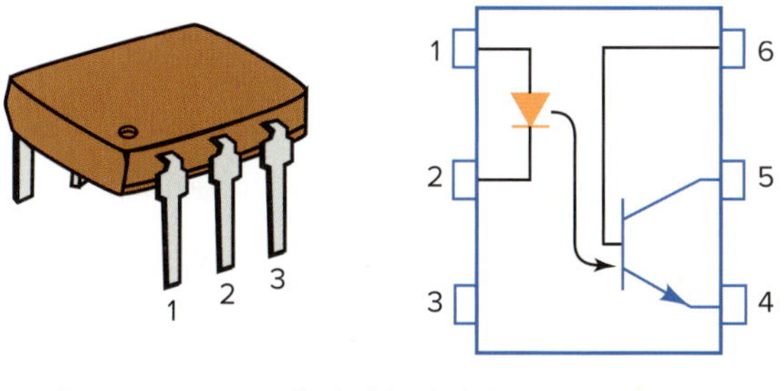

그림 5-27 4N35 광 아이솔레이터

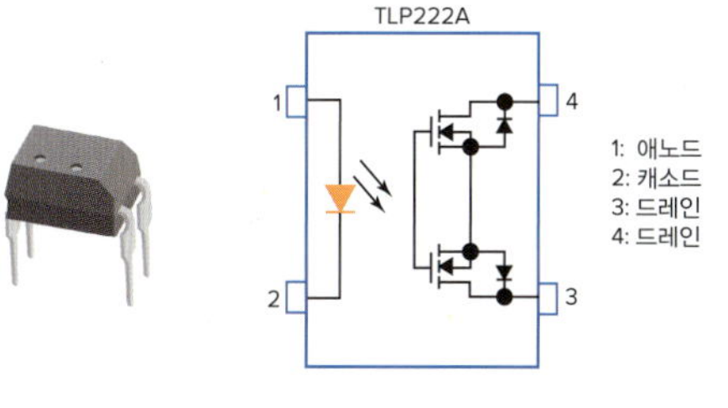

그림 5-28 TLP222A 포토 릴레이

Self-Test

각 문장이 참인지 거짓인지 판단하시오.

46. 포토트랜지스터의 기호는 베이스 리드를 나타낼 수도 있고, 나타내지 않을 수도 있다.
47. 그림 5-26을 참고하시오. 포토트랜지스터에 입력되는 빛의 양이 많아질수록 릴레이 코일의 전류는 증가한다.
48. 그림 5-27을 참고하시오. 핀 1과 핀 2에 순방향 바이어스를 적용하면 전류가 핀 4에서 핀 5로 흐른다.
49. 양극 접합 트랜지스터는 양극성 소자다.
50. JFET는 단극성 소자다.
51. 공핍형 트랜지스터는 게이트 전압에 의해 채널 내 캐리어 수를 증가시킨다.
52. 양극 트랜지스터는 전류 증폭기지만, 단극 트랜지스터는 전압 증폭기이다.
53. N 채널 JFET은 음의 게이트 전압으로 오프될 수 있다.
54. P 채널 JFET 회로에서 게이트 다이오드는 일반적으로 순방향 바이어스가 된다.
55. MOSFET은 게이트 절연체의 고장을 방지하기 위해 조심히 다뤄야 한다.
56. MOSFET은 증가형에서 동작할 수 있다.
57. 증가형은 게이트 전압에 의해 캐리어가 채널 밖으로 방출됨을 의미한다.
58. FET은 양극성 형태보다 더 우수한 고입력 저항 증폭기를 설계할 수 있다.

5-7 전력 트랜지스터

트랜지스터는 광범위하게 소신호 소자와 전력 소자로 구분한다. 일반적으로, 트랜지스터를 전력 소자로 사용하기 위해서는 1 W 이상일 경우 전력 소자로 사용한다. 표 5-1에서와 같이 트랜지스터 2N2222A의 **소자 온도**가 25°C일 때 정격소비는 1.8 W이지만 이때 **주변 온도**가 25°C일 때는 정격이 625 mW에 불과하다. 이렇듯 트랜지스터는 온도에 민감한 소자이며, 트랜지스터가 **전력제어**로 동작하면 온도는 상승하게 된다. 만약 2N2222A 트랜지스터에 200 mA 전류와 9 V(1.8 W) 전압 강하로 동작시키면, 트랜지스터의 온도는 매우 높아질 것이다. 그리고 트랜지스터 케이스 온도가 90°C 상태가 되고, 계속적으로 625 mW로 동작한다면, 트랜지스터의 기능과 트랜지스터의 성능이 떨어질 수도 있다. 그림 5-29는 트랜지스터가 동작할 때 온도 성능을 비교하고, 회로응용에 어떤 트랜지스터를 선택하여야 하는지 학습해보자. 그리고 그림 5-29에서 비교방법은 625 mW 전력제어 상태에서, 2N2222A 트랜지스터(TO-92 케이스)와 2N6288 트랜지스터(TO-220 케이스)를 비교해보자.

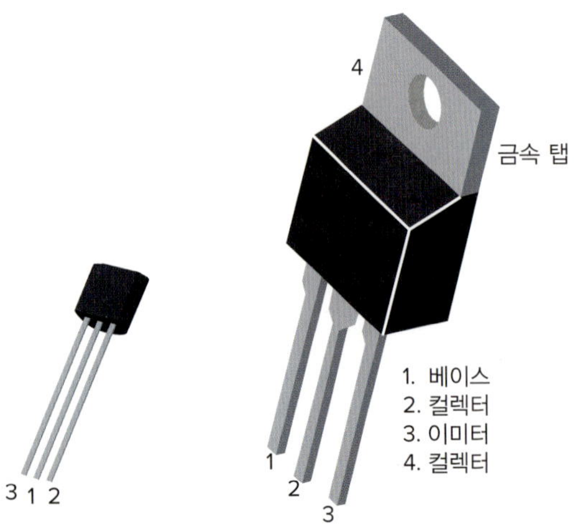

그림 5-29 소신호 트랜지스터와 전력 트랜지스터

그림 5-29를 보면, 일반적인 트랜지스터의 케이스와 금속 탭이 적용되어 있는 트랜지스터를 확인할 수 있다. 트랜지스터의 금속 탭은 열을 방출하는 방열판과 소자 기구물이 서로 부착되어 있다. 이러한 방열판은 주위 공기와 냉각팬 장치로 열을 분산하여 트랜지스터의 온도 상승을 억제한다. 예를 들어, 2N6288 트랜지스터는 방열판 케이스 온도가 25°C(77°F)로 유지될 때 최대 40 W 소비전력이 제공된다. 그렇다면 우리나라 8월 무더위 여름에 트랜지스터의 정격 최대 성능을 사용할 수 있는지 상상해보자. 그림 5-30은 이러한 트랜지스터의 온도 상승과 최대 정격 전력의 활용을 위한 소자의 출력 감소 곡선을 제시한다.

예제 5-10

60°C의 케이스 온도에서 작동하는 2N6288의 최대 전력 손실은 얼마인가? 그래프를 참조하면 약 28 W가 된다.

그림 5-30에서 트랜지스터의 상승 온도가 150°C일 때 소비전력 40 W의 최대 정격을 보여준다. 그래프에서와 같이 트랜지스터는 200°C까지 온도가 상승할 수도 있지만 대부분 트랜지스터의 상승 온도는 150°C로 규격이 정해져 있다. 트랜지스터의 상승 온도 규격은 접합부의 온도를 의미한다. 만약 트랜지스터의 온도가 상승할 때 최대 전력의 관계식을 알아보자.

$$P_D = V_{DS} \times I_D \text{ (for FETs)} \quad \text{또는} \quad P_C = V_{CE} \times I_C \text{ (for BJTs)}$$

따라서 수식과 같이 전압과 전류가 상승하면 전력도 함께 증가한다. 그림 5-31 그래프에서 다시 한번 확인해보자.

최대 전류와 최대 전압 중 하나라도 한계치가 초과된다면 트랜지스터는 열에 의해 손상되거나 파괴될 수 있다. 그리고 전력 한계치는 전압과 전류의 곱에 의해 설정된다. 전력이 동일할 때 V_{DS}가 증가하면 I_D는 감소한다. 그래프에서 1 지점과 2 지점이 연결된 P_{max}는 소자의 최대 전력 한계치를 나타낸 것이다.

그림 5-32는 양극 접합 트랜지스터의 한계치를 그래프로 나타냈다.

양극 접합 트랜지스터의 그래프 2 지점과 3 지

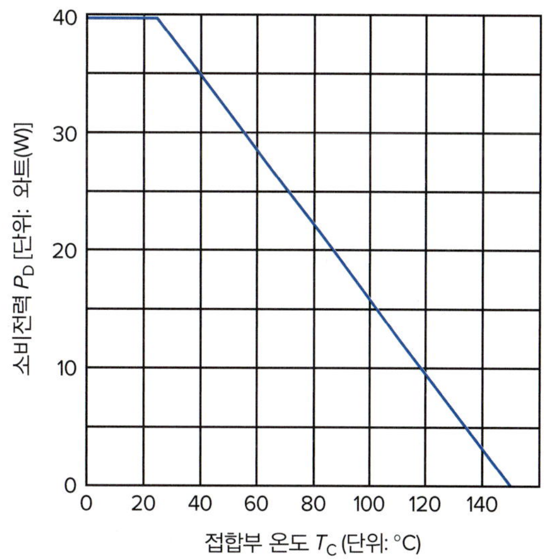

그림 5-30 2N6288 트랜지스터의 출력 감소 곡선

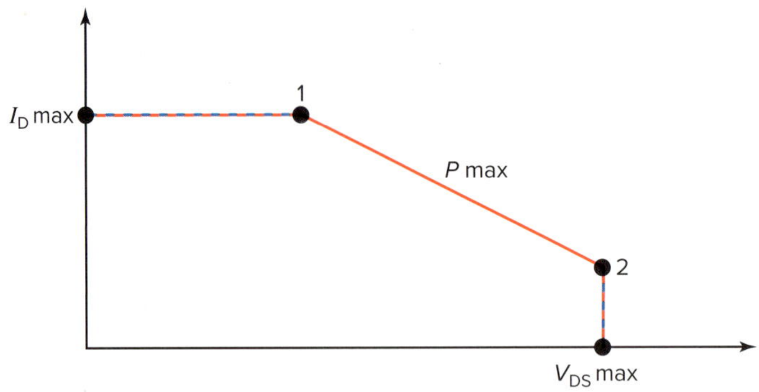

그림 5-31 FET 동작의 한계치

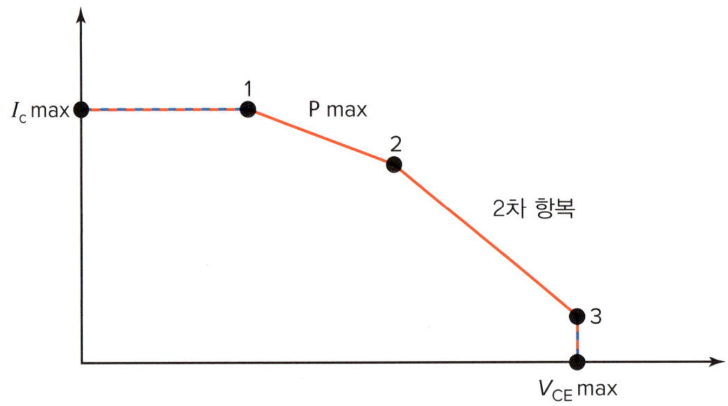

그림 5-32 BJT 동작의 한계치

점 사이의 곡선은 1 지점과 2 지점의 P_{max}보다 가파른 경사를 보여주며, 이는 최대 전력에 대한 추가적인 한계치를 암시한다. 양극 접합 트랜지스터의 높은 전류와 전압은 전류의 흐름이 결정구조의 작은 영역에 한정되게 할 수 있다. 핫스팟이 형성되며, 결정구조가 손상된다. 이러한 현상은 BJT 트랜지스터에서는 일어나지만 전력 FET 트랜지스터에서는 발생하지 않기 때문에 일부 응용 분야에서는 주로 FET트랜지스터를 많이 사용한다. 그래프에서 보는 바와 같이 온도에 대한 **2차 항복**이라 불리는 현상과 관련이 있으며, FET 트랜지스터는 2차 항복 현상이라는 안전성 기능으로 열에 대한 보상점이 높아서 손상이 되지 않아 응용 분야에 자주 사용하고 있다. 가격 측면에서는 BJT가 FET보다는 저렴하지만, 온도 보상 측면에서는 전력 FET이 훨씬 안정적이다.

반도체 제조업체는 소자에 알맞은 다양한 특성과 규격에 관련된 다양한 종류의 그래프를 제공한다. 그림 5-33은 PNP형 트랜지스터 소자의 동작 범위에 대해 제시한다. 이러한 특정한 트랜지스터의 최대 정격 트랜지스터의 소비전력은 7.5 W가 되며, $V_{CE} = 4$ V일 때 전력 곡선은 I_C축 위에서 1.9 A보다 낮은 동작지점에서 교차하는 것을 알 수 있다.

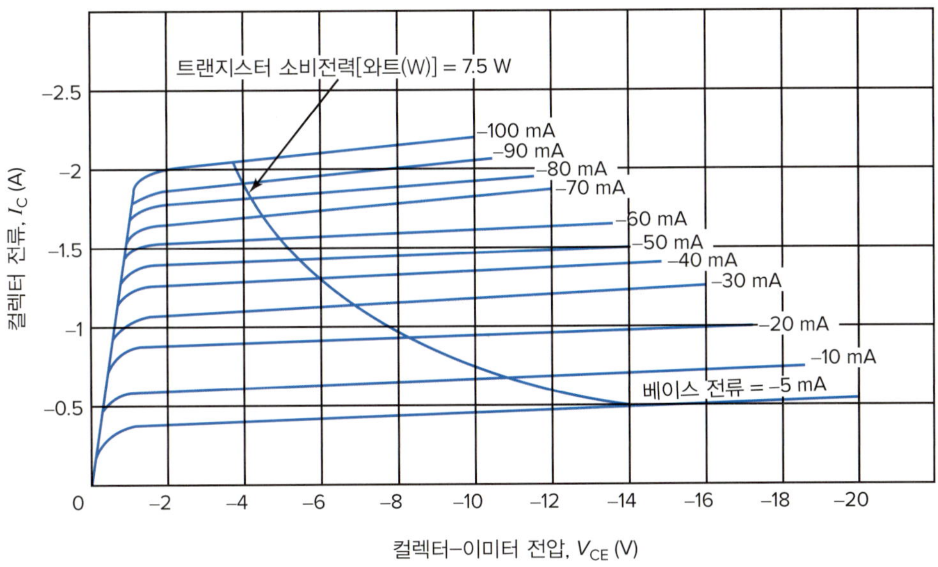

그림 5–33 일정한 전력 곡선

$$P_C = 4\ \text{V} \times 1.9\ \text{A}$$
$$= 7.6\ \text{W}$$

$V_{CE} = 8$ V일 때 전력 곡선은 I_C축 위에서 0.9 A보다 높은 동작지점에서 교차한다.

$$P_C = 8\ \text{V} \times 0.9\ \text{A}$$
$$= 7.2\ \text{W}$$

트랜지스터가 소비되는 전력 곡선의 모든 지점은 7.5 W의 $V_{CE} \times I_C$ 결과값에 해당되며, 음(−)의 값은 고려할 필요가 없다. 이 트랜지스터는 PNP형으로, 만약 음(−)의 값을 사용한다면 음의 전압과 음의 전류를 곱함으로써 양의 전력값이 산출되고 결과값은 동일하게 유지된다.

그림 5-33의 일정한 전력 곡선 형태는 앞서 설명했던 특성 곡선 형태와 치이가 있는데, 그 차이점은 전압과 전류에 대한 로그값(그래프에 나타나지 않았음)을 사용하여 전력 곡선 형태를 직선으로 표현하는 형태이다. 특히, 그림 5-33에서 X축과 Y축은 직선 모양이며, 7.5 W 곡선은 직선 형태가 아니라서 주의를 해야 한다. 또한 물리적 접점 영역이 존재하는 BJT 트랜지스터에서 주로 발생되는 2차 항복 현상은 그림 5-33의 FET 트랜지스터 특성 곡선에는 제시하지 않았다.

예제 5-11

$V_{CE} = -10$ V 및 $I_B = -70$ mA일 때 그림 5-33의 소비전력을 구하시오. 그래프를 사용하여 컬렉터 전류를 구하시오.

$$P_C = -10\ \text{V} \times -1.8\ \text{A} = +18\ \text{W}$$

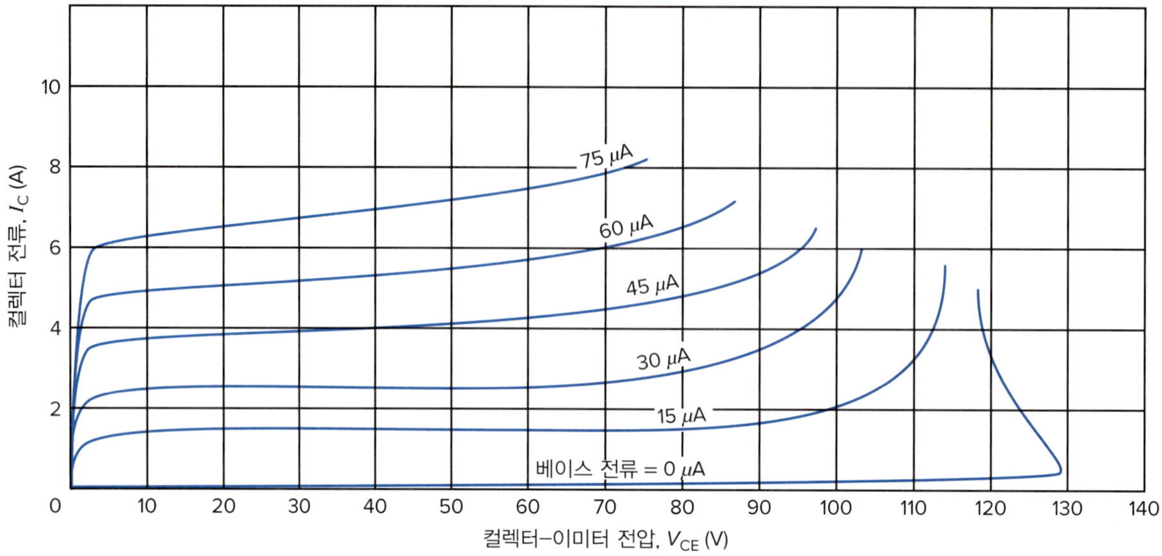

그림 5-34 컬렉터 항복 현상

그림 5-34에서는 **컬렉터 항복 현상**에 대해 제시한다. 만약 컬렉터 특성 곡선이 높은 전압범위로 확장된다면 컬렉터 항복 현상이 일어날 수 있으며, 다이오드처럼 트랜지스터에 적용될 수 있는 역방향 바이어스의 양이 한계점에 도달한다. BJT 트랜지스터는 양극성의 접합으로서, 항복 등급(breakdown rating)은 다이오드의 경우보다 더욱 복잡해진다. 그림 5-34는 *Y*축이 140 V까지 확장된 컬렉터 특성 곡선 패밀리를 제시한다. 이 그래프와 같이 컬렉터 전압이 높아질수록 비정상적인 컬렉터 전류를 제어하기 시작한다. 이때 베이스 전류는 컬렉터 전류를 제어해야 한다. 그림 5-34를 보면 알 수 있듯이, 컬렉터 항복 현상은 다이오드처럼 일정하게 고정되어 있지 않고 베이스 전류에 의해 변한다. 그래프에서, 15 μA 컬렉터 항복 현상 지점은 약 110 V 정도 지점이고, 0 μA 지점에서는 130 V 근처에서 일어난다.

그림 5-35는 전력 MOSFET의 동작영역(SOA, safe operating area)을 제시한다. 드레인 피크 전류의 연속성은 드레인-소스 전압이 상승하여 55 V 항복 한계점까지 흐르게 된다. 이때 주어지는 환경조건은 25°C 초기 온도와 **단일 전류 펄스**에 대한 값이다.

예제 5-12

dc 및 1 ms 펄스에 대해 V_{DS}가 10 V인 경우 그림 5-35에 표시된 소자의 최대 드레인 전류를 결정하고 다음을 비교하시오. dc의 경우 최대 전류는 약 4 A이고, 펄스의 경우 약 55 A이다. 그래프 값은 단일 펄스에 대한 값이며, 따라서 dc와 큰 차이가 있다. 많은 회로가 디지털 모드(**스위치 모드**라고도 함)로 작동하므로 펄스 정격이 중요하다.

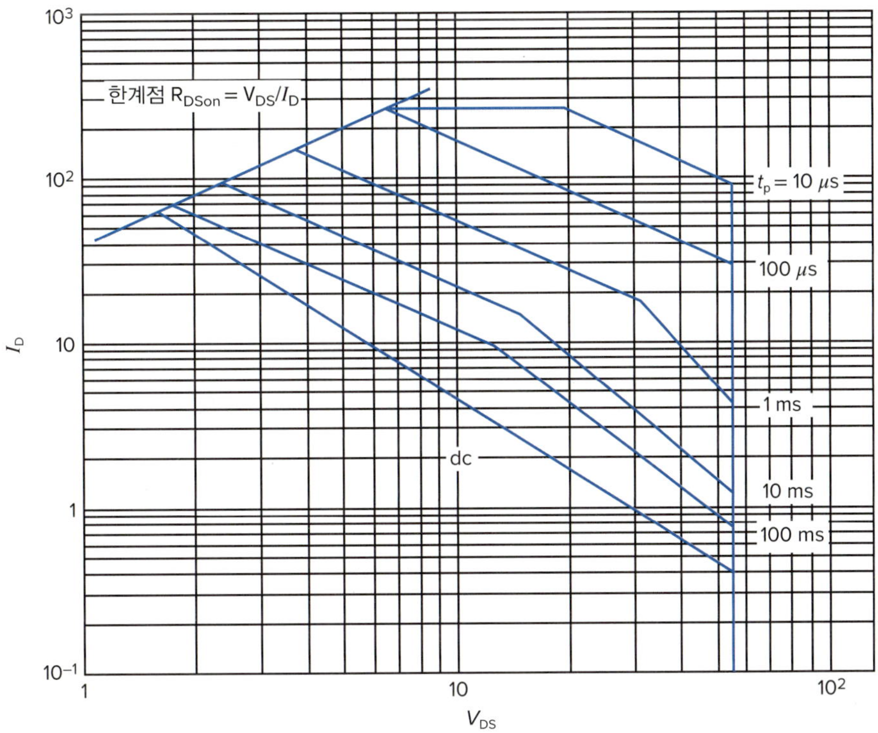

그림 5-35 전력 MOSFET의 SOA 곡선

그림 5-36은 2N6284 달링턴 전력 트랜지스터의 SOA 특성 곡선을 제시한다. 특성 곡선에서 오른쪽 실선 형태로 나타낸 2차 항복 현상 지점에 세심한 주의를 기울여야 한다. 안정적인 동작의 또 다른 요소는 **본딩 와이어 한계치**를 볼 수 있다. 트랜지스터는 **다이**(die)라 불리는 반도체 물질의 작은 조각(slab)으로 제작된다. 다이는 작은 본딩 와이어로 핀이나 단자에 연결됨을 의미한다. 이러한 본딩 와이어는 높은 전류에서 퓨즈(개방 회로에 의한 손상)가 발생될 수 있으며, 40 A가 넘는 펄스 전류 또는 20 A가 넘는 dc 전류에서 퓨즈가 발생한다.

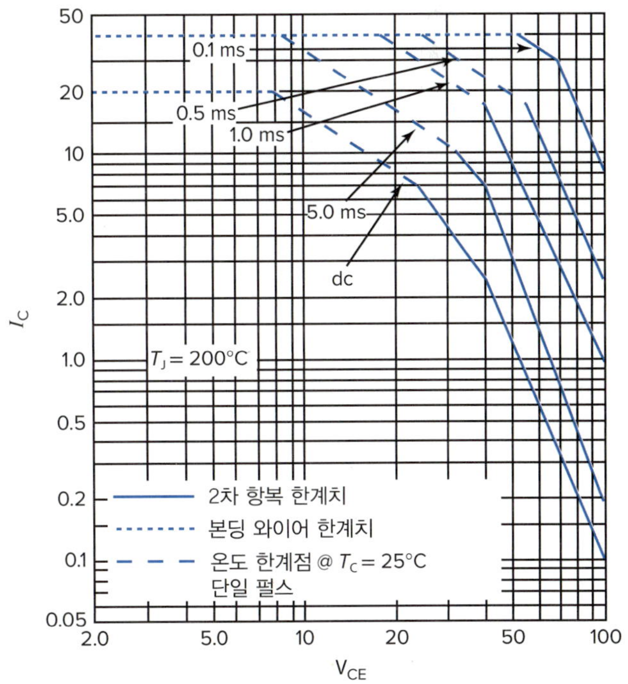

그림 5-36 달링턴 전력 트랜지스터의 SOA 곡선

예제 5-13

dc 및 1 ms 펄스에 대해 V_{CE}가 10 V인 경우, 그림 5-36에 표시된 소자의 최대 컬렉터 전류를 구하고, 두 가지를 비교하시오. dc의 경우 최대 전류는 약 17 A이며, 펄스의 경우 약 40 A이다.

예제 5-14

그림 5-36의 소자는 5 A의 dc 컬렉터 전류와 40 V의 컬렉터-이미터 전압에서 안전한가? 결과는 불안정하다. 이는 이미 2차 항복 영역에 있다.

그림 5-37은 2N6284 달링턴 전력 트랜지스터의 내부 회로를 제시한다. 케이스는 TO-3 형태와 TO-204 형태가 유사한 형태로 제작되어 있다. 이 회로도는 2개의 트랜지스터 중에 왼쪽 트랜지스터의 이미터가 오른쪽 트랜지스터의 베이스를 제어하고 있는 상태이다. 이때 전류 이득은 베이스와 연결되어 있는 B 단자에서 컬렉터와 연결되어 있는 C 단자까지의 2개 트랜지스터 이득의 곱과 유사하게 된다. 그렇다면 트랜지스터 각각의 전류 이득이 50인 경우를 확인해보자.

$$h_{FE(both)} = h_{FE(1)} \times h_{FE(2)} = 50 \times 50 = 2{,}500$$

다음 문단에서는 4개의 달링턴 전력 트랜지스터(높은 전류 이득 트랜지스터)가 스텝 모터를 제어하는 방법을 제시한다.

계속적으로, 그림 5-37 회로에서 저항 성분에 대해 확인해 보자. 옴미터 테스터는 직렬로 연결되어 있는 베이스-이미터 접점이 동작하지 않은 상태에서 측정을 해야 한다. 측정값은 약 8 kΩ 정도가 양방향에서 측정될 수 있다. 또한 내부 다이오드가 적용되어 있기 때문에 컬렉터와 이미터 리드는 정상적으로 측정되지 않을 수도 있다.

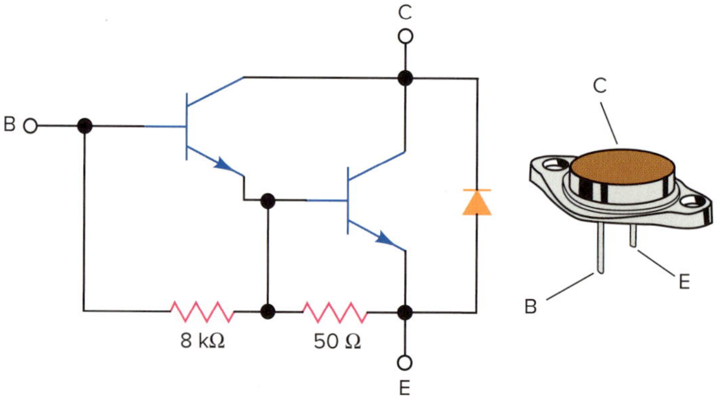

그림 5-37 2N6284 달링턴 전력 내부 회로 및 TO-3 케이스

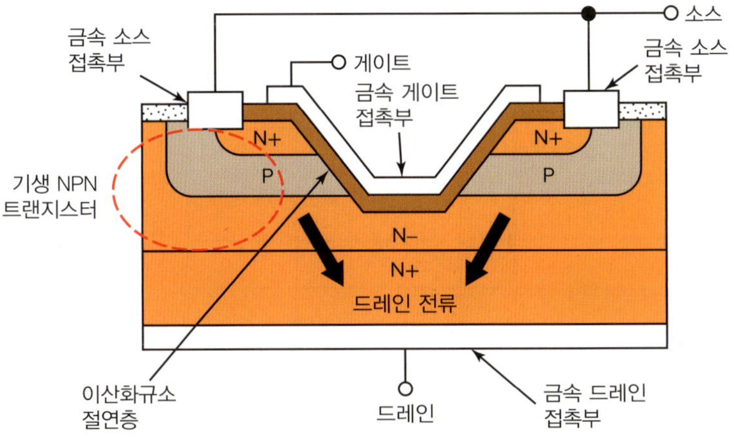

그림 5-38 전력 VMOS 구조

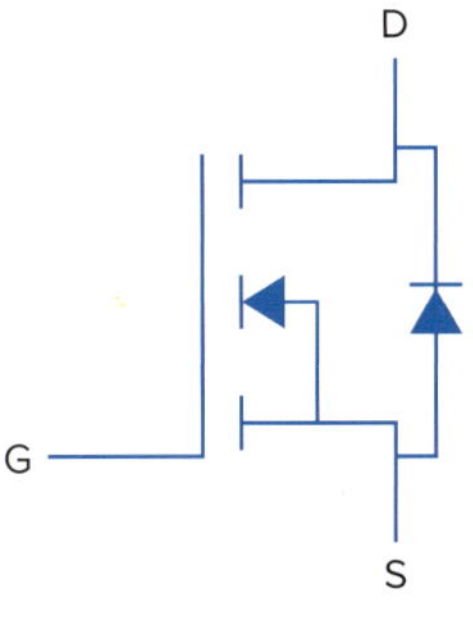

그림 5-39 증가형 전력 N 채널 MOSFET 회로 기호

그림 5-38은 전력 수직형 금속 산화 반도체(VMOS, vertical metallic oxide semiconductor) 트랜지스터의 내부 구조를 제시한다. 이 소자의 명칭은 V자형 채널에서 유래되었고, 트랜지스터 케이스 내부에는 다양한 구성요소가 배치되어 있다. 만약 그림 5-38에서 적색 점선으로 원이 되어 있는 왼쪽 내부 기생(parasitic) NPN 트랜지스터가 동작하면 게이트가 제어할 수 없게 되는데, 이러한 현상을 **래치업**(latchup)이라고 하며, 래치업 현상으로 인해 소자가 손상이 될 수 있다. P형 본체 영역의 전압 강하에 의해 래치업 현상이 커질 수도 있다. 이러한 래치업 현상을 방지하기 위해 소자 패키지 내부에서 본체와 소스를 단락한다.

그림 5-39는 그림 5-38에 제시된 전력 N 채널 MOSFET 트랜지스터의 회로와 기호를 제시한다. 게이트는 게이트 단자에서 드레인 단자까지, 그리고 게이트 단자에서 소스 단자까지 전기적 배선이 연결되어 있지 않고, N 채널로부터 격리(분리)되어 있다. 또한 회로도 오른쪽에 있는 다이오드 소자는 소스 단자와 드레인 단자에 연결되어 있는 상태를 확인할 수 있다. 이 다이오드는 트랜지스터 내부에 적용되어 있는 일체형 다이오드이다. 소스(다이오드의 P 부분을 구성)와 드레인(다이오드의 N 부분을 구성) 사이에 내부 기생 다이오드가 존재한다.

이 다이오드는 역방향 드레인 전류(freewheeling current라 불림)의 경로를 요구하는 회로에서 편리하게 활용될 수 있다.

예제 5-15

N 채널 증가형 전력 MOSFET 회로 기호와 P 채널 유형 간의 차이점에 대해 설명하시오. P 채널에서 화살표 방향은 오른쪽(그림 5-39와 비교)을 가리키고, 다이오드의 캐소드는 소스 리드에 연결된다. 그림 5-22를 참조하여 화살표가 어떻게 다른지 확인할 수 있다.

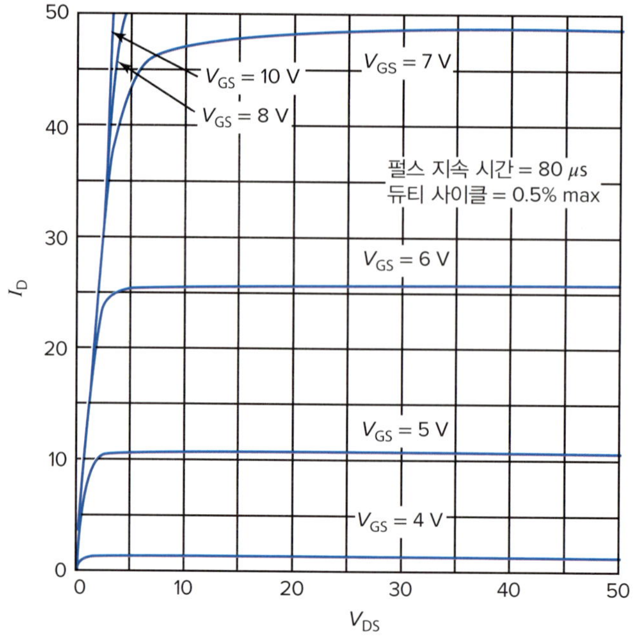

그림 5-40 전력 증가형 MOSFET의 특성 곡선

그림 5-40은 증가형 전력 MOSFET의 V_{DS}와 I_D 특성 곡선을 제시한다. 드레인 전류는 명확히 게이트 전압에 의해 상승한다(게이트 전압이 4 V 이상일 때 전류는 상승). 그래프에서와 같이 0 V 근처까지 게이트 전압이 낮아진다면, 트랜지스터는 오프가 된다. 앞 절에서 배운 내용을 복습해보자. 증가형 트랜지스터가 주로 꺼져 있고, 게이트 전압이 인가되면 반드시 트랜지스터는 동작되어야 한다. 증가형 전력 MOSFET에서 특정한 펄스 지속 시간은 짧고 매우 작은 듀티 사이클이어야 된다. 이러한 규격을 벗어나게 되면 열에 의한 온도 상승으로 인해 트랜지스터가 손상된다.

예제 5-16

V_{DS} = 40 V 및 V_{GS} = 6 V에서 그림 5-40의 전력을 계산하시오(25 A 근처의 동작점 참조).

$$P_D = 40\text{ V} \times 25\text{ A} = 1.125\text{ kW}$$

dc에서, 펄스폭 또는 듀티 사이클이 클 경우 트랜지스터가 손상되거나 파괴될 수 있다.

BJT와 MOSFET 트랜지스터는 고출력 트랜지스터로서 고출력 응용 분야에 많이 사용되고 있으며, 응용 분야에 고출력 트랜지스터를 사용하기 위해서는 트랜지스터의 드라이브 요구조건이 필요하게 된다. 비록 BJT 트랜지스터는 2차 항복 현상으로 인해 손상될 수는 있지만 두 종류의 트랜지스터는 회로설계 응용 분야에 있어 매우 획기적인 소자이다. 다음은 고출력 BJT와 MOSFET 트랜지스터를 비교해보자. BJT 트랜지스터의 드라이버는 전압과 전류를 공급해야만 한다. MOSFET 트랜지스터는 드라이버가 변화하는 전압만 공급하기 때문에 전원 동력 장치로서 활용도가 높다. 이러한 장점으로 MOSFET 트랜지스터는 전압 구동형 혹은 전압 제어형으로 많이 사용한다. 하지만 MOSFET 트랜지스터는 입력 커패시턴스의 문제로 인해 고주파 스위칭 회로와 급등하는 상승시간에 사용될 드라이브의 충분한(약간의) 전력과 입력 전류가 필요하다.

고출력을 위해 BJT와 MOSFET 트랜지스터를 비교한 결과, BJT 트랜지스터는 응용 회로설계에 적용 가능한 기술이지만, 고출력을 제공하기 위한 트랜지스터로서 간단하고 안정적인 MOSFET 트랜지스터를 더 많이 사용하고 있다.

그림 5-41은 고출력 300 V 이상의 전력을 스위칭하고 제어하는 소자로서 절연 게이트 양극성 트랜지스터(IGBT, insulated gate bipolar transistor)의 구조와 기호를 제시한다. IGBT는 VMOS 트랜지스터와 유사한 내부구조를 가지고 있으며, 고출력 킬로와트(kilo-watt) 영역에서 동작한다. 다른 트랜지스터와 IGBT의 차이점은 내부구조 하단에 P형 기판이 추가되고, 이러한 P층은 **정공 주입**(hole injection) 공정을 통해 소자의 저항을 낮추는 기능을 한다. IGBT 트랜지스터가 동작하게 되면, 추가된 P층의 정공은 N 영역으로 이동하고, 추가된 정공은 N 채널의 전도율을 크게 향상시킨다. 정공 주입은 IGBT 트랜지스터 내에서 매우 높은 전류 밀도를 가능하게 하고, 전류 밀도는 평방 밀리미터당 암페어(A/mm^2)로 표시된다. On Semiconductor™와 같은 반도체 제조업체는 NGTD21T65F2와 같이 패키징이 되지 않은 약 20 mm^2이고 200 A를 판매한다. 고출력 전력 트랜지스터에서 높은 전류 밀도는 매우 중요한 조건이고, 높은 전류 밀도는 많은 전류 흐름을 제공한다.

그림 5-42는 하나의 IGBT에 대해 포화 특성 곡선과 패키징 케이스(포장)를 제시한다. 포화 특성 곡선은 소자가 포화 상태일 때 어떻게 동작하는지를 예측하는 데 활용한다. 그

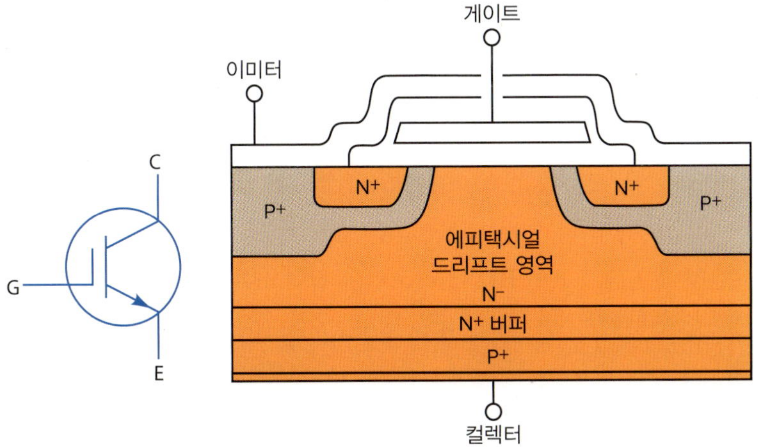

그림 5-41 IGBT 트랜지스터 회로 기호와 구조

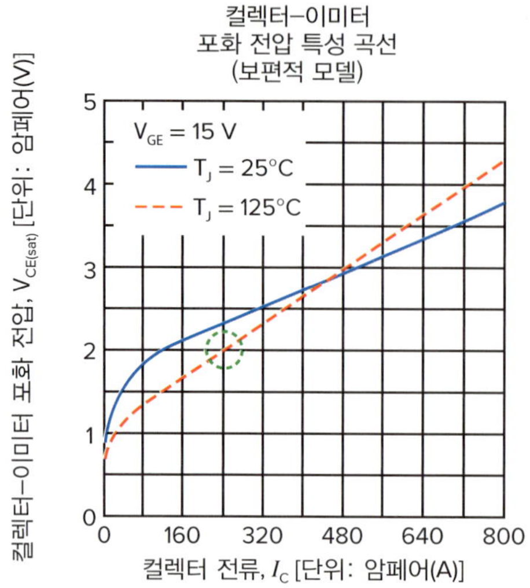

그림 5-42 IGBT 컬렉터 전류 대 포화 전압 곡선 및 케이스 스타일

림 5-42의 그래프에서 *X*축 180 지점과 *Y*축 2 지점의 적색 원 안의 동작지점은 8.33 mΩ의 R_{CE}값을 의미하며, 옴의 법칙을 사용하여 내부 저항값을 확인해보자.

$$R_{CE} = V_{CE}/I_C = 2\ \text{V}/240\ \text{A} = 8.33\ \text{m}\Omega$$

스위칭 회로에서 가장 중요한 것은 **스위치의 소비전력**을 최대한 낮게 유지하는 것이다. 소비전력을 어떻게 구하는지 아래 전력 계산 방법을 활용하자.

1. $P = V \times I$ (정의 방정식)
2. $P = I^2R$ (R_{CE} 또는 R_{DS}가 0에 근접하면 전력도 0에 도달)
3. $P = V^2/R$ (V_{SAT}가 0에 근접하면 전력도 0에 도달)

위의 3개의 식에서, 두 번째 식은 IGBTs, MOSFETs에 활용하고, 3번째 식은 BJTs에 적용할 수 있다. 컬렉터 포화 전압 V_{SAT}은 가능한 한 낮아야 하며, 일반적으로 전력 BJT에서 0.4 V 미만이다.

IGBT는 표 5-2와 같이 MOSFET과 비교할 수 있다.

예제 5-17

$V_{SAT} = 0.35$ V 및 $I_C = 7$ A인 BJT에서 소멸된 전력을 계산하시오.

$$P_C = 0.35 \times 7 = 2.45\ \text{W}$$

표 5-2 MOSFET과 IGBT 비교

각 소자에 적합한 기기	MOSFET	IGBT
조건	높은 스위칭 주파수 (>100 kHz)	낮은 스위칭 주파수 (< 20 kHz)
	넓은 라인 및 부하 상태	높은 전력 레벨 (>3 kW)
	다이오드의 제한된 dv/dt	다이오드로 조절되는 높은 dv/dt
	높은 경부하 효율이 필요	높은 전부하 효율이 필요
응용 분야	모터 드라이버 (<250 W)	모터 드라이버 (>250 W)
	라인 작동 스위치 모드 전원 공급기	UPS와 용접 H 브리지 인버터
	중-저 전력 PFCs (75 W에서 3 kW)	고전력 PFCs (>3 kW)
	태양광 인버터 전지 충전	고전력 태양광/풍력 인버터 (>5 kW) 용접

예제 5-18

$R_{CE} = 8.33\ \text{m}\Omega$, $I_C = 7$ A인 IGBT에서 소멸된 전력을 계산하시오.

$$P_C = 7^2 \times 8.33 \times 10^{-3} = 408\ \text{mW}$$

트랜지스터의 열 모델은 그림 5-43에서 제시되는 바와 같이 열전도와 전류 흐름을 동일한 맥락에서 모델링할 수 있다. 제시한 모델은 케이스 접합부의 열저항($R\theta_{JC}$), 방열판 케이스의 열저항($R\theta_{CS}$), 대기 방열판의 열저항($R\theta_{SA}$)을 제시한다. $R\theta_{JC}$는 다이를 케이스에 장착

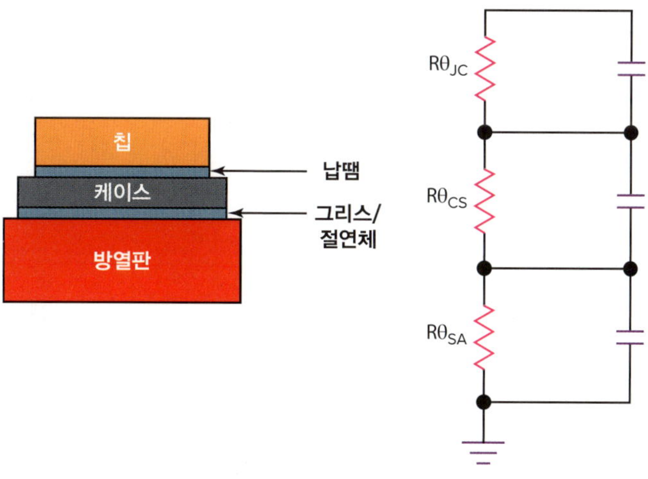

$R\theta_{JA} = R\theta_{JC} + R\theta_{CS} + R\theta_{SA}$

그림 5-43 열 등가 회로

(solder)하는 데 사용되는 재료의 열저항 때문이다. 칩이 가열되면 열은 등가 저항($R\theta_{JC}$)을 통해 케이스로 이동한다. $R\theta_{CS}$는 트랜지스터 케이스로부터 방열판까지의 열전도에 대한 저항이다. $R\theta_{CS}$를 낮추기 위해 실리콘 그리스(silicon grease)와 미카 와셔(mica washer)를 사용하는 경우가 있다는 점에 유의해야 한다. R_{SA}는 케이스에서 주위 환경으로 열이 전도되는 수치를 저항으로 표현한다. 회로 설계자는 이러한 저항을 줄이기 위해서 대형 금속 방열판이나 쿨링팬을 사용해서 열의 전도를 원활하게 하여야 한다. 이러한 모델링에서 **총 저항값**이 제공된다면, **총 온도 편차**도 계산할 수 있다.

예제 5-19

TO-3 케이스의 한 특수 200 W 전력 트랜지스터는 아래와 같은 열저항을 갖는다. (θ 단위는 °C/W이다.) 트랜지스터가 방열판 위에 있지 않으면, 두 가지 열저항을 갖는다.

$$\theta_{JC} = 0.875°\text{C/W}, \quad \theta_{CA} = 34°\text{C/W}$$

대기 온도가 25°C이고 최대 접점 온도가 200°C라고 가정할 때 최대 안전 전력을 구한다. 이 예제에서 θ_{JC}는 유의하지 않아 무시할 수 있으며 θ_{CA}만 고려하면 최대 소모전력을 찾을 수 있다. 장치가 고장 나기 전 온도는 175°C까지 상승할 수 있다.

$$\begin{aligned} P_{MAX} &= \text{Max temp rise}/\theta_{CA} \\ &= 175°\text{C} \,/\, 34°\text{C/W} = 5.15\text{ W} \end{aligned}$$

이것은 전력 트랜지스터가 보통 방열판을 필요로 하는 분명한 이유이다. 미카 절연체(mica insulator)와 금속 방열판을 바탕으로 한 또 다른 계산을 해보자.

예제 5-20

0.4°C/W 정격의 미카 절연체를 2.5°C /W 정격의 방열판과 함께 사용하는 경우 앞서의 예제 데이터에 대한 P_{MAX}를 구하시오.

$$\begin{aligned} \theta_{JA} &= \text{접합부에서 대기까지의 총 열저항} \\ &= 0.875°\text{C/W} + 0.4°\text{C/W} + 2.5°\text{C/W} \\ &= 3.78°\text{C/W} \end{aligned}$$

$$\begin{aligned} P_{MAX} &= \text{Max temp rise}/\theta_{CA} \\ &= 175°\text{C} \,/\, 3.78°\text{C/W} = 46.3\text{ W} \end{aligned}$$

이는 5.15 W보다 나은 결과값이기 때문에 방열판의 유용성을 증명할 수 있다.

그림 5-43의 열 등가 회로 모델은 커패시터와 저항으로 인터페이스되어 **열 커패시턴스**를 제시한다. 커패시터 충전은 소자 규격과 열량의 온도 차이에 따라 시간이 배분되고, 열 커

패시턴스는 **열량**을 의미하게 된다. 그럼 열량이란 무엇인지 한 가지 예시로 알아보자. 조그마한 한 컵의 물을 끓일 때 걸리는 시간보다 10컵의 물을 끓이는 데 걸리는 시간이 더 많이 소요된다. 이때 시간에 따라 열량은 바뀌게 되고, 시간이 길어질수록 열량은 높아질 것이다. 이처럼 열량은 펄스 회로에서 아주 중요한 조건이 된다(펄스 회로는 짧은 듀티 사이클을 가짐). 열량의 조건은 펄스 회로에서 온도가 상승하는 정도를 제한하고 제어하게 된다.

이러한 열 모델은 제조업체뿐만 아니라 개발자들이 그림 5-44에서와 같이 회로 시뮬레이터를 활용하여 발생되는 열 문제를 해결하고 있다. 그림 5-44의 시뮬레이션 조건은 대기 온도 25 V 배터리, 대기 열저항 45 Ω 저항으로 모델링을 하고, 시뮬레이션을 실행한 결과, 온도에 비례하는 전압은 상승하게 된다.

이러한 열 특성 해석으로 전력 트랜지스터를 사용하기 위해서는 전력 트랜지스터의 안정된 고정장치, 미카 와셔 및 실리콘 그리스와 같은 열을 제어할 수 있는 절연체 물질 및 장치들이 필요하다. 그림 5-45는 전력 트랜지스터의 열량을 제어하기 위해 방열판에 장착하는 방법을 제시하고 있다. 장착할 때 주의해야 할 부분은 꼭 와셔를 사용해 장착해야 하며, 나사 헤드와 소자 패키지를 조립할 때 서로가 뒤틀리는 상태를 방지하기 위함이다.

전력 트랜지스터를 활용하기 위해서는 열 특성 모델의 조건을 세우고, 시뮬레이터를 이용해서 열 특성 모델을 해석하고, 방열판을 장착해서 열을 제어하는것도 중요하지만, 전력 트랜지스터의 리드가 전원 장치 및 외부 영향에 노출이 되지 않도록 하는 것도 매우 중요하다. 그림 5-46은 전력 트랜지스터의 리드를 꺾는 방법으로 소자에 스트레스(힘)를 주지 않는 한 가지 방법으로 수행되어져야 한다는 것을 제시한다.

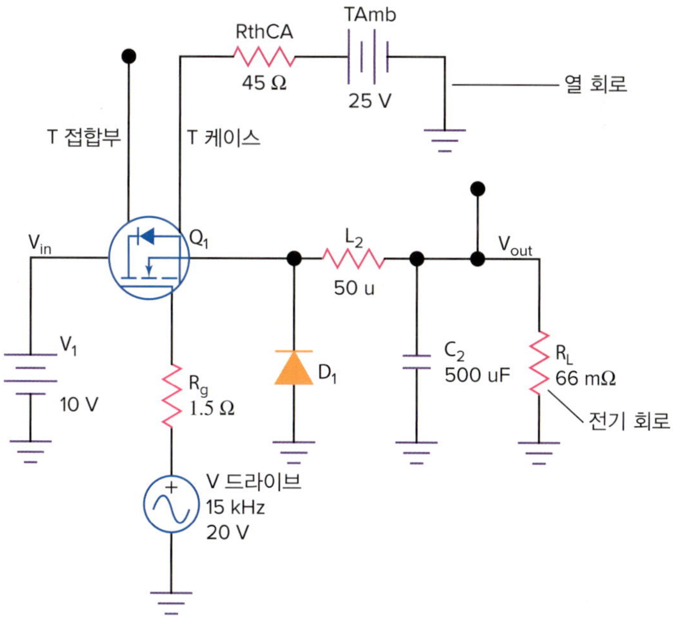

그림 5-44 Multisim™ 시뮬레이션 회로도

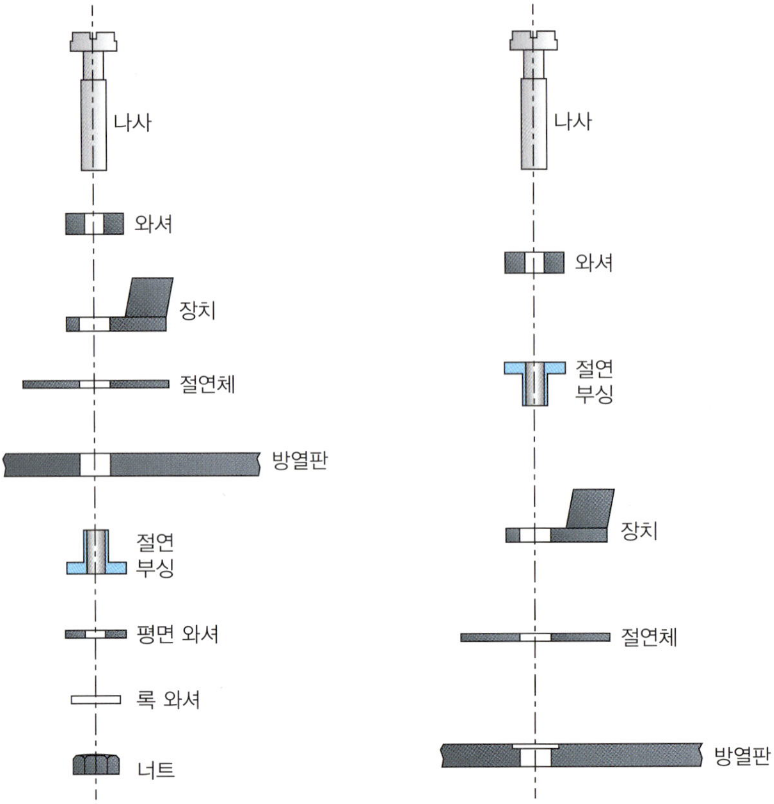

그림 5-45 전력 트랜지스터와 두 가지 종류의 방열판 장착 순서

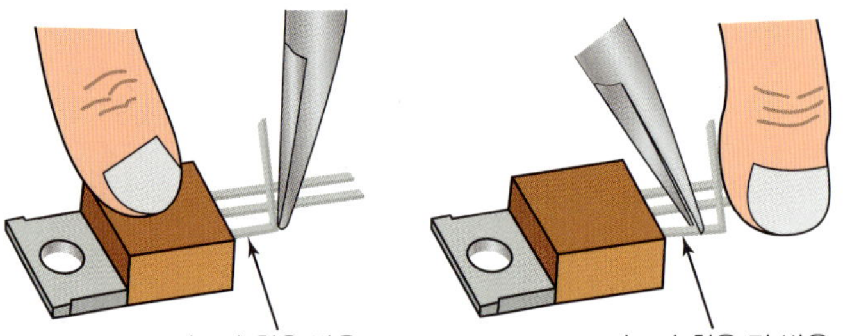

그림 5-46 트랜지스터 리드에 힘(stress)을 가하는 것을 피해야 함

전력 트랜지스터가 동작할 때 열이 높아져 온도가 상승하고, 규격보다 온도가 상승하게 되면 트랜지스터는 손상된다. 이는 전력 트랜지스터가 소신호 트랜지스터보다 파손 및 고장률이 높은 이유 중에 하나다. 만약 트랜지스터가 손상이 되면, 바로 교체해야 한다. 교체 방법은 동일한 트랜지스터의 유형과 극성을 확인하고, 전압/전류 및 전원에 대한 최대 정격용량을 초과해서는 안 된다. 제조업체들은 업그레이드된 장치를 추천하지만, **안전성**과 **신뢰성**이 훼손될 수 있어 이 방법은 권장하지 않는다. 전력 트랜지스터를 교체할 때는 장착 하드웨어와 특수 열 절연체 화합물(예: 실리콘 그리스) 적용이 중요한 고려사항이 된다.

Self-Test

각 문장이 참인지 거짓인지 판단하시오.

59. 모든 TO-220 트랜지스터는 필히 방열판을 볼트로 고정해야 한다.
60. 전력 트랜지스터는 25°C 미만의 온도에서 부하가 감소된다.
61. 그림 5-30은 2차 항복 현상을 보여준다.
62. 전력 손실이 증가되는 이유는 전압이나 전류가 증가하기 때문이다.
63. 전력 트랜지스터는 최대 정격에서 거의 작동하지 않는다.
64. $V_{DS(max)}$는 $P_{(max)}$가 아닌 한 안전하게 초과할 수 있다.
65. 2차 항복 현상은 오직 VFET에서 발생한다.
66. 2차 항복 현상은 최대치에 가까운 전류에서만 발생한다.
67. 그림 5-33의 −12 V와 −1 A에서의 작동점은 음의 전력을 나타낸다.
68. 예제 61의 데이터는 안전하지 않은 작동점을 나타낸다.
69. 컬렉터 항복은 I_C가 높을 때 발생한다.
70. SOA는 비소 위의 실리콘을 의미한다.
71. 트랜지스터는 20 A의 펄스에선 안전할 수 있지만 5 A의 일정한 전류에선 안전하지 않을 수 있다.
72. 듀티 사이클은 $P_{D(max)}$ 또는 $I_{D(max)}$와 관련이 없다.
73. 달링턴 트랜지스터는 수천 개의 h_{FE}를 가질 수 있다.
74. 전류가 크면 트랜지스터가 영구적으로 단선될 수 있다.
75. 전력 달링턴은 옴미터로 테스트할 수 없다.
76. 기생 트랜지스터는 항상 래치업과 회로 손상을 일으킨다.
77. 전력 MOSFET 내부의 바디 다이오드는 freewheeling 다이오드 역할을 할 수 있다.
78. 게이트 리드에 약 10 V 양극을 가하면 N 채널 증가형 장치가 꺼진다.
79. IGBT를 동작시키려면 큰 양의 dc 게이트 전류가 필요하다.
80. 열 회로는 보통 직렬 전기 회로로 모델링한다.
81. 방열판은 열 회로의 저항을 낮춰야 한다.
82. 회로 시뮬레이션으로는 방열판 온도를 예측할 수 없다.
83. 전력 트랜지스터를 다시 장착할 때 전기 절연체 역할을 하지 않은 와셔는 폐기해도 좋다.

5-8 트랜지스터의 스위치

트랜지스터 스위치는 '솔리드 스테이트 스위치'와 비슷하며, 외부에서 동작시키는 회로 부분이나 부품이 없는 스위치를 의미한다. 트랜지스터 스위치는 베이스 전류나 게이트 전압에 따라 스위칭 기능이 작동되며, 트랜지스터 스위치는 저항 경로가 낮게 형성되어야 동작한다(ON). 베이스 전류나 게이트 전압의 입력이 없다면 높은 저항 경로가 형성되고, 스위치는 동작하지 않는다(OFF). 트랜지스터의 장점은 작은 소자이며, 잡음이 없고 안정적이다. 또한 가격이 저렴하고 고속 작동이 용이하여 제어하기 쉽고, 비교적 다른 소자에 비해 효율적이다. 이로 인해 트랜지스터의 스위치는 일반 회로설계에서 광범위하게 사용된다.

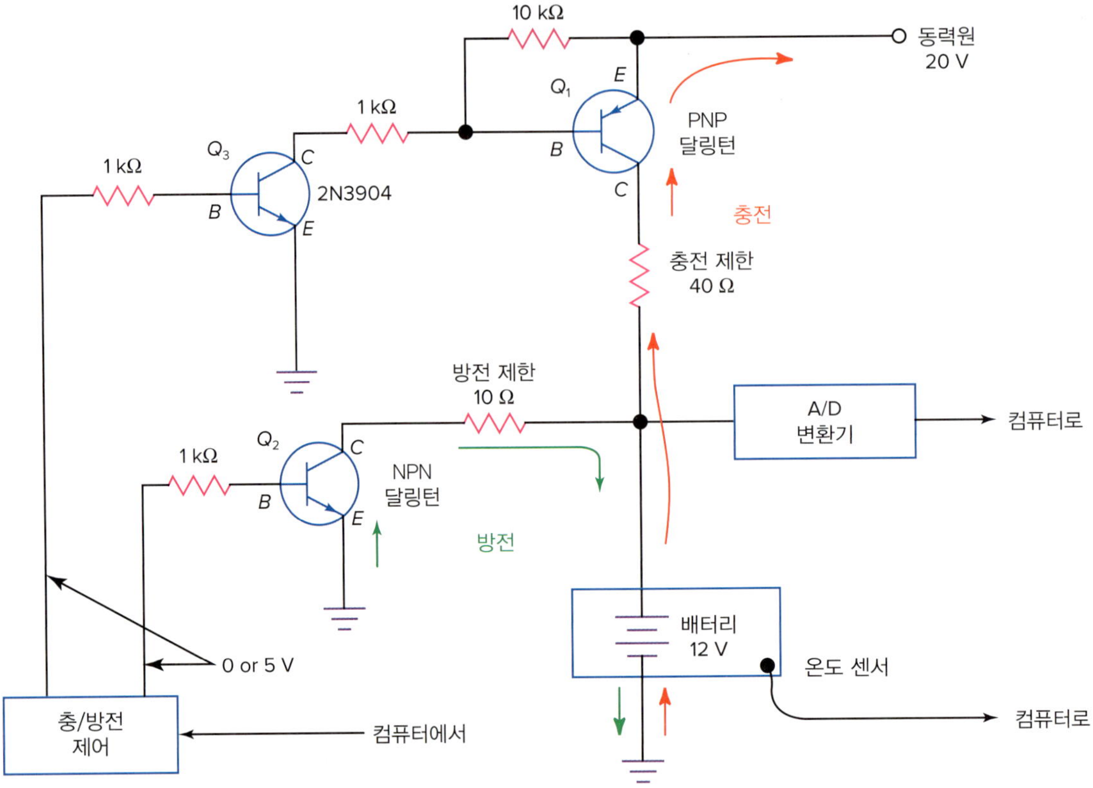

그림 5-47 컴퓨터-제어용 배터리 상태 모니터링 회로도

그림 5-47은 대표적인 회로설계 응용 분야를 제시한다. 이 회로도는 컴퓨터에서 배터리 상태를 제어하고, 배터리 상태를 모니터링하는 회로에 사용한다. 배터리의 충전을 위해 배터리 전압과 온도를 모니터링하며, 배터리의 충전부터 방전까지 자동으로 사이클링한다. 현재의 재충전 가능한 배터리는 가격이 비싸고, 배터리 수명을 위해 특정한 충전 방법을 요구한다.

그림 5-47 회로도를 분석해보자. 충전/방전 제어 부분에서 Q_2 NPN형 트랜지스터를 동작시키기 위해 베이스-이미터 접합부에 순방향 바이어스 신호를 제공한다. 회로도에서 Q_2 트랜지스터 베이스와 연결된 1 kΩ 저항에 약 +5 V를 입력한다. 이때 Q_2 트랜지스터에 전압과 전류를 입력하면, Q_2 트랜지스터는 스위칭 대기상태이거나 스위칭 동작을 하게 된다. 즉, 트랜지스터가 동작을 할 경우에는 컬렉터에서 이미터까지 전압 강하가 발생되지 않음을 예측할 수 있고, 그림 5-47에서 Q_2 트랜지스터가 포화 상태에서 동작한다면, 오직 10 Ω 저항만 전류 흐름을 제어할 수 있다. 다음 수식에서 옴의 법칙을 활용해 방전 전류를 확인해보자.

$$I_{\text{discharge}} = \frac{12\text{ V}}{10\ \Omega} = 1.2\text{ A}$$

NPN 달링턴 트랜지스터의 전류 이득이 1,000이라고 가정할 때, Q_2의 베이스 전류를 예측하도록 계산해보자.

$$I_B = \frac{I_C}{\beta} = \frac{1.2\ \text{A}}{1{,}000} = 1.2\ \text{mA}$$

충/방전 제어 회로가 5 V 신호를 발생시킨다고 가정할 때, Q_2의 베이스 저항값을 계산해보자.

$$R_B = \frac{5\ \text{V}}{1.2\ \text{mA}} = 4.2\ \text{k}\Omega$$

트랜지스터의 스위칭 회로는 강도가 **강한 포화 상태**(hard saturation)를 사용하지만, 수식에서는 강도가 **낮은 포화 상태**(soft saturation)의 베이스 저항값 4.2 kΩ이 계산되었다. 다음은 그림 5-47의 회로도를 보고 베이스 저항값의 조건에 따라 포화 상태와 트랜지스터의 동작 유무를 확인해보자. 그림 5-47의 베이스 저항은 1 kΩ으로 저항 이득이 낮은 편이다. 저항 이득이 낮은 트랜지스터는 강도가 낮은 포화 상태가 되지만, 강도가 낮은 포화 상태라도 트랜지스터 스위칭 동작이 가능한 저항 이득(베이스 저항값)이면 트랜지스터는 작동된다. 만약, 베이스 저항값이 4.7 kΩ이라면, 강도가 매우 낮은 포화 상태를 형성하게 되고, 트랜지스터는 낮은 저항 이득으로 인해 포화 상태에 도달하지 못하게 된다. 이러한 강도가 낮은 포화 상태의 트랜지스터는 전력 스위칭 회로로 사용할 수 없다. 사용될 수 없는 이유는 트랜지스터의 부하 전압과 부하 전류가 정상 동작범위에 있어야 하지만 정상 동작범위보다 낮을 수 있고, 이로 인해 트랜지스터의 동작 온도가 매우 높아질 수가 있다. 온도가 높아지는 이유는 트랜지스터의 컬렉터와 이미터 전압을 생각해보자. 트랜지스터가 포화 상태일 때 V_{CE}는 매우 낮아지고, 컬렉터 전류는 높은 상태인데 컬렉터 소모는 낮게 유지하고, 높은 회로 효율을 일정하게 유지한다. (문제 해결사의 팁: 트랜지스터의 스위칭 문제는 필요 이상의 구동 전류 또는 구동 전압을 발생할 수 있다.) 즉, 스위칭 트랜지스터가 동작되지만 포화 상태가 아닌 경우, 트랜지스터의 전력 소모는 비정상적으로 높아진다는 것이다. 이로 인해 트랜지스터의 동작 온도는 상승하게 된다.

$$P_C = V_{CE} \times I_C$$

다음은 배터리의 충전/방전 흐름을 이해하도록 하자. 그림 5-47에서 Q_2는 방전 기능을 수행하는 트랜지스터로서, Q_2가 동작될 때는 충전 기능을 수행하는 트랜지스터 Q_1은 반드시 오프되어야 한다. 그림 5-47 회로에서 Q_1 트랜지스터의 충전 조건은 20 V 전원이 입력되고, 40 Ω 저항이 12 V 배터리와 연결되어 충전된다. 이때 충전 전류 계산은 다음 식과 같다. (참고: 배터리 전압은 소스 전압에서 마이너스 계산을 해야 한다.)

$$I_{charge} = \frac{20\ \text{V} - 12\ \text{V}}{40\ \Omega} = 200\ \text{mA}$$

컴퓨터는 충전 시간을 위해 충/방전 제어 회로 Q_3를 동작시켜야 한다. Q_3 트랜지스터는 컬렉터와 연결된 1 kΩ 저항이 Q_1 트랜지스터 베이스와 연결되어 PNP형 달링턴 트랜지스터로 동작한다. 이때 Q_3 트랜지스터와 Q_1 트랜지스터는 높은 포화 상태를 형성하고, Q_3 트랜지스터가 오프(충전 제어)하면 Q_1 트랜지스터 베이스의 전류 경로가 없어지고, Q_1 트랜지스터는 오프되어 배터리에 충전 전류를 제어한다. (문제 해결사의 팁: 그림 5-47에서 충/방전 제어 회로의 출력은 5 V또는 0 V이어야만 하지만, 일반적인 상태에서 동시에 5 V가 되지 않아야 한다.)

그림 5-48은 기계적 릴레이 또는 포토트랜지스터가 없는 dusk-to-dawn 컨트롤러다. 이 회로는 스위칭 기능을 수행하는 2개의 트랜지스터와 LDR(light-dependent resistor) 센서로 구성되어 있다. LDR 소자는 빛의 입력 신호를 전달하는 물질로 제조된 소자이다. 그림 5-48 회로를 살펴보자. 만약 아침이 되어 LDR 센서에 빛이 입력되면, Q_2 트랜지스터가 먼저 동작한다. 그리고 Q_2 트랜지스터 컬렉터 전압이 Q_1의 게이트 전압과 함께 낮은 값으로 감소하고, 전압이 감소함에 따라 부하도 낮아진다. (전등 불빛이 오프된다.) 이때 반대 조건으로 해질 무렵 점점 어두워진 상태가 되면, Q_2 트랜지스터는 동작하지 않고, Q_2 트랜지스터는 오프 상태가 된다. 그리고 Q_2 트랜지스터의 컬랙터와 연결된 Q_1의 게이트가 작동되고, 저항도 증가되고, Q_2 트랜지스터의 컬렉터 전압은 상승한다. 이때 부하는 높아지고 전구에 불빛이 점점 켜지게 된다. (해질 무렵이 되면 전등 불빛은 점점 밝아진다.)

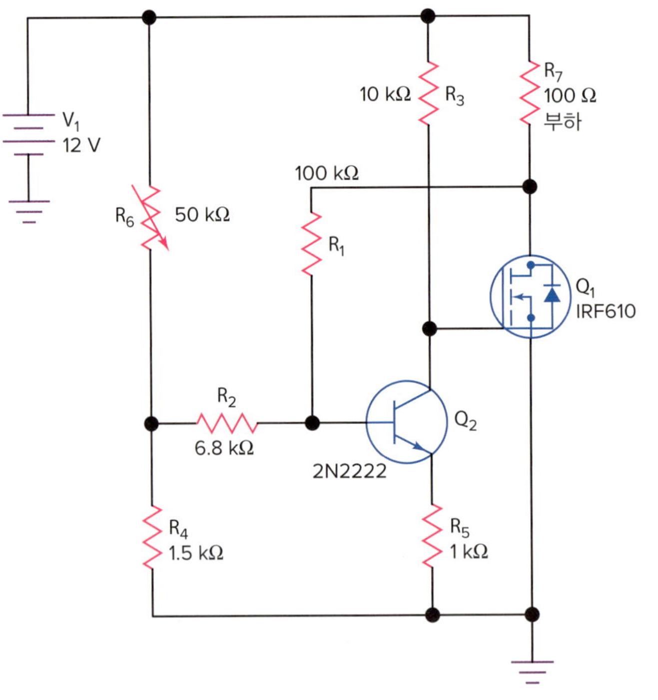

그림 5-48 dusk-to-dawn 컨트롤러 회로도

그림 5-48의 회로도는 전등 온오프(on-off) 제어 설계에서 자주 사용되는 **히스테리시스**(hysteresis) 특성을 가지고 있는 회로도이다. 히스테리시스는 회로에서 스위칭 기능으로 동작하는 **트립 포인트**(trip point: 2개의 포인트)로 정의할 수 있다. 여기서 트립 포인트란 높은 전압에서 낮은 전압으로 바뀔 때 가장 높은 전압을 트립 포인트라고 한다. 그림 5-48의 저항 R_1은 Q_1 FET 트랜지스터의 드레인(출력)에서 Q_2 트랜지스터(입력)의 베이스로 양(+)의 피드백을 제공하며, 2개의 트립 포인트를 구성하게 된다. 따라서 Q_2의 베이스 전압은 양(+)의 성질로 동작하고, Q_1의 드레인 전압도 양(+)의 성질로 구동된다. 기본적으로 히스테리시스는 어떤 출력값의 변화를 증폭시키는 방식으로 입력이 피드백될 때, 그 피드백은 **양**(+)의 값이 된다.

기본적인 증폭 및 스위칭 전자 회로에 히스테리시스를 사용하는 목적을 확인해보자. 히스테리시스가 적용되어 있지 않은 컨트롤러에서는 자주 **채터링**(chattering)이 발생한다. 채터링이란 전자 회로 내의 계전기나 스위칭 소자의 접점이 접촉이나 비접촉될 때 기계적인 진동에 의해 매우 짧은 시간에 접점이 동작하는 현상을 의미한다.

만약 건물에 설치되어 있는 에어컨의 온도 조절기가 히스테리시스 방식이 적용되어 있지 않다면 어떻게 작동될지 확인해보자. 에어컨은 설정 환경에 도달하거나 주변 환경온도에 따라 정상적으로 동작한다. 에어컨은 설정 온도에 도달하면, 에어컨 컨트롤러에서 압축기로 차단신호를 보내고, 압축기(냉각)의 전원이 즉각 차단되는 과정이 이루어진다. 그러나 전자적, 환경적으로 교란(무엇인가가 지나가거나, 선로 잡음이 회로에 들어가거나, 바람이 따뜻한 외풍을 생성)이 발생되면 설정 온도에 도달하기 위해 압축기(냉각)는 계속적으로 작동되고, 이때 에어컨의 컨트롤러 및 에어컨의 회로에는 전압에서 많은 부하가 발생될 것이다.

그림 5-49 회로도는 푸시버튼으로 제어하는 온오프 컨트롤러 회로도이다. 회로도에서 Q_2와 Q_3의 트랜지스터는 회로에 적용되어 있는 저항에 의해 래치(1비트의 정보를 보관, 유지할 수 있는 회로이며 순차 회로의 기본요소)가 형성된다. 래치의 특성은 래치회로에 어떤 이벤트가 입력되어야만 작동되는 특성을 가지고 있다. 그림 5-49 회로에서 래치 이벤트 조건은 푸시버튼 스위치 S_1이 되고, S_1을 누르면 이벤트가 발생된다. 이벤트가 발생되면, S_1(푸시버튼)이 단락되어 충전된 C_1 커패시터의 전류가 저항 R_5와 R_6 경로를 통해 Q_2 트랜지스터 베이스로 방전된다. 그러면 12 V 전원에 의해 Q_2 트랜지스터가 작동되고, R_1과 R_2에도 전류가 흐르게 된다. 이때 R_1의 전류는 Q_3 트랜지스터의 베이스-이미터 접합부에 전압이 인가되어 작동되고, Q_3 트랜지스터가 작동되면, Q_2 트랜지스터는 연속적으로 동작한다. 이때 Q_2 트랜지스터와 Q_3 트랜지스터에 전압과 전류가 인가되어 **래치가 된다**. 이때 Q_4 트랜지스터의 게이트 전압은 저전압으로 오프가 되고, R_7을 통해 C_1은 방전되고, Q_1 트랜지스터는 동작한다. 즉, 그림 5-49 회로도에서 C_1 커패시터가 방전된다면, 처음 과정과 같이 S_1(푸시버튼)의 이벤트 조건을 진행할 수 있다.

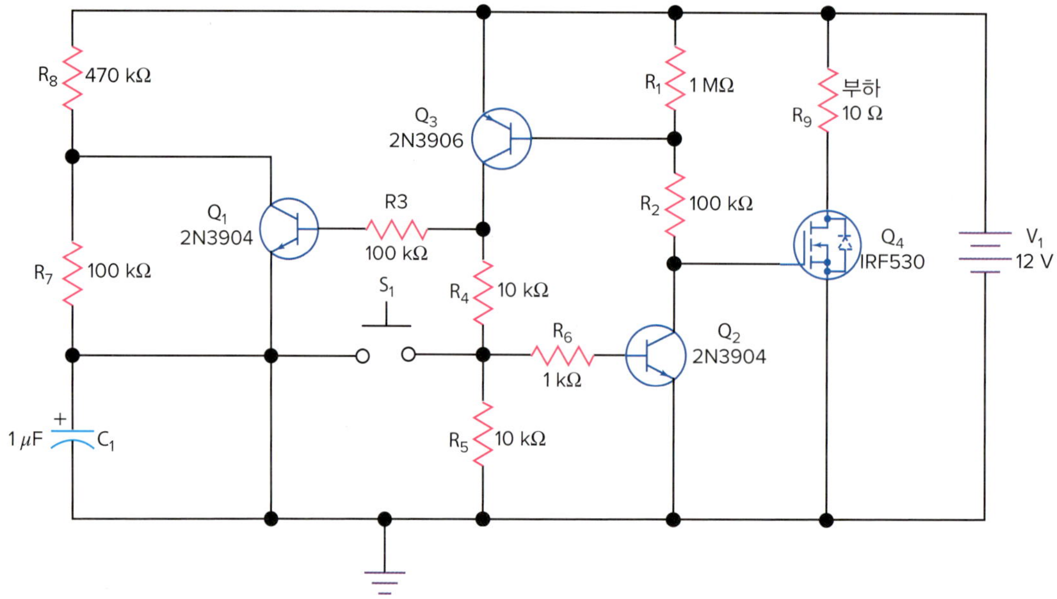

그림 5-49 푸시버튼 컨트롤러 회로도

두 번째 이벤트 조건을 실행해보자. 두 번째 S_1(푸시버튼)을 작동하면, Q_2 트랜지스터의 베이스 회로에 0 V가 인가되고, Q_2 트랜지스터는 C_1 커패시터 방전 상태로 동작하지 않는다. Q_2 트랜지스터가 오프 상태에서, V_1 전원 12 V에 의해 R_1과 R_2는 Q_4 트랜지스터의 게이트 전압을 높이 끌어올려 R_9 부하 저항을 활성화시키고, Q_4를 동작시킨다. 이때 Q_1 트랜지스터는 활성화되고, 다시 S_1(푸시버튼)을 동작시킬 때 Q_2 트랜지스터는 동작한다. 그리고 다음 사이클을 준비하기 위해 C_1 커패시터는 다시 충전된다. 그림 5-49 회로는 많은 전자 장치 및 가전제품에서 토글, 로커 및 슬라이드형 스위치를 제거했고, 현재 일반적으로 많이 사용되고 있다.

그림 5-50 회로도는 트랜지스터 스위치의 응용 분야를 제시한다. 다양하게 생활가전에 사용되고 있는 스텝 모터의 온오프를 위한 스위칭에 대해 이야기해보자. 스텝 모터는 속도와 위치의 세밀한 제어가 필요한 분야에서 사용된다. 이러한 분야는 컴퓨터 디스크 드라이브, 수치 제어되는 (자동화된) 선반과 밀링머신, 자동화된 표면 장착 조립 라인을 포함하는 다양한 분야가 있다. 스텝 모터의 샤프트는 스텝당 1°, 2° 또는 5°와 같이 모터의 규격대로 작동된다. 만약 모터가 1°씩 작동되는 형

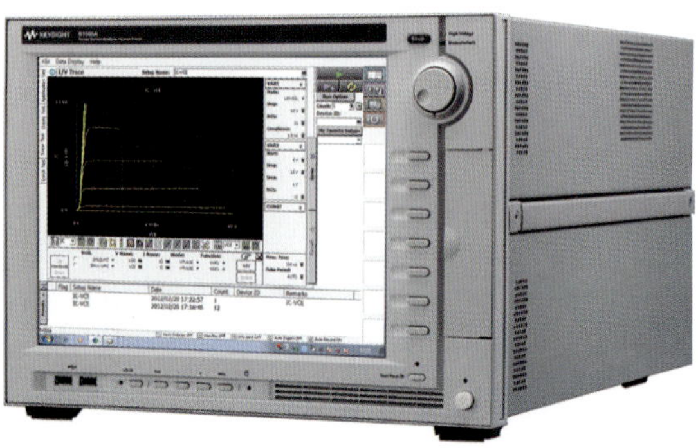

커브 트레이서

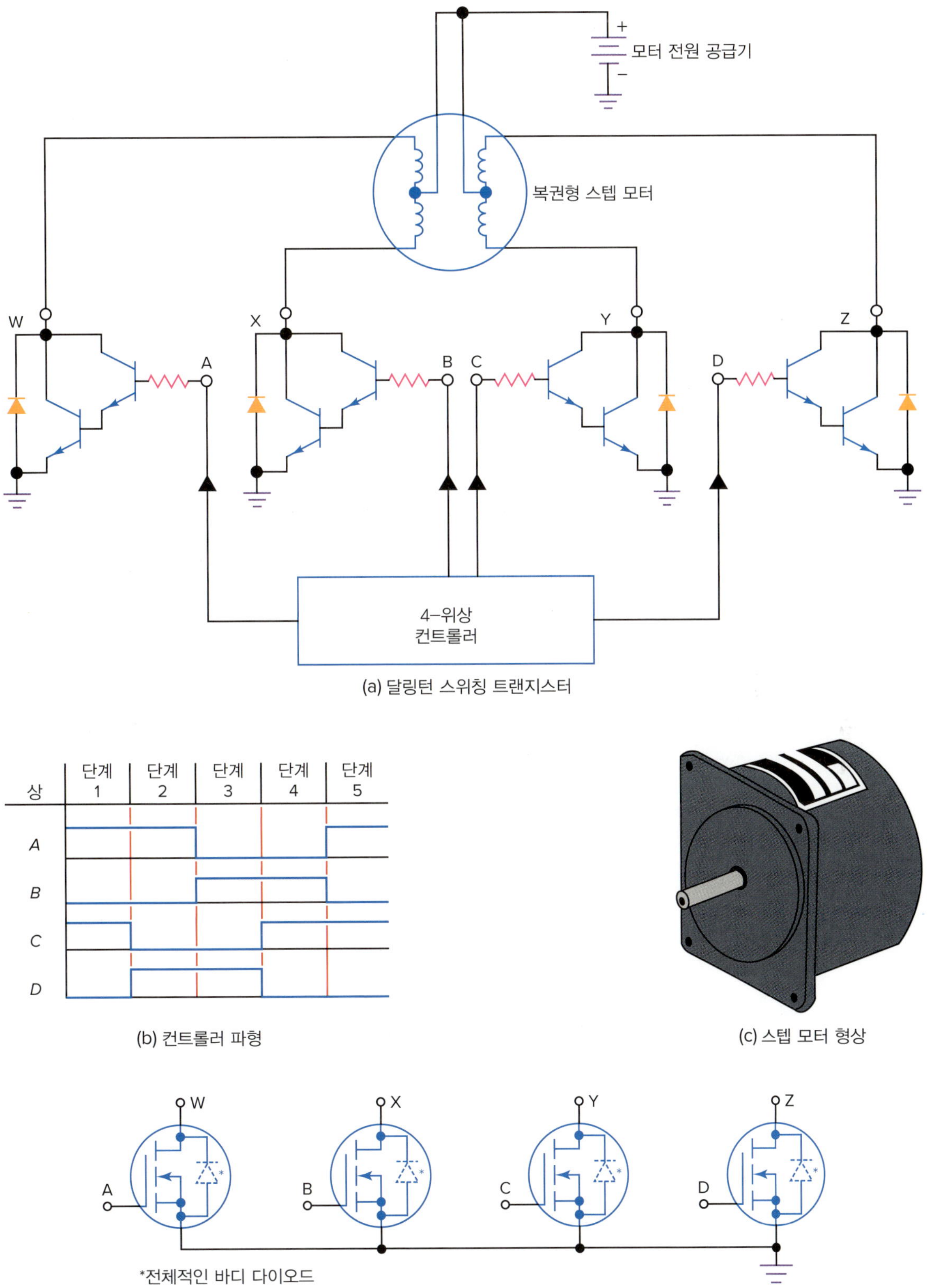

(a) 달링턴 스위칭 트랜지스터

(b) 컨트롤러 파형

(c) 스텝 모터 형상

(d) 전력 MOSFET 스위칭 트랜지스터

그림 5-50 스텝 모터 제어

태라면, 180 펄스는 샤프트를 정확히 반바퀴 회전시켜야 한다. 모터 구조의 이해를 돕기 위해 그림 5-50(b)는 4개의 펄스로 제어되는 모터 특성을 제시한다(전기의 온오프가 반복되는 전기신호).

컴퓨터 또는 마이크로프로세서는 그림 5-50(a)의 *W*, *X*, *Y*, *Z*, 4개의 모터 리드를 제어하기 위해 정밀하게 타이밍을 맞춘 파형을 스위칭 트랜지스터로 전송한다. 그림 5-50(b)의 모터 컨트롤 파형은 트랜지스터 스위치를 사용할 때 가장 전형적인 파형으로 위상을 *A*, *B*, *C*, *D*로 표시한다. 주의할 내용은 표시하는 파형이 **사각파**(구형파) 형태임을 주의하면 된다. 이 사각파는 위상에 대해 높음(high)과 낮음(low)으로 나타낸다. 이러한 방법으로 스텝 모터를 제어하기 위해 전력 MOSFET 트랜지스터를 사용하기도 한다. 그림 5-50(d) 회로도에 제시한다.

모터는 전기를 자기 에너지로 변환하고 유도하여 부하를 활성화한다. 이는 모터의 스위치가 비활성화될 때 큰 CEMF[Counter-EMF(기전력)]이 생성된다. 그림 5-50(a) 회로도의 보호 다이오드를 검토해보자. 보호 다이오드는 앞서 제시된 것처럼 일반적인 다이오드일 수도 있고, 트랜지스터에 내장된 형태일 수도 있다. 트랜지스터가 비활성화되면, 모터 코일의 기전력에 의해 발생되는 CEMF가 다이오드를 동작시키고, 만약 보호 다이오드가 없으면, 스위칭 트랜지스터의 컬렉터는 고전압으로 높은 열에 노출되고 트랜지스터는 손상을 받게 된다.

다음은 고출력 응용 분야에 많이 활용되는 가변속 유도 모터에 대해 알아보자. 스텝 모터의 부품가격은 상당히 높은 편이지만, 고출력 응용 분야에는 사용할 수 없다. 이로 인해, 가변속 유도 모터는 스텝 모터보다 선택폭이 넓고, 솔리드 스테이트 스위치로 제어가 가능한 모터로서 생활 가전제품에 많이 사용된다. 특히, 가변 유도 모터는 속도를 효율적으로 제어할 수 있고, 다중 마력 응용에도 활용되고 있다. 특히, 가변 유도 모터는 솔리드 스테이트 스위치 제어가 가능해 차량 속도를 효율적으로 제어할 수 있어 전기차에도 활용되고 있다.

다음은 DC 모터를 알아보자. 그림 5-51 회로는 DC 모터의 온오프 제어 회로를 제시한다. 회로에서, Q_3 트랜지스터에 +5 V를 인가하면 모터는 동작하고, 0 V를 인가하면 모터를 오프되는 방식으로 DC 모터의 온오프를 제어한다. 또한 DC 모터는 다양한 회로에 적용하고 있는 PWM(pulse-width modulation) 방식을 사용하여 모터의 속도를 제어할 수 있다. PWM 방식은 8장에 내용이 포함되어 있으며. 우선적으로 온오프 제어를 살펴보자.

Q_3 트랜지스터에 +5 V의 구동(드라이브) 신호를 인가하면, Q_3 트랜지스터는 포화 상태가 되고, Q_3 트랜지스터의 컬렉터 전류가 R_3를 통해 전류가 흐르게 되면, Q_2 트랜지스터는 동작하게 된다. Q_2 트랜지스터가 동작될 때 24 V 모터 공급 전압은 R_4와 R_6에 분배되고, Q_1 트랜지스터의 게이트는 16.3 V로 포화 상태가 되어 모터를 작동시킨다. Q_3 트랜지스터 구동 신호가 0 V일 경우, Q_3 트랜지스터, Q_2 트랜지스터 및 Q_1 트랜지스터는 모두 비활성화되어 오프가 되고, 모터가 동작하지 않게 된다(게이트 전압은 0 V).

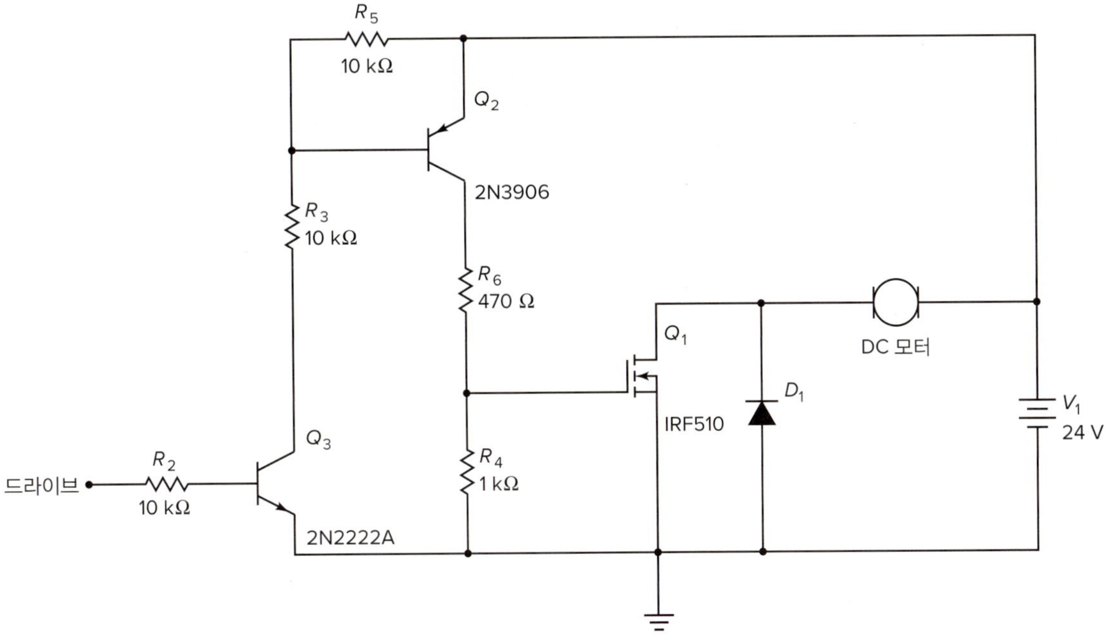

그림 5-51 DC 모터 제어

그림 5-51 회로도의 스위칭 트랜지스터 소자는 전력 FET 트랜지스터를 폭넓게 사용하고 있으며, 장점으로는 가격이 저렴하고, 저항이 매우 낮으며, 고주파에서 효율적으로 동작할 수 있어, 전자 회로에 다양하게 활용된다.

지금까지 스위칭 트랜지스터는 부하를 온오프하는 스위칭 회로에 사용한다고 언급하였다. 크게 아날로그와 디지털로 구분한다면, 스위칭 트랜지스터는 아날로그 신호의 흐름을 제어하는 데 많이 사용되고 있다. 예를 들어, **아날로그 스위치**는 사운드 시스템의 다양한 소스 신호(튜너, MP3 플레이어, CD, DVD 등)를 스위칭하여 선택하는 데 사용할 수 있다. 일반적으로, 아날로그 스위치는 집적회로로 제공되지만, 다양한 기능을 적용하기 위해 증가형 트랜지스터를 많이 사용한다. 그림 5-52 회로도는 효율이 높은 트랜지스터의 예시를

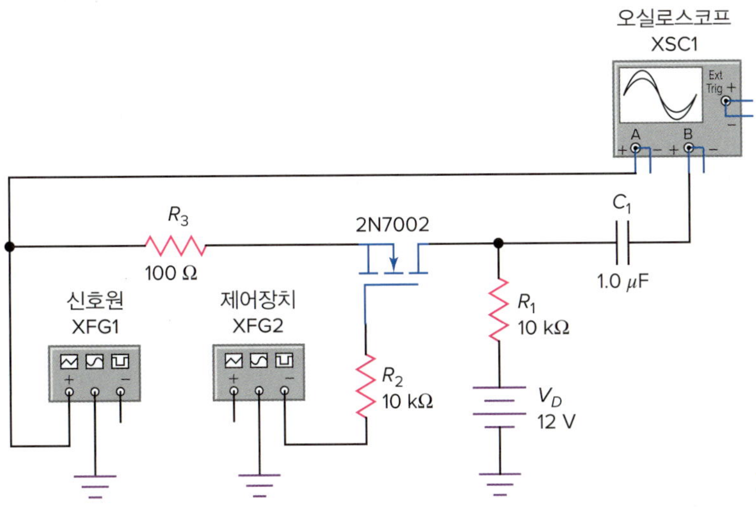

그림 5-52 MOSFET 아날로그 스위치

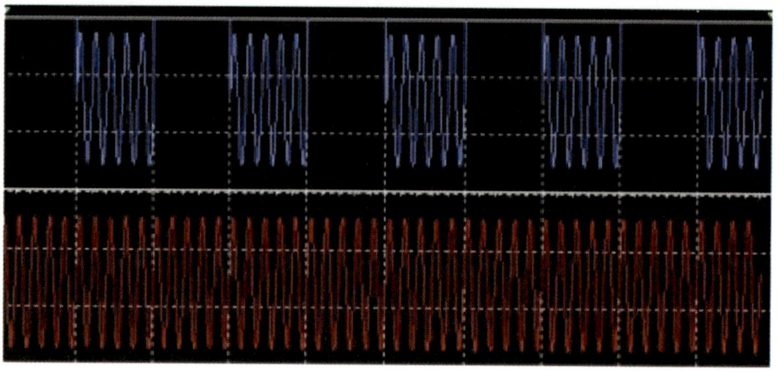

그림 5-53 아날로그 스위치 파형

제시하고 그림 5-53은 예시 파형을 보여준다.

다음은 그림 5-52 MOSFET 아날로그 스위치를 분석해보자. 회로도의 스위칭 트랜지스터 소자는 2N7002이고, N 채널 증가형 MOSFET 소자이다. 회로도에서 2N7002 소자의 게이트 단자에 양(+)의 전압을 인가할 때, 소스에서 드레인까지는 낮은 저항이 발생된다. 소스 신호는 소스 단자에 연결하고, 드레인 단자는 오실로스코프에 연결되어 출력 신호를 확인할 수 있다. 그림 5-52 회로도에서 제어장치(XFG2)는 게이트에 전압을 인가하여 MOSFET 트랜지스터를 동작시킨다. 동작 파형은 그림 5-53의 오실로스코프에서와 같이 입력 신호는 적색, 출력 신호는 청색으로 표시된다. 이때, 출력 신호는 온오프 상태로 바뀔 수 있다는 점을 유의해야 한다. 앞에서 DC 모터를 제어하는 신호는 사각파 형태였다. 사각파 신호가 양(+)의 신호가 되면, 스위치는 켜지고 출력 신호는 사인파 형태로 나타난다.

그림 5-52와 5-53의 입출력 신호는 진폭이 같다. 즉, 이것은 스위치일 뿐 **증폭기가 아니며**, 트랜지스터 증폭기는 다음 장에서 다룬다.

Self-Test

다음 질문에 대해 짧은 문장 또는 단어로 답하시오.

84. 이상적인 스위치는 무한의 오프 저항성을 가지고 있다. 온 저항성은 어떠한가?
85. 이상적인 스위치는 켜져 있을 때 전력을 소비하지 않는다. 이유가 무엇인가?
86. 이상적인 스위치는 꺼졌을 때 전력을 소비하지 않는다. 이유가 무엇인가?
87. 컴퓨터에 의해 Q_3 트랜지스터가 켜지면 그림 5-47의 배터리는 어떻게 되는가?
88. 컴퓨터에 의해 Q_2 트랜지스터가 켜지면 그림 5-47의 배터리는 어떻게 되는가?
89. 그림 5-47의 배터리 충/방전 제어 블록에서 나오는 두 라인이 0 V일 때 어떻게 되는가?
90. 정상 작동일 때 그림 5-47의 Q_3 트랜지스터와 Q_2 트랜지스터가 동시에 켜지는가?
91. 그림 5-50(b)에서 변화가 없을 때, 임의의 시간 동안 얼마나 많은 코일이 활성화되는

가?

92. 스텝 모터가 정지 상태일 때 전력이 인가되어 효율이 떨어진다. 그림 5-50의 회로도의 어느 부분에서 증명할 수 있는지 확인하시오.

다음 문제를 해결하시오.

93. 충전 전류를 1 A로 설정하고, 그림 5-47의 충전 제한 저항값을 구하시오.

94. 방전 전류를 0.5 A로 설정하고, 그림 5-47의 방전 제한 저항값을 구하시오.

Chapter 5 요약 및 복습

요약

1. 이득은 모든 증폭기의 기본 기능이다.
2. 이득 계산은 전압, 전류, 전력값을 사용한다. 모든 경우에서, 단위는 제거되고 이득은 단순한 숫자이다.
3. 전력 이득은 전압 이득과 전류 이득의 곱이다.
4. **전압 증폭기**라는 용어는 종종 소신호 증폭기를 설명하기 위해 사용된다.
5. **전력 증폭기**라는 용어는 종종 대신호 증폭기를 설명하기 위해 사용된다.
6. 양극 접합 트랜지스터는 NPN형과 PNP형의 두 가지 극성으로 제조된다. NPN 유형은 더 광범위하게 사용된다.
7. BJT에서, 이미터는 캐리어를 방출하고, 베이스는 컬렉터 영역을 제어하고, 컬렉터는 캐리어를 수집한다.
8. NPN형 트랜지스터의 회로 기호는 이미터 리드의 화살표 기호가 i*N*을 가리키지 않는다.
9. BJT의 정상 동작은 컬렉터-베이스 접합이 역방향 바이어스 되고, 베이스-이미터 접합이 순방향 바이어스가 되어야 한다.
10. 이미터에서 오는 대부분의 전류 캐리어는 베이스 영역에서 결합할 수가 없고, 베이스 전류를 훨씬 낮게 만든다.
11. 트랜지스터의 기본에서, 베이스 영역은 매우 좁고, 컬렉터 바이어스가 이미터에서 오는 캐리어를 끌어당긴다. 이는 컬렉터 전류를 이미터 전류만큼 높게 만든다.
12. 베타(β) 또는 h_{FE}는 베이스 단자에서 컬렉터 단자까지의 전류 이득이다. β값은 부품마다 다르니 꼭 확인해야 한다.
13. 베이스 전류는 컬렉터 전류 및 이미터 전류를 제어한다.
14. PNP형 트랜지스터의 이미터는 정공을 생성하고, NPN형 트랜지스터의 이미터는 전자를 생성한다.
15. 컬렉터 특성 곡선은 I_C 대 V_{CE} 그래프에서 I_B값을 고정값으로 하여 표시한 그래프이다.
16. 컬렉터 전압은 대부분의 작동 영역에서 컬렉터 전류에 약간의 영향을 준다.
17. 전력 특성 곡선은 안전한 작동 영역을 보여주기 위해 컬렉터 특성 곡선을 그래프에 표시한다.
18. 컬렉터 소모는 컬렉터-이미터 전압과 컬렉터 전류의 곱이다.
19. 게르마늄 트랜지스터는 작동하기 위한 베이스-이미터 바이어스가 0.2 V 필요하며, 실리콘 트랜지스터는 0.6 V가 필요하다.
20. 실리콘 트랜지스터는 게르마늄 트랜지스터보다 폭넓게 사용된다.
21. 교체 매뉴얼은 기술자에게 솔리드 스테이트 장치에 대한 필요한 정보를 제공한다.
22. 부품의 물리적 특성은 전기적 특성만큼 중요하다.
23. 트랜지스터는 커브 트레이서, 동적 테스터, 옴미터, 그리고 다양한 내부 회로 점검으로 테스트할 수 있다.
24. 대부분의 트랜지스터는 갑자기 손상되고, 1개 또는 2개의 PN 접합이 단락되거나 열릴 수 있다.
25. 아날로그 옴미터는 트랜지스터의 양쪽 접합부를 확인하고, 극성 및 리드를 식별하며 이득을 확인하고, 누설 여부를 확인하며 트랜지스터의 소재를 식별한다.
26. 누설 전류 I_{CEO}는 I_{CBO}보다 β배만큼 크다.
27. 포토트랜지스터는 빛에 의해 바이어스 된다.
28. 포토트랜지스터는 LED와 함께 패키징되어 광 아이솔레이터 또는 광 커플러라고 하는 장치를 형성

할 수 있다.

29. 양극 트랜지스터(NPN 및 PNP)는 전도에 정공과 전자를 모두 사용한다.
30. 단극 트랜지스터(N 채널 및 P 채널) 전도에 정공 또는 전자를 사용한다.
31. BJT는 보통 비활성화되어 있고, 베이스 전류로 켜진다.
32. JFET는 보통 활성화되어 있고, 게이트 전압으로 비활성화된다. 이를 공핍 모드라고 한다.
33. MOSFET 절연된 게이트 구조를 사용한다. 제조업체는 공핍형과 증가형 MOSFET을 모두 만든다.
34. 증가형 MOSFET은 보통 비활성화되어 있고, 게이트 전압으로 활성화된다.
35. 전계효과 트랜지스터는 매우 높은 입력 저항을 가지고 있다.
36. VFET와 VMOS의 축약형은 소스에서 드레인까지 수직으로 전류가 흐르는 전력 전계효과 트랜지스터를 나타내기 위해 사용된다.
37. 전력 FET는 전력 양극 트랜지스터의 한계를 가지고 있지 않다. FET는 전압으로 제어되고, 빠르며(소수 캐리어 저장 없음), 2차 항복 현상이 발생하지 않는다.
38. 전력 FET는 증가형에서 작동한다.
39. 빛의 밝기에 의해 제어되는 트랜지스터는 dusk-to-dawn 회로와 같은 분야에서 활용된다.
40. 동일한 패키지에 LED와 트랜지스터를 결합하면 광 아이솔레이터와 포토릴레이와 같은 기능을 제공한다.
41. 양극 접합 트랜지스터가 스위치로 작동하면 베이스 전류가 없거나 베이스 전류가 많이 흐르게 된다.
42. 스위칭 트랜지스터는 포화 상태를 강약으로 구분한다.
43. 이상적으로, 개방 스위치는 전력 손실이 되는 전류가 없으며, 패쇄 스위치는 전압 강하가 없기 때문에 스위칭이 매우 효율적이며, 이는 전력 손실이 0이 된다.
44. 스위칭 회로에서, 제어 파형은 사각파이다.
45. 유도 부하 전환 시 인덕턴스에 의해 생성되는 CEMF 해결을 위해 일종의 보호장치나 보호회로가 필요하다.
46. θ라고 불리는 열 저항 단위는 °C/W이다.
47. 히스테리시스가 있는 회로는 2개의 트립 포인트를 가지고 있다.

관련 식

전력 이득: $P_{gain} = V_{gain} \times I_{gain}$ 및

$$P_{gain} = \frac{R_{CB}}{R_{BE}}$$

전압 이득: $A_V = \frac{V_{out}}{V_{in}}$

BJT 전류: $I_E = I_B + I_C$

BJT 전류 이득: $\beta = \frac{I_C}{I_B}$ 또는 $h_{FE} = \frac{I_C}{I_B}$

BJT ac 이득: $\beta_{ac} = h_{fe} = \frac{\Delta I_C}{\Delta I_B}\Big|V_{CE}$

트랜지스터 소비: $P_C = V_{CE} \times I_C$ 및 $P_D = V_{DS} \times I_D$

누설 전류: $I_{CEO} = \beta \times I_{CBO}$

달링턴 이득: $h_{FE(BOTH)} = h_{FE(1)} \times h_{FE(2)}$

소비스 위치: $P_{switch} = I^2 R_{switch(on)}$ 또는 $V_{SAT} \times I_C$

P_{MAX} = max temp rise/θ

연습 문제

각 문장에서 빠져 있는 단어를 채우시오.

5-1. 소신호 증폭기는 보통 ____ 증폭기라고 불린다. (5-1)

5-2. 대신호 증폭기는 보통 ____ 증폭기라고 불린다. (5-1)

5-3. 양극 접합 트랜지스터는 NPN형과 ____라는 두

가지 기본 극성으로 구분한다. (5-2)

5-4. 양극 트랜지스터의 전류 흐름은 전자와 _____ 라는 두 가지 캐리어를 포함하고 있다. (5-2)

5-5. 베이스-이미터 접합은 보통 _____ 바이어스 된다. (5-2)

5-6. 컬렉터-베이스 접합은 보통 _____ 바이어스 된다. (5-2)

5-7. BJT에서 가장 작은 전류는 보통 _____ 전류이다. (5-2)

5-8. BJT의 정상 작동에서, 컬렉터 전류는 주로 _____ 전류에 의해 제어된다. (5-2)

5-9. NPN형 BJT가 정상 동작할 때 이미터 단자와 연결된 베이스를 _____로 만들어야 한다. (5-2)

5-10. PNP형 BJT가 정상 동작할 때 베이스 단자는 이미터 단자와 관련하여 _____되어야 한다. (5-2)

5-11. PNP형 트랜지스터의 이미터는 _____ 전류를 생산한다. (5-2)

5-12. NPN형 트랜지스터의 이미터는 _____ 전류를 생산한다. (5-2)

5-13. h_{FE} 기호는 트랜지스터의 _____ 전류 이득을 나타낸다. (5-3)

5-14. h_{fe} 기호는 트랜지스터의 _____ 전류 이득을 나타낸다. (5-3)

5-15. h_{FE}에 대한 등가 기호는 _____이다. (5-3)

5-16. h_{fe}에 대한 등가 기호는 _____이다. (5-3)

5-17. 양극성 트랜지스터를 옴미터로 테스트할 경우, 컬렉터-베이스 및 _____ 접합부에서 다이오드 표시를 유의해야 한다. (5-5)

5-18. BJT의 옴미터 테스트에서 컬렉터와 이미터 리드는 미터 극성에 관계없이 _____를 점검해야 한다. (5-5)

5-19. 포토트랜지스터의 전류는 보통 _____에 의해 제어된다. (5-6)

5-20. 광 커플러는 _____라고 명칭하기도 한다. (5-6)

5-21. 그림 5-21을 참고하시오. V_{GS}가 양(+)이 되면 드레인 전류는 _____. (5-6)

5-22. N 채널 JFET는 전류 흐름을 위해 _____를 사용한다. (5-6)

5-23. P 채널 JFET는 전류 흐름을 위해 _____를 사용한다. (5-6)

5-24. JFET의 게이트 전압은 채널에서 캐리어를 제거한다. 이는 _____ mode이다. (5-6)

5-25. MOSFET의 게이트 전압은 채널에서 캐리어를 생성한다. 이는 _____ mode이다. (5-6)

5-26. 게이트 다이오드가 _____ 바이어스가 되면 JFET는 보통 증가형에서 작동하지 않는다. (5-6)

5-27. 전력 전계효과 트랜지스터의 전류 흐름은 전류 구동방식이 아니라 _____ 방식이다. (5-7)

5-28. 전력 양극 트랜지스터는 전류 포화 상태에 의해 이상 발진이 일어나면 열점에 의해 손상될 수 있다. 이 현상을 _____라고 한다. (5-7)

5-29. VMOS 트랜지스터는 _____ mode에서 작동한다. (5-7)

5-30. IGBT의 게이트가 양(+)이라면, R_{CE}는 _____ 가 된다.

종합 문제

5-1. 증폭기는 20의 전압 이득과 35의 전류 이득을 제공한다. 전력 이득을 구하시오. (5-1)

5-2. 증폭기는 5 V의 피크 대 피크 출력 신호를 제공해야 한다. 전압 이득이 25일 때 입력 신호를 계산하시오. (5-1)

5-3. 150 mV의 입력 신호로 8 V의 출력 신호를 발생시키는 경우 전압 이득은 얼마인가? (5-1)

5-4. BJT의 베이스 전류는 25 μA이고 $\beta = 200$이다. 컬렉터 전류를 계산하시오. (5-2)

5-5. BJT는 4 mA의 컬렉터 전류와 20 μA의 베이스 전류를 가지고 있다. β값을 구하시오. (5-2)

5-6. BJT의 $\beta = 250$이고 컬렉터 전류는 3 mA이다. 베이스 전류는 얼마인가? (5-2)

5-7. 양극 트랜지스터의 베이스 전류는 200 μA, 이미터 전류는 20 mA이다. 컬렉터 전류는 얼마인가? (5-2)

5-8. 문제 5-7에 대한 β값을 구하시오. (5-2)

5-9. 그림 5-11을 참고하시오. $V_{CE} = 10$ V이고 $I_B = 20\ \mu$A일 때 β값을 구하시오. (5-3)

5-10. 그림 5-12를 참고하시오. $V_{CE} = -16$ V 및 $I_C = -7$ mA일 때 I_B값을 구하시오. (5-3)

5-11. 그림 5-12를 참고하시오. $I_B = -100\ \mu$A이고 $V_{CE} = -10$ V일 때 P_C값을 구하시오. (5-3)

5-12. 그림 5-13을 참고하시오. 트랜지스터는 실리콘 트랜지스터이고 $V_{BE} = 0.65$ V이다. 이때 I_C값은 얼마인가? (5-3)

비판적 사고를 위한 문제

5-1. 만약 트랜지스터가 100의 전류 이득을 가지고 있다면, 3개의 트랜지스터를 사용함으로써 얻을 수 있는 전류 이득은 얼마인가? 트랜지스터를 어떻게 정렬해야 하는가?

5-2. 커브 트레이서를 통해 컬렉터 패밀리 특성 곡선을 확인하고, 곡선이 확산되고(서로 떨어지고) 있는 것을 알 수 있다. 어떤 상황이 발생한 것인가?

5-3. 몇몇 회로에서 트랜지스터 발열은 중대한 문제이다. 오늘날 발열 문제를 해결하기 위해 트랜지스터를 디지털 모드로 작동시키는 것이 확산되고 있다. 이유는 무엇인가?

5-4. 트랜지스터는 전자제품에 활용이 많이 되고 있지만, 오래된 진공관 기술이 아직도 라디오와 텔레비전 송신기 같은 고전력 응용 분야에 사용되고 있다. 이유가 무엇인가? (힌트: 진공관은 수천 볼트에서 작동한다)

5-5. FET는 단극성 장치이고, BJT는 양극성 장치이다. 미래에는 3극성 전자 장치라는 새로운 분류가 도입될 것인가?

5-6. 전자 장비의 부품을 검사할 때, 트랜지스터를 3개의 리드와 다이오드의 2개 리드라고 가정할 수 없는가?

Self test–정답

1. T
2. F
3. F
4. T
5. F
6. T
7. T
8. F
9. F
10. F
11. T
12. T
13. T
14. T
15. F
16. F
17. F
18. T
19. T
20. 42.5 mA
21. 6.67 μA
22. 250
23. 10 mA
24. 100
25. 20 μA
26. 11 mA
27. 133
28. 96 mW
29. 100
30. 0.2
31. 0.6
32. 게르마늄
33. T
34. F
35. F
36. F
37. T
38. T
39. T
40. F
41. F
42. T
43. T
44. F
45. F
46. T
47. T
48. T
49. T
50. T
51. F
52. T
53. T
54. F
55. T
56. T
57. F
58. T
59. F
60. F

61. F
62. T
63. T
64. F
65. F
66. F
67. F
68. T
69. F
70. F
71. T
72. F
73. T
74. T
75. F
76. F
77. T
78. F
79. F
80. T
81. T
82. F
83. F
84. 이상적으로, 0
85. 이상적으로, 0V로 떨어진다.
86. 이상적으로, 전류 흐름은 0이 된다.
87. 충전된다
88. 방전된다
89. 아무것도 (충전 또는 방전이 되지 않는다)
90. no
91. two
92. (b)
93. 8 Ω
94. 24 Ω

CHAPTER 6 소신호 증폭기 소개

학습 목표

이 장에서 다음 내용을 숙지하고 습득하자.

- 6-1 이득과 손실의 데시벨 **계산** [6-1]
- 6-2 기본 공통 이미터 증폭기를 위한 부하 라인 **설계** [6-2]
- 6-3 선형 증폭기에서의 클리핑 **정의** [6-2]
- 6-4 기본 공통 이미터 증폭기의 동작점 **정의** [6-2, 6-3]
- 6-5 공통 이미터 증폭기의 전압 이득 **계산** [6-3]
- 6-6 공통 베이스 증폭기와 공통 컬렉터 증폭기 **확인** [6-4]
- 6-7 임피던스 매칭의 중요성 **설명** [6-4]

이번 장에서는 이득에 대해 학습한다. 이득은 전자 회로에서 신호의 크기를 증가시키는 능력을 말하는 것으로, 입력 출력 신호들의 비 또는 로그 비로 정의된다. 트랜지스터는 이득을 제공하며, 이번 장에서는 트랜지스터가 증폭기로 어떻게 사용되는지 보여줄 것이다. 또 몇몇 구조에서 간단히 이득을 계산하는 방법을 소개할 것이다. 이번 장의 내용은 소신호 증폭기에 대한 내용을 다룰 것이며, 주로 전압 증폭기를 논의할 것이다.

6-1 이득 측정

이득은 모든 증폭기의 가장 기본적인 기능이며, 이는 증폭기에 입력되는 신호와 출력되는 신호의 차이로 정의된다. 이득으로 인해 증폭기의 출력 신호는 입력 신호보다 커지게 되며, 그림 6-1은 증폭기의 전압 이득을 측정하는 방법을 보여준다. 예를 들어 입력 신호의 크기가 1 V이고 출력 신호의 크기가 10 V라면, 이득은 다음과 같다.

$$\text{이득} = \frac{\text{출력 신호 크기}}{\text{입력 신호 크기}} = \frac{10\ \text{V}}{1\ \text{V}} = 10$$

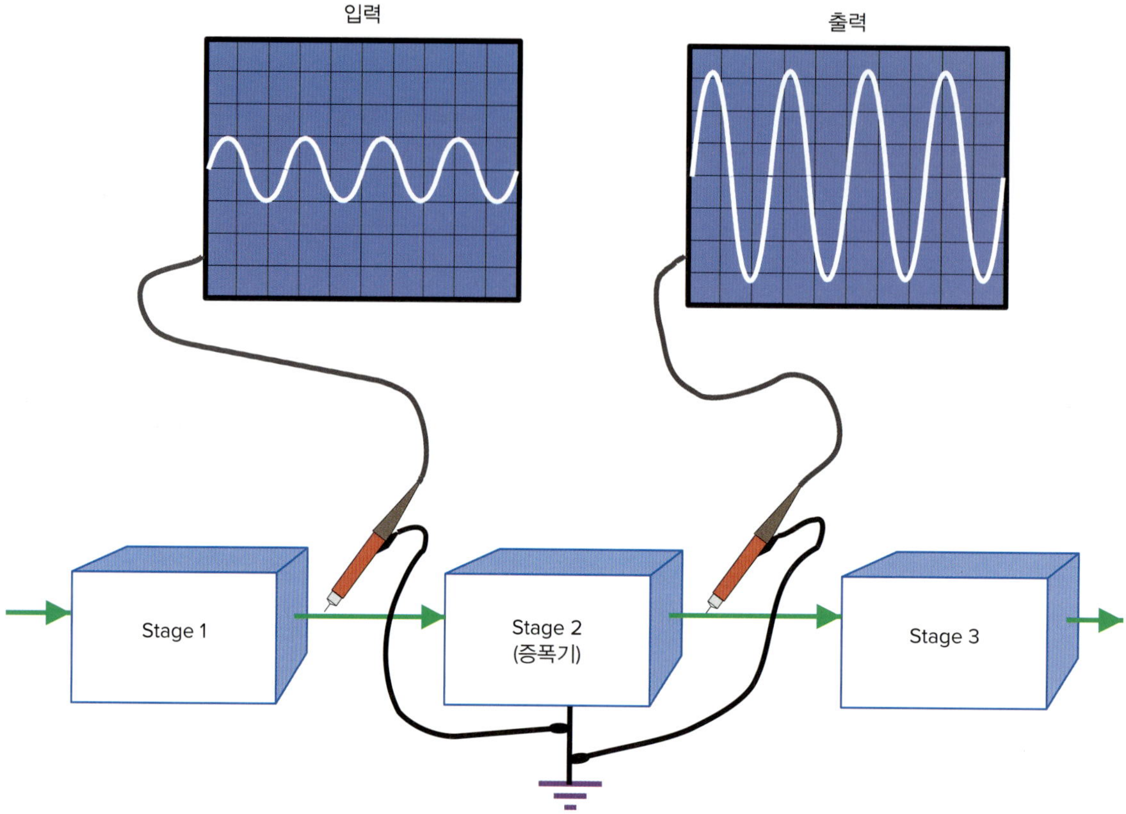

그림 6-1 이득 측정

이득을 계산할 때 단위는 상쇄되어 이득은 단위가 없다. 따라서 이득을 말할 때 "증폭기의 이득은 10 V이다"라고 말하는 것은 맞지 **않다**.

예제 6-1

출력 신호가 4 V이고 입력 신호가 50 mV일 때, 이득을 계산하시오.

$$\text{이득} = \frac{V_{\text{out}}}{V_{\text{in}}} = \frac{4\ \text{V}}{50 \times 10^{-3}\ \text{V}} = 80$$

예제 6-2

이득이 50인 증폭기에 20 mV의 신호가 입력되었을 경우 출력 신호를 구하시오.

$$V_{\text{out}} = \text{이득} \times V_{\text{in}} = 50 \times 20\ \text{mV} = 1\ \text{V}$$

A는 이득을 표현하기 위한 기호로 사용된다. 또 아래 첨자를 이용하여 아래와 같이 이득의 종류를 표현한다.

$$A_V = \frac{V_{\text{out}}}{V_{\text{in}}} = \text{전압 이득}$$

$$A_I = \frac{I_{\text{out}}}{I_{\text{in}}} = \text{전류 이득}$$

$$A_P = \frac{P_{\text{out}}}{P_{\text{in}}} = \text{전력 이득}$$

전압 이득(voltage gain) A_V는 소신호 증폭기의 동작을 위해 사용되며, 전력 이득 A_P는 대신호 증폭기의 동작에서 사용된다. 만일 그림 6-1의 증폭기가 대신호 전력 증폭기라면 이득은 전압에 기반하여 계산하는 것보다는 전력에 기반하여 계산하는 것이 적절하다. 예를 들어, 입력 신호가 0.5 W이고 출력 신호가 8 W라면 전력 이득은 다음과 같다.

$$A_P = \frac{P_{\text{out}}}{P_{\text{in}}} = \frac{8\ \text{W}}{0.5\ \text{W}} = 16$$

예제 6-3

전력 이득이 20인 증폭기의 출력 전력이 1 W일 경우 입력 전력을 구하시오.

$$P_{\text{in}} = \frac{P_{\text{out}}}{A_P} = \frac{1\ \text{W}}{20} = 50\ \text{mW}$$

초기 전자공학의 가장 중요한 분야 중에 하나는 라디오 통신 분야였고, 오디오 헤드폰과 스피커는 가장 중요한 소자들 중에 하나였다. 따라서 엔지니어들은 회로의 성능 지표를 인간의 청각에 기반하여 표현하게 되었다. 인간의 청각은 오디오 전력에 **선형적으로 반응하지 않는** 특징이 있다. 예를 들어 0.1 W 출력의 소리를 듣고 있다가 1 W로 출력을 올리게 되면 인간은 소리가 커진 것을 인식하게 된다. 이후 다시 출력을 10 W로 증가시킬 경우 인간은 두 번째 소리가 커진 정도와 처음 커진 정도를 **동일하게** 인식하게 된다.

선형 회로는 두 번째 소리의 증가를 첫 번째 소리 증가의 열 배로 인식하게 되며 그 이유는 다음과 같다.

- 첫 번째 소리 증가는 0.1 W에서 1 W로 0.9 W만큼 증가하였다.
- 두 번째 소리 증가는 1 W에서 10 W로 9 W만큼 증가하였다.

따라서 두 번째 소리의 증가는 첫 번째의 열 배가 된다.

$$\frac{9\ \text{W}}{0.9\ \text{W}} = 10$$

하지만 인간 청각은 **로그 형태**로 반응하게 되며, 이로 인해 로가리즘을 이용하여 오디오 시스템의 성능을 표현하였다. 증폭기의 이득을 표현할 때도 **선형 이득**보다 그 편리함으로 인해 **로가리즘 이득** 또는 **로그 이득**(logarithmic gain)을 더 많이 사용한다. 즉 로그 이득은 인간 청각의 특성으로 인해 오디오 시스템에 주로 사용했지만, 오늘날에는 무선 주파수 시스템, 비디오 시스템 등 다양한 전자 소자의 이득을 표현하는 데 사용되고 있다.

상용 로그는 **10의 지수**를 말한다. 예를 들어

$$10^{-3} = 0.001$$
$$10^{-2} = 0.01$$
$$10^{-1} = 0.1$$
$$10^{0} = 1$$
$$10^{1} = 10$$
$$10^{2} = 100$$
$$10^{3} = 1{,}000$$

10의 로그는 1, 100의 로그는 2이고 1,000의 로그는 3이다. 0.01의 로그는 −2이다. 로그 계산은 전자 계산기에서도 제공된다. 오늘날 많은 공학용 전자 계산기 제품의 'log' 키는 어느 숫자의 상용 로그를 계산하는 용도로 사용된다.

예제 6-4

공학용 전자 계산기를 이용하여 2,138의 상용 로그를 구하시오. 먼저 2138을 입력하고 log 키를 누르면 아래와 같은 결과를 얻을 것이다.

$$\text{Display} \approx 3.33$$

예제 6-5

공학용 전자 계산기를 이용하여 0.0316의 상용 로그를 구하시오. .0316을 입력 후 log 키를 누르면 아래와 같은 결과를 얻을 것이다.

$$\text{Display} \approx -1.5$$

또는 31.6을 입력 후 EXP 키를 누르고 3을 누르고 ± 키를 누르고, 마지막으로 log 키를 누르면 동일한 결과를 얻을 수 있다.

전력 이득은 자주 **데시벨**(decibel, dB) 단위로 표현된다. 데시벨은 로그 단위이며, 아래 공식으로 계산된다.

$$\text{dB 전력 이득} = 10 \times \log_{10} \frac{P_{out}}{P_{in}}$$

데시벨 단위의 이득은 **상용 로그**(common logarithm)를 기반하여 계산된다. 상용 로그는 10을 밑으로 사용하며, 식으로 $\log_{10}$로 표현된다. 이후 밑 10은 생략되어 log는 $\log_{10}$을 의미한다.

1보다 작은 수의 로그는 **음수**이다. 이는 전자 소자가 **손실**이 발생할 경우, 음의 이득

(−dB)으로 나타나게 된다.

이상의 관계를 이용하여 이전의 스피커 예제를 다시 살펴보자. 첫 번째 소리의 증가는 다음과 같다.

$$\text{dB 전력 이득} = 10 \times \log \frac{1\ \text{W}}{0.1\ \text{W}}$$
$$= 10 \times \log 10$$

10의 로그는 1이며,

$$\text{dB 전력 이득} = 10 \times 1 = 10$$

이다. 따라서 첫 번째 소리의 증가는 10 dB이 된다. 두 번째 소리의 증가는 다음과 같다.

$$\text{dB 전력 이득} = 10 \times \log \frac{10\ \text{W}}{1\ \text{W}}$$
$$= 10 \times \log 10$$
$$= 10 \times 1 = 10$$

두 번째 증가 역시 10 dB이며, 인간의 청각은 첫 번째 소리의 증가와 두 번째 소리의 증가를 동일하게 인식하게 된다. 참고로 보통의 경우 사람은 1 dB 수준의 소리의 변화를 감지할 수 있지만 그 이하는 인식하기 매우 어렵다.

왜 데시벨 단위는 오디오 시스템에서 처음 사용되었으나 오늘날 모든 전자공학의 영역에서 사용되고 있는지 살펴보자. 이는 데시벨 단위의 편리함 때문이다. 그림 6-2는 그와 관련된 한 예를 보여준다. 그림 6-2에서 다섯 단, 또는 파트로 구성된 시스템을 보여주고 있다. 이중 3개의 단은 이득(+dB)을 갖고, 2개의 단은 손실(−dB)을 갖는다. 이때 전체 시스템의 이득을 구하기 위해서는 모든 데시벨 값을 더하면 된다.

$$\text{전체 이득} = +10 - 6 + 30 - 8 + 20$$
$$= +46\ \text{dB}$$

시스템의 각 블록의 이득이나 손실을 데시벨 단위로 표기할 경우, 전체 시스템의 전체 이득을 매우 쉽게 계산할 수 있고, 이로 인해 데시벨은 오늘날 전자공학에서 매우 폭넓게 사용되고 있다.

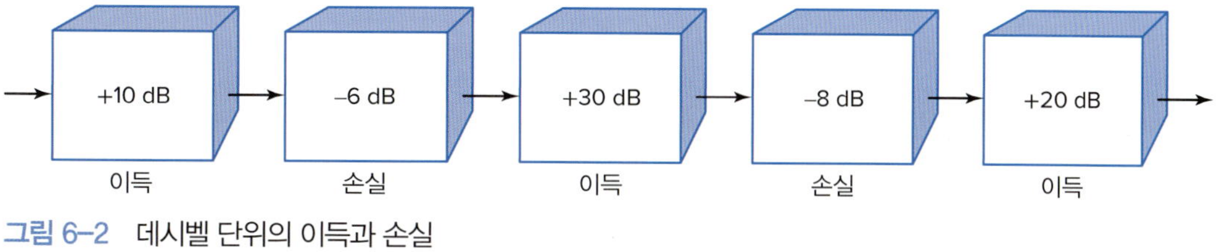

그림 6-2 데시벨 단위의 이득과 손실

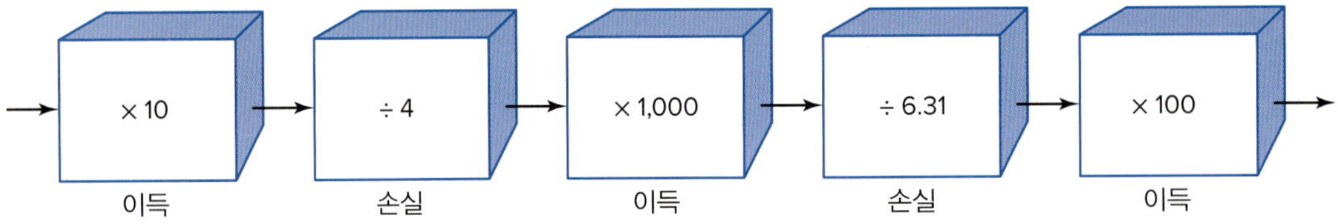

그림 6-3 비율로 표현된 이득과 손실

그림 6-3은 동일한 시스템의 이득을 **증폭 비**로 표현하고 있다. 이 경우 전체 이득은

$$\begin{aligned}\text{전체 이득} &= \frac{10}{4} \times \frac{1{,}000}{6.31} \times 100 \\ &= 39{,}619.65\end{aligned}$$

이다. 위와 같이 전체 단의 총 이득을 계산하기 위해서는 이득은 **곱하고** 손실은 **나눠야** 한다. 반면 데시벨 단위에서 이득은 더하고 손실은 빼기를 통해 더 쉽게 계산이 가능하다.

그림 6-2와 6-3은 동일한 시스템을 보여주고 있다. 전체 이득은 데시벨 단위로 +46 dB이며, 이는 39,619.65와 같다. 데시벨 단위의 이득과 비율의 이득은 동일해야 하므로 아래와 같은 관계를 갖는다.

$$\begin{aligned}\text{dB} &= 10 \times \log 39{,}619.65 \\ &= 10 \times 4.60 \\ &= 46\end{aligned}$$

데시벨은 입력 전력과 출력 전력의 비이며, 이는 또한 두 전압의 비를 표현하기 위해서도 사용 가능하다. **dB 전압 이득**(dB voltage gain)을 계산하기 위해서는 아래와 같이 약간의 수식의 변형이 필요하다.

$$\text{dB 전압 이득} = 20 \times \log \frac{V_{\text{out}}}{V_{\text{in}}}$$

전력 이득을 계산할 때와 달리 계산식에 20을 곱한다. 이는 전력은 전압의 **제곱**에 비례하기 때문이다.

$$\text{전력} = \frac{V^2}{R}$$

따라서 전력 이득은 아래와 같이 표현된다.

$$A_P = \frac{(V_{\text{out}})^2 / R_{\text{out}}}{(V_{\text{in}})^2 / R_{\text{in}}}$$

만일 R_{out}과 R_{in}이 같다면, 위의 식은 아래와 같이 더욱 간단해진다.

$$A_P = \frac{(V_{\text{out}})^2}{(V_{\text{in}})^2} = \left(\frac{V_{\text{out}}}{V_{\text{in}}}\right)^2$$

$\log(V^2) = 2 \times \log(V)$의 관계로 인해 전압의 제곱 대신 2를 곱함으로 로그 계산이 가능하다.

$$\text{dB 전압 이득} = 10 \times 2 \times \log \frac{V_{\text{out}}}{V_{\text{in}}}$$
$$= 20 \times \log \frac{V_{\text{out}}}{V_{\text{in}}}$$

이상의 관계를 위한 선행 조건인 R_{out}과 R_{in}이 같다는 것은 일반적인 전압 증폭기에서 만족되지 않는 경우가 많다. 이로 인해 dB 전력 이득과 dB 전압 이득은 같지 **않은** 상황이 자주 발생한다. 예를 들어 전압 이득이 50인 증폭기의 경우, 입력 저항이 1 kΩ이고 출력 저항이 150 Ω이라면 이 증폭기의 전압 이득은 아래와 같다.

$$A_V = 20 \times \log 50 = 34 \text{ dB}$$

이 증폭기의 전력 이득은 임의의 입력 전압을 가정하여 계산할 수 있다. 예를 들어 입력 전압이 1 V이고 출력 전압이 50 V라면, 입력 전력과 출력 전력을 아래와 같이 계산할 수 있다.

$$P_{\text{in}} = \frac{V^2}{R} = \frac{1^2}{1{,}000} = 1 \text{ mW}$$
$$P_{\text{out}} = \frac{50^2}{150} = 16.7 \text{ W}$$

따라서 증폭기의 전력 이득은 아래와 같다.

$$A_P = 10 \times \log \frac{16.7 \text{ W}}{1 \text{ mW}} = 42.2 \text{ dB}$$

이때 전압 이득과 전력 이득이 서로 같지 **않다**는 것을 알 수 있다.

또 다른 예로 어떤 증폭기가 전압 이득이 1이고, 입력 저항이 50,000 Ω, 출력 저항이 100 Ω인 경우를 생각해보자. 이 증폭기의 dB 전압 이득은 다음과 같다.

$$A_V = 20 \times \log 1 = 0 \text{ dB}$$

전력 이득을 계산하기 위해 입력 전압을 1 V로 가정하면,

$$P_{\text{in}} = \frac{1^2}{50{,}000} = 20\ \mu\text{W}$$
$$P_{\text{out}} = \frac{1^2}{100} = 10 \text{ mW}$$

이 증폭기의 전력 이득은 다음과 같다.

$$A_P = 10 \times \log \frac{10 \times 10^{-3}}{20 \times 10^{-6}} = 27 \text{ dB}$$

위에서 살펴본 바와 같이 입력 저항 R_{in}과 출력 저항 R_{out}이 같지 않을 경우 dB 전력 이득과 dB 전압 이득은 **서로 다르다**. 또 다른 흥미로운 점은 **어떤 경우 증폭기는 비록 충분한 전력**

표 6-1 일반적인 값들의 dB 이득 및 손실

변화	전력	전압
2배 증가	+3 dB	+6 dB
2배 감소	−3 dB	−6 dB
10배 증가	+10 dB	+20 dB
10배 감소	−10 dB	−20 dB

이득을 갖더라도 전력 이득이 없을 수 있다는 것이다.

엔지니어는 데시벨 단위의 이득과 손실에 대해 충분히 이해하고 있어야 하며, 몇 가지 중요한 관계에 대한 값을 빠르게 계산해야 한다. 표 6-1에 일반적으로 사용되는 값들의 데시벨 값이 정리되어 있다.

예제 6-6

10 dB 전력 이득을 갖는 100 W 증폭기가 있다. 최대 출력을 내기 위해 필요한 입력 전력은 얼마인가? 표 6-1에서 전력의 10배 증가는 10 dB 이득이 있음을 보여주고 있다. 따라서 필요한 입력 전력은 출력 전력의 1/10임을 알 수 있다.

$$P_{\text{in}} = \frac{100\text{ W}}{10} = 10\text{ W}$$

예제 6-7

송신기가 긴 동축 케이블을 통해 안테나를 구동하고 있다. 송신기는 1 kW를 출력하였으나 안테나에 도달한 전력은 500 W뿐이다. 동축 케이블의 손실은 몇 dB인가? 전력이 1/2로 감소했으므로, 표 6-1에 의해 −3 dB의 신호 변화가 발생했음을 알 수 있다. 따라서 이 동축 케이블의 특성은 아래와 같이 세 가지 면에서 표현이 가능하다.

1. 케이블의 이득은 −3 dB이다.
2. 케이블의 손실은 3 dB이다.
3. 케이블의 손실은 −3 dB이다.

첫 번째 표현은 정확한 표현이다. 음의 dB 이득은 실제 신호가 감소했음을 의미한다. 두 번째 표현 또한 정확한 표현으로 3 dB만큼의 **손실**이 발생했음을 정확히 표현하고 있다. 하지만 세 번째 표현은 정확하지 **못한** 표현이다. **손실**이 −3 dB라는 의미는 이득은 −(−3dB) = +3 dB이 되어 신호가 증폭되는 것을 의미한다.

예제 6-8

어떤 저역 통과 필터의 주파수 응답이 5 kHz에서 −6 dB을 갖는다. 엔지니어는 필터의 출력을 측정하여 1 kHz에서 1 V의 출력을 갖고 5 kHz에서 0.5 V를 갖는 것을 확인하였다. 이 필터는 정상적으로 동작하고 있는가? 표 6-1에 의하면 전압의 1/2 감소는 −6 dB과 같다. 따라서 이 필터는 정상적으로 동작 중이다.

예제 6-9

어떤 증폭기가 100 mW 입력 전력이 인가될 때, 2 W 전력을 출력하고 있다. 이 증폭기의 전력 이득은 얼마인가? 먼저 입출력 전력의 비는 다음과 같다.

$$\frac{2\ \mathrm{W}}{0.1\ \mathrm{W}} = 20$$

20은 표 6-1에 없다. 하지만 이 값은 표에 있는 10과 2의 곱으로 표현이 가능하다. 따라서 전력 이득은 10(+10 dB)과 2(+3 dB)의 합으로 계산이 가능하다.

$$\text{이득} = 10\ \mathrm{dB} + 3\ \mathrm{dB} = 13\ \mathrm{dB}$$

예제 6-10

어떤 증폭기가 60 dB의 전압 이득을 가지고 있다. 입력 신호가 10 μV일 경우 출력 신호를 구하시오. 표는 20 dB 전압 이득은 신호의 10배 증가를 나타내고 있음을 보이고 있다. 60 dB = 3 × 20 dB이므로 60 dB 이득은 10배 신호 증가를 세 번 반복하여 계산할 수 있다.

$$\begin{aligned} V_{out} &= V_{in} \times 10 \times 10 \times 10 \\ &= 10\ \mu\mathrm{V} \times 1{,}000 = 10\ \mathrm{mV} \end{aligned}$$

공학용 전자 계산기를 이용하여 로그 연산을 쉽게 계산할 수 있다. 다음은 그러한 예제이다.

예제 6-11

전압 증폭기의 입력 신호가 350 mV이고 출력 신호가 15 V이다. dB 전압 이득을 계산하시오.

$$\begin{aligned} \mathrm{dB} &= 20 \times \log \frac{V_{out}}{V_{in}} \\ &= 20 \times \log \frac{15\ \mathrm{V}}{0.35\ \mathrm{V}} \\ &= 20 \times \log 42.9 \\ &= 20 \times 1.63 \\ &= 32.6 \end{aligned}$$

증폭기의 전압 이득은 32.6 dB이다. 전자 계산기를 사용하여 이를 쉽게 계산할 수 있다. 먼저 출력 신호를 입력 신호로 나누고 log 키를 누른다. 마지막으로 20을 곱하면 dB 전압 이득을 계산할 수 있다.

어떤 경우에는 약간의 수학적 조작이 필요하며, 아래는 그와 관련된 예제이다.

예제 6-12

오실로스코프를 이용하여 고주파 파형을 측정하는 상황이다. 오실로스코프 제조사는 오실로스코프가 측정 주파수에서 −3 dB 특성을 갖는 것으로 표기하였다. 이 경우 오실로스코프 화면에 측정 전압의 피크 대 피크가 7 V라고 할 경우, 실제 신호의 크기는 얼마인가? 먼저 전압의 dB 계산은 아래와 같다.

$$-3 = 20 \times \log \frac{7\ \mathrm{V_{p\text{-}p}}}{V_{\mathrm{in}}}$$

양변을 20으로 나누면 식은 다음과 같이 된다.

$$-0.15 = \log \frac{7\ \mathrm{V_{p\text{-}p}}}{V_{\mathrm{in}}}$$

로그의 **역함수**를 양변에 취하면 우변의 log는 **사라지게 된다**. 좌변은 계산기를 이용하여 −0.15의 역로그를 이용해 구할 수 있다. 대부분의 계산기에서 INV 키와 log 키를 이용하여 역로그를 계산할 수 있다. 다른 경우에는 10^{x} 키를 눌러 구할 수 있다. 계산하면 0.708을 얻을 수 있고 식은 아래와 같이 변형된다.

$$0.708 = \frac{7\ \mathrm{V_{p\text{-}p}}}{V_{\mathrm{in}}}$$

수식을 아래와 같이 변형하여 입력 신호의 피크 대 피크를 구할 수 있다.

$$V_{\mathrm{in}} = \frac{7\ \mathrm{V_{p\text{-}p}}}{0.708} = 9.89\ \mathrm{V}$$

가끔 dB 시스템은 잘못 사용되는 경우가 있다. 절대값이 dB 값으로 표현되는 것이 그 예이다. 예를 들어 90dB의 수준의 음악을 듣고 있는 경우를 생각해보자. 이것만으로는 레퍼런스 레벨이 정의되지 않았기 때문에 실제 소리의 크기를 알 수 없다. 소리의 레퍼런스 레벨은 0.0002 dyn/cm^2 또는 2×10^{-5} N/m^{2}이다. 이 레퍼펀스 레벨이 0 dB이며, **인간 청각이 들을 수 있는 최소 수준이다**. 어떤 소리의 압력은 이 레퍼런스와 비교되어 dB 레벨이 정의된다. 예를 들어 제트 엔진은 소리의 압력이 2,000 dyn/cm^2 수준이며 이의 dB 레벨은 다음과 같다.

$$\text{소리 수준} = 20 \times \log \frac{2{,}000}{0.0002} = 140\ \mathrm{dB}$$

로그 계산 시 20이 곱해진 것은 소리의 전력을 계산했기 때문이다. 일반적인 가정집에서 소리 수준은 0.063 dyn/cm^{2}이며, 이의 dB 레벨은 다음과 같다.

$$\text{소리 수준} = 20 \times \log \frac{0.063}{0.0002} = 50\text{ dB}$$

흥미로운 점은 인간 청각이 감지할 수 있는 최소 수준이 0 dB라면 **촉각**의 최소 수준은 120 dB이다. 따라서 인간은 매우 큰 소리를 청각으로 뿐만 아니라 촉각으로도 느낄 수 있기 때문에 매우 큰 소리를 들었을 때 통증을 느끼게 된다. 인간 청력이 소리를 들을 수 있는 영역은 140 dB 수준이며, 140 dB보다 더 큰 소리는 인간에게 더 큰 통증을 느끼게 하지만 더 큰 소리로 인식하지는 못하게 된다.

소리는 **dBA 단위**(dBA scale)로 측정된다. 이 단위 역시 최소 감지 가능한 수준을 0 dB로 삼는다. *A*는 소리를 측정할 때 **비중**을 함께 계산했음을 의미한다. **비중**은 인간이 느끼는 소리에 좀 더 가깝게 곱해지고, 이는 노동자의 소리에 의한 청력 보호를 위해 주로 사용된다. 예를 들어 90 dBA는 8시간 근로자의 최대 안전 수준을 나타내며, 다른 수준은 아래와 같다.

속삭임	30 dBA
대화	60 dBA
도심 거리	80 dBA
자동차 경적	100 dBA
천둥	120 dBA

dBm 단위(dBm scale)은 전자 통신 분야에서 매우 폭 넓게 사용되고 있다. 이 단위는 전력 1 mW를 0 dB 레퍼런스 레벨로 삼는다. 무선 통신 주파수나 마이크로파 주파수 대역의 신호와 신호원은 dBm 단위로 계산된다. 예를 들어, 0.25 W는 아래와 같이 dBm으로 계산된다.

표 6-2 소리 노출에 대한 OSHA 표준

1일 최대 노출시간	dBA 소리 수준
8	90
6	92
4	95
3	97
2	100
1.5	102
1	105
0.5	110
0.25	115

출처: 미국 노동부

위의 EXTECH 소리 측정기는 OSHA 규격을 만족한다.

$$전력\ 수준 = 10 \times \log \frac{0.25}{0.001} = +24\ \mathrm{dBm}$$

마찬가지로 40 μW는 아래와 같다.

$$전력\ 수준 = 10 \times \log \frac{40 \times 10^{-6}}{1 \times 10^{-3}}$$

$$= -14\ \mathrm{dBm}$$

dB 단위는 전고조파 왜곡(THD, total harmonic distortion)을 계산할 때도 사용된다. 전고조파 왜곡은 스펙트럼상의 신호의 왜곡을 측정하는 것으로 스펙트럼 아날라이저 등으로 측정된다. THD는 고성능 오디오 장비의 성능을 판단하기 위해 사용되며, 그리드나 인버터로 생성된 사인파 측정에도 사용 가능하다.

사인파가 증폭기에 입력되는 경우 출력에 고조파가 존재하게 된다. 증폭기의 경우 고조파가 발생하는 대표적인 예는 신호의 클리핑이 발생했을 경우이다. 60 Hz 신호의 경우 그리드나 인버터에 의해 신호가 생성되었다면 THD는 다음과 같이 계산된다.

$$\mathrm{THD} = \sqrt{\frac{V_2^2 + V_3^2 + V_4^2 \cdots V_n^2}{V_1}} \times 100\%$$

여기서 V_1은 입력 신호(이 경우 60 Hz 신호)이며, 나머지는 고조파들이다. 고조파는 입력 주파수의 정수배의 주파수를 갖는 신호들로 60 Hz의 입력 신호의 경우, 120, 180, 240 Hz 신호들이다. 이상적으로 분자가 0이 되어 THD는 0%가 된다. 인간의 경우 THD를 감지할 수 있는 최소 수준은 1%이며, 대부분의 사람들은 이 보다 낮은 수준의 THD를 느끼지 못한다.

예제 6-13

1% THD의 dB 값을 계산하시오. 퍼센트 단위의 THD는 아래와 같이 dB 단위로 변환 가능하다.

$$\mathrm{THD}_{(\mathrm{dB})} = 20 \times \log_{10}.01 = -40\ \mathrm{dB}$$

예제 6-14

어떤 인버터의 THD가 −25 dB이라면 %로 얼마인가?

$$\mathrm{THD}\% = 10^{\frac{-25}{20}} \times 100\% = 5.62\%$$

Self-Test

각 문장이 참인지 거짓인지 판단하시오.

1. 입력 신호에 대한 출력 신호의 비를 이득이라고 한다.
2. 전압 이득의 기호는 A_V이다.
3. 인간 청각은 선형적으로 느낀다.
4. dB 이득과 손실은 이득 비의 상용 로그에 비례한다.
5. 전체 시스템의 이득은 각 블록의 dB 이득의 곱으로 구할 수 있다.
6. 전체 시스템의 이득은 각 블록의 비율 이득의 합으로 구할 수 있다.
7. 만일 출력 신호가 입력 신호보다 작다면, dB 이득은 음의 값을 갖는다.
8. R_{in}과 R_{out}이 같다면 전력 이득과 전압 이득의 dB 값은 같다.
9. dBm의 기준값은 1 μW이다.

다음 문제를 해결하시오.

10. 두 단 증폭기가 첫째 단의 전압 비는 35, 둘째 단의 전압 비는 80을 갖고 있다. 전체 증폭기의 전압 비는 얼마인가?
11. 두 단 증폭기가 첫째 단 이득 26 dB, 둘째 단 이득 38 dB를 갖고 있다. 전체 증폭기의 dB 이득은 얼마인가?
12. 라디오가 충분한 출력을 내기 위해서는 3 V의 신호가 필요하다. 수신기에 1 μV가 입력된다면, 충분한 출력을 내기 위해 필요한 dB 이득은 얼마인가?
13. 100 W 오디오 증폭기가 20 Hz에서 −3 dB의 특성을 가진다. 20 Hz에서 출력 전력은 얼마인가?
14. 어떤 송신기가 5 W의 출력을 내고 있다. 출력에 12 dB 이득을 갖는 전력 증폭기가 추가될 경우 출력 전력은 얼마가 되는가?
15. 어떤 전송 시스템에서 8 dB 이득을 갖는 안테나에 1,000 W가 입력되고 있다. 이 경우 안테나에서 방사되고 있는 유효 전력은 얼마인가?
16. 무선 신호 발생기의 최대 출력이 +10 dBm이다. 이 발생기의 최대 출력 전력이 W 단위로 얼마인가?

6-2 공통 이미터 증폭기

그림 6-4는 **공통 이미터 증폭기**(common emitter amplifier)를 보여준다. 이 증폭기는 트랜지스터의 이미터 단자가 입력과 출력의 **공통** 단자로서 사용되고 있기 때문에 공통 이미터 증폭기라고 한다. 입력 신호는 접지와 트랜지스터의 베이스 회로에 인가되고 있고, 출력은 접지와 트랜지스터의 컬렉터에서 나타나고 있다. 따라서 이미터 단자는 접지로 연결되고 입력과 출력에 공통으로 사용되게 된다.

증폭기의 **구조**는 사용되는 트랜지스터의 단자가 어떻게 입력과 출력을 구성하는지에 의해 결정된다. 공통 이미터 구조는 3개의 가능한 구조 중의 하나이다.

그림 6-4에서 2개의 저항이 회로에서 사용되고 있다. R_B는 **베이스 바이어스 저항**이고, 나머지는 **컬렉터 부하 저항** R_L이다. 베이스 바이어스 저항은 베이스 전류를 고려하여 결정한다. 컬렉터 부하 저항은 출력 전압 스윙을 고려하여 결정되며, 이 전압 스윙은 **출력 신호**가 된다.

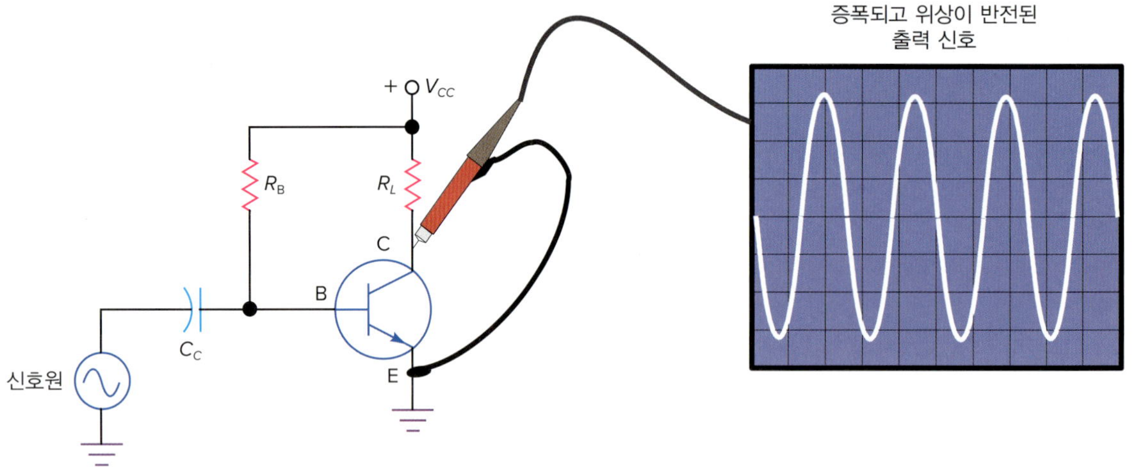

그림 6-4 공통 이미터 증폭기

그림 6-4의 C_C는 **커플링 커패시터**(coupling capacitor)라고 하며, 커플링 커패시터는 DC 신호를 차단하고 AC 신호만 전달하는 중요한 역할을 한다. 이로 인해 커플링 커패시터는 **DC 차단 커패시터**라고도 불린다. 0 Hz에서의 **커패시터 리액턴스**는 무한대가 된다.

$$X_C = \frac{1}{2\pi fC}$$

주파수 f가 DC에 가까워질수록 커패시터의 리액턴스 X_C는 무한대에 접근한다.

커플링 커패시터는 신호원이 DC 경로를 가지고 있는 경우 필요하다. 예를 들어 코일 인덕터의 출력을 뽑아 입력 신호로 사용할 수 있다. 이때 코일은 저주파수에서 매우 낮은 임피던스를 갖고, 차단 커패시터가 없다면 전류가 코일 쪽으로 흐를 수 있게 된다. 결과적으로 전류는 트랜지스터의 베이스로 입력되지 않고 코일 쪽으로 누설되게 된다. 그림 6-5는 이 경우를 그림으로 보여주고 있다.

그림 6-6에 보이는 바와 같이 R_B에 흐르는 DC 전류는 트랜지스터의 베이스로 흘러야 한다. 이는 트랜지스터를 정상적으로 동작시키기 위해 반드시 필요하다.

그림 6-6은 증폭기가 동작하기 위한 조건을 보여준다. 베이스 전류를 구해보자. 베이스 전류는 베이스-이미터 접합과 R_B에 의해 결정된다. R_B는 큰 저항값을 가지며, 베이스-이미터 접합은 순방향 바이어스 됨으로 인해 저항은 작다. 따라서 R_B와 공급 전압에 의해 베이스 전류는 아래와 같이 계산된다.

$$I_B = \frac{V_{CC}}{R_B} = \frac{12\ \text{V}}{100 \times 10^3\ \Omega}$$
$$= 120 \times 10^{-6}\ \text{A}$$

베이스-이미터 접합의 전압 강하를 추가함으로써 좀 더 정확한 근사치를 계산할 수 있

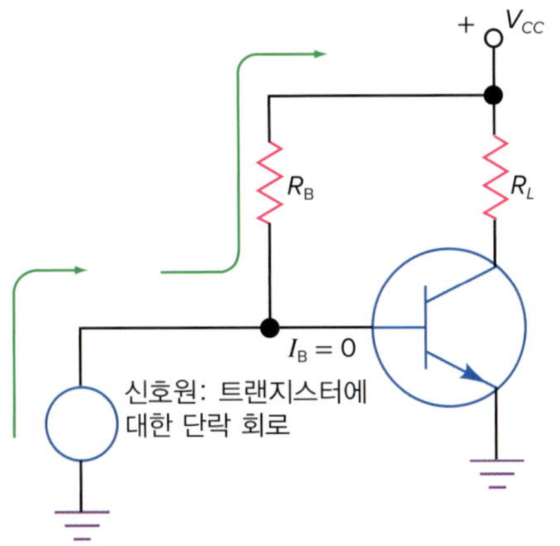

그림 6–5 커플링 커패시터가 필요한 상황

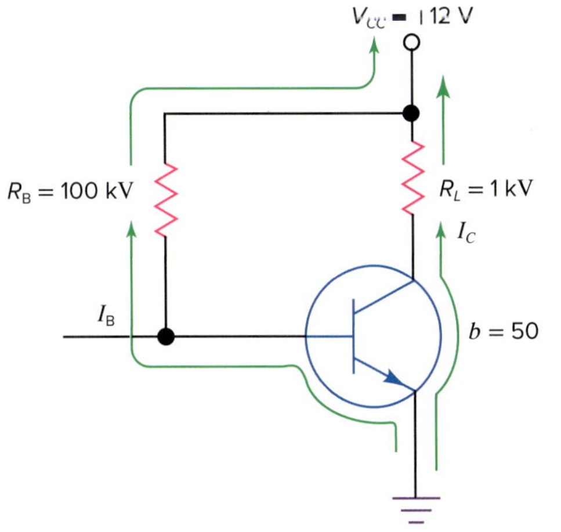

그림 6–6 트랜지스터 회로의 전류

다. 이 전압 강하는 실리콘 트랜지스터의 경우 0.6 V이며, 베이스 전류는 아래와 같이 계산 가능하다.

$$I_B = \frac{V_{CC} - 0.6\ \text{V}}{R_B}$$

이 계산을 그림 6-6의 회로에 적용하면 다음과 같다.

$$I_B = \frac{12\ \text{V} - 0.6\ \text{V}}{100\ \text{k}\Omega} = 114 \times 10^{-6}\ \text{A}$$

위의 계산을 통해 베이스-이미터 간의 전압 강하를 무시한다고 큰 오차가 발생하는 것이 아님을 알 수 있다.

좀 더 알아보기

거의 사라진 진공관

현재 일부 오디오 장비는 진공관을 이용해 만들어지고 있지만, 진공관 오디오 장비 시장은 반도체 증폭기 시장에 비해 상대적으로 매우 작다.

그림 6-6에서 베이스 전류는 작다. 전류 이득 β가 주어졌기 때문에 전류 이득과 베이스 전류를 이용하여 컬렉터 전류를 아래와 같이 계산할 수 있다.

$$\begin{aligned} I_C &= \beta \times I_B = 50 \times 120 \times 10^{-6}\ \text{A} \\ &= 6 \times 10^{-3}\ \text{A} \end{aligned}$$

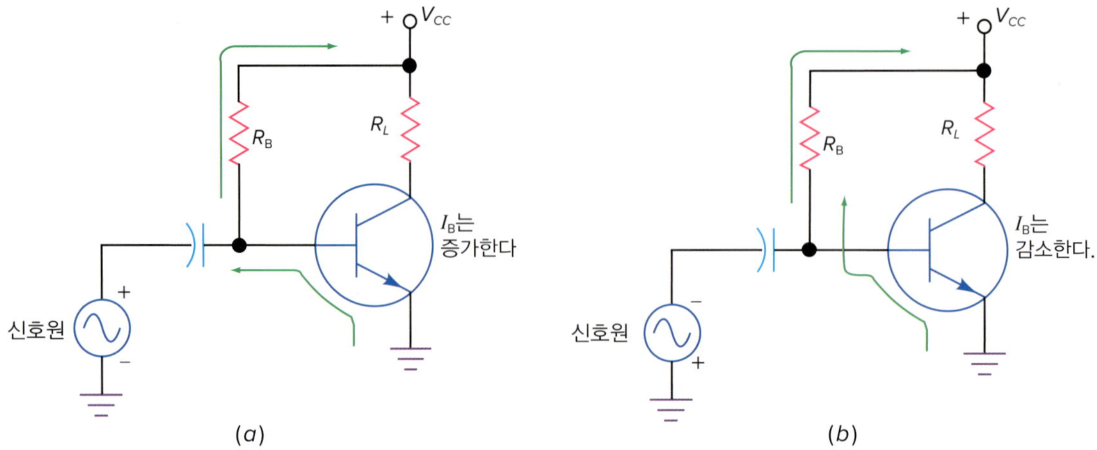

그림 6-7 I_B에 대한 입력 신호의 영향

컬렉터 전류는 6 mA가 된다. 이 전류는 부하 저항 R_L에 흐르고, R_L의 전압 강하는 다음과 같다.

$$V_{R_L} = I_C \times R_L = 6 \times 10^{-3}\ \text{A} \times 1 \times 10^3\ \Omega$$
$$= 6\ \text{V}$$

R_L 양단의 전압 강하는 6 V이므로, 트랜지스터에서 발생하는 전압 강하는 아래와 같다.

$$V_{\text{CE}} = V_{CC} - V_{R_\text{L}} = 12\ \text{V} - 6\ \text{V} = 6\ \text{V}$$

위의 계산은 증폭기의 **정적 상태**(static condition)에서의 조건을 보여주고 있다. 입력 신호가 인가되면 증폭기는 **정적 상태**에서 변하게 되고, 그림 6-7은 그 이유를 보여준다. 입력 신호가 접지 대비 양의 값을 가지면 베이스 전류는 증가하게 된다. 양의 입력 신호는 커플링 커패시터의 한쪽에 전류를 공급하고, 이런 과정은 그림 6-7(a)에 정리되어 있다. 그림 6-7(b)는 입력 신호가 음의 값을 가지는 경우이다. 전류는 커패시터에서 나와 R_B를 지나 흐르고, 이로 인해 베이스 전류는 감소한다.

베이스 전류가 증가하고 감소함에 따라 컬렉터 전류도 함께 변하게 된다. 이는 컬렉터 전류가 베이스 전류에 의해 제어되기 때문이다. 컬렉터 전류가 증가하고 감소함에 따라, 부하 저항 양단의 전압 강하도 증가하고 감소한다. 이로 인해 트랜지스터의 전압 강하도 변하게 되고, 6 V에서 변하게 된다.

그림 6-8은 출력 신호가 발생하는 과정을 보여준다. 트랜지스터는 컬렉터 단자에서 이미터 단자까지 저항으로 생각할 수 있다. 트랜지스터가 전류를 더 많이 흘려주면 그 저항은 더 작아지게 되고, 전류가 줄어들면 그 저항은 더 커지게 된다. 트랜지스터의 출력 전류는 베이스 전류에 의해 제어되며, 결과적으로 입력 신호가 변함으로써 컬렉터-이미터 저항이 변하는 것으로 생각할 수 있다.

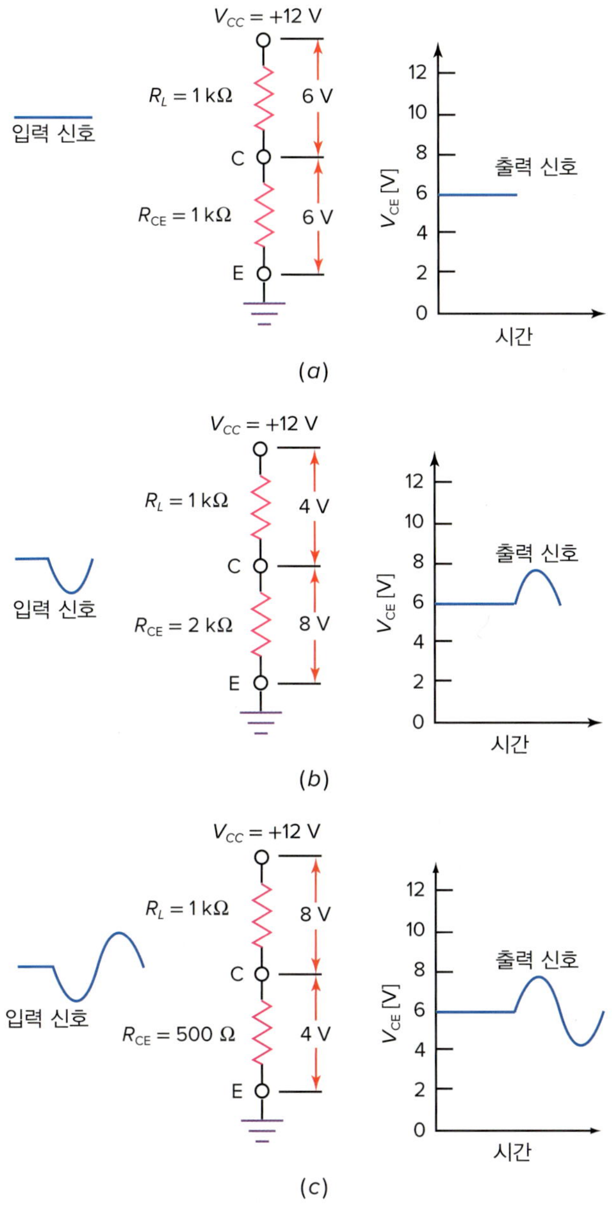

그림 6–8 출력 신호가 만들어지는 과정

그림 6-8(a)에서 증폭기는 정적 상태에 있다. 공급 전압은 R_L과 R_{CE}에 동일하게 나눠져 공급되고 있다. R_L은 부하 저항이며, R_{CE}는 트랜지스터의 등가 저항을 나타낸다. 그래프는 출력 전압 V_{CE}가 6 V로 변하지 않고 있음을 보여준다.

그림 6-8(b)는 입력 신호가 음의 값을 갖는 경우를 보여준다. 음의 입력 신호로 인해 베이스 전류 및 컬렉터 전류는 감소하게 된다. 이로 인해 트랜지스터는 더 큰 저항값을 갖게 되어 저항 R_{CE}은 2 kΩ이 된고, 전압은 동일하게 나누어지지 않는다.

$$V_{\text{CE}} = \frac{R_{\text{CE}}}{R_{\text{CE}} + R_L} \times V_{CC}$$

$$= \frac{2\ \text{k}\Omega}{2\ \text{k}\Omega + 1\ \text{k}\Omega} \times 12\ \text{V}$$

$$= 8\ \text{V}$$

따라서 출력 신호는 8 V로 증가하게 되고, 그림 6-8(b)는 이 상황을 보여준다. 트랜지스터의 전압 강하를 계산하기 위한 또 다른 방법으로는 전류를 이용하여 계산하는 방법이다.

$$I = \frac{V_{CC}}{R_L + R_{\text{CE}}}$$

$$= \frac{12\ \text{V}}{1\ \text{k}\Omega + 2\ \text{k}\Omega}$$

$$= 4 \times 10^{-3}\ \text{A}$$

위의 계산된 전류는 아래와 같이 트랜지스터의 전압 강하를 계산하기 위해 사용될 수 있다.

$$V_{\text{CE}} = I \times R_{\text{CE}}$$

$$= 4 \times 10^{-3}\ \text{A} \times 2 \times 10^3\ \Omega$$

$$= 8\ \text{V}$$

위의 결과는 앞에서 계산한 비율을 이용해 계산한 결과와 동일한 값을 가진다.

그림 6-8(c)는 입력 신호가 양의 값을 가지는 경우를 보여준다. 트랜지스터는 더 많은 전류를 흘려주고 이로 인해 저항은 감소하게 된다. 따라서 출력 전압 V_{CE}는 다음과 같다.

$$V_{\text{CE}} = \frac{0.5\ \text{k}\Omega}{0.5\ \text{k}\Omega + 1\ \text{k}\Omega} \times 12\ \text{V} = 4\ \text{V}$$

그래프는 이 상황에서 출력 전압의 변화를 보여준다.

그림 6-8에서 출력 전압은 입력 전압과 **180도 위상 차이**를 갖는다는 특징이 있다. 즉 입력 신호가 감소하면[그림 6-8(b)] 출력 신호는 증가하고, 입력 신호가 증가하면[그림 6-8(c)] 출력 신호는 감소한다. 이러한 현상을 **위상 반전**(phase inversion)이라고 하며, 이는 공통 이미터 증폭기의 매우 중요한 특징 중 하나이다.

증폭기에서 출력 신호는 입력 신호와 최대한 동일해야 한다. 만일 입력 신호가 사인파라면 출력 신호 또한 사인파여야 한다. 이를 만족할 경우 증폭기는 **선형적**이라고 할 수 있다.

증폭기가 비선형적인 동작을 하는 대표적인 경우는 입력 신호가 너무 큰 경우이다. 이 경우 증폭기는 **오버 드라이브**(over-drive)되었다고 말해지며, 그림 6-9와 같이 출력 신호에 **왜곡**이 발생하게 된다. 그림 6-9에서 출력 파형은 클리핑이 발생하는 것을 보여주고 있다. V_{CE}는 12 V를 넘을 수 없다. 즉 출력 신호가 12 V에 근접할수록 출력 신호의 증가는 멈추게 된다. 이로 인해 최대값은 12 V에서 제한되고, 최소값은 0 V에서 제한된다. 이렇게 신호가 12 V와 0 V로 **제한**되어 클리핑이 발생한 경우 증폭기의 이득은 의미가 없어지고, 그

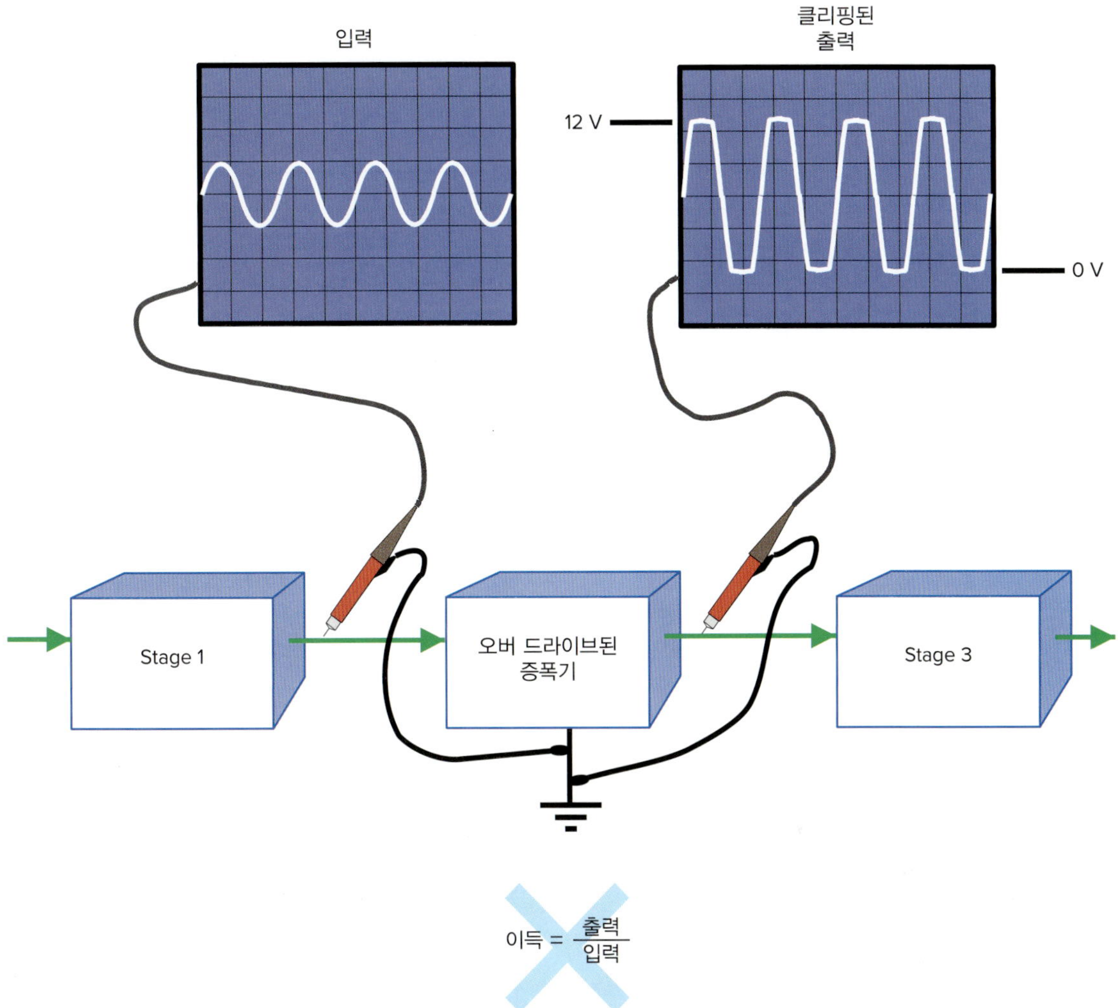

그림 6-9 오버 드라이브된 증폭기가 클리핑된 출력을 내고 있다.

림 6-9에서의 수식은 더 이상 유효하지 못하게 된다.

클리핑(clipping)은 **신호 왜곡**(signal distortion)의 한 형태이다. 이러한 왜곡은 오디오 시스템에서 음성이나 음악의 품질을 심하게 떨어뜨리게 된다. 이는 라디오의 볼륨을 너무 높게 올렸을 경우 발생하며, 한 단이나 다단 시스템에서 신호가 과도하게 구동된 경우 발생하게 된다.

신호의 클리핑은 입력 신호를 조절하여 적절한 동작 조건을 설정함으로 해결할 수 있고, **부하선**(load line)을 그려 봄으로써 확인할 수 있다. 그림 6-10은 공통 이미터 증폭기의 부하선을 보여준다. 부하선을 그리기 위해서는 공급 전압(V_{CC})과 부하 저항(R_L)값을 알아야 한다. V_{CC} 값은 부하선의 한쪽 끝 값을 결정한다. 예를 들어 V_{CC}가 12 V라면, 부하선의 한쪽 끝은 가로축 상의 12 V에 놓이게 된다. 부하선의 또 다른 끝은 **포화 전류**에 의해 결정된다. 포화 전류란 컬렉터-이미터 저항이 0일 때 흐르는 전류를 말한다. 이러한 조건들을

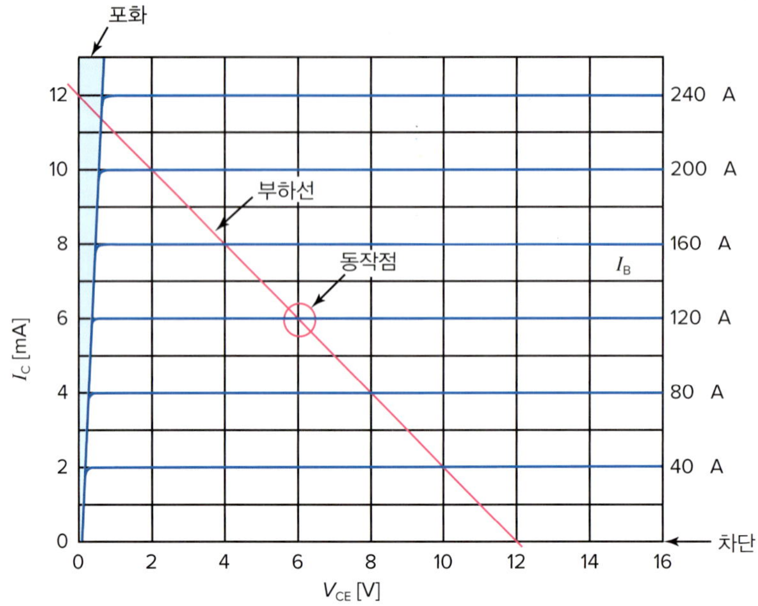

그림 6-10 트랜지스터 증폭기의 부하선

통해 아래와 같이 옴의 법칙을 이용하여 부하 저항과 포화 전류의 관계를 구할 수 있다.

$$I_{sat} = \frac{V_{CC}}{R_L} = \frac{12\ \text{V}}{1\ \text{k}\Omega}$$
$$= 12 \times 10^{-3}\ \text{A 또는 } 12\ \text{mA}$$

이 포화 전류 값은 세로축 상에서 위치하며, 이 점이 부하선의 다른 쪽 끝이 된다. 그림 6-10에서 보여지듯이 증폭기의 부하선은 12 V와 12 mA 사이를 연결하여 그려진다. 한쪽 끝은 **포화**(이 경우 12 mA)라고 일컬어지고, 다른 끝은 **차단**(이 경우 12 V)이라고 일컬어진다. 이러한 조건에서 입력 신호가 아무리 커진다 한들 컬렉터 전류는 12 mA를 넘을 수 없고, 출력 전압은 12 V를 넘을 수 없게 된다. 만약 입력 신호가 매우 크다면, 입력 신호는 이 두 값에서 클리핑이 발생하게 된다.

증폭기는 부하선의 어느 점에서든 동작이 가능하다. 하지만 **최적의** 동작점은 일반적으로 부하선의 **중심**이며, 그림 6-10에서 동그라미로 표시된 점이다. 이 점은 부하선과 베이스 전류 120 μA가 **만나는** 점이기도 하다. 이 점에서 아래로 직선을 연결하면 V_{CE}는 6 V가 되고, 왼쪽으로 직선을 연결하면 I_C는 6 mA이다. 이는 앞에서 계산한 값과 일치한다.

부하선은 새로운 정보를 제공하기보다는 회로의 동작을 그래프로 보여준다는 의미가 있다. 예를 들어 그림 6-11(a)를 보면 증폭기의 동작점은 부하선의 중심이며, 입력 신호는 음과 양의 값을 가지며, 출력 신호에 클리핑은 발생하고 있지 않다. 동작점이 포화 영역의 끝쪽에 있게 되면, 출력 신호는 음의 신호에서 클리핑이 발생하게 됨을 알 수 있다. 따라서 최적의 동작점의 위치는 부하선의 중심이며, 이 경우 출력 신호에 클리핑이 발생하지 않는다

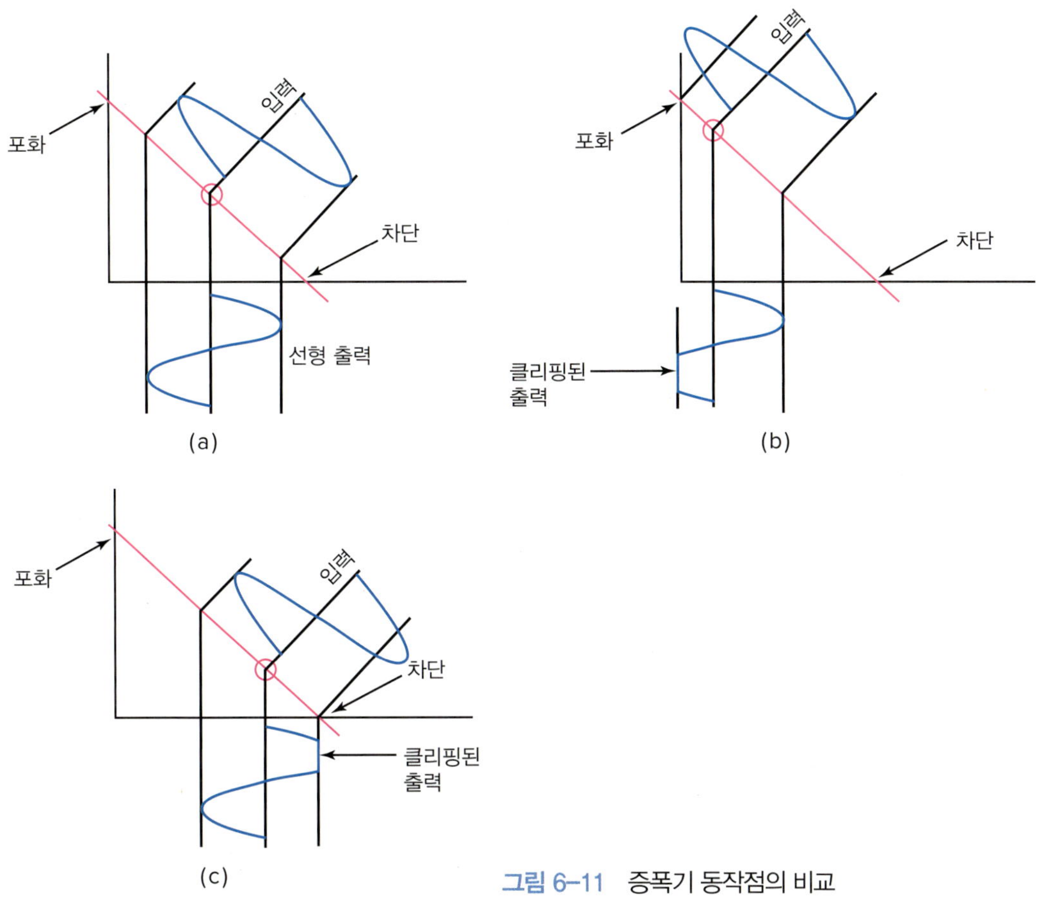

그림 6-11 증폭기 동작점의 비교

는 것을 알 수 있다.

포화와 차단 영역은 선형 증폭기의 동작에서 신호의 왜곡을 피하기 위해 피해야 할 영역이다. 세 가지 가능한 증폭기의 동작 조건이 그림 6-12에 표현되어 있다. 그림 6-12(a)는 포화된 증폭기가 **닫힌 스위치**와 비슷함을 보여준다. **포화**는 과도한 베이스 전류에 의해 발생하게 되며, 트랜지스터 저항의 최소화로 인해 컬렉터 전류는 최대값을 갖게 된다. 닫힌 스위치 양단의 전압 강하는 없으므로, $V_{CE} = 0$이 된다. 그림 6-12(b)는 증폭기가 차단 영역에 있는 경우를 보여준다. **차단**이란 베이스 전류가 **없음**으로 발생하는 것으로, 트랜지스터는 꺼지고 컬렉터 전류 또한 0이 된다. 따라서 모든 전압 강하는 열린 스위치에 걸리고 결

좀 더 알아보기

조용한 증폭기

증폭기는 매우 작은 잡음을 발생시킨다. 증폭기를 설계할 때는 이 잡음이 가능한 작게 설계되며, 이렇게 설계된 증폭기를 **저잡음 증폭기**라고 한다.

과적으로 V_{CE}는 전원 전압과 같게 된다. 활성 영역 트랜지스터를 이용한 증폭기는 위의 두 극단적인 경우의 중간에 위치하게 된다. 트랜지스터는 부분적으로 켜지고, 포화 영역 전류의 약 절반 정도가 흐르게 되며, 전원 전압의 절반 정도가 V_{CE}에 인가된다.

그림 6-12의 동작 조건을 다양한 문제 해결을 위해 암기할 필요가 있다. 또한 베이스 전류가 각 영역에서 아래와 같은 관계를 가진다는 점 또한 기억해 둘 필요가 있다.

포화 영역	과도 베이스 전류
차단 영역	베이스 전류 0
활성 영역	적절한 베이스 전류

이는 그림 6-10을 참고하여 쉽게 확인할 수 있다. 베이스 전류에 따라 동작점은 부하선의 어느 부분이든 위치할 수 있다. 베이스 전류가 120 μA로 적절한 값을 가질 경우 동작점은 활성 영역에 위치하고 부하선의 중앙에 위치하게 된다. 베이스 전류가 240 μA인 경우 동작점은 포화 영역에 위치하고, 베이스 전류가 0인 경우 동작점은 차단 영역에 위치하게 된다. 트랜지스터가 차단 영역이나 포화 영역에 위치하는 경우 선형적인 증폭을 할 수 **없다**.

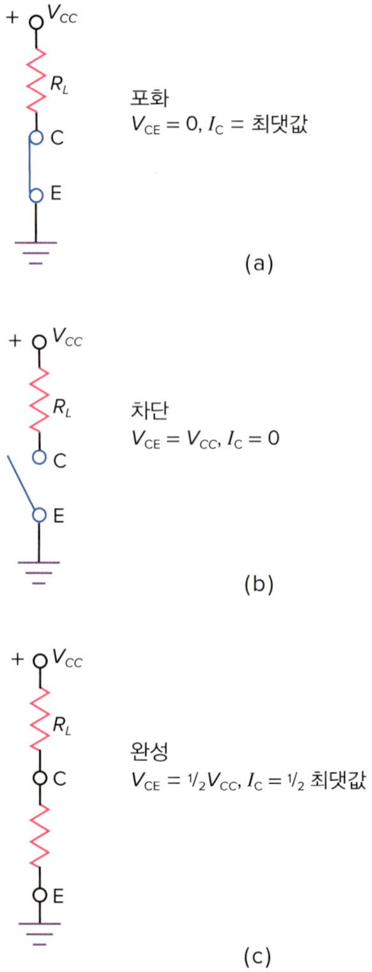

그림 6-12 세 가지 증폭기의 동작 조건

기억해 보기

디지털 회로 또는 스위칭 회로의 트랜지스터는 포화 영역과 차단 영역에서만 동작한다. 스위칭 회로는 5장에서 논의되었다.

예제 6-15

그림 6-10을 이용하여 12 V 전원 전압과 2 kΩ 컬렉터 부하 저항을 갖는 선형 증폭기의 베이스 저항값을 구해보자. 먼저 부하선을 그리기 위해 포화 전류를 아래와 같이 구할 수 있다.

$$I_{sat} = \frac{V_{CC}}{R_L} = \frac{12\ \text{V}}{2\ \text{k}\Omega} = 6\ \text{mA}$$

부하선은 가로축의 12 V에서 세로축의 6 mA까지 그려진다. 부하선의 중심은 그림 6-10의 40 또는 80 μA에 위치하며, 선형 동작을 위해 60 μA 정도 되어야 적절하다. 옴의 법칙을 이용하여 베이스 저항을 구하면 아래와 같다.

$$R_B = \frac{V_{CC}}{I_B} = \frac{12\text{ V}}{60\ \mu\text{A}} = 200\text{ k}\Omega$$

예제 6-16

트랜지스터가 12 V 전원을 사용하고 3.3 V 출력을 갖는 마이크로 컴퓨터에 의해 구동되는 구동 증폭기로 사용되는 경우 R_B 값을 구해보자. 릴레이 코일을 구동하기 위해 전류가 필요하며, 12 V 전원에서 약 100 mA가 사용된다. 이때 최소의 h_{FE}(약 50)를 가정하면 베이스 전류는 아래와 같다.

$$I_B = I_C/\beta = 100\text{ mA}/50 = 2\text{ mA}$$

R_B는 컴퓨터 출력에 연결되고 구동 증폭기의 베이스 전류는 아래와 같이 구할 수 있다.

$$R_B = (3.3\text{V} - 0.7\text{V})/2\text{ mA} = 1.3\text{ k}\Omega$$

위의 값은 증폭기가 포화되지 않는 것을 보장하지 않는다. 따라서 저항은 이보다 훨씬 작아야 하고 대략 270 Ω 정도 사용된다.

Self-Test

각 문장이 참인지 거짓인지 판단하시오.

17. 공통 이미터 증폭기에서 입력 신호는 컬렉터에 인가된다.
18. 공통 이미터 증폭기에서 출력 신호는 이미터 단자에서 출력된다.
19. 커플링 커패시터는 AC 신호는 통과되고 DC는 차단한다.
20. 공통 이미터 증폭기는 신호를 180도 위상 반전시킨다.
21. 증폭기의 오버 드라이빙은 출력 신호의 클리핑을 유발한다.
22. 선형 증폭기의 최적의 동작점은 포화 영역이다.

다음 문제를 해결하시오.

23. 그림 6-6에서 R_B를 75 kΩ으로 바꾸고, I_B를 구하시오.
24. 그림 6-6에서 R_B를 75 kΩ으로 바꾸고, 컬렉터 전류를 구하시오.
25. 그림 6-6에서 R_B를 75 kΩ으로 바꾸고, V_{R_L} 구하시오.
26. 그림 6-6에서 R_B를 75 kΩ으로 바꾸고, V_{CE} 구하시오.
27. 그림 6-10에서 문제 23에서 구한 값의 동작점을 찾으시오. 동작점에서 아래로 선을 그어 V_{CE}를 구하시오.
28. 그림 6-10에서 새로운 동작점과 왼쪽으로 선을 그어 I_C를 구하시오.
29. 그림 6-6에서 R_B를 50 kΩ으로 바꾸고 베이스 전류, 컬렉터 전류, 부하 저항의 전압 강하, 트랜지스터의 전압 강하를 구하시오. 트랜지스터는 포화, 차단, 활성 영역 중 어느 영역에 있는가?
20. 그림 6-6과 6-10에서 V_{CC}를 10 V로 바꿀 경우, 부하선의 양 끝점을 구하시오.

6-3 증폭기의 안정화

그림 6-13은 그림 6-6의 공통 이미터 증폭기와 동일하며 β가 100이라는 한 가지만 다르다. 베이스 전류를 계산하면 아래와 같이 구할 수 있다.

$$I_B = \frac{V_{CC}}{R_B} = \frac{12\text{ V}}{100\text{ k}\Omega} = 120\ \mu\text{A}$$

이는 전에 계산한 값과 같다. 하지만 β가 커짐으로써 컬렉터 전류는 아래와 같이 더 큰 값을 갖게 된다.

$$I_C = \beta \times I_B = 100 \times 120\ \mu\text{A} = 12\text{ mA}$$

이는 그림 6-6의 값보다 두 배 큰 값이며, R_L에서의 전압 강하를 계산하면 아래와 같다.

$$V_{R_L} = I_C \times R_L = 12\text{ mA} \times 1\text{ k}\Omega = 12\text{ V}$$

따라서 트랜지스터의 전압 강하는 다음과 같다.

$$V_{CE} = V_{CC} - V_{R_L} = 12\text{ V} - 12\text{ V} = 0\text{ V}$$

위의 계산과 같이 트랜지스터의 전압 강하는 0이 되며, 트랜지스터는 **포화** 영역에 동작한다. 포화된 트랜지스터는 선형 증폭을 할 수 **없고**, 그림 6-13의 증폭기는 심각한 클리핑과 신호 왜곡을 발생시키게 된다.

그림 6-6에서 그림 6-13으로 유일하게 바뀐 것은 트랜지스터의 β이다. 트랜지스터의 β는 같은 파트 넘버에서도 다를 수 있다. 2N3904는 범용 목적의 NPN 트랜지스터이다. 만일 제조사로 β값을 요청할 경우 최소 100에서 최대 300을 가질 수 있다는 회신을 받을 것이다. 이로 인해 그림 6-13의 증폭기는 **β의 변화에 민감**(sensitive to β)하게 특성이 변화하기 때문에 실제로 사용하기 어려운 구조임을 알 수 있다. 각 소자별로 β의 변화에 따라 R_B를 바꿔가며 사용할 수 있지만 실제로 사용하기에는 어려운 방법이다. 하지만 학습의 목적으로 따라가보자. 컬렉터 전류가 6 mA가 되기 위해서는 V_{CC}는 12 V에 R_L는 1 kΩ이 되어야 한다. R_B를 계산하기 위해 β는 200으로 가정하고, 부하선의 중심을 구하면 아래와 같다.

$$I_B = \frac{I_C}{\beta} = \frac{6\text{ mA}}{200} = 30\ \mu\text{A}$$

$$R_B = \frac{V_{CC}}{I_B} = \frac{12\text{ V}}{30\ \mu\text{A}} = 400\text{ k}\Omega$$

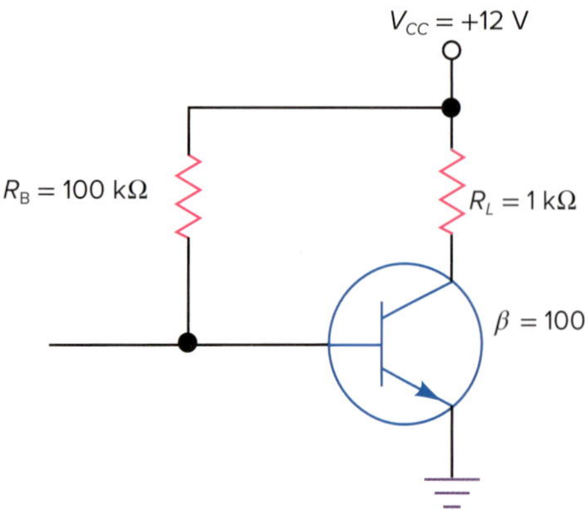

그림 6–13 더 큰 β를 갖는 트랜지스터를 이용한 증폭기

β는 온도에 따라 변하고 이는 그림 6-13 회로의 동작점을 변화시키는 또 다른 문제점이 된다. 따라서 β의 변

화에 민감하지 않는 새로운 구조의 회로가 필요하게 되고, 이러한 회로는 β 독립적이라고 일컬어지며, 큰 이득과 온도 변화에서도 정상적으로 동작하게 된다.

예제 6-17

베이스-이미터 접합 전압을 고려하여 그림 6-13의 증폭기보다 더 나은 조건을 구하시오.

$$I_B = \frac{V_{CC} - V_{BE}}{R_B} = \frac{12\ \text{V} - 0.7\ \text{V}}{100\ \text{k}\Omega}$$

$$= 113\ \mu\text{A}$$

$$I_C = \beta \times I_B = 100 \times 113\ \mu\text{A} = 11.3\ \text{mA}$$

$$V_{R_L} = I_C \times R_L = 11.3\ \text{mA} \times 1\ \text{k}\Omega = 11.3\ \text{V}$$

$$V_{CE} = V_{CC} - V_{R_L} = 12\ \text{V} - 11.3\ \text{V} = 0.7\ \text{V}$$

노트: 더 나은 조건은 기존 대비 큰 차이가 있지 않다. V_{CE}는 여전히 포화 영역에 매우 가깝고 증폭기는 정상적인 동작을 못한다.

예제 6-18

전류 이득이 200이라고 가정하고, 그림 6-13의 회로를 해석하시오. 베이스 전류는 동일하고, 이전에 찾은 120 μA를 사용하면 아래와 같다.

$$I_C = \beta \times I_B = 200 \times 120\ \mu\text{A} = 24\ \text{mA}$$

$$V_{R_L} = I_C \times R_L = 24\ \text{mA} \times 1\ \text{k}\Omega = 24\ \text{V}$$

노트: V_{R_L}은 V_{CC}보다 클 수 **없다**. 이럴 경우 증폭기는 완전히 포화되고 실제 컬렉터 전류는 옴의 법칙에 의해 제한된다.

$$I_C = \frac{V_{CC}}{R_L} = \frac{12\ \text{V}}{1\ \text{k}\Omega} = 12\ \text{mA}$$

따라서 그림 6-13의 컬렉터 전류는 β와 무관하게 12 mA를 넘을 수 없다.

이 문제는 공통 이미터 증폭기에 2개의 저항을 추가함으로써 대폭 개선할 수 있다. 2개의 저항은 이미터 회로, 베이스와 접지 사이에 각각 하나씩 추가함으로써 구현한다. 이들 저항의 추가로 인해 증폭기는 β와 온도 변화에 훨씬 둔감해진다. 새로 추가된 저항은 추가적인 전압 강하가 발생하게 된다. 그림 6-14는 트랜지스터 증폭기의 해석과 문제 해결을 위해 사용되는 전압 강하를 표기하고 있다.

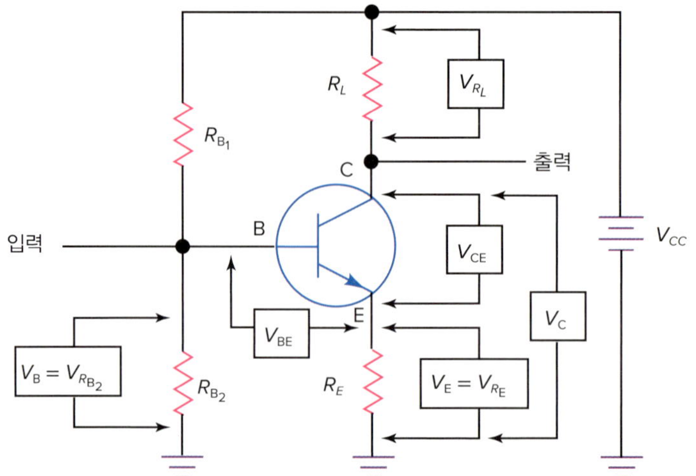

이 회로에 적용되는 키르히호프의 전압 법칙: $V_B = V_{BE} + V_E$
$V_{CC} = V_{R_L} + V_{CE} + V_E$
$V_C = V_{CE} + V_E = V_{CC} - V_{R_L}$

그림 6-14 트랜지스터 증폭기의 일반적인 전압 강하 표기

그림 6-14의 왼쪽의 V_B는 트랜지스터의 베이스 단자와 접지 간의 전압 강하를 나타낸다. **아래 첨자로 1개의 글자만 표기**한 경우, 그 단자와 접지 사이의 전압 강하를 의미한다. 예를 들어 V_B의 B는 베이스 단자로, V_B는 베이스 단자와 접지 간의 전압 강하를 나타낸다. V_{BE}와 같이 아래 첨자로 2개의 글자를 사용하는 경우 두 단자 간의 전압 강하를 나타낸다. 즉 V_{BE}는 B의 베이스 단자와 E의 이미터 단자 간의 전압 차이를 의미한다. V_{R_L}은 저항 R_L의 양단 간의 전압 강하를 의미한다.

그림 6-15는 증폭기에 사용된 모든 저항의 값과 전원의 전압을 함께 보여준다. 이 정보는 회로를 해석하는 데 매우 유용하게 사용되며, 그 순서는 다음과 같다.

1. R_{B_2} 양단의 전압 강하를 계산한다. 이를 위해 베이스 전압 V_B가 필요하며, V_B는 전원 전압이 두 저항에 전압 분배 관계를 이용하여 구할 수 있다.

$$V_B = \frac{R_{B_2}}{R_{B_1} + R_{B_2}} \times V_{CC}$$

2. 베이스와 이미터 간의 0.7 V 전압 강하를 가정하면 V_E는 V_B에서 0.7 V를 뺌으로써 계산할 수 있다.

$$V_E = V_B - 0.7$$

3. 옴의 법칙을 이용하여 이미터 전류를 구한다.

$$I_E = \frac{V_E}{R_E}$$

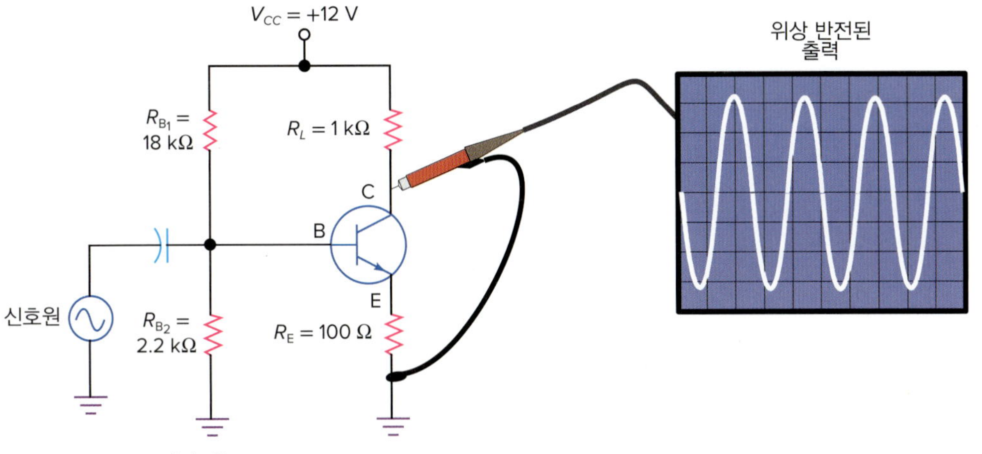

(a) 회로

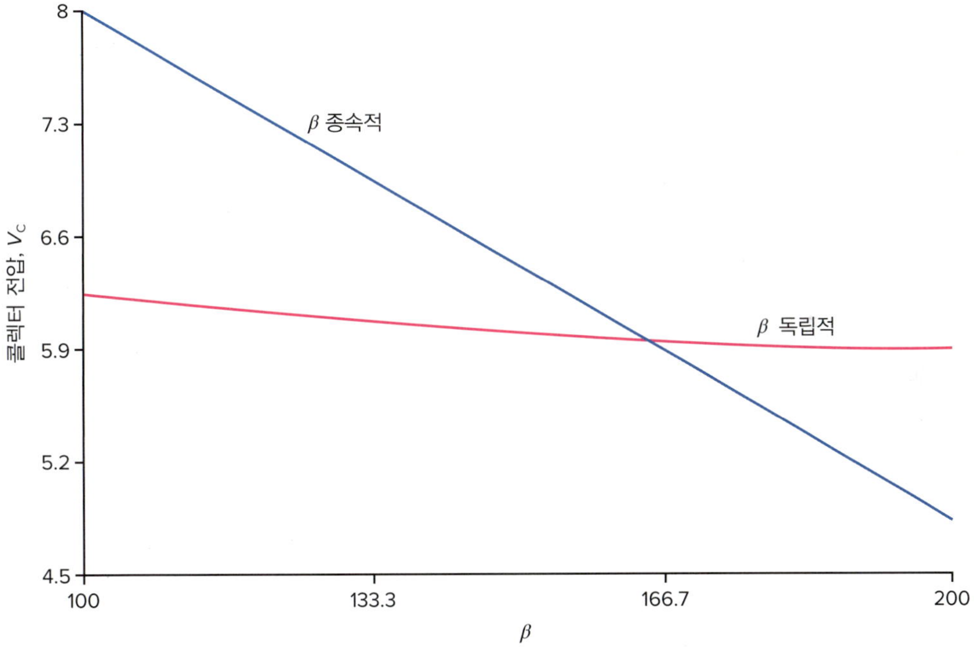

(b) 안정도

그림 6-15 β 독립적인 공통 이미터 증폭기

4. 컬렉터 전류와 이미터 전류가 같다고 가정한다.

$$I_C = I_E$$

5. 옴의 법칙을 이용하여 부하 저항의 전압 강하를 계산한다.

$$V_{R_L} = I_C \times R_L$$

6. 키르히호프의 법칙을 이용하여 컬렉터-이미터 간의 전압 강하를 계산한다.

$$V_{CE} = V_{CC} - V_{R_L} - V_E$$

7. 아래 식을 이용하여 V_C를 계산한다.

$$V_C = V_{CE} + V_E \quad \text{또는} \quad V_C = V_{CC} - V_{R_L}$$

위의 일곱 단계는 완벽한 값을 구하지는 못하지만 충분히 정확한 근사치를 구할 수 있다. 첫 번째 단계에서는 베이스 전류가 R_{B_1}으로 흐르는 점을 무시하였다. 이 전류는 보통 저항 분배 회로에 흐르는 전류의 약 1/10 수준이다. 따라서 저항값만을 이용해서 계산함으로써 발생하는 오차는 매우 작다. 두 번째 단계는 실리콘 접합의 순방향 바이어스 조건에 기초하고 있다. 하지만 더 정확한 계산을 위해 0.6 V가 아닌 0.7 V를 사용하여 계산하였다. 첫 번째 단계에서 베이스 전류를 무시함으로써 발생한 오차를 줄이기 위해 V_{BE}를 좀 더 큰 값을 사용한 것이다. 세 번째 단계는 옴의 법칙이며, 이 단계에서 오차가 들어가지는 않는다. 마지막 두 단계 역시 오차가 들어가지 않고, 결과적으로 오차가 매우 작은 근사 결과를 얻을 수 있다. 주목할 점은 위의 계산에서 β는 한 번도 사용되지 않았다는 점이다.

위의 과정을 그림 6-15의 회로에 적용하면 다음과 같다.

1. $V_B = \dfrac{R_{B_2}}{R_{B_1} + R_{B_2}} \times V_{CC}$

   $= \dfrac{2.2\ \text{k}\Omega}{18\ \text{k}\Omega + 2.2\ \text{k}\Omega} \times 12\ \text{V}$

   $= 1.307\ \text{V}$
2. $V_E = V_B - 0.7\ \text{V} = 1.307\ \text{V} - 0.7\ \text{V}$

   $= 0.607\ \text{V}$
3. $I_E = \dfrac{V_E}{R_E} = \dfrac{0.607\ \text{V}}{100\ \Omega} = 6.07\ \text{mA}$
4. $I_C = I_E = 6.07\ \text{mA}$
5. $V_{R_L} = I_C \times R_L = 6.07\ \text{mA} \times 1\ \text{k}\Omega$

   $= 6.07\ \text{V}$
6. $V_{CE} = V_{CC} - V_{R_L} - V_E$

   $= 12\ \text{V} - 6.07\ \text{V} - 0.607\ \text{V}$

   $= 5.32\ \text{V}$
7. $V_C = V_{CE} + V_E = 5.32\ \text{V} + 0.607\ \text{V}$

   $= 5.93\ \text{V}$

컬렉터-이미터 전압이 전원 전압의 절반 수준이므로 이 증폭기는 선형 증폭기로서 잘 동작할 것이라는 것을 예측할 수 있다. 또 이 회로는 β의 변화나 온도 변화에도 안정적으로 동작할 것이다.

그림 6-15(b)는 β가 100에서 200까지 변할 때 증폭기의 성능을 그린 것이다. 그림에서 보이다시피 β 독립적인 증폭기는 사소한 1개의 성능 변화만을 보일 뿐이다. 비교를 위해

좀 더 알아보기

회로 기판을 검토 중인 엔지니어

그림 6-13의 β 종속적인 증폭기의 성능도 함께 보여주고 있다. 그래프는 회로 시뮬레이터를 이용하여 그려졌다.

이제까지의 해석과 논의를 트랜지스터 증폭기의 **DC 해석**(DC analysis)이라고 한다. DC 동작 조건은 모든 정적인 전류와 전압 강하를 포함한다. **AC 해석**(AC analysis)을 통해 증폭기의 **전압 이득**을 구할 수 있다.

전압 이득은 소신호 증폭기의 가장 중요한 AC 증폭기 특성 중 하나이다. 이는 가장 구하기 쉬운 것 중에 하나이기도 하다. 예를 들어 오실로스코프를 사용하여 입력 신호와 출력 신호의 크기를 측정할 수 있고, 출력 신호를 입력 신호로 나눠 이득을 구할 수 있다. 반면 전류 이득과 전력 이득은 측정하기 어렵다.

예제 6-19

그림 6-15의 회로를 수정하여 V_{CE}가 전원 전압의 절반이 되게 하시오. 여러 가지 방법이 있으나 가장 쉬운 방법은 R_L값을 바꾸는 것이며, 이는 컬렉터 전류와 이미터 전압에 영향을 주지 않는다. 키르히호프 전압 법칙을 다시 정리하여 V_{CE}가 전원 전압의 절반이 되는 V_{R_L}을 구할 수 있다.

$$V_{R_L} = V_{CC} - V_{\mathrm{CE}} - V_{\mathrm{E}}$$

$$= 12\ \text{V} - 6\ \text{V} - 0.607\ \text{V} = 5.39\ \text{V}$$

새로운 R_L값은 옴의 법칙으로 구할 수 있다.

$$R_L = \frac{V_{R_L}}{I_C} = \frac{5.39\ \text{V}}{6.07\ \text{mA}} = 888\ \Omega$$

양극성 접합 트랜지스터(BJT)는 전류 증폭기이다. 베이스 전류의 변화가 출력 신호를 만들어낸다. 하지만 입력 신호가 **전압**의 변화라도 입력 신호의 **전류** 또한 변하게 된다. 즉, 입력 신호 전압에 의해 입력 신호 전류가 발생하게 된다. 이로 인해 BJT가 전류 제어 회로임에도 불구하고 전압 이득을 정의할 수 있게 된다.

전압 이득을 구하기 위한 첫 번째 단계는 트랜지스터 이미터 단자의 **AC 저항**을 구하는 것이다. 이 저항은 트랜지스터 자체적으로 가지고 있는 특성으로 회로도에서는 나타나지 않는다. 이 저항을 표현하기 위한 기호로 r_E를 사용한다. 전자공학에서 소문자 '*r*'는 AC 저항을 의미한다. AC 저항 r_E는 DC 이미터 전류의 함수이며 다음과 같이 구할 수 있다.

$$r_E = \frac{25\ \text{mV}}{I_E}$$

분자의 단위가 밀리볼트이므로 위의 식은 밀리암페어 단위의 이미터 전류에 그대로 적용이 가능하다. 하지만 이미터 전류의 단위가 암페어(A)라면 적절하게 단위를 맞춰주어야 한다(25 mV = 0.025 V).

앞에서 그림 6-15의 DC 이미터 전류를 계산하였으며, 이를 이용해 r_E를 계산할 수 있다.

$$r_E = \frac{25\ \text{mV}}{6.07\ \text{mA}} = 4.12\ \Omega$$

고온에서 동작하는 실제 회로에서 r_E는 다음과 같이 더 커질 수 있다.

$$r_E = \frac{50\ \text{mV}}{I_E}$$

또 그림 6-15의 회로에서 r_E는 아래와 같이 커질 수도 있다.

$$r_E = \frac{50\ \text{mV}}{6.07\ \text{mA}} = 8.24\ \Omega$$

r_E를 계산 후 전압 이득은 다음과 같이 구할 수 있다.

$$A_V = \frac{R_L}{R_E + r_E}$$

위의 식을 이용하여 그림 6-15 회로의 전압 이득을 계산하면 다음과 같다.

$$A_V = \frac{1{,}000\ \Omega}{100\ \Omega + 4.12\ \Omega} = 9.6$$

증폭기는 9.6의 전압 이득을 가진다. 즉 입력 신호가 1 V 피크 대 피크를 가질 경우 출력 신호는 9.6V 피크 대 피크를 갖는다. 입력 신호가 2 V 피크 대 피크라면 출력 신호는 클리핑된 것이다. 이는 출력 신호의 피크 대 피크가 전원 전압보다 클 수 없기 때문에 발생하는 것으로, 앞에서 계산한 전압 이득은 선형 동작을 하는 경우에만 유효하다.

어떤 경우에는 매우 큰 이득이 필요하고, 이 경우 **이미터 바이패스 커패시터**(emitter bypass capacitor)를 추가함으로써 이득을 개선할 수 있다. 그림 6-16의 이미터 저항은 100 Ω이다. 커패시터는 작은 리액턴스 값을 갖기 위해 사용되며, 특정 주파수 영역에서 단락 회로로 동작하여 이미터 단자를 접지시켜 준다. 0 Hz에서는 개방 회로로 동작하며 DC 회로에 영향을 주지 않는다. 즉 **AC 신호**는 R_E를 우회하여 이미터 단자에서 접지로 전달된다. R_E가 바이패스되고 스위치가 닫힌 경우, 전압 이득은 R_L과 r_E만으로 계산된다.

$$A_V = \frac{R_L}{r_E} = \frac{1{,}000\ \Omega}{4.12\ \Omega} = 243 = 48\ \text{dB}$$

이는 앞에서 계산한 것과 매우 다른 결과이다. 커패시터가 없는 경우 이득은 9.6 또는 약 20 dB 수준이었다. r_E가 더 큰 값이라면 이득은 더 줄어들 것이다. 스위치가 닫힌 경우 회로 시뮬레이터로 계산한 이득은 약 45 dB이며, 스위치가 열린 경우 이득은 19.52 dB이다.

이미터 바이패스는 증폭기의 입력 임피던스, 주파수 응답, 신호 왜곡에도 영향을 준다. 이런 영향들로 인해 이미터 바이패스는 많이 선호되지 않는다. 따라서 어떤 회로 설계자는 이득이 10인 증폭기 2개를 연결하여 총 100의 이득을 만들기도 한다.

그림 6-16을 보면 적색 파형에 신호 왜곡이 발생하고 있다. 양의 신호 피크에서는 신호

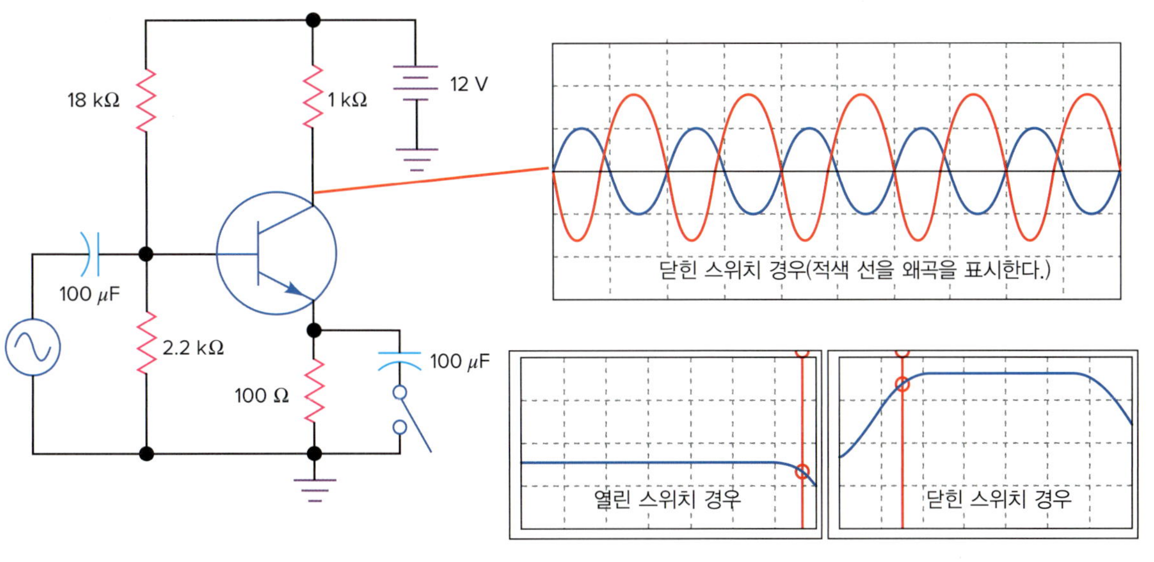

그림 6-16 Multisim™ 회로, 파형, 보드선도

의 크기가 줄어들고 있다. 이는 스위치가 닫힌 경우 컬렉터 신호 파형이다. 이 신호는 왜곡으로 인한 고조파 성분을 가지고 있다. 이는 심하게 클리핑이 발생하는 상황은 아니지만, 회로 시뮬레이터는 12.3%의 THD를 보고하고 있고, 이는 고품질 오디오 신호에서는 매우 높은 수준의 왜곡이다. 신호가 열린 경우의 THD는 0.032%이다. 보드도는 대역폭의 감소라는 또 다른 문제를 보여준다. 대역폭은 46에서 17 MHz로 감소하였다. 또 낮은 주파수의 특성에도 변화가 발생하였다. 이미터 바이패스는 '쉽게' 이득을 개선할 수 있지만 다음과 같은 세 가지 새로운 비용이 발생하게 된다. (1) 신호 왜곡 증가, (2) 대역폭 감소, (3) 입력 임피던스 감소. 이미터 바이패스는 RF 회로에서 더욱 유용하게 사용된다. 7장에서는 이러한 문제점들에 대해 더 논의할 것이다.

Self-Test

다음 문제를 해결하시오.

31. 그림 6-14에서 $V_B = 1.5$ V이고, $V_{BE} = 0.7$ V일 경우, R_E 양단의 전압 강하를 구하시오.
32. 그림 6-14에서 $V_{CC} = 10$ V이고, $V_{R_L} = 4.4$ V, $V_{RE} = 1.2$ V일 경우, V_{CE}를 구하시오.
33. 문제 32에서 V_C를 구하시오.
34. V_B를 구하시오.
35. I_E를 구하시오.
36. V_{R_L}를 구하시오.
37. V_{CE}를 구하시오.
38. 이 증폭기의 동작점은 부하선의 중앙에 위치하는가?
39. A_V를 구하시오.
40. 이미터 바이패스 커패시터가 추가될 경우, A_V값이 가질 수 있는 범위를 구하시오.

6-4 그 외 증폭기의 구조

공통 이미터 증폭기는 매우 인기 있는 구조로 선형 증폭기의 가장 기본적인 회로이다. 하지만 어떤 경우에는 다른 구조의 증폭기가 더 좋은 선택이 될 수도 있다.

증폭기는 다양한 특성을 가지고 있고, 그 중 하나가 **입력 임피던스**(input impedance)이다. 입력 임피던스는 신호원에 대해 부하로 작용한다. 그림 6-17은 신호원이 증폭기에 연결되어 있는 그림이다. 이 그림에서 증폭기는 부하 저항으로 표현되고 있고, 이 부하 저항이 증폭기의 입력 임피던스이다.

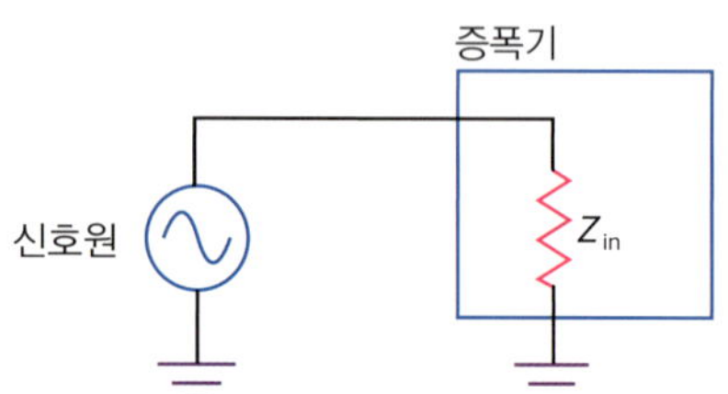

신호원은 증폭기의 입력 임피던스 Z_{in}을 부하로 바라본다.

Fig. 6-17 증폭기 부하 효과

신호원은 다양한 형태를 갖는다. 안테나는 무선 수신기의 신호원이며, 안테나는 임피던스가 50 Ω이 되어야 한다. 마이크로폰은 PA 시스템의 신호원이며, 마이크로폰은 100,000

Ω의 임피던스가 필요하다. 이와 같이 모든 신호원은 고유의 **특성 임피던스**(characteristic impedance)를 갖게 된다.

최대 전력 전달을 위해서는 신호원의 임피던스와 증폭기의 입력 임피던스가 **같아야** 하며, 이러한 것을 **임피던스 매칭**(impedance matching)이라고 한다. 그림 6-18은 왜 임피던스 매칭이 필요한지 보여준다. 그림 6-18(a)에서 60 V 신호원이 15 Ω의 임피던스를 가지고 있다. 이 임피던스(Z_G)는 신호원에 직렬 연결된 외부 저항으로 표현된다. 신호원의 임피던스가 직렬 연결로 동작하므로, 증폭기의 입력 임피던스는 저항에 직렬 연결로 표현된다. 그림 6-18(a)의 부하 임피던스 역시 15 Ω이고, **임피던스는 매칭되었다**. 이때 부하에 전달되는 전력을 계산해보자. 먼저 전류를 계산하면 다음과 같다.

$$I = \frac{V}{Z} = \frac{60\text{ V}}{15\ \Omega + 15\ \Omega} = 2\text{ A}$$

따라서 부하로 전달되는 전력은 다음과 같다.

$$P = I^2 \times Z_L = (2\text{ A})^2 \times 15\ \Omega = 60\text{ W}$$

15 Ω 부하에서 소모하는 전력은 60 W이다. 그림 6-18(b)는 부하가 5 Ω인 동일한 신호원의 경우이다. 전류와 전력을 계산하면 다음과 같다.

$$I = \frac{60\text{ V}}{15\ \Omega + 5\ \Omega} = 3\text{ A}$$

$$P = (3\text{ A})^2 \times 5\ \Omega = 45\text{ W}$$

부하 임피던스가 소스의 임피던스보다 작은 경우, 전력 소모 또는 전달이 앞에서 계산한 값보다 작은 것을 알 수 있다. 그림 6-18(c)는 부하 임피던스가 45 Ω인 경우이다. 이 경우 전류 및 전력을 계산하면 다음과 같다.

$$I = \frac{60\text{ V}}{15\ \Omega + 45\ \Omega} = 1\text{ A}$$

$$P = (1\text{ A})^2 \times 45\ \Omega = 45\text{ W}$$

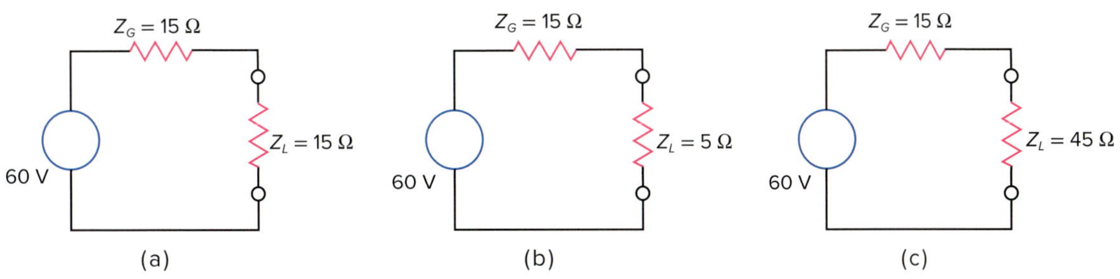

그림 6-18 임피던스 매칭의 필요

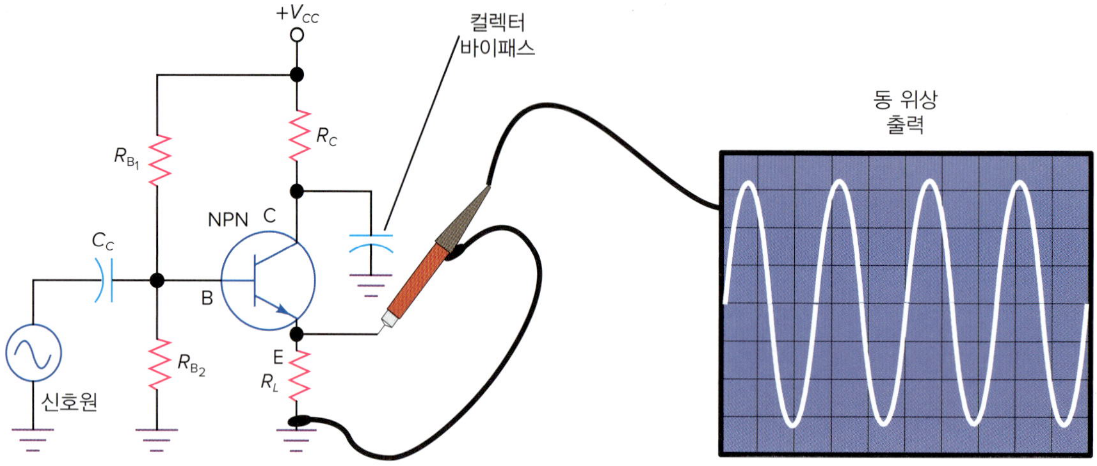

그림 6-19 공통 컬렉터 증폭기

역시 전력 전달은 임피던스 매칭된 경우보다 **작다**. 최대 부하 전력은 임피던스 매칭된 경우에 가능하다.

공통 이미터 구조의 일반적인 입력 임피던스는 약 1,000 Ω이다. 실제 값은 트랜지스터와 다른 부품들에 의해 바뀔 수 있다. 신호원에 따라 이러한 입력 임피던스는 최선의 선택이 되지 못할 수 있다.

그림 6-19는 **공통 컬렉터 증폭기**(common collector amplifier)를 보여준다. 이 증폭기의 이름은 컬렉터 단자가 입출력 회로의 공통 단자로 사용되기 때문에 정해진 것이다. 공통 이미터 증폭기와 공통 컬렉터 증폭기는 다음과 같은 매우 중요한 차이점을 갖는다.

1. 컬렉터 단자가 커패시터를 통해 바이패스되어 접지되었다. 이 커패시터는 신호 주파수 대역에서 매우 작은 리액턴스 값을 가지며, 이 커패시터로 인해 **컬렉터 단자는 접지된다**.
2. 부하 저항이 이미터 단자에 연결되어 있고, **이미터** 단자가 출력 단자가 된다. 공통 이미터 증폭기에서는 컬렉터 단자가 출력 단자이다.

공통 컬렉터 증폭기는 수십만 Ω 정도의 매우 큰 입력 임피던스를 가질 수 있다. 만일 신호원이 매우 큰 특성 임피던스를 가질 경우, 공통 컬렉터 증폭기는 큰 입력 임피던스로 인해 신호원의 부하로서 가장 좋은 선택이 될 수 있으며, 그림 6-20은 이 구성을 보여준다. 이로 인해 공통 컬렉터 단은 **절연 증폭기**(isolation amplifier) 또는 **버퍼 증폭기**라고 일컬어진다. 공통 컬렉터 증폭기의 큰 입력 임피던스로 인해 신호원은 매우 적은 전류만으로 쉽게 공통 컬렉터 증폭기를 구동할 수 있다. 이로 인해 신호원은 부하 회로들의 부하 효과로부터 분리된다.

매우 큰 입력 임피던스 외에 공통 컬렉터 증폭기는 다른 중요한 특징을 갖는다. 공통 컬

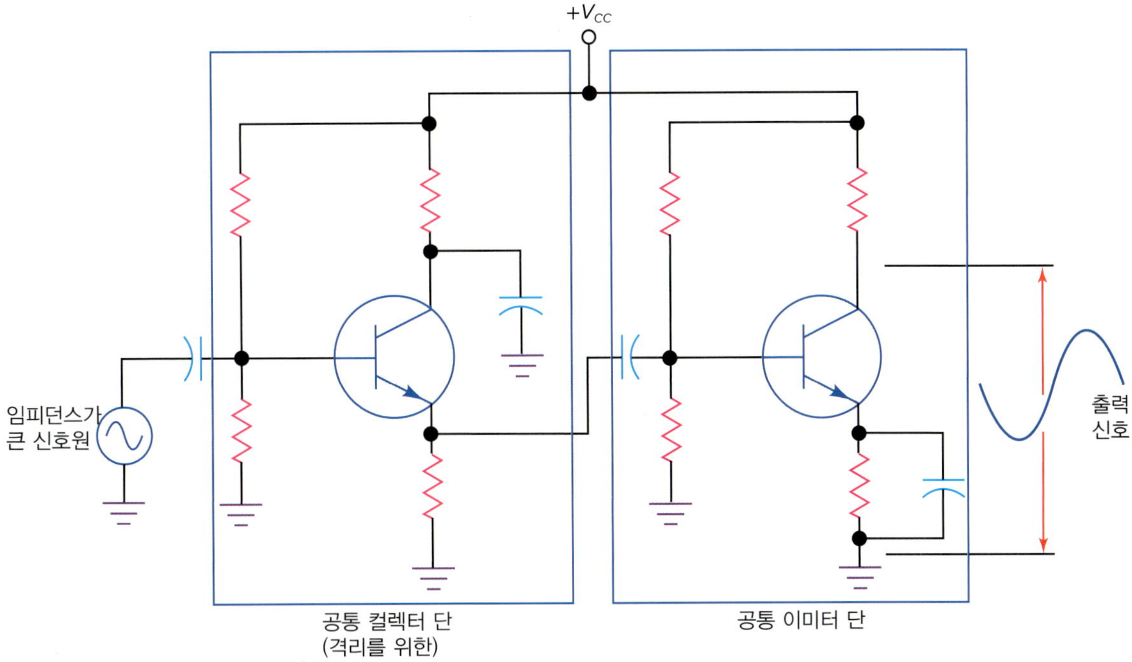

그림 6-20　두 단 증폭기

렉터 증폭기는 전압 이득이 없고, 출력 전압 신호는 항상 입력 전압 신호보다 작다. 반면 전류 이득은 매우 크다. 공통 컬렉터 증폭기의 이득에 위상 반전은 없고, 적절한 수준의 전력 이득은 있다. 입력 신호가 양의 값을 가지면 출력 신호는 입력 신호를 따라간다. 이로 인해 공통 컬렉터 증폭기는 **이미터 팔로워**(emitter follower)라는 이름으로도 많이 일컬어진다.

이미터 팔로워의 중요한 특성 중에 하나는 **출력 임피던스**가 매우 작다는 점이다. 이는 신호가 낮은 부하 임피던스를 갖는 회로를 구동할 경우 장점이 된다. 예를 들어 스피커는 보통 4~8 Ω 정도의 임피던스를 갖는다. 공통 이미터 증폭기는 스피커와 같이 낮은 입력 임피던스를 갖는 회로를 구동하기 어렵지만, 이미터 팔로워는 이와 같은 회로도 매우 잘 구동한다.

마지막 회로는 **공통 베이스 증폭기**(common base amplifier)이다. 이 구조는 베이스 단자가 입출력 신호에 공통 단자로 사용되기 때문에 이와 같이 이름 지어졌다. 이 회로는 50 Ω 수준의 매우 작은 **입력 임피던스**를 가지며, 낮은 임피던스의 신호원에 적절하다. 또 공통 베이스 증폭기는 우수한 무선 주파수 성능을 보인다.

그림 6-21은 공통 베이스 RF 증폭기의 회로도이다. 이 회로는 안테나로부터 수신되는 미약한 무선 주파수 대역 신호를 증폭하기 위해 설계되었다. 안테나 임피던스는 50 Ω으로 낮고, 공통 베이스 증폭기는 임피던스 매칭을 위해 좋은 선택이 된다. 베이스 단자는 C_4를 통해 접지되며, 입력 신호는 이미터 단자로 인가되고 증폭된 출력 신호는 컬렉터 단자로 나온다. L_1C_2와 L_2C_5는 동작 주파수에서 **공진**하며 이를 **튜닝**이라고도 한다. 이로 인해 증폭

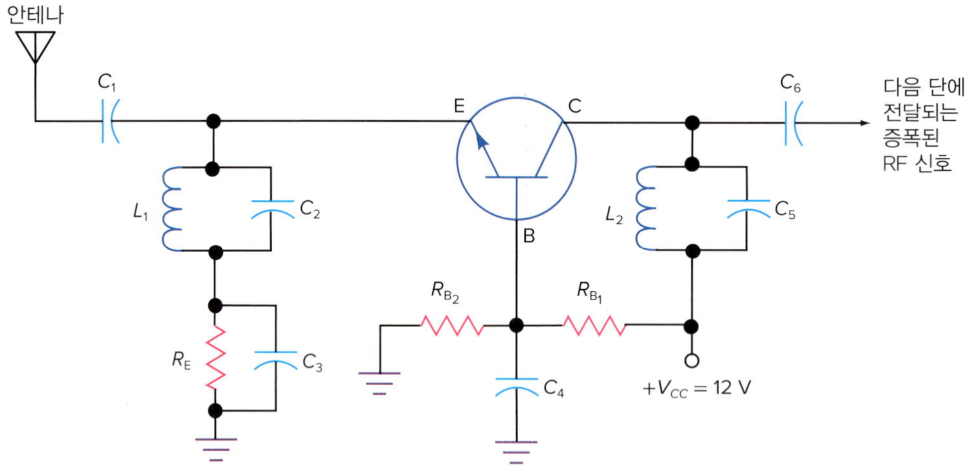

그림 6-21 공통 베이스 RF 증폭기

기는 다른 주파수 대역 신호는 증폭하지 않는다. L_2와 C_5는 이 증폭기의 컬렉터 부하에 해당한다. 이 부하는 공진 주파수에서 매우 큰 임피던스를 만들고, 전압 이득은 커지게 된다. 반면 다른 주파수에서 부하 임피던스 및 전압 이득은 작다. 그림 6-22는 동조된 RF 증폭기의 이득 특성을 보여준다.

공통 베이스 증폭기는 전류 이득이 없고, 입력 전류는 항상 출력 전류보다 크다. 이는 BJT에서 이미터 전류가 다른 단자의 전류보다 크기 때문에 발생하는 특성이다. 이 증폭기는 또 큰 전력 이득을 제공하고, 이미터 팔로워와 같이 입출력 신호 간의 위상 반전은 없다.

오직 공통 이미터 증폭기만이 전압, 전류, 전력 이득의 세 이득을 모두 가지고 있다. 따라서 세 구성 중에 공통 이미터 증폭기의 전력 이득은 가장 크며, 이득 측면에서 다른 구성 대비 매우 우수하다. 표 6-3은 세 구성에 대한 중요 특성에 대해 보여준다.

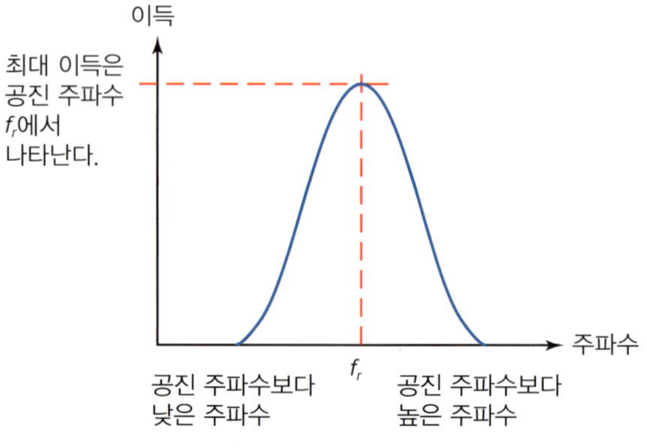

그림 6-22 동조된 RF 증폭기의 주파수 응답

표 6-3 증폭기 구성 정리

	공통 베이스	공통 컬렉터	공통 이미터
기본 회로(입력 신호와 부하 R_L을 포함)	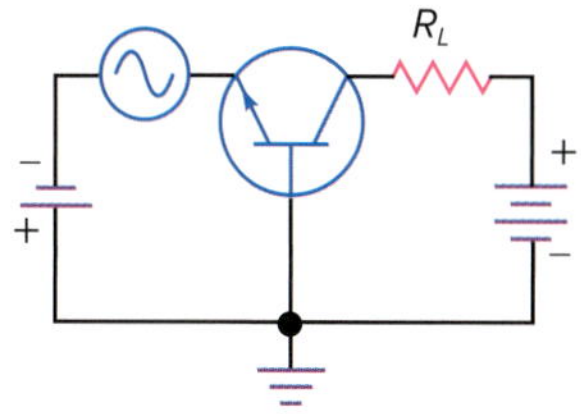	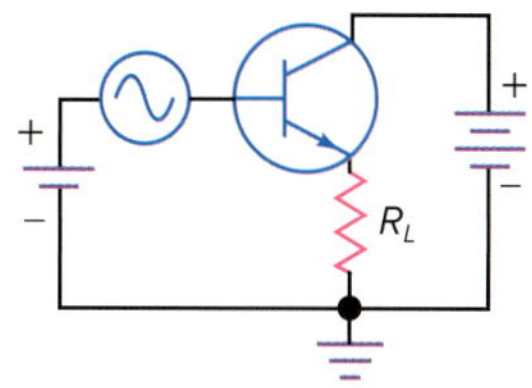	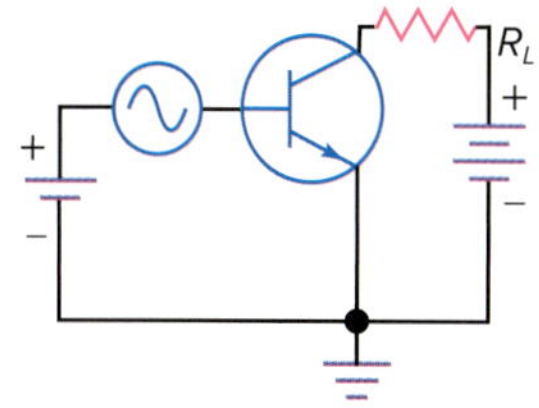
전력 이득	크다.	크다.	매우 크다.
전압 이득	크다.	1보다 작다.	크다.
전류 이득	1보다 작다.	크다.	크다.
입력 임피던스	매우 작다. (약 50 Ω)	매우 크다. (약 300 kΩ)	보통이다. (약 1 kΩ)
출력 임피던스	매우 크다. (약 1 MΩ)	매우 작다. (약 300 Ω)	보통이다. (약 50 kΩ)
위상 반전	없다.	없다.	있다.
응용처	주로 RF 증폭기로 사용	주로 절연 증폭기로 사용	많은 응용처에서 범용으로 사용

예제 6-20

그림 6-21에서 $R_{B_1} = 10\text{ k}\Omega$, $R_{B_2} = 2.2\text{ k}\Omega$, 그리고 $R_E = 470\ \Omega$일 경우, 이미터 전류와 V_{CE}를 구하시오. 비록 이 전류값은 그림 6-15와 매우 다른 것처럼 보이지만 동일한 방법으로 구할 수 있다. 앞에서 베이스 전압을 다음과 같이 구했다.

$$V_B = \frac{R_{B_2}}{R_{B_1}+R_{B_2}} \times V_{CC}$$
$$= \frac{2.2\text{ k}\Omega}{10\text{ k}\Omega + 2.2\text{ k}\Omega} \times 12\text{ V} = 2.16\text{ V}$$

베이스-이미터 전압 강하를 빼줌으로써 이미터 전압을 구할 수 있다.

$$V_E = V_B - 0.7\text{ V} = 2.16\text{ V} - 0.7\text{ V}$$
$$= 1.46\text{ V}$$

노트: 코일 L_1의 DC 저항은 매우 작고 DC 이미터 전류에 영향을 주지 않는다. 이미터 전류는 아래와 같다.

$$I_E = \frac{V_E}{R_E} = \frac{1.46\text{ V}}{470\ \Omega} = 3.11\text{ mA}$$

노트: 코일 L_2의 DC 저항은 매우 작고 트랜지스터의 DC 전압 강하에 영향을 주지 않는다. 따라서 트랜지스터의 전압 강하는 다음과 같이 구할 수 있다.

$$V_{CE} = V_{CC} - V_E = 12\text{ V} - 1.46\text{ V} = 10.5\text{ V}$$

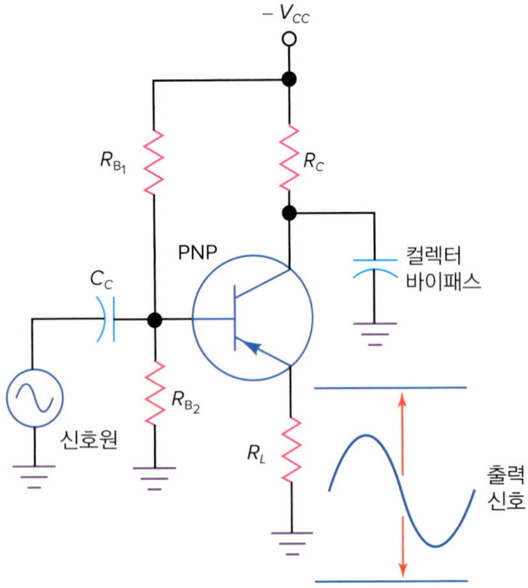

그림 6-23 PNP 트랜지스터 증폭기

이제까지 NPN 트랜지스터 증폭기만을 해석하였다. NPN 증폭기에서 논의된 모든 점은 **극성**이 반대라는 점을 제외하고 동일하게 PNP 트랜지스터 증폭기에 적용할 수 있다. 그림 6-23은 PNP 증폭기를 보여준다. 이 구성에서 V_{CC}는 **음**의 값이다. 이 구조를 앞에서 살펴본 NPN 증폭기와 비교한다면 전원 전압이 양의 값이었다는 것을 알 수 있다.

NPN 회로도 음의 전원 전압을 사용할 수 있다. 만일 음의 전원 전압을 사용한다면 주 전원은 V_{EE}가 되고, 이 구성은 그림 6-24에 보인다. 이 회로를 그림 6-15의 회로와 비교해보고 회로가 적절하게 바이어스되어 있는지 학습해보라. 이를 위해 두 회로의 컬렉터가 역바이어스되어 있고 베이스-이미

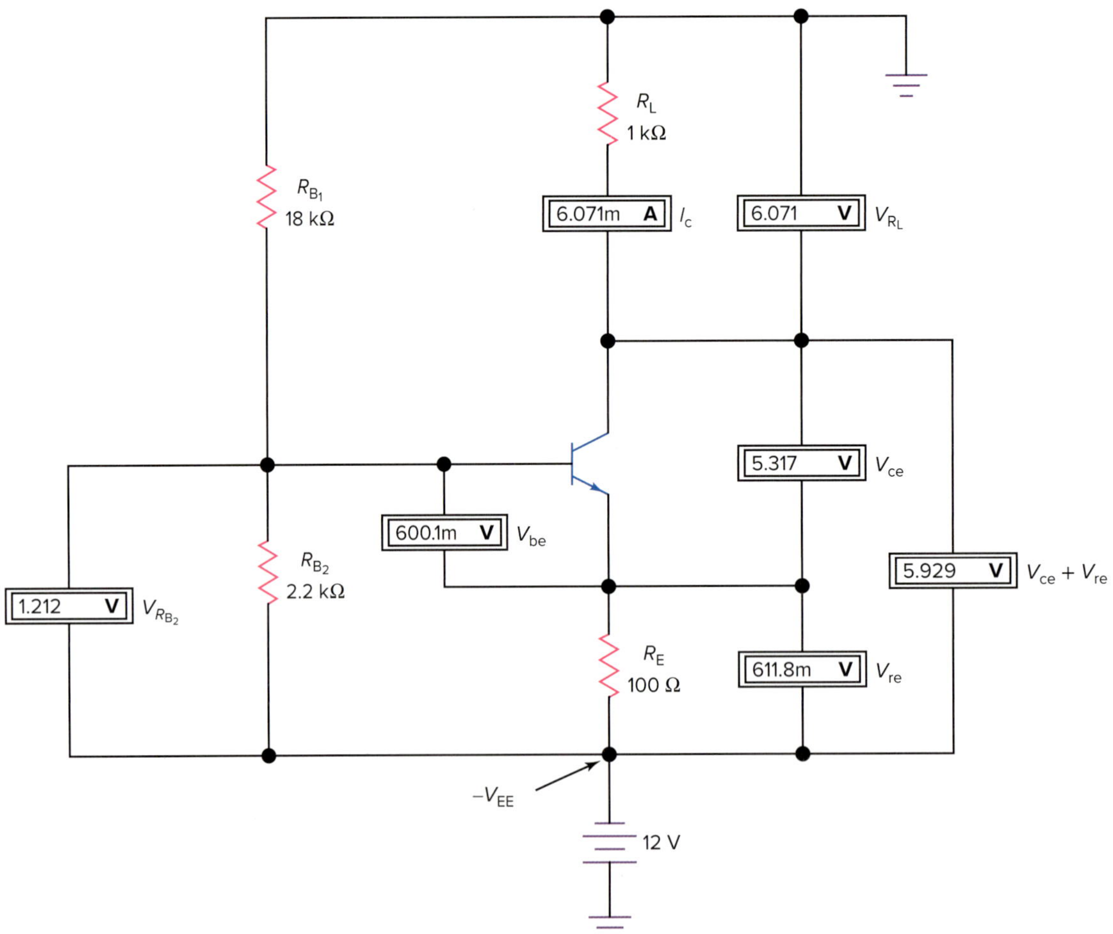

그림 6-24 NPN 이미터 전원 전압을 포함한 트랜지스터 증폭기

터 접합이 순방향 바이어스가 되어 있는 것을 확인해야 한다. 이 조건은 트랜지스터가 선형 활성 영역에 바이어스되어 있는 조건이다.

그림 6-24는 회로 시뮬레이터를 통해 얻은 결과이다. 그림 6-15의 회로 해석 과정에서 얻은 값과 어느 정도 일치하는지 비교해보라. 접지 조건의 차이로 인해 몇 개의 전압에 차이가 있음을 알 수 있다.

Self-Test

각 문장이 참인지 거짓인지 판단하시오.

41. 증폭기의 구성은 트랜지스터의 어느 단자가 입력 출력으로 사용되는지 확인함으로써 알 수 있다.
42. 최대 전력 전달을 위해 소스의 저항은 부하 저항과 같아야 한다.
43. 이미터 팔로워는 공통 이미터 증폭기이다.
44. 공통 컬렉터 증폭기는 큰 소스 저항과 작은 부하 저항 사이에서 임피던스 매칭을 위해 사용하기 좋은 구조이다.
45. 그림 6-23의 증폭기는 공통 이미터 증폭기이다.

다음 문제를 해결하시오.

46. 소스 임피던스가 300 Ω이고 1 V 출력한다. 이 소스에서 아래 증폭기로 전달되는 전력을 계산하시오.
    a. 입력 임피던스가 100 Ω인 증폭기 A
    b. 입력 임피던스가 300 Ω인 증폭기 B
    c. 입력 임피던스가 900 Ω인 증폭기 C
47. 그림 6-19에서 V_{CC} = 12 V, R_{B_1} = 47 kΩ, R_{B_2} = 68 kΩ, R_L = 470 Ω인 경우, DC 이미터 전류 I_E를 구하시오.
48. 그림 6-21에서 R_{B_1} = 5.6 kΩ, R_{B_2} = 2.2 kΩ, R_E = 270 Ω인 경우 컬렉터 전류 I_C를 구하시오. 2개의 코일의 저항은 0 Ω으로 가정하라.

Chapter 6 요약 및 복습

요약

1. 증폭기 이득은 출력을 입력으로 나눠 구해진다.
2. 이득은 전압비, 전류비, 전력비로 구분되며, 로그로 표현되기도한다.
3. 시스템의 각 파트의 이득이나 손실이 데시벨로 정의되면 전체 이득은 이득을 더하고 손실을 뺌으로써 구할 수 있다.
4. 시스템의 각 파트의 이득이나 손실이 비로 정의되면 전체 이득은 이득을 곱하고 손실을 나눔으로써 구할 수 있다.
5. 데시벨은 전력의 이득이나 손실에 기반한다. 데시벨은 입력 저항과 출력 저항이 같을 경우 전압 이득이나 손실에도 적용 가능하다. 입출력 저항이 같지 않으면 전압 이득의 dB 값은 전력 이득의 dB 값과 같지 않다.
6. 공통 이미터 증폭기에서 트랜지스터의 이미터는 입력 신호와 출력 신호의 공통 단자로 사용된다.
7. 공통 이미터 증폭기에서 컬렉터 부하 저항으로 인해 출력 전류 신호는 전압 신호로 변하고, 출력 전압 신호를 얻을 수 있게 된다.
8. 베이스 바이어스 저항을 조절하여 베이스 전류를 원하는 값으로 설정할 수 있다.
9. 입력 신호로 인해 베이스 전류, 컬렉터 전류, 출력 전압의 변화가 발생한다.
10. 공통 이미터 증폭기에서 입출력 신호는 180도 위상 차이가 있다.
11. 증폭기의 출력 한계를 아는 방법은 부하선을 그려 보는 것이다. 선형 증폭기는 부하선의 중앙에서 바이어스되어 있다.
12. 포화 영역의 트랜지스터는 닫힌 스위치와 같다. 따라서 트랜지스터의 전압 강하는 0 또는 매우 낮다.
13. 차단 영역의 트랜지스터는 열린 스위치와 같다. 따라서 트랜지스터의 전압 강하는 전원 전압과 같다.
14. 선형 동작을 위해 설정된 트랜지스터는 포화와 차단 사이에 있어야 한다. 따라서 트랜지스터의 전압 강하는 대략 전원 전압의 절반 수준이다.
15. 트랜지스터 증폭기를 실제 사용하기 위해서는 β의 변화에 민감해서는 안 된다.
16. 실제 사용 가능한 안정적인 증폭기는 베이스 전압 바이어스를 위해 전압 분배기를 사용하고 베이스 저항을 사용한다.
17. 공통 이미터 증폭기의 전압 이득은 부하 저항과 이미터 저항에 의해 결정된다.
18. 공통 이미터 증폭기는 세 가지 증폭기의 구성에서 가장 많이 사용되는 구조이다.
19. 최대 전력 전달을 위해서는 소스의 임피던스와 부하의 임피던스가 매칭되어야 한다.
20. 공통 컬렉터 증폭기 또는 이미터 팔로워는 매우 큰 입력 임피던스와 낮은 출력 임피던스를 갖는다.
21. 공통 컬렉터 증폭기의 전압 이득은 1보다 작다.
22. 공통 컬렉터 증폭기는 높은 입력 임피던스로 인해 절연 증폭기로 사용 가능하다.
23. 공통 베이스 증폭기는 매우 낮은 입력 임피던스를 갖는다.
24. 공통 베이스 증폭기는 RF 증폭기로 주로 사용된다.
25. 공통 이미터 증폭기는 세 가지 증폭기의 구성 중 유일하게 전압 이득과 전류 이득을 모두 가지고 있다.
26. 세 가지 증폭기의 구성은 NPN 트랜지스터와 PNP 트랜지스터 모두 적용 가능하다. 가장 큰 차이는 극성이다.
27. 증폭기의 컬렉터 단자에 가해지는 전원을 V_{CC}라 한다.
28. 증폭기의 이미터 단자에 가해지는 전원을 V_{EE}라 한다.

관련 식

이득: $\text{이득} = \dfrac{\text{출력 신호}}{\text{입력 신호}}$; $A_V = \dfrac{V_{out}}{V_{in}}$;

$$A_I = \frac{I_{out}}{I_{in}};\ A_P = \frac{P_{out}}{P_{in}}$$

dB 이득: $\text{이득} = 20 \times \log \dfrac{V_{out}}{V_{in}}$;

$$\text{이득} = 10 \times \log \frac{P_{out}}{P_{in}}$$

베이스 전류 (β 종속적 회로):

$$I_B = \frac{V_{CC} - 0.6\text{ V}}{R_B}$$

컬렉터 전류 (β 종속적 회로):

$$I_C = \beta \times I_B$$

컬렉터-이미터 전압(β 종속적 회로):

$$V_{CE} = V_{CC} - I_C R_L$$

포화 전류 (β 종속적 회로):

$$I_{sat} = \frac{V_{CC}}{R_L}$$

베이스 전압 (β 독립적 회로):

$$V_B = \frac{R_{B_2}}{R_{B_1} \times R_{B_2}} \times V_{CC}$$

이미터 전압 (β 독립적 회로):

$$V_E = V_B - 0.7\text{ V}$$

이미터 전류 (β 독립적 회로):

$$I_E = \frac{V_E}{R_E}$$

컬렉터 전류 (β 독립적 회로):

$$I_C \approx I_E$$

V_{R_L} (β 독립적 회로):

$$V_{R_L} = I_C \times R_L$$

V_{CE} (β 독립적 회로):

$$V_{CE} = V_{CC} - V_{R_L} - V_E$$

V_C (β 독립적 회로):

$$V_C = V_{CE} + V_E = V_{CC} - V_{R_L}$$

AC 이미터 저항: $r_E = \dfrac{0.025}{I_E}$ 또는 $r_E = \dfrac{0.05}{I_E}$

전압 이득: $A_V = \dfrac{R_L}{R_E + r_E}$ 또는 $A_V = \dfrac{R_L}{r_E}$

연습 문제

각 문장에서 빠져있는 단어를 채우시오.

6-1. A_V는 ________의 기호이다. (6-1)

6-2. A_P는 ________의 기호이다. (6-1)

6-3. 상용 로그는 ________의 지수이다. (6-1)

6-4. 만일 출력 신호가 입력 신호보다 작다면, 이득의 dB 값은 ________ 값이다. (6-1)

6-5. 인간 청력의 민감 도는 선형이 아닌 ________이다. (6-1)

6-6. 공통 이미터 증폭기에서 입력 신호는 베이스에 인가되고, 출력 신호는 ________에서 출력된다. (6-2)

6-7. 그림 6-4에서 입력 신호가 베이스에 직접 연결되는 것을 막는 소자는 ________이다. (6-2)

6-8. 그림 6-4에서 증폭기 출력단에서 출력 전압을 발생시키는 소자는 ________ 이다. (6-2)

6-9. 그림 6-4에서 R_B가 개방(무한대 저항)이라면 트랜지스터는 ________ 영역에서 동작한다. (6-2)

6-10. 그림 6-6에서 입력 신호가 베이스를 양의 방향

으로 구동하면 컬렉터 출력 신호는 ________의 방향으로 변화한다. (6-2)

6-11. 그림 6-6에서 입력 신호가 베이스를 양의 방향으로 구동하면 컬렉터 전류는 ________ 된다. (6-2)

6-12. 클리핑은 입력 신호를 조절하고 증폭기의 동작점을 부하선의 ________로 설정하여 피할 수 있다. (6-2)

6-13. 그림 6-10에서 베이스 전류는 0이면 증폭기는 ________ 영역에 있다. (6-2)

6-14. 그림 6-10에서 베이스 전류가 300 μA이면 증폭기는 ________ 영역에 있다. (6-2)

6-15. 엔지니어가 증폭기의 문제를 분석 중이다. V_{CE}는 0 V로 측정되고 V_{CC}는 정상이다. 트랜지스터는 ________영역에 동작 중이다. (6-2)

6-16. 그림 6-13의 증폭기는 실제 사용 가능하지 않다. 그 이유는 온도와 ________의 변화에 너무 민감하기 때문이다. (6-3)

6-17. 신호원이 50 Ω 임피던스를 갖고 있다. 최대 전력 전달을 위해 부하로 사용되는 증폭기의 입력 임피던스는 ________이어야 한다. (6-4)

6-18. 그림 6-19에서 베이스가 양의 방향으로 구동되면 이미터는 ________의 방향으로 변화한다. (6-4)

6-19. 그림 6-19의 증폭기 구조는 큰 입력 임피던스와 ________ 출력 임피던스를 갖는다. (6-4)

6-20. 낮은 입력 임피던스를 갖는 RF 증폭기가 필요할 경우 가장 좋은 선택은 공통 ________ 증폭기이다. (6-4)

6-21. 180도 위상 반전을 갖는 증폭기는 공통 _____ 증폭기이다. (6-4)

6-22. 가능한 큰 전력 이득이 필요한 경우 가장 좋은 선택은 공통 ________ 증폭기이다. (6-4)

6-23. 신호원을 부하 효과로부터 차단이 필요한 경우 가장 좋은 선택은 공통 ________ 증폭기이다. (6-4)

6-24. 그림 6-24의 구조의 증폭기를 PNP 트랜지스터로 구현할 경우 V_{EE} 전압은 접지 대비 전압이 ________야 한다. (6-4)

종합 문제

6-1. 입력 신호는 100 mV이고 출력 신호는 8.5 V인 경우 A_V를 구하시오. (6-1)

6-2. 문제 6-1의 전압 이득의 dB 값은 얼마인가?

6-3. 문제 6-1에서 입력 저항과 출력 저항이 같다면 전력 이득의 dB 값은 얼마인가? (6-1)

6-4. 6 dB 전력 이득을 갖는 증폭기가 20 W를 출력하고 있다. 입력 전력을 구하시오. (6-1)

6-5. 1,000 W의 송신기 출력이 2 dB 손실을 갖는 동축 케이블에 인가되고 있다. 안테나에 도달하는 전력은 얼마인가? (6-1)

6-6. 이득이 40인 증폭기와 18인 증폭기가 연결된 두 단 증폭기의 전체 이득을 구하시오. (6-1)

6-7. 이득이 18 dB인 증폭기와 22 dB인 증폭기가 연결된 두 단 증폭기의 전체 이득을 구하시오. (6-1)

6-8. 어떤 오실로스코프는 50 MHz에서 −3 dB의 주파수 특성을 가진다. 50 MHz의 10 V 피크 대 피크를 갖는 신호가 오실로스코프에 입력되는 경우 오실로스코프에 의해 측정되는 값은 얼마인가? (6-1)

6-9. 안테나에 입력되는 전력이 −90 dBm이다. 이 전력값을 W로 변환하시오. (6-1)

6-10. 그림 6-4에서 R_B = 100 kΩ, V_{CC} = 10 V인 경우 I_B를 구하시오. (6-2)

6-11. 그림 6-6에서 β = 80인 경우 V_{CE}를 구하시오. (6-2)

6-12. 그림 6-10에서 베이스 전류가 180 μA인 경우 I_C를 구하시오. (6-2)

6-13. 그림 6-10에서 베이스 전류가 200 μA인 경우 V_{CE}를 구하시오. (6-2)

6-14. 그림 6-15(a)에서 R_L이 1,500 Ω인 경우 V_{CE}를 구하시오. (6-3)

6-15. 그림 6-15(a)에서 I_E의 최대값을 구하시오. (6-3)

6-16. 그림 6-16에서 이미터 전류가 5 mA인 경우 가능한 최대 전압 이득은 얼마인가? (6-3)

6-17. 문제 6-16에서 이미터 바이패스 커패시터가 없는 경우 A_V를 구하시오. (6-3)

6-18. 그림 6-23에서 V_{CC} = −20 V, R_{B_1} = R_{B_2} = 10 kΩ, R_L = 1 kΩ, R_C = 100 Ω인 경우, V_B, V_E, I_E, R_{R_C}, V_{CE}를 구하시오. (6-4)

비판적 사고를 위한 문제

6-1. 인간 청력이 로그 함수를 갖음으로써 얻는 이득이 있는가?

6-2. 어떤 증폭기가 문제가 있어 입력 신호가 정상임에도 출력 신호는 항상 0으로 나오고 있다. 이 증폭기의 이득을 dB 값으로 표현이 가능한가?

6-3. 어느 발명가가 **에너지 증폭기**를 발명했다고 주장하며 투자를 요청하고 있다. 여러분은 왜 이 투자에 조심해야 하는가?

6-4. 증폭기는 소리를 키울 수 있다. 증폭기는 소리의 질(음질)도 개선할 수 있는가?

6-5. 어떤 증폭기의 동작점이 부하선의 중앙에 있다. 클리핑이 없다고 가정할 경우, 입력 신호가 없는 경우와 신호가 입력 신호가 인가되는 경우 증폭기의 온도에 변화가 발생하는가?

6-6. 어떤 경우 신호 증폭은 필요하지만 위상이 반전되면 안 되는 경우, 공통 이미터 증폭기를 사용할 수 있는가?

Self test–정답

1. T
2. T
3. F
4. T
5. F
6. F
7. T
8. T
9. F
10. 2,800
11. 64 dB
12. 130 dB
13. 50 W
14. 79.2 W
15. 6.31 kW
16. 10×10^{-3} W
17. F
18. F
19. T
20. T
21. T
22. F
23. 160 μA
24. 8 mA
25. 8 V
26. 4 V
27. $V_{CE} = 4$ V
28. $I_C = 8$ mA
29. $I_B = 240\ \mu$A
    $I_C = 12$ mA
    $V_{R_L} = 12$ V
    $V_{CE} = 0$ V
    포화
30. $V_{CE(cutoff)} = 10$ V
    $I_{sat} = 10$ mA
31. 0.8 V
32. 4.4 V
33. 5.6 V
34. 0.923 V
35. 2.23 mA
36. 6.02 V
37. 5.75 V
38. 중앙에 매우 가깝다.
39. 24
40. 120~241
41. T
42. T
43. F
44. T
45. F
46. a. 0.625 mW
    b. 0.833 mW
    c. 0.625 mW
47. 13.6 mA
48. 9.94 mA

CHAPTER 7

다양한 소신호 증폭기 해석

학습 목표

이 장에서 다음 내용을 숙지하고 습득하자.

- **7-1** 신호의 결합 방법과 특성에 대한 **정리** [7-1]
- **7-2** 공통 이미터 증폭기의 입력 임피던스 **계산** [7-2]
- **7-3** 직렬 증폭기의 전압 이득 **계산** [7-2]
- **7-4** 공통 이미터 증폭기의 신호 부하선 **그리기** [7-2]
- **7-5** FET 증폭기의 **해석** [7-3]
- **7-6** 부궤환과 그 효과 **정리** [7-4]
- **7-7** 공통 이미터 증폭기의 주파수 응답 **측정** [7-5]

경우에 따라 단일 증폭기만으로는 원하는 특성을 충분히 얻지 못할 수 있다. 이 장에서는 다단 증폭기에 대해 학습하고 각 단에서 신호의 전달 방법에 대해 논의할 것이다. 또 이 장에서는 전계효과 트랜지스터(FET, Field Effect Transistor) 증폭기와 FET 증폭기의 장점에 대해 논의할 것이다. 마지막으로 부궤환과 주파수 응답에 대해 학습할 것이다.

7-1 증폭기 결합

결합(coupling)은 신호를 한 단에서 다음 단으로 전달하는 것을 말한다. 결합에는 커패시터 결합, 직접 결합, 변압기 결합의 세 가지 방법이 있다.

커패시터 결합(capacitive coupling)은 신호가 AC 신호일 때 유용한 방법이다. 결합 커패시터는 동작 주파수 영역에서 충분한 성능을 얻기 위해 신호의 가장 낮은 주파수에서 충분히 낮은 리액턴스를 갖게 선택되어야 한다. DC 성분은 결합 커패시터에 의해 차단된다.

그림 7-1은 다단 증폭기에서 DC 차단이 왜 중요한지 보여준다. 트랜지스터 Q_1은 첫 단이고 컬렉터 전압은 7 V이다. 이 전압은 컬렉터 단자와 접지 사이의 전압 차이이다. 그림 7-1의 Q_2의 베이스 전압은 3 V이며, 이 전압은 베이스 단자와 접지 사이의 전압 차이이다. 접지는 모든 트랜지

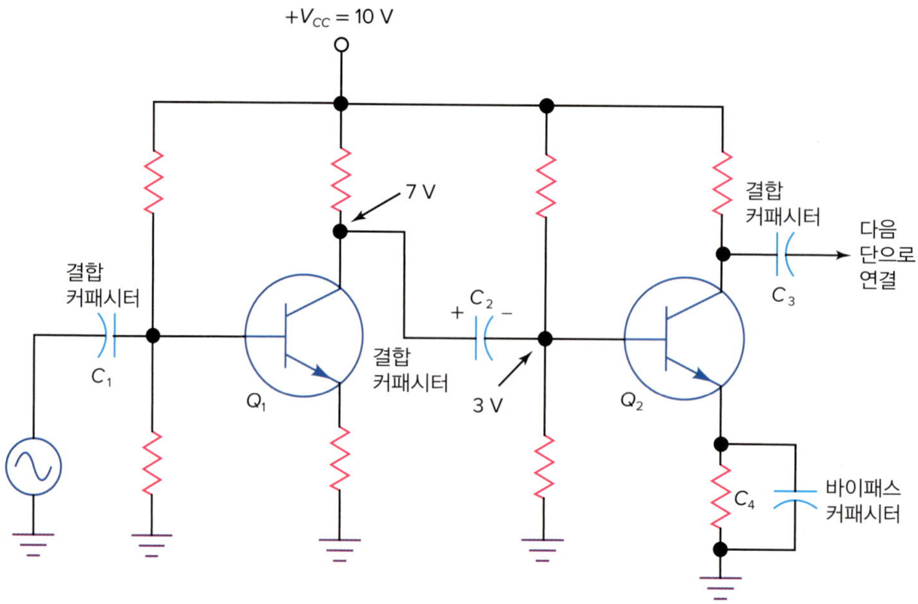

그림 7-1 커패시터를 이용한 결합 증폭기

스터에 공통으로 사용되므로, 아래와 같이 Q_1의 컬렉터 전압과 Q_2의 베이스 전압 간의 차이를 계산할 수 있다.

$$V = 7\text{ V} - 3\text{ V} = 4\text{ V}$$

따라서 C_2 양단의 전압 차이는 4 V이다.

그림 7-1의 C_2가 단락되는 경우를 생각해보자. Q_1의 컬렉터 전압과 Q_2의 베이스 전압은 **같아야** 하며, 이로 인해 Q_2의 동작점이 크게 바뀌게 된다. Q_2의 베이스 전압은 3 V보다 더 높아지고, 높아진 베이스 전압으로 인해 Q_2는 포화 영역에서 동작하게 된다. 이로 인해 선형 동작이 불가능하게 된다.

저주파 트랜지스터 증폭기에서 결합 커패시터로 주로 전해질 커패시터가 사용된다. 신호를 최소한의 손실로 전달하기 위해서는 매우 큰 커패시턴스가 필요하기 때문이며, 전해질 커패시터를 사용할 때는 **극성**(polarity)을 고려하여 사용해야 한다. 그림 7-1에서 Q_1의 컬렉터 전압은 Q_2의 베이스 전압보다 높기 때문에 그림에서 보여주는 것과 같은 극성으로 사용되어야 한다.

AC 신호를 사용하는 전자 증폭기에서 커패시터를 이용한 결합은 폭넓게 사용된다. 하지만 어떤 회로는 DC(0 Hz)에 가까운 매우 낮은 주파수에서 동작한다. 오실로스코프와 같은 측정 장비의 경우 DC 신호도 측정 가능해야 하며, 이러한 경우 커패시터를 이용한 결합은 사용할 수 **없다**.

직접 결합(direct coupling)은 0 Hz(DC)에서도 사용 가능하다. 직접 결합은 두 증폭기

사이를 전선이나 어떤 DC 회로를 이용하여 직접 결합하는 방식이다. 그림 7-2는 직접 결합 방식을 사용하는 증폭기를 보여준다. 그림 7-2에서 Q_1의 이미터 출력은 Q_2의 베이스에 직접 연결되어 있다. 이러한 결합 방식은 각 단의 증폭기 단자들의 전압이 다른 쪽 증폭기 단자에 적용 가능할 때 사용된다. 그림 7-2에서 Q_1의 이미터 전압은 Q_2의 베이스 전압과 같다.

온도 민감도(temperature sensitivity)는 직접 결합 방식에서 문제가 될 수 있다. 온도가 증가하면서 β와 누설 전류가 증가한다. 이러한 현상으로 증폭기의 동작점은 다른 조건으로 변화한다. 이러한 문제가 앞 단에서 발생한 경우, 그 뒤의 모든 단에서 온도 변화로 인한 동작점의 이동이 **증폭된다**. 그림 7-2에서 온도가 증가하면 Q_1의 전류는 증가하고, 증가한 전류로 인해 Q_1의 이미터 저항으로 흐르는 전류가 증가하게 된다. 이로 인해 Q_2의 베이스 전압은 증가하게 된다. 이러한 과정을 통해 앞 단에서의 약간의 동작점의 변화는 뒤 단의 큰 동작점의 변화와 심한 경우 선형 영역을 벗어나는 문제를 야기한다.

소수의 단을 직접 결합 방식으로 결합하는 것은 어렵지 않고, 이는 원하는 이득을 얻기 위한 가장 손쉬운 방법일 수 있다. 오디오 증폭기에서는 약 20 Hz의 낮은 주파수의 신호를 증폭하기 위해 직접 결합 방식이 사용된다. 직접 결합 방식은 다른 결합 방식에 비해 우수한 저주파 특성을 가진다.

달링턴 회로(Darlington circuit)는 직접 결합 방식의 또 다른 예이다. 그림 7-3에 보이는 바와 같이 달링턴 회로는 2개의 트랜지스터가 결합되어 하나의 소자처럼 동작하는 회로이다. 그림 7-3의 전류 이득은 대략 소자들 각각의 β의 곱과 같다.

$$\text{전류 이득} = A_I \approx \beta_1 \times \beta_2$$

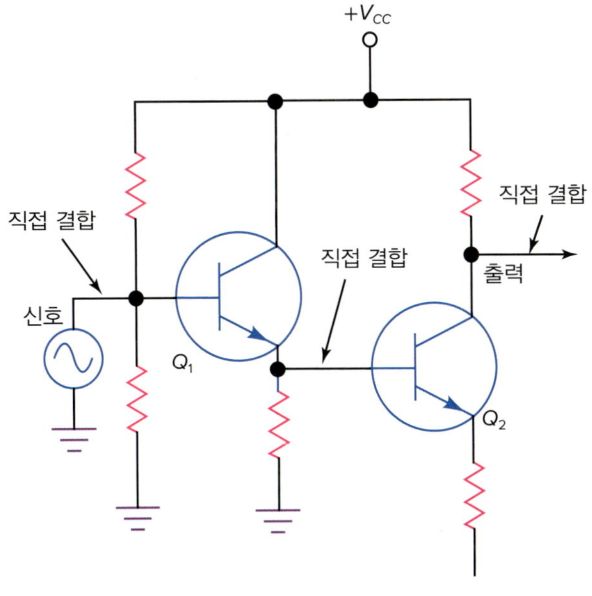

그림 7-2 직접 결합 증폭기

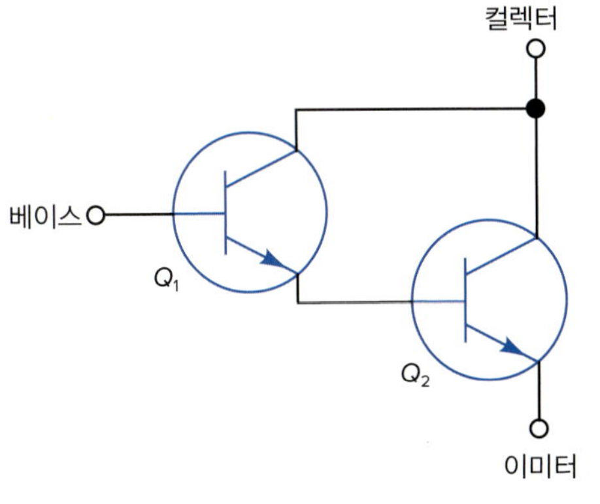

그림 7-3 달링턴 증폭기

좀 더 알아보기

최신 오실로스코프 제품은 간단한 위상 측정 기능을 제공한다.

좀 더 알아보기

문제 해결과 신호 위상
듀얼 채널 오실로스코프를 사용할 경우 회로의 여러 단자 상의 신호들 간 위상 차이를 쉽게 측정할 수 있다.

만일 각 트랜지스터의 β가 100이라면,

$$A_I \approx 100 \times 100 = 10{,}000$$

이다. 달링턴 회로는 높은 전류 이득이나 높은 입력 임피던스가 필요한 경우에 사용된다. 이 회로는 높은 전류 이득으로 인해 신호 전류가 매우 작아야 한다. 이 작은 전류는 소스 입장에서 달링턴 증폭기가 매우 가벼운 부하로 보이게 만든다. 이 특성은 그림 7-4와 같이 달링턴 이미터 팔로워의 경우 특히 두드러지게 나타난다. 이 회로의 동작점을 구하기 위해 Q_1의 베이스 전압을 전압 분배 회로를 통해 구하면 다음과 같다.

$$\begin{aligned} V_{B_1} &= \frac{220\text{ k}\Omega}{220\text{ k}\Omega + 470\text{ k}\Omega} \times 12\text{ V} \\ &= 3.83\text{ V} \end{aligned}$$

Q_2의 이미터 저항이 바라보는 전압은 **두 베이스-이미터 전압 강하를 뺀** 값이다.

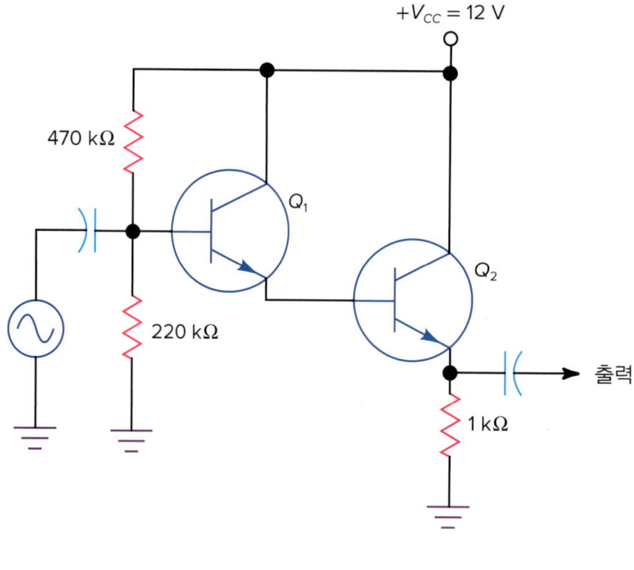

그림 7-4 달링턴 이미터 팔로워

$$V_{E(Q_2)} = 3.83\ V - 0.7\ V - 0.7\ V$$
$$= 2.43\ V$$

Q_2의 이미터 전류는 옴의 법칙을 이용해 구할 수 있다.

$$I_{E(Q_2)} = \frac{2.43\ V}{1\ k\Omega} = 2.43\ mA$$

키르히호프의 전압 법칙을 이용해 Q_2의 전압 강하를 구하면 다음과 같다.

$$V_{CE(Q_2)} = 12\ V - 2.43\ V = 9.57\ V$$

예제 7-1

그림 7-4의 회로를 수정하여 $V_{CE(Q_2)}$가 전원 전압의 절반이 되게 하라. 이를 위해 Q_2의 이미터 전압은 6 V가 되어야 하며, 전압 분배 회로가 6 V에서 2개의 베이스-이미터 전압만큼 높은 전압을 생성하게 만들어야 한다.

$$V_{divider} = 6\ V + 0.7\ V + 0.7\ V = 7.4\ V$$

470 kΩ 저항의 새로운 값은 아래 식에서 R값을 풀어 구할 수 있다.

$$7.4\ V = \frac{220\ k\Omega}{220\ k\Omega + R} \times 12\ V$$

분모를 양변에 곱하면 식은 다음과 같다.

$$7.4\ V(220\ k\Omega + R) = 220\ k\Omega \times 12\ V$$

양변을 12 V로 나누면 식은 다음과 같다.

$$0.617(220\ k\Omega + R) = 220\ k\Omega$$

0.617을 곱하면 다음과 같다.

$$136\ k\Omega + 0.617R = 220\ k\Omega$$

136 kΩ을 양변에서 빼면 식은 다음과 같다.

$$0.617R = 84\ k\Omega$$

양변을 0.617로 나누면 식은 다음과 같다.

$$R = 136\ k\Omega$$

그림 7-4의 470 kΩ을 130 kΩ에 가장 가까운 값을 갖는 부품으로 바꿈으로써 원하는 결과를 얻을 수 있다.

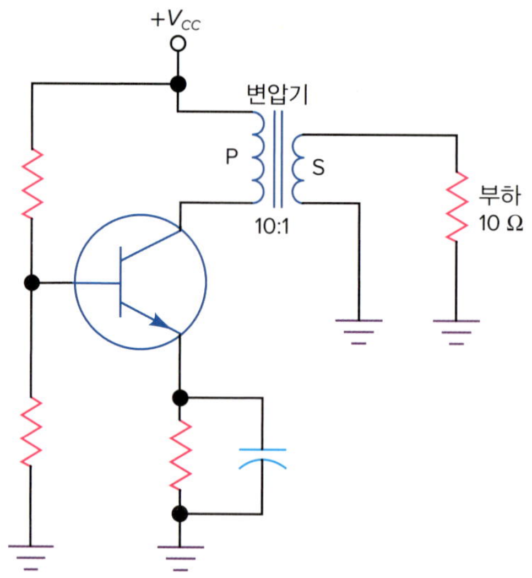

그림 7-5 변압기를 이용한 결합 증폭기

그림 7-5는 **변압기 결합**(transformer coupling) 방식을 사용하는 증폭기이다. 변압기는 컬렉터 부하로서 역할하며 동시에 증폭기 부하와 결합시키는 역할을 한다. 변압기를 이용한 결합 방법의 장점은 **임피던스 매칭**(impedance matching)을 보면 쉽게 이해할 수 있다. 변압기의 **권선 비**는 아래와 같이 주어진다.

$$\text{권선 비} = \frac{N_P}{N_S}$$

여기서 N_P = 1차 권선의 권수
N_S = 2차 권선의 권수

임피던스 비는 아래와 같이 주어진다.

$$\text{임피던스 비} = (\text{권선 비})^2$$

그림 7-5의 변압기의 1차 권선의 권수가 100이고 2차 권선의 권수가 10이라면 권선 비는 아래와 같다.

$$\text{권선 비} = \frac{100}{10} = 10$$

따라서 임피던스 비는 다음과 같다.

$$\text{임피던스 비} = 10^2 = 100$$

이는 트랜지스터의 컬렉터에서 부하를 바라보는 임피던스가 실제 임피던스보다 100배 증가하게 됨을 의미한다. 예를 들어 부하 저항이 10 Ω이라면 컬렉터에서 보이는 저항은 $100 \times 10\ \Omega = 1\ \text{k}\Omega$이 된다.

공통 이미터 증폭기의 출력 임피던스는 10 Ω보다 훨씬 크다. 따라서 증폭기가 낮은 임피던스를 갖는 부하를 구동해야 하는 경우 변압기를 사용하여 전력 전달 특성을 크게 개선할 수 있다. 그림 7-5에서 컬렉터 부하 임피던스가 1,000 Ω이라면 증폭기는 충분히 큰 전압 이득을 가질 수 있다. 만일 이미터 전류가 5 mA라고 가정하면 이득을 계산할 수 있다. 먼저 앞 장에서 논의한 내용을 바탕으로 이미터의 AC 저항을 구할 수 있다.

$$r_E = \frac{25\ \text{mV}}{5\ \text{mA}} = 5\ \Omega$$

이미터 저항이 바이패스되었다면 전압 이득은 다음과 같다.

$$A_V = \frac{R_L}{r_E}$$

그림 7-5에 부하 저항은 없지만 **변압기를 이용해 결합**된 10 Ω 부하가 있다. 이 부하는 변압기에 의해 1 kΩ으로 **변환**되었고, 전압 이득은 다음과 같다.

$$A_V = \frac{1{,}000\ \Omega}{5\ \Omega} = 200$$

이 경우 10 Ω 부하에 200배 증가된 전압이 출력될까? 변압기에 의해 전압이 10:1로 **줄어들기 때문에** 답은 "**그렇지 않다**"이다. 따라서 베이스 회로에서 10 Ω 부하까지의 전압 이득은 다음과 같다.

$$A_V = \frac{200}{10} = 20$$

전압 이득은 낮아졌지만 여전히 변압기 없이 10 Ω 부하를 직접 연결한 경우보다는 높다. 10 Ω 부하를 직접 연결한 경우의 전압 이득은 다음과 같다.

$$A_V = \frac{10\ \Omega}{5\ \Omega} = 2$$

위 결과를 통해 변압기를 사용한 경우 더 높은 전압 이득을 얻을 수 있다는 것을 명확히 알 수 있다.

예제 7-2

그림 7-5에서 대략적인 이미터 저항을 계산하여 전압 이득을 계산하시오. DC 이미터 전류는 5 mA로 가정하라. 대략적인 이미터 저항을 계산하기 위해 50 mV를 가정한다. 이 경우 이미터 저항은 다음과 같다.

$$r_E = \frac{50\ \text{mV}}{5\ \text{mA}} = 10\ \Omega$$

변환된 컬렉터 부하는 1,000 Ω이며, 컬렉터 출력까지의 전압 이득은 다음과 같다.

$$A_V = \frac{1{,}000\ \Omega}{10\ \Omega} = 100$$

10 Ω 부하에 전달되는 신호 전압은 변압기에 의해 감소하고, 전체 이득은 다음과 같다.

$$A_V = \frac{100}{10} = 10$$

좀 더 알아보기

미국 전자 산업 협회(EIA, Electronic Industries Association) 와 미국 국가 전기 코드(NEC, National Electric Code)는 정전압 시스템에 대한 규칙과 규격을 제공한다.

진공관 전력 증폭기에서 큰 임피던스의 출력 회로와 낮은 임피던스의 스피커 사이의 임피던스 매칭을 위해 변압기가 사용되었다. 오늘날 반도체 증폭기는 변압기 없이 낮은 임피던스의 스피커를 구동하기 위해 공통 컬렉터 구조를 사용한다.

RF 증폭기에서도 변압기를 이용한 결합 방식이 사용된다. RF 증폭기에서는 높은 동작 주파수로 인해 변압기의 크기가 줄어들고 가격이 저렴하다. RF 변압기는 철심과 자성체로 구성되어 있다. RF 변압기 코일의 인덕턴스는 커패시터와 공진하여 대역 통과 특성을 제공한다. 그림 7-6은 변압기를 이용하여 결합된 RF **동조 증폭기**(tuned amplifier)를 보여준

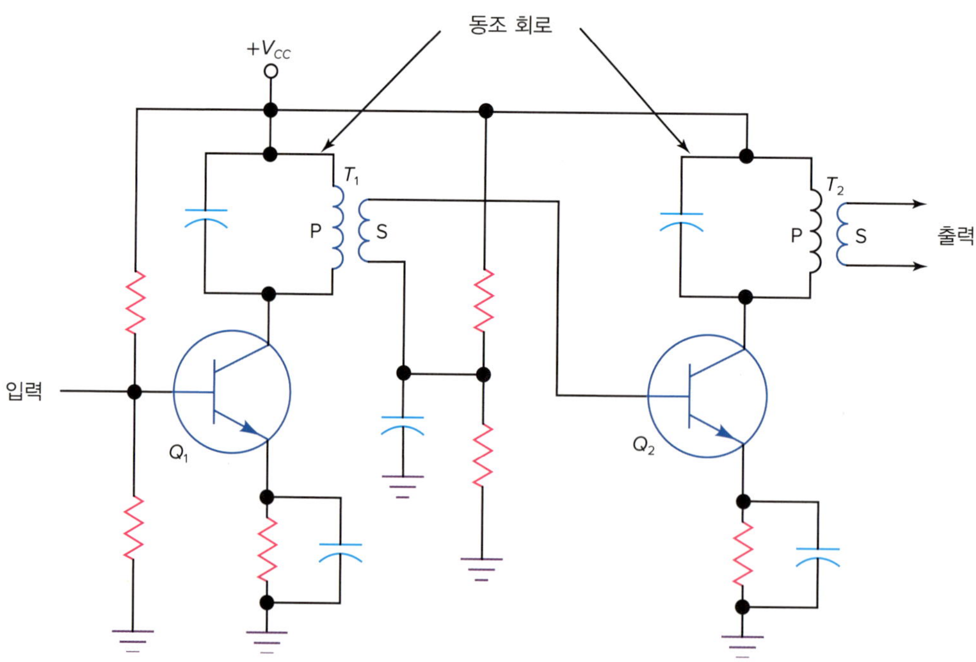

그림 7-6 RF 동조 증폭기

다. T_1이 공진 주파수에서 동작할 경우 Q_1의 컬렉터 회로에서는 매우 큰 부하 임피던스가 보이게 된다. 큰 컬렉터 부하 임피던스로 인해 큰 전압 이득이 발생하기 때문에 공진 회로의 공진 주파수에서 가장 높은 이득을 얻을 수 있다. 그림 7-6의 Q_2는 T_2에 의해 동조되어 있다. 추가적인 동조 회로를 사용하여 증폭기의 **선택도**(selectivity)는 더욱 개선된다. 선택도는 원하지 않는 주파수 성분의 신호를 제거하는 능력을 말한다.

그림 7-6의 변압기는 임피던스 매칭을 제공한다. 변압기 T_1은 1차 권선과 2차 권선으로 구성되어 있다. 이러한 임피던스 변환으로 인해 Q_1의 큰 컬렉터 임피던스와 Q_2의 낮은 입력 임피던스 사이에 매칭이 이루어진다.

T_1의 2차 권선은 AC 신호와 DC 베이스 전압을 Q_2에 전달한다. 그림 7-6은 베이스 전압을 생성하기 위한 전압 분배 회로가 T_1의 2차 권선 아래쪽 단자에 연결되어 있다. 2차 권선은 낮은 DC 저항을 가지고 있기 때문에 전압 분배 회로의 전압은 그대로 Q_2의 베이스에 전달된다. 그림의 회로에서 **바이패스** 커패시터로 인해 T_1의 2차 권선 아래쪽 단자는 **AC 접지** 된다. 이 바이패스 커패시터가 없다면 신호는 전압 분배 회로 쪽으로 전류를 발생시키고, 이로 인해 신호의 큰 에너지 손실이 발생한다.

각 회로 소자의 기능을 이해하는 것은 회로의 문제 해결에도 매우 중요하다. 예를 들어 그림 7-6에서 바이패스 커패시터가 제거되어 **개방**된다면, 이 결과로 이득의 급격한 감소가 발생한다. 반면에 바이패스 커패시터가 **단락**된다면 Q_2의 베이스 전압이 0 V가 되어 Q_2는 **차단 영역**에서 동작하게 되고, 증폭기는 아무런 신호도 전달할 수 없게 된다. 또 커패시터가 개방된다면, 문제 원인은 DC 전압을 측정해서 발견할 수 없고, 단락된다면 DC 전압을 확인하여 문제 원인을 찾을 수 있다.

세 가지 결합 방식이 소개되었고, 표 7-1에 소개된 세 가지 결합 방식의 중요한 점들이 정리되어 있다.

표 7-1 결합 방법들에 대한 정리

	커패시터 결합	직접 결합	변압기 결합
DC 전달	불가	가능	불가
임피던스 매칭	불가	불가	가능
장점	사용이 쉽다. DC 전압이 다른 단자 간에 사용이 가능하다.	소수의 단을 연결할 경우 간단히 사용 가능하다.	효율이 좋다. 동조 회로로 구성하여 선택도가 높다.
단점	낮은 주파수에서 동작할 경우 매우 큰 커패시터가 필요하다.	많은 단을 연결하기 어렵다. 온도 변화에 민감하다.	가격, 크기, 무게가 커진다.

Self-Test

각 문장이 참인지 거짓인지 판단하시오.

1. 커패시터 결합은 DC 증폭기에 사용할 수 없다.
2. 변압기 결합은 DC 증폭기에 사용할 수 없다.
3. 단락된 결합 커패시터는 DC 전압 확인에서 고려되어지지 않는다.
4. 개방된 결합 커패시터는 DC 전압을 확인하여 문제 원인을 찾을 수 있다.
5. 단락된 바이패스 커패시터는 DC 전압을 확인하여 문제 원인을 찾을 수 있다.
6. 신호원과 부하가 서로 다른 임피던스를 가지고 있는 경우, 변압기 결합을 이용하여 임피던스 매칭을 할 수 있다.

다음 문제를 해결하시오.

7. 그림 7-1에서 결합 커패시터의 임피던스는 부하 임피던스의 1/10 이상 되어서는 안 된다. 만일 두 번째 단의 입력 임피던스가 2 kΩ이라면 20 Hz 신호를 전달하기 위해 C_2 커패시턴스의 최소값은 얼마인가?
8. 그림 7-1에서 C_2가 단락되어 Q_2의 베이스 전압이 6 V로 증가하였다. Q_2의 부하 저항이 1,200 Ω이고, 이미터 저항이 1,000 Ω이라면, 회로를 해석하여 Q_2가 포화 영역에서 동작함을 증명하시오.
9. 그림 7-3에서 Q_1의 β가 50이고 Q_2의 β가 100이라면, 베이스 단자에서 이미터 단자로의 전류 이득을 계산하시오.
10. 그림 7-4에서 220 kΩ이 330 kΩ으로 바뀔 경우, 1 kΩ으로 흐르는 전류를 구하시오.
11. 문제 10에서 Q_2의 컬렉터 단자와 이미터 단자 간 전압 강하를 구하시오.
12. 그림 7-5에서 1차, 2차 권선의 권선 비가 14:1일 경우, 트랜지스터의 컬렉터 단에서 보이는 부하 임피던스를 구하시오.

7-2 결합된 회로의 전압 이득

그림 7-7(a)는 100 mV 신호로 구동되고 있는 공통 이미터 증폭기를 보여준다. 이 특정한 신호원은 10 kΩ의 내부 임피던스를 가지고 있다. 큰 내부 임피던스를 갖는 신호원이 보통 수준의 입력 임피던스를 갖는 증폭기를 구동하는 경우, 신호원 출력의 일부만이 증폭기로 전달된다. 그림 7-7(b)에 보이는 바와 같이 신호원의 내부 임피던스와 증폭기의 입력 임피던스는 **전압 분배 회로**를 구성한다. 따라서 증폭기로 전달되는 신호 전압을 계산하기 위해 전압 분배 식을 풀면 아래와 같다.

$$V = \frac{6.48\ \text{k}\Omega}{10\ \text{k}\Omega + 6.48\ \text{k}\Omega} \times 100\ \text{mV}$$
$$= 39.3\ \text{mV}$$

위의 계산을 통해 증폭기의 입력 임피던스를 아는 것이 왜 중요한지 알 수 있다.

예제 7-3

그림 7-7에서 신호원의 내부 임피던스가 50 Ω인 경우, 증폭기로 전달되는 신호를 계

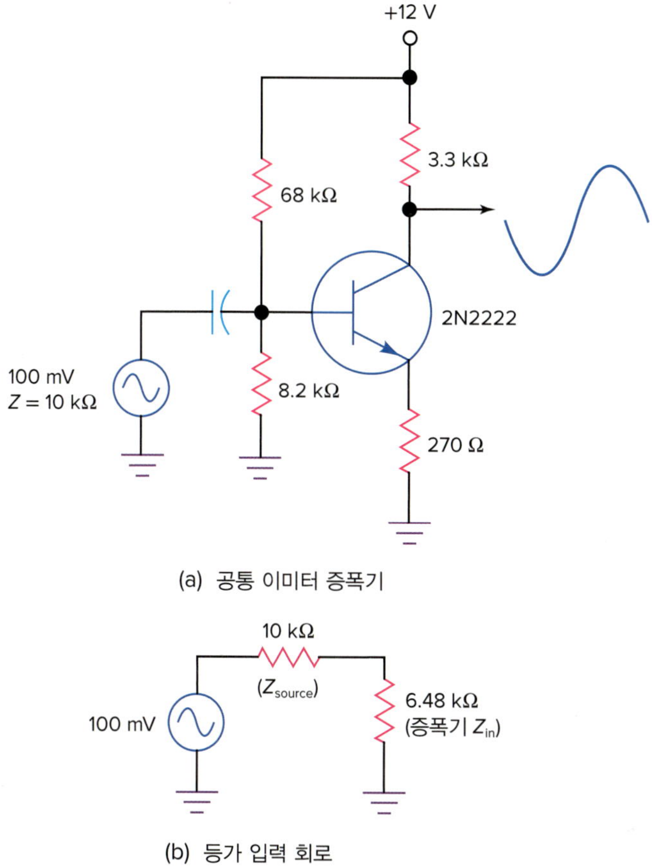

그림 7–7 신호원에 의해 구동되는 증폭기

산하시오.

$$V = \frac{6.48\ \text{k}\Omega}{50\ \Omega + 6.48\ \text{k}\Omega} \times 100\ \text{mV}$$
$$= 99.2\ \text{mV}$$

위의 계산을 통해 신호원의 내부 임피던스가 상대적으로 작은 경우 증폭기의 부하 효과는 상대적으로 작은 것을 알 수 있다.

그림 7-8은 공통 이미터 증폭기의 **입력 임피던스**(input impedance)를 구하는 방법을 보여준다. 그림 7-8(a)에서 보이는 바와 같이 전체 AC 신호 전류는 **세 경로**로 나누어진다. 전원은 +로 표시되었으며, AC 신호에 대해서는 **접지**와 같다. 전원은 AC 신호에 대해 일반적으로 매우 낮은 임피던스를 갖는다. R_{B_1}의 위쪽 단자는 등가적으로 접지된다. 따라서 두 베이스 바이어스 저항과 트랜지스터 입력 저항이 신호원에 부하로 작용한다. 그림 7-8(b)는 등가 회로를 보여준다. 만일 이 세 저항값을 모두 알고 있다면 세 저항의 병렬 저항을 계산

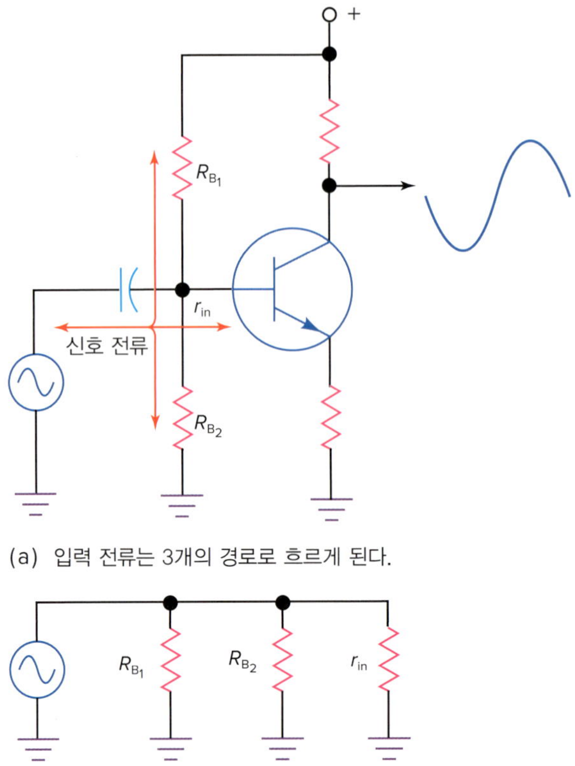

(a) 입력 전류는 3개의 경로로 흐르게 된다.

(b) 등가 회로

그림 7–8 증폭기 입력 임피던스

하여 증폭기의 입력 임피던스를 계산할 수 있다.

그림 7-7의 회로를 예로 공통 이미터 증폭기의 입력 임피던스를 계산하는 과정을 살펴보자. 먼저 앞 장에서 살펴본 과정을 따라 DC 동작점을 계산한다.

$$V_B = \frac{8.2\ \text{k}\Omega}{68\ \text{k}\Omega + 8.2\ \text{k}\Omega} \times 12\ \text{V} = 1.29\ \text{V}$$

$$V_E = 1.29\ \text{V} - 0.7\ \text{V} = 0.591\ \text{V}$$

$$I_E = \frac{0.591\ \text{V}}{270\ \Omega} = 2.19\ \text{mA}$$

$$r_E = \frac{25\ \text{mV}}{2.19\ \text{mA}} = 11.4\ \Omega$$

위 결과를 통해 트랜지스터의 입력 임피던스를 구할 수 있다. 혼란을 피하기 위해 트랜지스터 자체의 입력 임피던스를 위해 r_{in}을 기호로 사용하고, 증폭기의 전체 입력 임피던스를 위해서는 Z_{in}을 기호로 사용한다. 입력 임피던스 r_{in}은 전체 이미터 저항에 β를 곱해 구할 수 있다. 그림 7-7에서 R_E는 바이패스되지 **않았고**, 입력 임피던스는 아래와 같다.

$$r_{in} = \beta(R_E + r_E)$$

$$= 200(270\ \Omega + 11.4\ \Omega)$$
$$= 56.3\ \text{k}\Omega$$

노트: 2N2222 트랜지스터의 β는 대략 200이다. r_E는 입력 임피던스를 계산함에 있어 결과에 큰 차이 없이 생략이 가능하다. 따라서 입력 임피던스는 아래와 같이 계산할 수도 있다.

$$r_{in} = 200 \times 270\ \Omega = 54\ \text{k}\Omega$$

56.3 kΩ이 더 정확한 결과이며, r_E를 무시하지 않고 계산함으로써 얻을 수 있다. 이미터 저항이 바이패스된 경우에는 이미터 저항 R_E가 제거되었기 때문에 r_E를 반드시 계산에 포함해야 한다. 그림 7-7(a)에서 바이패스 커패시터가 270 Ω 이미터 저항에 연결되었다면 입력 저항은 다음과 같다.

$$r_{in} = 200 \times 11.4\ \Omega = 2.28\ \text{k}\Omega$$

트랜지스터의 입력 임피던스 r_{in}을 구했으므로 그림 7-7 증폭기의 전체 입력 임피던스를 구할 수 있다.

$$\text{Z}_{in} = \frac{1}{1/R_{B_1} + 1/R_{B_2} + 1/r_{in}}$$
$$= \frac{1}{1/68\ \text{k}\Omega + 1/8.2\ \text{k}\Omega + 1/56.3\ \text{k}\Omega}$$
$$= 6.48\ \text{k}\Omega$$

만일 그림 7-7의 270 Ω 이미터 저항이 바이패스되지 않았다면 입력 임피던스는 1.74 kΩ으로 **감소**한다. 이 값은 2.28 kΩ을 두 베이스 저항에 병렬 연결로 계산하여 구할 수 있다. 어떤 상황에서는 증폭기의 입력 임피던스는 가능한 큰 것이 좋기 때문에 이미터 바이패스를 사용해서는 안 된다.

이제까지 살펴본 바를 그림 7-9의 직렬 증폭기에 적용해보자. **직렬**(cascade) 연결이란 한 단의 출력이 다음 단의 입력에 연결되어 있는 연결을 말한다. 증폭기의 입력 임피던스를 계산하는 방법을 이용하여 신호원에서 680 Ω 부하 저항을 갖는 증폭기의 출력까지의 전체 이득을 계산할 수 있다. **두 번째** 단의 DC 동작점을 먼저 구한다.

$$V_B = \frac{3.9\ \text{k}\Omega}{27\ \text{k}\Omega + 3.9\ \text{k}\Omega} \times 12\ \text{V} = 1.51\ \text{V}$$

$$V_E = 1.51\ \text{V} - 0.7\ \text{V} = 0.815\ \text{V}$$

$$I_E = \frac{0.815\ \text{V}}{100\ \Omega} = 8.15\ \text{mA}$$

$$r_E = \frac{25\ \text{mV}}{8.15\ \text{mA}} = 3.07\ \Omega$$

r_E를 알면 두 번째 단의 전압 이득을 구할 수 있다. 공통 이미터 증폭기의 전압 이득은 컬렉터 부하 저항을 이미터 회로의 저항으로 나눠 구할 수 있다. 하지만 출력 신호에 그림 7-9

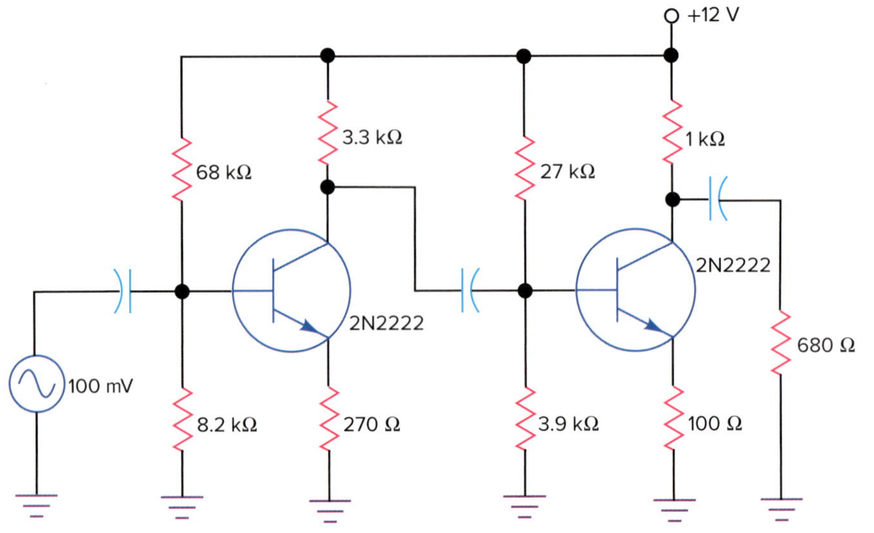

그림 7-9 직렬 연결 증폭기

의 680 Ω과 같이 추가적인 부하가 연결된 경우 전체 컬렉터 부하는 컬렉터 저항과 다른 부하 저항과의 **병렬 등가**(parallel equivalent) 저항을 계산하여 구할 수 있다. 이전에 논의한 바와 같이 전원은 신호 관점에서 AC 접지이다. 따라서 그림 7-9의 두 번째 트랜지스터의 출력 신호 전류는 1 kΩ과 680 Ω으로 모두 흐른다. 병렬 저항을 구하는 곱-나누기-합 식을 이용하여 두 저항의 등가 저항을 구할 수 있다.

$$R_P = \frac{1\ \text{k}\Omega \times 680\ \Omega}{1\ \text{k}\Omega + 680\ \text{k}\Omega} = 405\ \Omega$$

전압 이득은 다음과 같다.

$$A_V = \frac{R_P}{R_E + r_E}$$
$$= \frac{405\ \Omega}{100\ \Omega + 3.07\ \Omega} = 3.93$$

예제 7-4

그림 7-9의 두 번째 단의 이득을 대략적인 이미터 저항 예측치를 사용하여 구하시오. 이미터 저항은 50 mV를 이용하여 구하시오. 이미터 저항이 바이패스되지 않았기 때문에 계산된 이득은 크게 바뀌지 않을 것이다. AC 이미터 저항은 다음과 같다.

$$r_E = \frac{50\ \text{mV}}{8.15\ \text{mA}} = 6.13\ \Omega$$

전압 이득을 계산하면 다음과 같다.

$$A_V = \frac{R_P}{R_E + r_E} = \frac{405\ \Omega}{100\ \Omega + 6.13\ \Omega} = 3.82$$

이는 전에 구한 3.93과 크게 다르지 않다.

다시 강조하지만 r_E를 무시한다고 결과가 크게 바뀌지 않는다. r_E를 무시하고 구한 전압 이득은 (405/100)을 계산하여 4.05가 된다. 만일 100 Ω 이미터 저항이 바이패스된다면, R_E가 제거되기 때문에 r_E는 반드시 계산에 고려되어야 한다.

$$A_{V(\text{bypassed})} = \frac{405}{3.07} = 132$$

트랜지스터 증폭기에 부하가 추가되면 증폭기 이득 계산 방법은 바뀐다. 증폭기 이득은 부하가 추가되면 **항상 감소**하게 된다. 그림 7-9의 두 번째 단 증폭기는 첫 번째 단 증폭기에 어떤 영향을 주는지 살펴보자. 두 번째 단 증폭기는 첫 번째 단 증폭기에 대해 **부하로 작동**하고, 첫 번째 단의 전압 이득을 계산하기 위해 두 번째 단의 입력 임피던스를 먼저 계산해야 한다. 두 번째 단의 트랜지스터 자체의 입력 임피던스는 아래와 같다.

$$r_{\text{in}} = 200(100\ \Omega + 3.07\ \Omega) = 20.6\ \text{k}\Omega$$

따라서 두 번째 단 증폭기의 전체 입력 임피던스는 다음과 같이 계산할 수 있다.

$$Z_{\text{in}} = \frac{1}{1/27\ \text{k}\Omega + 1/3.9\ \text{k}\Omega + 1/20.6\ \text{k}\Omega}$$
$$= 2.92\ \text{k}\Omega$$

두 번째 단의 2.92 kΩ 입력 임피던스는 첫 번째 단의 3.3 kΩ 컬렉터 저항에 **병렬** 연결된다.

$$R_P = \frac{3.3\ \text{k}\Omega \times 2.92\ \text{k}\Omega}{3.3\ \text{k}\Omega + 2.92\ \text{k}\Omega} = 1.55\ \text{k}\Omega$$

따라서 첫 번째 단의 이득은 다음과 같다.

$$A_V = \frac{1{,}550}{270 + 11.4} = 5.51$$

그림 7-9의 두 단 증폭기의 **전체 이득**은 각 이득을 곱해 구할 수 있다.

$$A_{V(\text{total})} = A_{V_1} \times A_{V_2}$$
$$= 5.51 \times 3.93 = 21.7$$

그림에서 신호원의 출력 임피던스가 없기 때문에 이 신호원을 이상적인 전압 신호원(내부 임피던스가 0인 전원)으로 가정할 수 있다. 따라서 모든 신호는 첫 번째 단으로 전달되고 출력 전압은 다음과 같다.

$$V_{out} = 100\text{ mV} \times 21.7 = 2.17\text{ V}$$

앞에서 선형 증폭기의 컬렉터-이미터 전압이 전원 전압의 절반이 되는 경우를 많이 살펴보았다. 하지만 그림 7-9의 두 번째 단이 680 Ω 저항의 부하로 연결되었기 때문에 이번 경우는 RC 결합된 증폭기가 부하로 연결된 경우에 해당하지 않는다.

그림 7-9의 DC 동작 조건은 앞에서 이미 구했다. 구해진 이미터 전압(V_E)과 이미터 전류는 각각 0.815 V와 8.15 mA이다. 이미터 전류는 컬렉터 전류와 같다고 가정하고 옴의 법칙을 적용하여 컬렉터 부하 저항 양단의 전압 강하를 구할 수 있다.

$$V_{RL} = 8.15\text{ mA} \times 1\text{ k}\Omega = 8.15\text{ V}$$

키르히호프의 전압 법칙을 이용하여 트랜지스터의 정적 전압 강하를 구하면 다음과 같다.

$$\begin{aligned} V_{CE} &= V_{CC} - V_{RL} - V_E \\ &= 12\text{ V} - 8.15\text{ V} - 0.815\text{ V} \\ &= 3.04\text{ V} \end{aligned}$$

전원 전압의 절반은 6 V로 앞에서 구한 전압과 다르다. 그래프를 이용한 방법을 통해 증폭기가 선형 동작을 위하여 적절히 바이어스되어 있는지 확인할 수 있다.

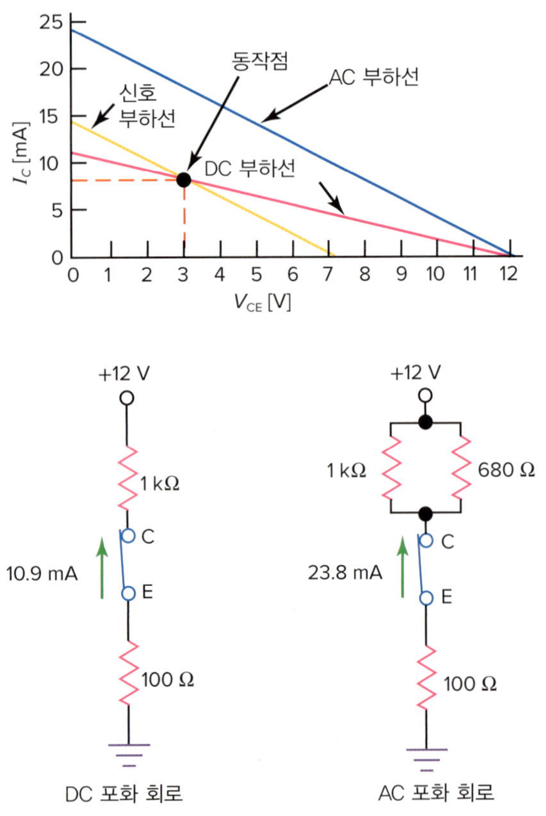

그림 7-10 신호 부하선의 확장

그림 7-10은 부하가 있는 증폭기의 **신호 부하선**(signal load line)을 보여준다. 먼저 가로축의 전원 전압(12 V)과 세로축의 DC 포화 전류(10.9 mA)를 연결하여 DC 부하선을 그린다. **동작점**은 트랜지스터의 정적 전압 강화와 전류를 통해 찾을 수 있다. 이때 동작점은 DC 부하선의 중앙이 아님을 주목해야 한다.

DC 부하선(그림 7-10의 적색 선)을 그리고 동작점을 찾았다면 다음으로 **간이 AC 부하선**(청색 선)을 그린다. 그림 7-10에서 AC 포화 회로는 DC 포화 회로와 다르다. 이는 680 Ω 저항이 AC 신호에 추가적인 부하로 작동하기 때문이다. 이 추가적인 부하 저항으로 인해 AC 포화 전류는 DC 포화 전류보다 크다. 간이 AC 부하선은 전원 전압(12 V)과 AC 포화 전류(23.8 mA)를 연결하여 그릴 수 있다. 이 간이 부하선은 기울기는 정확하지만 동작점을 지나고 있지는 않는다. 따라서 마지막 단계로 간이 AC 부하

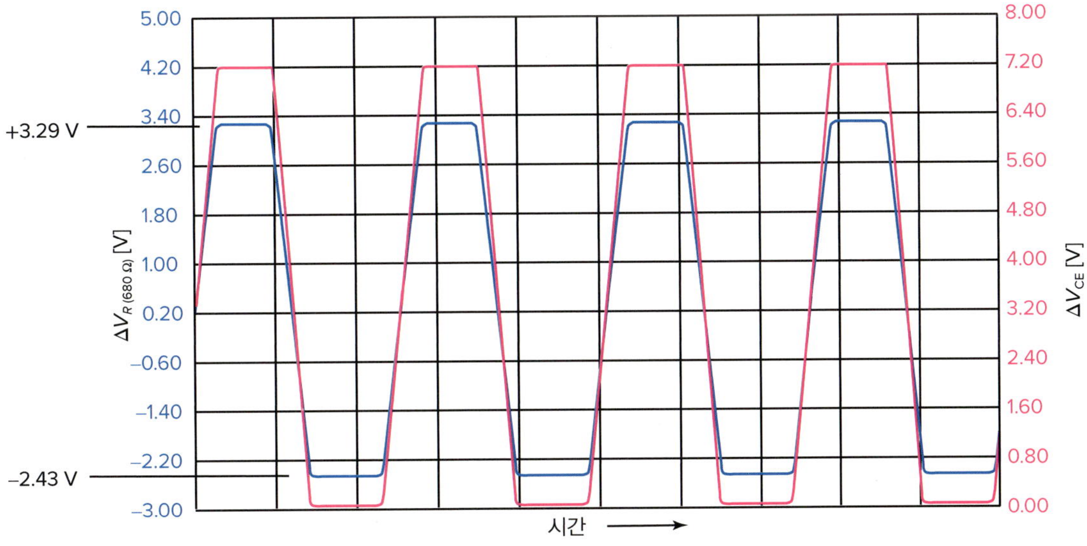

그림 7–11 클리핑이 발생할 만큼 강하게 구동된 증폭기

선과 기울기는 같지만 동작점을 지나는 **신호 부하선**(황색 선)을 그린다.

그림 7-10의 신호 부하선을 통해 증폭기의 클리핑 점을 확인할 수 있다. 동작점은 신호 부하선의 거의 중앙에 위치하기 때문에 클리핑이 대칭적으로 발생하리라는 것을 알 수 있다. 즉 이 증폭기는 선형 동작을 위해 적절히 바이어스되어 있고, 클리핑이 발생할 경우 양의 피크와 음의 피크에서 비슷한 양만큼 발생하게 된다.

신호 부하선은 증폭기가 선형 동작을 위해 적절히 바이어스되어 있는지 보여준다. 선형 동작을 위해 동작점은 신호 부하선의 중앙에 바이어스되어야 한다. 신호 부하선을 통해 V_{CE}의 최대 피크 대 피크 스윙을 알 수 있다. 680 Ω 부하에서의 출력 스윙은 100 Ω 이미터 저항으로 인한 전압 강하로 인해 그림 7-9보다 작다. 그림 7-11은 출력에 클리핑이 발생한 만큼 강하게 구동된 상태의 증폭기 동작을 보여준다. 두 파형 중 신호 폭이 큰 선(적색 선)은 V_{CE}의 스윙을 보여주고 있으며, 7 $V_{p\text{-}p}$보다 조금 더 크며, 이는 그림 7-10의 결과와 일치한다.

클리핑이 발생하는 부분을 자세히 검토함으로써 회로가 어떻게 동작하는지 더 잘 이해할 수 있다. 클리핑 발생하는 경우는 차단과 포화의 두 가지가 있다. 그림 7-12(a)는 출력 회로가 차단된 상황을 보여준다. 트랜지스터는 꺼졌고 회로 해석을 위해 고려되어야 할 것은 전원 전압 R_L, 680 Ω 부하, 그리고 3.86 V로 대전되어 있는 출력 결합 커패시터이다. 이 대전 전압은 컬렉터 동작 전압과 같다. 앞에서 동작점에서 V_E와 V_{CE}는 계산했으며, 이를 바탕으로 키르히호프의 전압 법칙을 이용하여 동작점에서의 컬렉터 전압을 다음과 같이 구할 수 있다.

$$V_C = V_E + V_{CE} = 0.815\text{ V} + 3.04\text{ V}$$
$$= 3.86\text{ V}$$

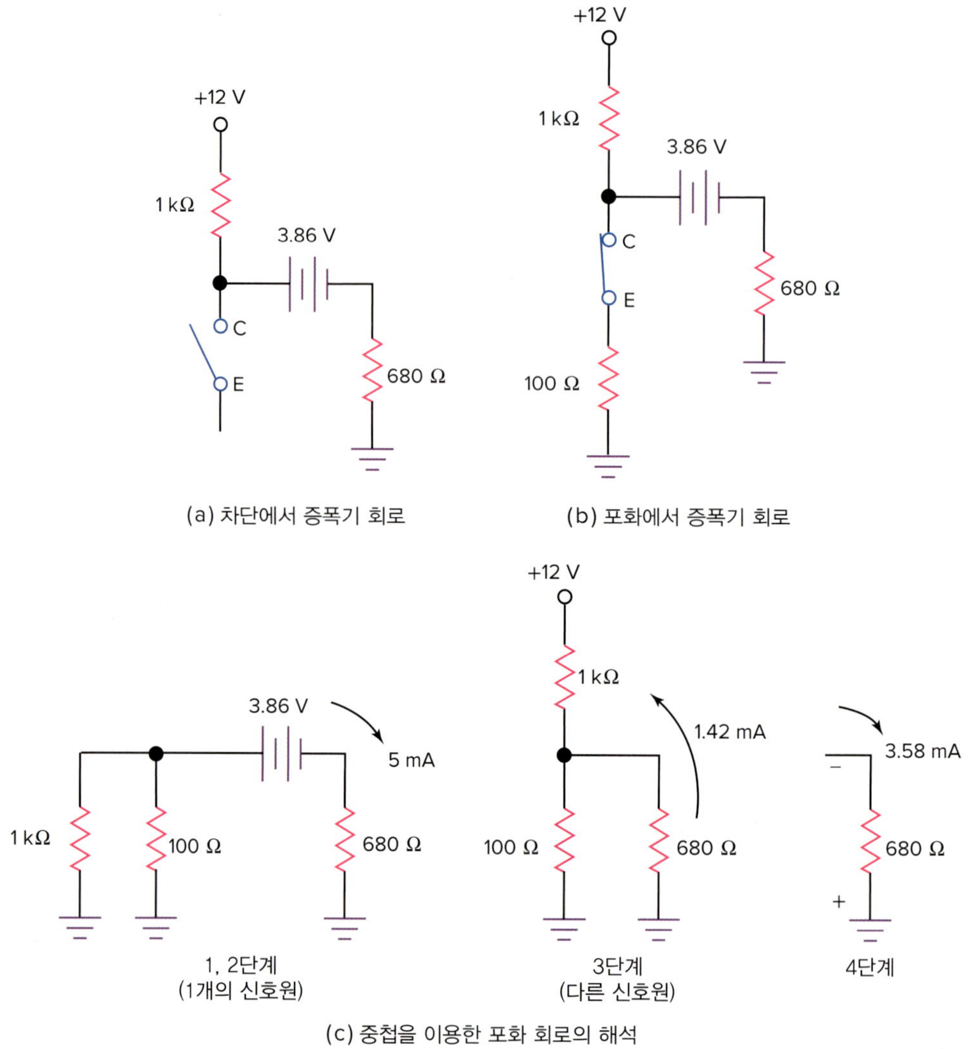

그림 7-12 그림 7-11의 부하 파형 검증

만일 출력 회로의 시정수가 신호의 주기에 비해 충분히 길다면 커패시터 전압은 일정한 값을 유지할 것이다. 이상의 과정을 통해 그림 7-12(a)의 회로에 3.86 V 전원이 있는지 설명하였다. 많은 경우 대전된 커패시터는 전압 전원으로 간주될 수 있다. 이때 전원 전압은 +12 V 전원 전압과 극성이 반대임을 주목하라. 680 Ω 저항 양단 간의 전압 강하는 다음과 같이 전압 분배 식을 이용하여 구할 수 있다.

$$V = (+12\ \text{V} - 3.86\ \text{V}) \times \frac{680\ \Omega}{1\ \text{k}\Omega + 680\ \Omega}$$
$$= +3.29\ \text{V}$$

이상을 통해 그림 7-11에서 양의 클리핑 점이 결정되는 과정을 살펴보았다.

그림 7-12(b)는 출력 회로가 포화된 경우를 보여준다. 이 경우는 다수의 전원으로 인해

해석이 좀 더 복잡하다.

> **기억해보기**
>
> **중첩의 정리**(superposition theorem)는 다수의 전원을 포함하는 회로를 해석하는 방법 중 하나이다.

순서는 다음과 같다.

1. 1개의 전압 전원을 남기고 나머지 모든 전압 전원을 단락 회로로 바꾼다.
2. 1의 과정을 통해 변형된 회로에서 각 저항에 흐르는 전류의 양과 방향을 계산한다.
3. 1과 2의 과정을 모든 전압에 대해 반복한다.
4. 2의 과정에서 얻어진 모든 전류를 더한다.

그림 7-12(c)는 이상의 과정을 보여준다. 이 과정을 통해 680 Ω에 흐르는 전류는 3.58 mA 이며, 방향은 위에서 아래로 흐르는 것을 알 수 있다. 저항의 위쪽 단자의 전압은 접지 대비 음의 값을 가진다.

$$V = -3.58\ \text{mA} \times 680\ \Omega = -2.43\ \text{V}$$

이상의 과정을 통해 680 Ω 부하 저항에 나타나는 출력 스윙의 가장 낮은 전압을 확인하였다. 680 Ω 부하 저항에 걸리는 최대 신호 스윙은 두 한계의 차이다.

$$V_{\text{out, max}} = 3.29 - (-2.43) = 5.72\ \text{V}_{\text{p-p}}$$

이는 100 Ω 이미터 저항에서 발생하는 손실로 인해 V_{CE} 스윙보다 작은 값이다.

증폭기에서 발생하는 클리핑은 여러 가지 문제를 일으킨다. 그림 7-11에서 보여주는 바와 같이 클리핑된 신호는 사각파와 같은 모양을 갖게 된다. 사각파는 **고조파**라고 불리는 높은 주파수 성분을 포함하고 있다. 오디오 시스템을 예로 들면, 스피커의 볼륨을 너무 높게 올리면 클리핑이 발생하고 클리핑으로 발생한 고조파로 인해 스피커에서 매우 높은 주파수의 잡음이 발생하게 된다. 클리핑으로 인해 발생한 고조파는 다른 신호에 간섭 신호로 작용하는 또 다른 문제점을 야기한다. 클리핑이 발생하는 송신기는 고조파 신호를 발생시키고, 이는 다른 통신 시스템에 방해가 된다.

그림 7-13(a)는 신호 발생기의 출력 스펙트럼을 보여준다. 대부분의 에너지는 1 kHz 단 하나의 주파수에 몰려 있고 약간의 에너지가 1 kHz의 홀수 고조파 성분인 3, 5, 9 kHz에 존재한다. 실제 세상에는 완벽하게 이상적인 사인파를 발생시키는 장치는 존재하지 않는다. 그림 7-13(a)에서 사용된 장비의 경우 0.008%의 전 고조파 왜율(THD, total harmonic distortion)을 가지고 있다. 일부 고가 장비의 경우 0.0003%의 THD를 가지며, 오래된 장비의 경우 1%의 THD를 가지는 경우도 있다.

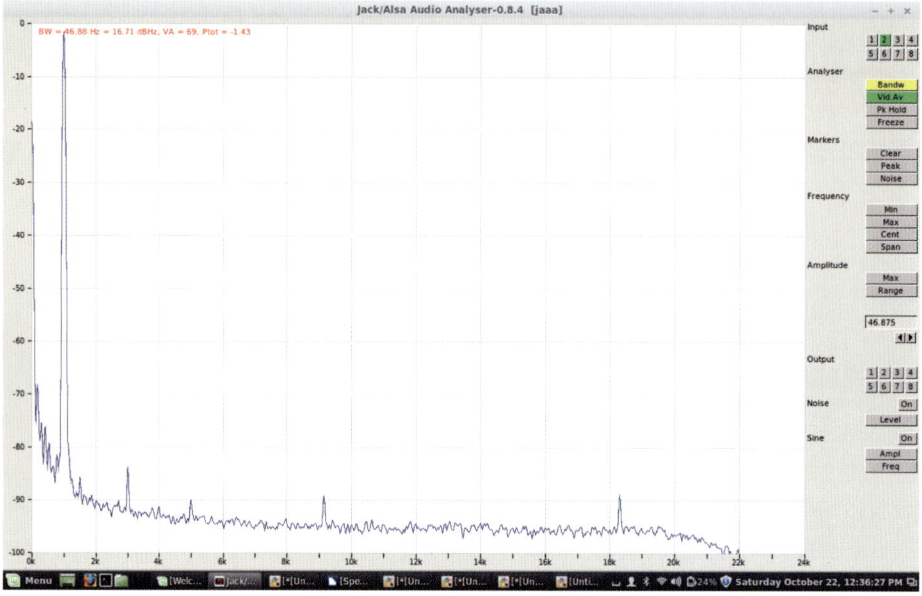

(a) 사인파 신호의 스펙트럼

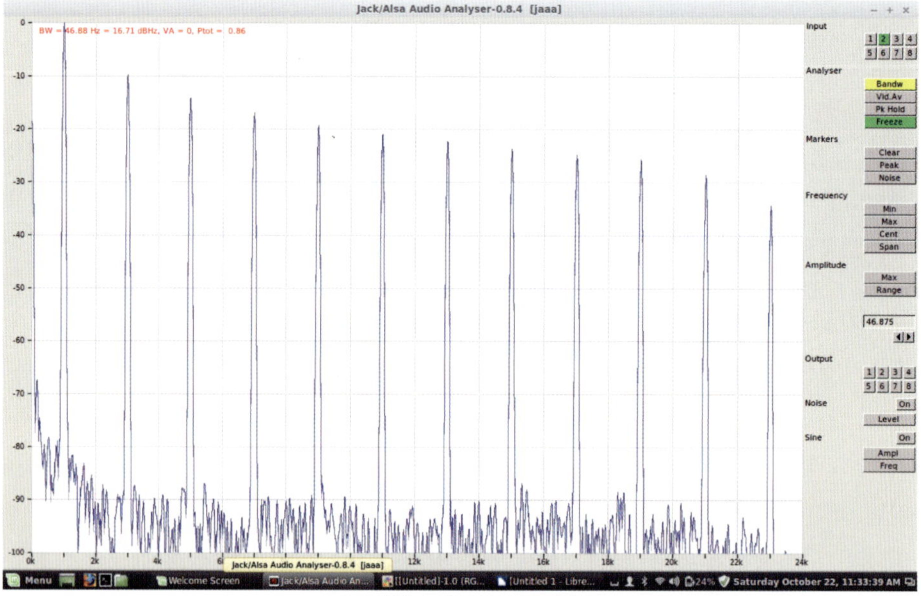

(b) 사각파 신호의 스펙트럼

그림 7-13 두 신호의 스펙트럼: 사인파와 사각파

그림 7-13(b)는 사각파의 주파수 스펙트럼을 보여준다. 이 스펙트럼에는 매우 큰 에너지가 1 kHz의 홀수 고조파들(3, 5, 7, … kHz)에 존재한다. 완벽한 사각파의 경우 무한히 많은 고조파 성분을 가지며, THD는 48.3%이다. 이는 거의 절반에 해당하는 에너지가 고조파 성분에 존재한다는 것을 의미한다. 실제 세상에 존재하는 사각파는 48.3%보다 작은 THD를 갖지만 여전히 매우 높은 값이다.

Self-Test

각 문장이 참인지 거짓인지 판단하시오.

13. 보통 수준의 특성 임피던스를 갖는 신호원의 개방 회로 출력 임피던스는 보통 수준의 입력 임피던스를 갖는 증폭기와 연결될 때 바뀌지 않는다.
14. 공통 이미터 증폭기에서 이미터 바이패스는 증폭기의 이득과 입력 임피던스를 증가시킨다.
15. 증폭기에 부하가 추가되면 항상 전압 이득은 감소한다.
16. 증폭기의 동작점 전류는 입력이 없는 정적 상태에서의 전류이다.
17. 증폭기는 신호 부하선의 중앙에 바이어스되어 있을 때 신호 왜곡 없이 가장 큰 신호를 출력할 수 있다.
18. V_{CE}가 전원 전압이 절반이 된다고 해서 선형 증폭기가 최적으로 바이어스되었다고 할 수 없다.
19. 부하가 있는 증폭기의 최대 출력 스윙은 전원 전압보다 작다.

다음 문제를 해결하시오.

20. 마이크로폰이 100 kΩ의 특성 임피던스를 갖고 개방 회로 출력이 200 mV이다. 입력 임피던스가 2 kΩ인 증폭기가 이 마이크로폰에 부하로 연결될 경우 마이크로폰의 출력을 구하시오.
21. 그림 7-9의 두 단 증폭기의 전체 전압 이득은 21.7이다. 이 증폭기에 클리핑이 일어나지 않는 최대 입력 신호의 크기를 구하시오. (힌트: 그림 7-11을 이용하여 최대 출력을 먼저 구하라.)
22. 이미터 저항이 바이패스된 경우 그림 7-9의 첫 번째 단의 입력 임피던스를 구하시오. 270 Ω 저항에 흐르는 전류는 5 mA이고 $\beta = 100$을 가정하라. r_E를 계산할 때 50 mV를 가정하라.
23. 그림 7-9의 두 번째 단에서 100 Ω 이미터 저항이 바이패스되고 이미터 전류가 10 mA라고 가정하고 전압 이득을 구하시오. r_E를 계산할 때 50 mV를 가정하라.

7-3 전계효과 트랜지스터 증폭기

실리콘 BJT는 오늘날 저렴한 가격과 우수한 성능으로 인해 다양한 응용처에서 전자 회로에 많이 사용되고 있다. 하지만 어떤 회로에서는 전계효과 트랜지스터가 더 많은 장점을 갖는다. 전계효과 트랜지스터의 대표적인 장점은 다음과 같다.

1. 전계효과 트랜지스터는 증폭기에 의해 제어된다. 이로 인해 입력 임피던스가 매우 크다.
2. 출력 잡음이 낮다. 이로 인해 저잡음 특성이 필요한 경우 전치 증폭기로 사용되며 뒤단에서 높은 이득의 증폭기로 이득을 보상한다.
3. 선형성이 우수하다. 이는 왜곡이 최소화되어야 하는 경우에 큰 장점이 된다.
4. 전극 간 커패시턴스가 작다. 높은 주파수에서는 전극 간 커패시턴스로 인해 성능이 나빠진다. 이러한 장점으로 인해 FET는 RF 회로에 많이 사용된다.
5. FET는 두 단 증폭기로 구현될 수 있다. 이때 두 번째 단은 이득 제어의 목적으로 활용된다.

그림 7-14(a)는 FET **공통 소스 증폭기**(common-source amplifier)를 보여준다. 소스 단자는 입력과 출력 신호에 공통으로 사용되고, 이 회로는 BJT 공통 이미터 증폭기와 비슷한 구조를 가지고 있다. 전원 전압 V_{DD}는 접지 대비 양의 값을 가지며, 전류는 전원 전압에서부터 부하 저항과 N 채널을 지나 접지로 흐르게 된다. 이때 바이어스 전원 V_{GS}는 게이트-소스 접합 간에 공급되고 있으며, 바이어스 전원의 극성은 게이트-소스 접합에 **역바이어스**가 되게 설정되어 있다. 따라서 게이트 전류는 0이 될 것이라는 것을 예상할 수 있다.

그림 7-14(a)의 게이트 저항 R_G는 일반적으로 1 MΩ 수준으로 매우 큰 값을 가진다. 게이트 전류가 없기 때문에 게이트 저항에서의 전압 강하는 없다. 큰 R_G의 사용으로 인해 입력 임피던스는 큰 값을 유지할 수 있다. 만일 R_G가 1 MΩ이라면 신호원에서 보이는 임피던스는 1 MΩ이 된다. 이러한 큰 입력 임피던스는 큰 임피던스를 갖는 신호원과 함께 사용될 때 이상적이다. 높은 주파수에서 동작할 때 입력 임피던스는 다른 기생 효과들로 인해 낮아지지만, 낮은 주파수에서 증폭기의 입력 임피던스는 R_G와 같다.

그림 7-14(a)의 부하 저항으로 인해 FET 출력 전류 신호는 전압 신호로 바뀌고 전압 이득이 발생한다. 그림 7-14(b)는 트랜지스터의 특성 곡선과 부하선을 보여준다. 앞 절에서 살펴본 바와 같이 부하선의 한쪽 끝은 전원 전압이며, 다른 끝은 아래와 같이 옴의 법칙으로 구할 수 있다.

$$I_{\text{sat}} = \frac{V_{DD}}{R_L} = \frac{20\text{ V}}{5\text{ k}\Omega} = 4\text{ mA}$$

따라서 부하선은 전압축의 20 V에서 전류축의 4 mA로 그어진다. 그림 7-14(b)에는 구해진 부하선이 그려져 있다. 최적의 선형 동작을 위해서 동작점은 부하선의 중심에 가까이 위치해야 한다. FET 증폭기에서 동작점은 게이트-소스 바이어스 전압 V_{GS}에 의해 결정된다. 그림 7-14(a)에서 바이어스 전압은 −1.5 V이며, 그림 7-14(b)에서 동작점은 부하선 상에 존재한다. 동작점을 아래로 연결하여 트랜지스터에 걸리는 정적 전압이 약 11 V라는 것을 알 수 있고, 이는 대략 전원 전압의 절반이다. 따라서 트랜지스터는 선형 동작을 위해 적절히 바이어스되었다고 할 수 있다.

입력 신호는 증폭기를 동작점의 위아래로 구동한다. 그림 7-14(b)에 보이는 바와 같이 1 V 피크 대 피크의 입력 신호로 인해 8 V 피크 대 피크의 출력 신호가 발생하며, 전압 이득은 다음과 같다.

$$A_V = \frac{V_{\text{out}}}{V_{\text{in}}} = \frac{8\text{ V}_{\text{P-P}}}{1\text{ V}_{\text{P-P}}} = 8$$

공통 이미터 증폭기와 같이 공통 소스 증폭기도 180도 위상 반전을 발생시킨다. 그림 7-14(b)를 보면 동작점이 −1.5 V에서 −1.0 V로 이동(양의 방향)할 경우 출력 신호는 대략 11 V에서 7 V(음의 방향)로 바뀌고 있다. 공통 드레인과 공통 게이트 FET 증폭기에서

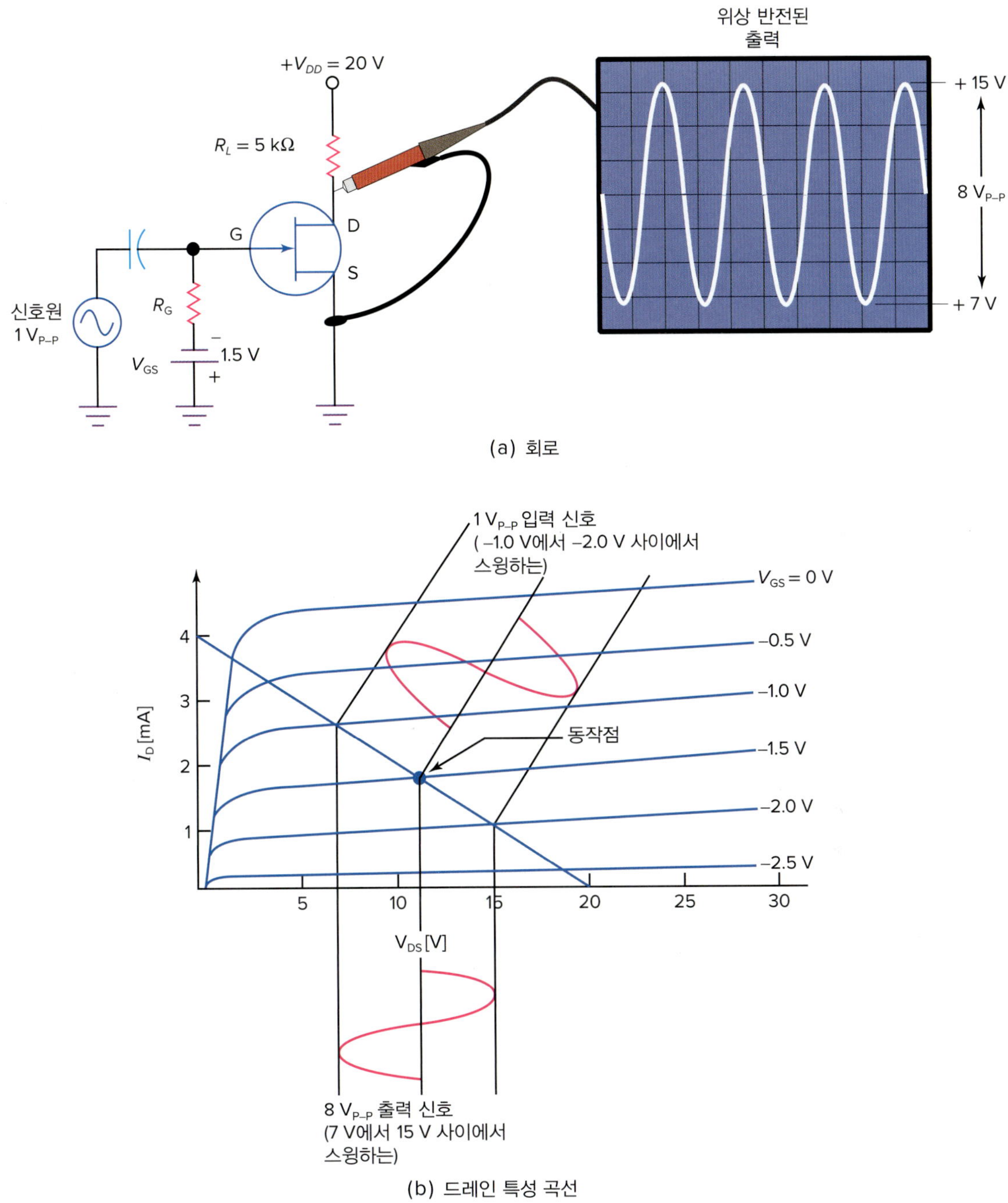

그림 7-14 고정 바이어스를 사용하는 N 채널 FET 증폭기

는 위상 반전이 발생하지 않는다.

순방향 전달 어드미턴스(forward transfer admittance) Y_{fs}를 이용하여 공통 소스 증폭기의 전압 이득을 구하는 또 다른 방법이 있다.

$$Y_{fs} = \frac{\Delta I_D}{\Delta V_{GS}} | V_{DS}$$

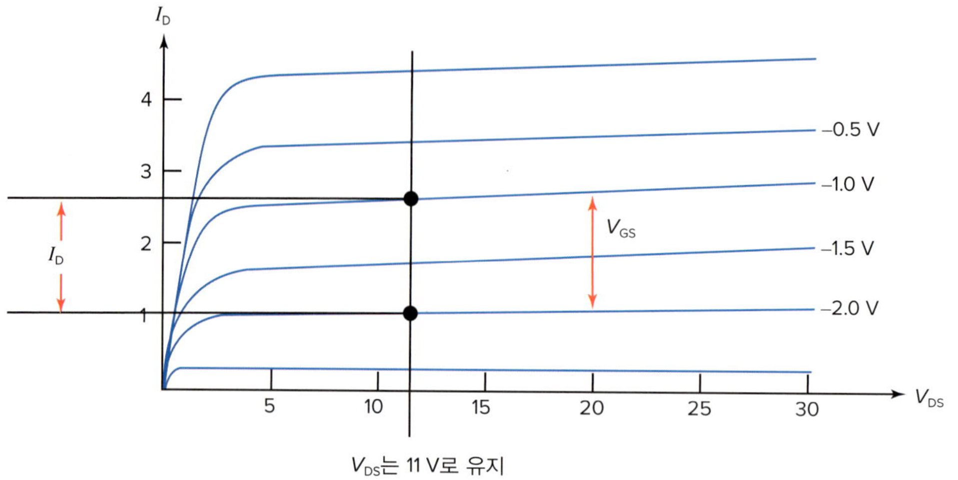

그림 7-15 순방향 전달 어드미턴스의 계산

ΔV_{GS}는 게이트-소스 전압의 변화량, ΔI_D는 드레인 전류의 변화량, 그리고 $|V_{DS}$는 드레인-소스 전압을 의미한다.

드레인 전류 선들을 이용하여 Y_{fs}를 계산할 수 있다. 그림 7-15에서 드레인-소스 전압 V_{DS}는 11 V이다. 게이트-소스 전압 V_{GS}은 −1.0 V에서 −2.0 V로 변하였고, 변화량은 (−1.0 V) − (−2.0V) = 1 V이다. 드레인 전류의 변화량 ΔI_D는 2.6 mA에서 1 mA로 변하여 1.6 mA이다. 이제 트랜지스터의 순방향 전달 어드미턴스를 계산할 수 있다.

$$Y_{fs} = \frac{1.6 \times 10^{-3}\ \text{A}}{1\ \text{V}}$$
$$= 1.6 \times 10^{-3}\ \text{siemens (S)}$$

지멘스(siemens)는 **컨덕턴스**의 단위이다. 오래된 책에서는 컨덕턴스의 단위로 mho를 사용하기도 한다. 지멘스의 약자는 S이며, 컨덕턴스의 기호는 G이고 저항의 **역수**이다.

$$G = \frac{1}{R}$$

컨덕턴스는 DC 특성이고, 어드미턴스는 AC 특성으로 임피던스의 역수이다. 컨덕턴스와 어드미턴스 모두 지멘스 단위를 사용한다.

공통 소스 FET 증폭기의 전압 이득은 다음과 같다.

$$A_V \approx Y_{fs} \times R_L$$

그림 7-14에 보이는 회로의 경우 전압 이득은 다음과 같다.

$$A_V = 1.6 \times 10^{-3}\ \text{S} \times 5 \times 10^3\ \Omega = 8$$

노트: 지멘스와 옴 단위는 **역수** 관계를 갖기 때문에 이득에서 단위들은 **상쇄**되어 사라지

고 숫자만 남는다.

계산된 전압 이득 8은 그림 7-14(b)에서 그림을 이용하여 해석한 값과 같은 결과이다. 식을 이용하여 이득을 계산하는 방법의 장점은 다양한 부하 저항값에 대한 다양한 이득을 쉽게 계산할 수 있다는 것이다. 만일 부하 저항이 8.2 kΩ으로 바뀐다면 부하선을 새로 그릴 필요 없이 전압 이득을 아래와 같이 구할 수 있다.

$$A_V = 1.6 \times 10^{-3}\ \mathrm{S} \times 8.2 \times 10^3\ \Omega$$
$$= 13.12$$

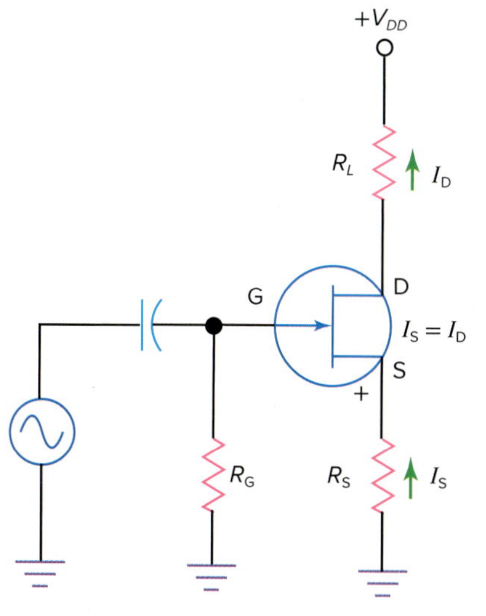

그림 7-16 소스 바이어스를 사용하는 N 채널 FET 증폭기

5 kΩ 부하 저항을 사용할 때 회로의 전압 이득은 8이고, 부하 저항이 8.2 kΩ으로 증가하자 전압 이득 또한 13으로 살짝 증가하였다. 이를 통해 이득은 부하 저항과 **직접적으로** 연관되어 있음을 알 수 있다. 이는 **공통 이미터** BJT 증폭기의 경우도 동일하다. 이러한 관계를 잘 이해하면 증폭기에 문제가 발생했을 경우 문제 원인을 찾고 해결책을 찾는 데 큰 도움이 된다.

그림 7-16은 공통 소스 증폭기의 개선된 회로를 보여준다. 바이어스 전압 V_{GS}는 제거되었으며 대신 소스에 저항 R_S가 추가되었다. 이 저항에 흐르는 전류로 인해 전압 강하가 발생하고, 이 전압 강하로 인해 게이트-소스 접합의 바이어스 전압이 발생한다. 만일 바이어스 전압과 전류를 알고 있다면 소스 저항을 계산하는 것은 간단하다. 소스 전류와 드레인 전류는 같기 때문에 소스 저항은 다음과 같다.

$$R_S = \frac{V_{GS}}{I_D}$$

그림 7-14(a)의 회로와 동작점이 동일하다면, 게이트 바이어스 전압은 −1.5 V가 되어야 하고, 소스 저항은 다음과 같다.

$$R_S = \frac{1.5\ \mathrm{V}}{1.9\ \mathrm{mA}} = 790\ \Omega$$

계산에서 사용된 전류는 포화 전류의 절반 수준임을 주목하라. 그림 7-14(b)를 통해 이 동작점은 부하선의 중심에 위치함을 알 수 있다.

그림 7-16의 회로를 **소스 바이어스**(source bias) 회로라고 한다. 바이어스 전압은 소스 전류가 소스 저항에 흐르며 발생하는 전압 강하로 인해 발생한다. 저항에 발생하는 전압 강하는 소스 단자를 접지 대비 **높은** 전압을 갖게 한다. 게이트 단자는 접지에 연결되어 있고, 게이트 전류는 없어 R_G에 발생하는 전압 강하도 없다. 따라서 게이트 대비 소스 단자

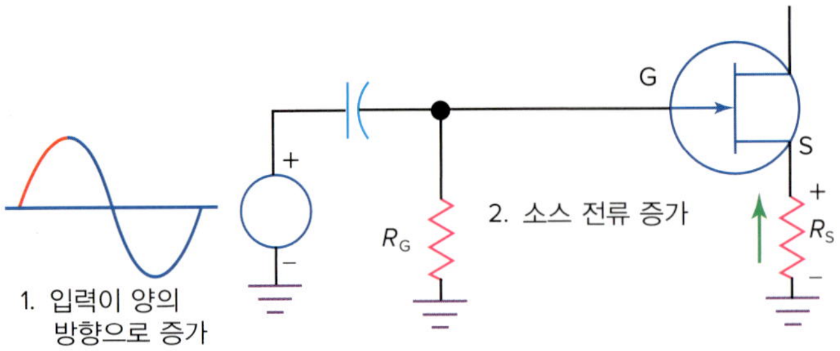

그림 7-17 소스 궤환

의 전압은 더 높은 값을 갖게 된고, 다시 말해 소스 대비 게이트 단자의 전압은 더 낮은 값을 갖게 된다. 이를 통해 그림 7-14(a)에서 V_{GS}를 통해 인가된 동일한 바이어스가 트랜지스터에 공급된다.

소스 바이어스는 2개의 전원 전압을 사용하는 방법에 비해 간단하다는 장점이 있지만 전압 이득이 감소하는 문제가 있다. 그림 7-17에는 그 이유가 설명되어 있다. 입력 신호가 게이트 전압을 양의 방향으로 구동하면, 소스 전류는 증가하게 된다. 이로 인해 소스 저항 양단의 전압 강하는 증가하게 되고, 소스 단자의 전압은 접지 대비 더욱 높은 전압으로 바뀌게 된다. 이로 인해 소스에 대한 게이트 전압은 감소하게 되고, 이상의 과정을 통해 **입력 신호는 상쇄된다**.

증폭기가 신호를 발생시킬 때, 입력 신호와 상호작용을 하게 된다. 그림 7-17은 **궤환**을 통해 증폭기의 동작에 영향을 미치는 경우를 보여준 것이다. 이 예제에서 궤환은 입력 신호를 **상쇄**하는 작용을 하였다. 이러한 형태의 궤환을 부궤환이라 한다.

부궤환(negative feedback)은 증폭기의 이득을 감소시키고, 주파수 동작 영역을 증가시킨다. 부궤환은 증폭기의 왜곡을 감소시키기 위해서도 사용된다. 따라서 부궤환은 좋은 것도 아니고 나쁜 것도 아니며, 상황에 따라 장단점을 판단해야 한다. 만일 매우 큰 전압 이득이 필요한 경우 부궤환은 좋은 선택이 아닐 수 있다. 그림 7-18에서 소스 바이어스 회로에 **소스 바이패스 커패시터**가 추가되었다. 이 커패시터로 인해 부궤환은 없어지고 이득은 증가하게 된다. 소스 커패시터의 커패시턴스는 신호 주파수 대역에서 충분히 낮은 리액턴스를 갖게 선택되어야 한다. 소스 커패시터는 입력 신호로 인해 소스 전류가 변할 때 소스 전압이 스윙하는 것을 막아주며 이러한 역할은 공통 이미터 증폭기에서 이미터 바이패스 커패시터가 한 역할과 동일하다.

BJT에 대해 논의할 때, β는 상당히 큰 가변폭을 갖는다는 것을 알았다. 이로 인해 β의 변화에 민감하지 않는 회로 설계가 필요하였다. 전계효과 트랜지스터 또한 각 파트별 상당히 큰 특성의 차이가 있고, 역시 회로의 특성 변화에 민감하지 않은 회로 설계가 요구된다.

그림 7-14(a)의 회로는 **고정 바이어스**(fixed bias)라고 한다. 고정 바이어스 회로는 트

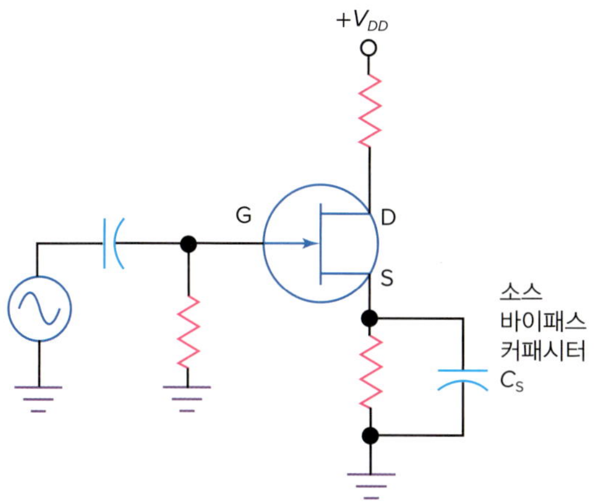

그림 7-18 소스 바이패스 커패시터 추가

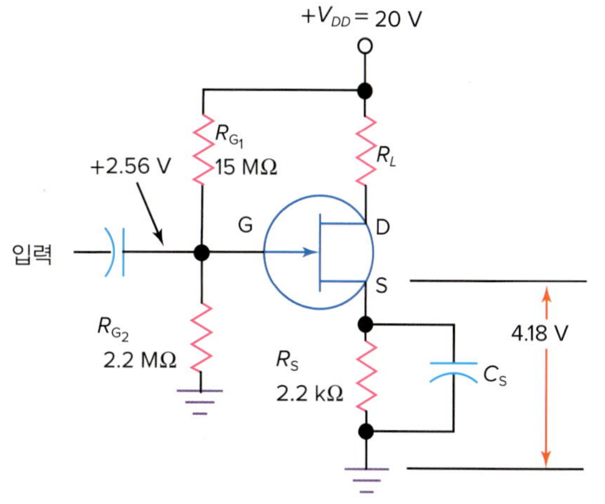

그림 7-19 조합 바이어스를 사용하는 FET 증폭기

랜지스터의 특성이 바뀔 경우 증폭기 특성의 변화가 심해 좋은 성능을 내지 못한다. 그림 7-16은 소스 바이어스를 사용하고, 소스 바이어스는 트랜지스터 특성이 변하는 상황에서 안정적인 특성을 보여준다. 예를 들어 어떤 트랜지스터가 전류를 평균 대비 더 많이 흘려주고 있다면 소스 바이어스 전압은 자동적으로 증가하고, 증가한 소스 바이어스 전압으로 인해 전류는 감소하게 된다. 따라서 소스 저항으로 인해 회로는 안정화된다.

소스 저항이 크면 클수록 동작점은 더더욱 안정화된다. 하지만 너무 큰 소스 저항은 너무 큰 소스 바이어스 전압을 발생시키고 회로를 차단 영역에서 동작하게 만든다. 이러한 문제를 해결할 수 있다면 더 좋은 회로가 될 것이다. 그림 7-19는 **조합 바이어스**(combination bias)라고 하는 한 가지 방법을 보여준다. 이 바이어스 회로는 고정 바이어스와 소스 바이어스의 조합으로 구성되어 있다. 전압 분배기로 발생된 양의 전압이 게이트에 공급되고 있고, 전압 분배 회로는 R_{G_1}과 R_{G_2}로 구성되어 있다. 이들 저항은 증폭기의 입력 저항을 크게 만들기 위해 보통 매우 큰 값을 갖는다.

조합 바이어스 회로에서 R_S는 매우 큰 값을 가질 수 있다. 바이어스 전압 V_{GS}는 양의 고정된 전압을 게이트에 공급한다. 이 고정된 양의 전압은 소스 저항에서 발생한 전압 강하의 효과를 완화시킨다.

간단한 계산을 통해 조합 바이어스 회로의 동작을 확인할 수 있다. 그림 7-19 회로에 필요한 소스 전류가 1.9 mA라고 가정한다면, R_S의 전압 강하는 다음과 같다.

$$V_{R_S} = 1.9 \text{ mA} \times 2.2 \text{ k}\Omega$$
$$= 4.18 \text{ V}$$

다음으로 전압 분배기의 출력 전압을 계산하여 V_G를 구한다.

$$V_G = \frac{2.2 \text{ M}\Omega}{2.2 \text{ M}\Omega + 15 \text{ M}\Omega} \times 20 \text{ V}$$

$$= 2.56 \text{ V}$$

앞에서 계산한 두 전압은 모두 접지 대비 양의 값을 갖고 소스 전압은 게이트 전압보다 더 높다. 따라서 소스 전압 대비 게이트 전압은 상대적으로 음의 값을 갖게 되고 그 양은 다음과 같다.

$$V_{GS} = 2.56 \text{ V} - 4.18 \text{ V} = -1.62 \text{ V}$$

그림 7-19에서 살펴본 바와 같이 바이어스 전압을 살펴보았을 때, V_G와 V_{GS}는 다르다. 게이트 전압 V_G는 접지를 기준으로 측정되며, 게이트-소스 전압 V_{GS}는 소스를 기준으로 측정된다. 또 하나 전압 측정 시 중요한 점은 측정기로 인한 부하 효과이다. 그림 7-19와 같은 큰 임피던스를 갖는 회로를 측정할 때, 회로에 영향을 주지 않고 정확한 결과를 얻기 위해서 전압 측정기의 임피던스는 훨씬 커야 한다.

그림 7-20은 P 채널 JFET 증폭기이다. 전원 전압은 접지 대비 음의 값을 가지며, 전류는 N 채널 증폭기의 경우와 반대이다. 이 전류에 의해 발생하는 전압 강하로 인해 게이트-소스 다이오드의 역바이어스 전압이 생성되고, R_G에 흐르는 게이트 전류는 없다.

예제 7-5

그림 7-20의 회로에서 드레인 전류가 2 mA이고 소스 저항이 860 Ω일 때, 게이트-소스 바이어스를 구하시오. 그림 7-16의 회로와 비교하여 어떤 차이가 있는가? 바이어스 전압은 옴의 법칙과 소스 전류와 드레인 전류가 같다는 관계를 이용하여 구할 수 있다.

$$V_{GS} = I_S \times R_S = 2 \text{ mA} \times 860\ \Omega = 1.72 \text{ V}$$

그림 7-20의 V_{GS}는 양의 값을 갖고 그림 7-16에서는 음의 값을 갖는 차이가 있다.

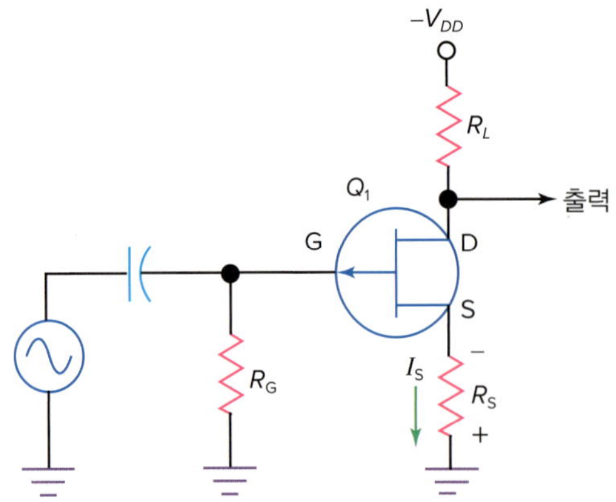

그림 7-20 P 채널 JFET 증폭기

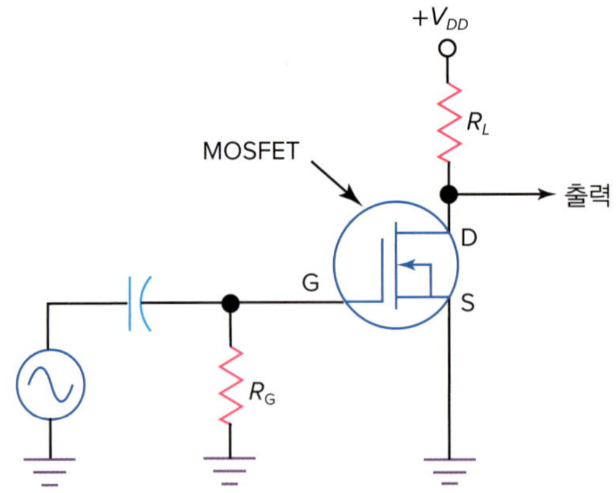

그림 7-21 제로 바이어스 MOSFET 증폭기

그림 7-21은 **제로 바이어스**를 통해 선형 동작이 가능함을 보여준다. 이때 트랜지스터는 MOSFET이라는 것을 주목해야 한다. MOSFET에서 게이트는 소스와 **절연**되어 있고, 게이트-소스 전압의 극성에 무관하게 게이트 전류는 발생하지 않는다. 신호가 양의 방향으로 증가하면, 드레인 전류는 증가하게 된다. MOSFET은 **증가형**(enhancement mode)과 **공핍형**(depletion mode)이 있고, 그림 7-21의 제로 바이어스 회로는 공핍형 MOSFET의 경우를 보여준다.

그림 7-22는 **듀얼 게이트**(dual gate) MOSFET 증폭기를 보여준다. 최대 이득은 변압기의 공진 주파수 근처에서 얻어진다. 신호는 MOSFET의 게이트 1(G_1)에 인가되고 출력은 드레인 회로에 나타난다. 증폭기의 이득은 게이트 2(G_2)를 조절하여 큰 폭으로 제어할 수 있다.

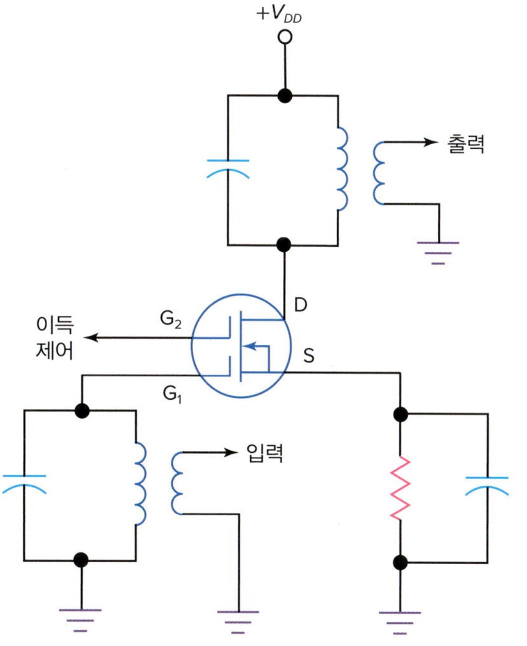

그림 7-22 듀얼 게이트 MOSFET 증폭기

그림 7-23의 그래프는 일반적인 증폭기의 이득 범위를 보여준다. 최대 전력 이득은 20 dB이며 게이트 2가 소스 대비 3 V 전압을 가질 때 얻어진다. 제로 바이어스에서 이득은 5 dB이며, 게이트 2가 음의 값을 가지면 이득은 감소하게 되고 최소 이득은 −28 dB이다. 최소 이득 −28 dB는 28 dB의 손실을 의미한다.

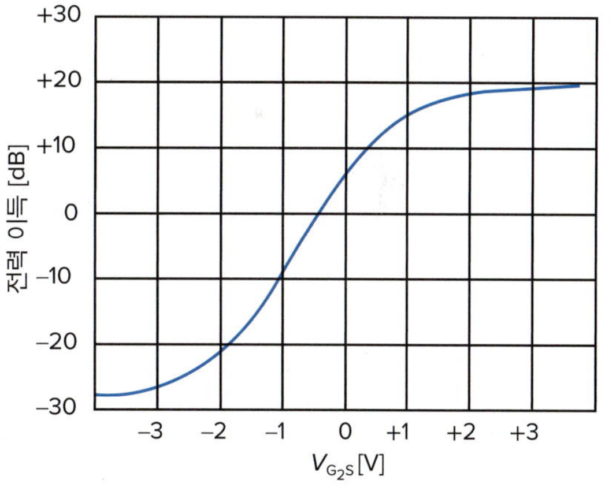

그림 7-23 이득에 대한 V_{G_2} 효과

이득의 전체 변화폭은 +20에서 −28 dB까지 48 dB의 범위를 갖는다. 이는 전력 비로 약 63,000:1에 해당한다. 따라서 G_2의 전압을 적절히 제어한다면 그림 7-22의 회로는 매우 넓은 입력 신호의 범위에서 동일한 출력 신호를 출력할 수 있게 된다. 이러한 증폭기는 통신 시스템과 같이 신호 크기가 매우 크게 변하는 상황에서 사용 가능하다.

전계효과 트랜지스터는 여러 가지 장점을 가지고 있다. 하지만 BJT는 가격이 저렴하고 전압 이득이 매우 크다는 장점이 있고, 이러한 장점으로 인해 더 많은 경우에 주로 사용되고 있다.

전계효과 트랜지스터는 특별한 기능이 필요할 경우 주로 사용된다. 예를 들어 매우 큰 입력 임피던스가 필요한 경우 FET가 사용되고, 다단 선형 시스템에서 첫 번째 단이나 두 번째 단에 큰 입력 임피던스를 위해 사용된다.

그림 7-24의 트랜지스터 Q_1은 JFET이고 Q_2는 BJT이다. JFET로 인해 입력 임피던스는 매우 크고, BJT로 인해 적절한 가격과 높은 전력 이득을 얻을 수 있다. 이러한 조합은 최적의 가격으로 최선의 성능을 낼 수 있는 한 예이다.

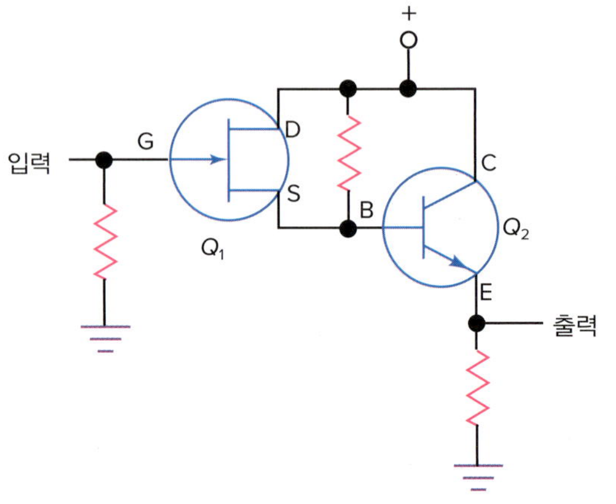

그림 7-24 FET와 BJT를 조합한 소자

좀 더 알아보기

전자공학과 인체

신경에 의한 인간 두뇌로의 부궤환이 없다면, 인간은 걷는 것조차 불가능하다.

Self-Test

각 문장이 참인지 거짓인지 판단하시오.

24. 전압 제어 증폭기는 전류 제어 증폭기 대비 일반적으로 낮은 입력 임피던스를 가진다.
25. JFET 증폭기에서 게이트 전류가 발생하지 않게 하기 위해 게이트-소스 접합은 역바이어스되어야 한다.
26. 그림 7-14(a)에서 보이는 바와 같이 별도의 게이트 전원은 게이트 접합의 역바이어스를 위해 최선의 방법이다.
27. FET 증폭기의 전압 이득의 단위는 지멘스이다.
28. 소스 바이어스는 FET 증폭기를 안정화시킨다.
29. 듀얼 게이트 MOSFET는 선형 증폭기로 사용되지 않는다.

다음 문제를 해결하시오.

30. 그림 7-14(a)에서 $I_D = 3$ mA일 경우, V_{DS}를 구하시오.
31. 그림 7-14(b)에서 $V_{GS} = 0$ V일 경우, 트랜지스터는 어느 영역에서 동작하는가?
32. 그림 7-14(b)에서 $V_{GS} = -3.0$ V일 경우, 트랜지스터는 어느 영역에서 동작하는가?

33. 그림 7-16에서 I_D = 1.5 mA이고 R_D = 1,000 Ω일 경우, V_{GS}값을 구하시오.

34. 그림 7-19에서 V_{DD} = 15 V이고 I_D = 2 mA일 경우, V_{GS} 값을 구하시오. 소스 대비 게이트 극성은 무엇인가?

35. 그림 7-24에서 Q_1과 Q_2 각각 어떤 증폭기의 구성을 갖는가?

36. 그림 7-24에서 입력 전압이 양의 방향으로 증가하면 출력 신호는 어느 방향으로 움직이는가?

7-4 부궤환

그림 7-25는 두 블록도를 보여준다. 그림 7-25(a)에서 블록 A는 증폭기의 **개 루프 이득**(open-loop gain)을 나타내며, 이는 **부궤환**이 없는 회로의 이득을 나타낸다. 예를 들어 A = 50이라고 가정하자. 부궤환이 되면 출력 V_{out}은 **폐 루프 이득**(closed-loop gain)에 의해 결정되며 이는 항상 A보다 작다. A = 50이라고 가정하면 폐 루프 이득은 50보다 작다. 블록 B는 출력 신호의 일부를 입력에 전달하는 궤환 회로를 나타낸다. **궤환 비**(feedback ratio)는 출력에서 입력으로 전달되는 신호의 비를 말한다. 만일 블록 B가 동일한 두 저항으로 만들어진 전압 분배기라면 B = 0.5가 된다. 그림 7-25(a)의 더하기 부분은 입력 신호와 궤환 신

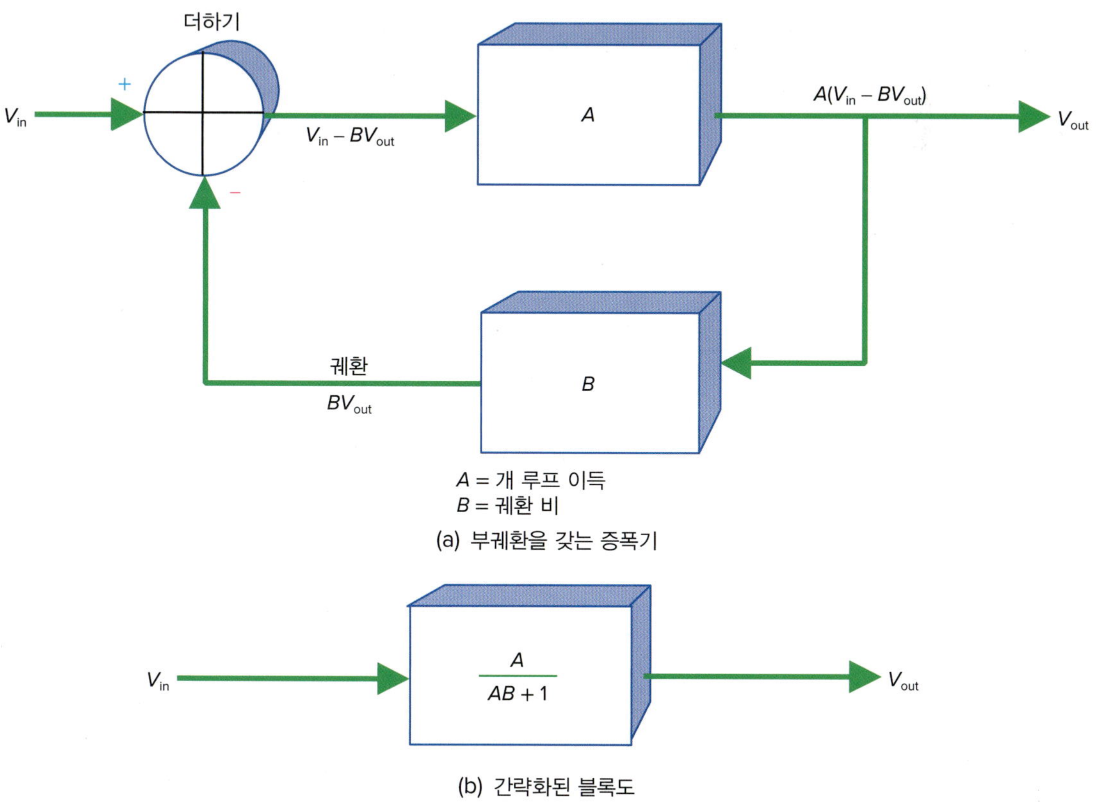

(a) 부궤환을 갖는 증폭기

(b) 간략화된 블록도

그림 7-25 부궤환 블록도

호가 결합되는 것을 의미한다.

그림 7-25(b)는 간략화된 회로를 보여주며, 이 간략화된 블록도를 통해 폐 루프 이득을 더 쉽게 이해할 수 있다.

부궤환은 증폭기의 이득을 감소시키며, 어떤 이득도 제공하지 않는 것처럼 보일 수 있다. 하지만 부궤환은 이득의 감소라는 단점을 보상하는 여러 가지 장점을 가지고 있고, 다음은 부궤환을 사용하는 주요 이유들이다.

1. **증폭기의 안정화**: 증폭기의 이득과 동작점을 소자의 특성과 온도 변화에 민감하지 않게 만든다.
2. **증폭기의 대역폭 증가**: 부궤환은 증폭기의 이득을 더 넓은 주파수 대역까지 증가시킨다.
3. **증폭기의 선형성 개선**: 신호 왜곡을 감소시킨다.
4. **증폭기의 잡음 특성 개선**: 증폭기의 잡음 특성을 개선하여 출력 잡음 양을 감소시킨다.
5. **증폭기 임피던스 변화**: 입력 임피던스와 출력 임피던스를 증가시키고 감소시킨다.

예제 7-6

개 루프 이득이 50이고 궤환 비가 0.5일 경우 폐 루프 이득을 구하시오. 간략화된 모델을 이용하면 다음과 같다.

$$\frac{V_{out}}{V_{in}} = A_{CL} = \frac{A}{AB+1}$$

$$= \frac{50}{50 \times 0.5 + 1} = 1.92$$

부궤환으로 인해 이득이 많이 감소하였음을 알 수 있다.

간략화된 폐 루프 이득 식은 쉽게 유도될 수 있다. 그림 7-25(a)에서 출력 신호는 다음과 같이 된다.

$$V_{out} = A(V_{in} - BV_{out})$$

곱하기:

$$V_{out} = AV_{in} - ABV_{out}$$

양변을 V_{out}으로 나누기:

$$1 = \frac{AV_{in}}{V_{out}} - AB$$

AB를 양변에 더하기:

$$AB + 1 = \frac{AV_{\text{in}}}{V_{\text{out}}}$$

양변을 A로 나누기:

$$\frac{AB + 1}{A} = \frac{V_{\text{in}}}{V_{\text{out}}}$$

양변을 역수 취하기:

$$\frac{A}{AB + 1} = \frac{V_{\text{out}}}{V_{\text{in}}} = A_{\text{CL}}$$

그림 7-26은 **컬렉터 궤환**이 있는 공통 이미터 증폭기이다. 저항 R_F는 컬렉터 출력 단자에서 베이스 입력 단자로 신호 궤환을 만들고 있다. 저항 R_F는 AC 신호와 DC 모두에 궤환을 만들어주며, **DC 궤환**으로 인해 증폭기의 동작점은 안정화된다. 만일 온도가 증가하면 트랜지스터의 이득과 컬렉터 전류는 증가하게 된다. 하지만 그림 7-26의 R_F가 V_{CC} 전원 전압이 아닌 컬렉터 단자에 연결되었기 때문에 컬렉터 전류가 증가하게 되면 컬렉터 전압은 감소하게 되고, 베이스에 공급되는 전압이 감소하게 된다. 이로 인해 베이스 전류를 위해 공급되는 바이어스 전압이 감소하고 베이스 전류는 감소하게 된다. 이 베이스 전류의 감소는 컬렉터 전류를 감소시키고 온도 증가에 의해 발생한 컬렉터 전류의 증가 효과를 상쇄시킨다. 만일 트랜지스터가 훨씬 큰 전류 이득을 갖는 것으로 바뀌어도 R_F로 인해 이 변화는 상쇄되고 회로는 안정화된다. 증폭기의 전류를 직접 궤환하는 방식은 동작점을 원하는 곳에서 변하지 않게 안정화시키는 좋은 방법이며, 그림 7-26의 이미터 저항은 추가적인 궤환을 제공하고 회로를 더욱 안정화시킨다.

그림 7-26에서 R_F로 인해 **AC 궤환**(AC feedback)이 발생한다. 증폭기에 신호가 구동되면 컬렉터 단에 위상이 반전된 출력 신호가 나타난다. 이 출력 신호는 궤환되어 증폭기의 전류 이득을 감소시키고 입력 임피던스를 감소시킨다. 예를 들어 증폭기의 전압 이득이 50이고 R_F가 100 kΩ이라면 신호 소스의 변화는 50배 증폭되고 위상 반전되어 컬렉터 단에 나타날 것이다. 이로 인해 R_F로 흐르는 **AC 신호 전류**는 R_F가 V_{CC}에 연결되었을 경우에 비해 **50배 커지게** 된다. R_F로 흐르는 신호 전류는 신호 전압에 비례한다. 증폭기의 이득이 50이므로, 신호 전류는 50배 증가하게 된다. 이로 인해 신호원에서 R_F는 실제 값 대비 1/50으로 작게 보여 2 kΩ으로 보인다. 따라서 그림 7-26의 AC 궤환으로

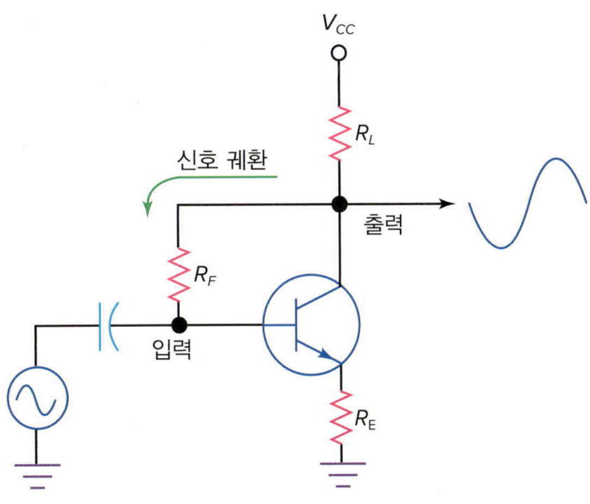

그림 7-26 컬렉터 궤환이 있는 공통 이미터 증폭기

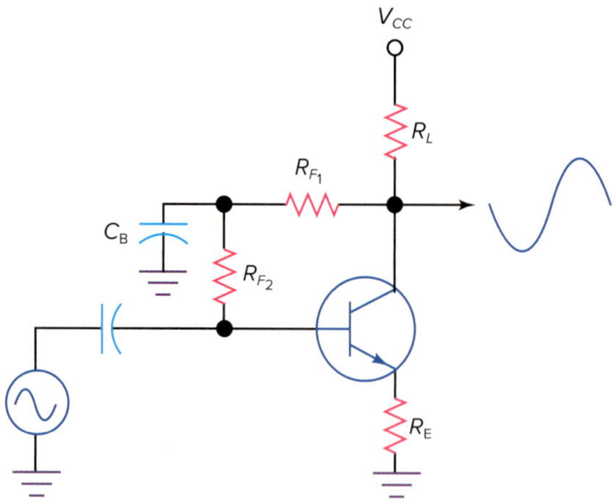

그림 7-27 AC 궤환 제거

인해 입력 전류는 증가하고 증폭기의 전류 이득은 감소하게 된다. 전압 이득은 R_F로 인해 바뀌지 않는다.

경우에 따라 AC 궤환이 불필요할 수 있다. 그림 7-27은 AC 궤환을 어떻게 제거하는지 보여준다. 궤환 저항은 R_{F_1}과 R_{F_2}로 구성되어 있다. 이 두 저항의 접점에 접지로 바이패스 커패시터 C_B가 연결되어 있다. 이 커패시터는 신호 주파수 대역에서 매우 낮은 리액턴스를 갖게 되면, 이는 단락 회로로 동작하고 어떤 AC 궤환도 트랜지스터의 베이스로 전달될 수 없다. 이 회로는 AC 궤환이 제거되었기 때문에 입력 임피던스와 전류 이득이 그림 7-26의 회로보다 높다. 그림 7-27의 바이패스 커패시터는 DC 동작에 **아무런 영향을 주지 않는다**. 커패시터의 0 Hz에서의 리액턴스는 무한대이고, 증폭기는 안정화된 그림 7-26과 동일한 동작점을 갖는다.

많은 경우에 이미터 저항은 충분한 궤환을 제공한다. 그림 7-28에서 이미터 저항기 R_E로 인해 DC 및 AC 궤환이 발생한다. DC 궤환으로 인해 증폭기의 동작점은 안정화된다. 이미터 저항 R_E가 바이패스되지 않았기 때문에 증폭기에 입력 신호가 구동되면 이미터 저항에 신호 스윙이 나타난다. 이미터 저항에 나타나는 저항은 입력 신호와 동 위상이며 입력 신호가 양의 방향으로 구동되면 이미터 저항에 나타나는 전압도 양의 방향으로 움직인다. 이러한 과정으로 인해 베이스-이미터 간의 신호 전압 및 증폭기의 전압 이득은 감소한다. 증폭기의 입력 임피던스는 이 장의 앞에서 논의한 바와 같이 증가하게 된다. 증폭기의 전압 이득을 개선하기 위해 R_E를 바이패스할 수 있고, 바이패스로 인해 입력 임피던스는 감소하게 된다.

매우 큰 입력 임피던스가 필요한 경우 그림 7-29와 같은 회로가 사용될 수 있다. 그림 7-29의 회로는 **부트스트랩 회로**라고 하며 커패시터 C_B와 저항 R_B로 인해 궤환이 발생하고 증폭기의 입력 임피던스는 크게 증가한다. 바이패스되지 않은 이미터 저항으로 인해 입력 신호와 동 위상의 신호가 발생하고, 이 신호는 C_B를 통해 R_B로 전달된다. 이 신호는 입력 신호와 동 위상이기 때문에 R_B로 흐르는 신호 전류를 감소시킨다. 예를 들어 R_B의 오른쪽 단자로 전달된 궤환 신호가 신호원에서 공급되는 신호와 크기가 같다면 이 저항으로 흐르는 전류는 발생하지 않는다. 따라서 R_B는 신호 관점에서 **무한대의 임피던스**로 보인다. 실제 회로에서 궤환 신호는 입력 신호보다 크기가 작기 때문에 약간의 신호 전류가 R_B로 흐르게 된다. 하지만 신호 입장에서 R_B는 실제 값보다 훨씬 크게 보이게 된다. R_B는 DC 바이어스를 위한 전압 분배기와 직렬로 연결되었기 때문에 신호원을 두 바이어스 저항과 분리시킨

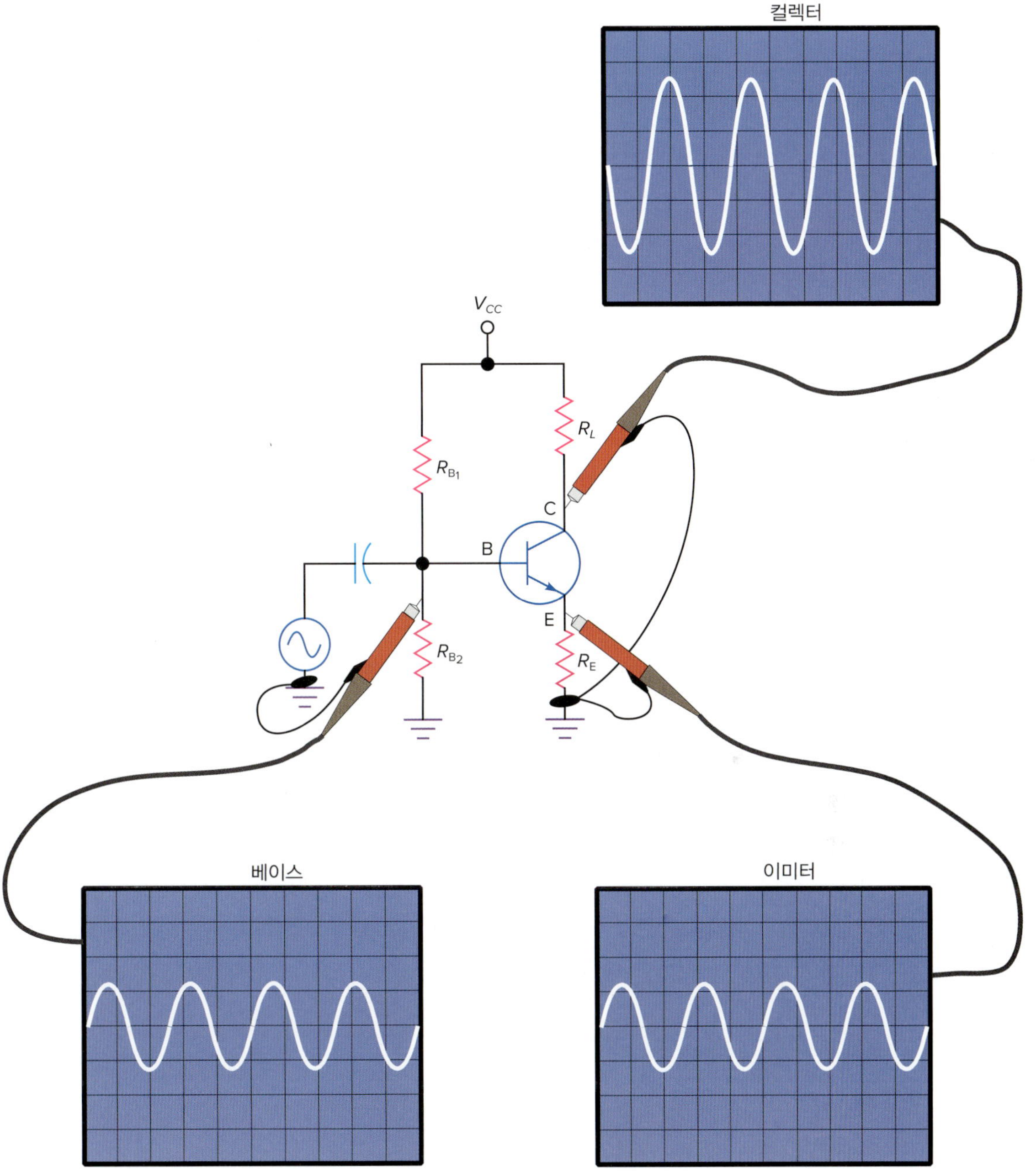

베이스, 이미터 신호는 거의 동일하다.

그림 7-28 이미터 궤환을 포함한 공통 이미터 증폭기

다. 그림 7-29와 같은 부트스트랩 증폭기에서 입력 임피던스는 수십 MΩ 수준으로 크게 증가한다. 그림 7-28의 회로에서 입력 임피던스는 약 수 kΩ 수준이었다.

이제까지 살펴본 바와 같이 부궤환은 전류 이득과 전압 이득을 감소시킨다. 입력 임피던스는 부궤환으로 인해 증가하기도 하고 감소하기도 한다. 전류 또는 전압 이득이 감소함

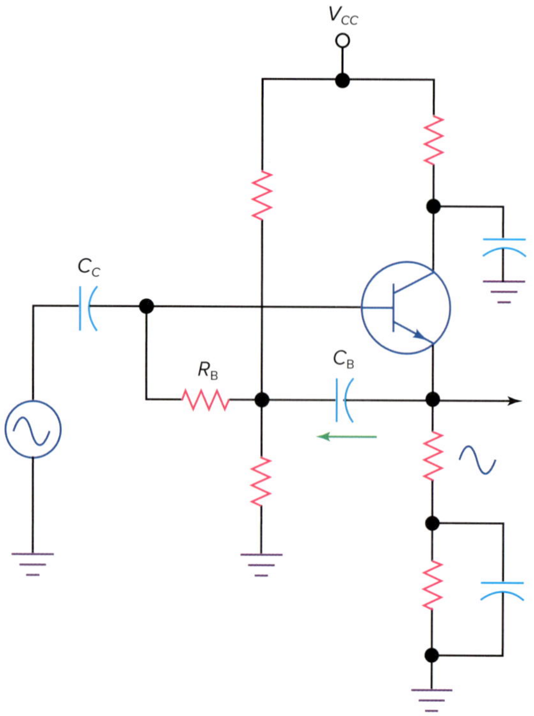

그림 7-29 큰 입력 임피던스를 얻기 위한 부트스트랩 회로

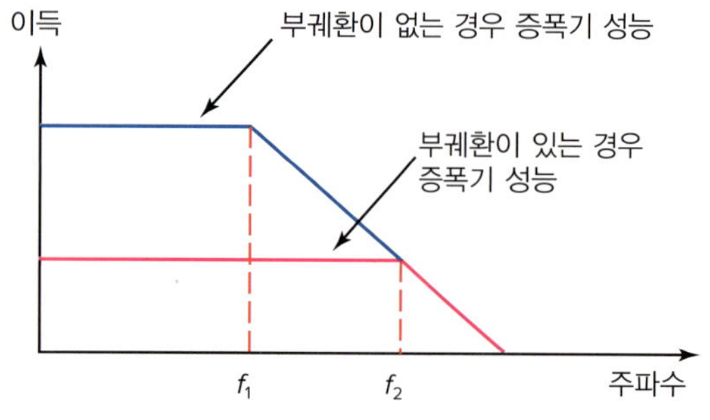

그림 7-30 이득과 대역폭에 대한 궤환의 영향

에도 불구하고 부궤환을 사용해야 하는 이유는 무엇일까? 경우에 따라 적절한 입력 임피던스가 필수적으로 필요하게 된다. 이때 이득의 감소는 다른 단에서 증폭하여 보상할 수 있다. 궤환을 사용하는 또 다른 이유는 **대역폭의 개선**(improving bandwidth) 때문이다. 그림 7-30에서 증폭기의 이득은 부궤환이 없는 경우 가장 좋다. 고주파수에서 이득은 감소하기 시작하고 그림 7-30에서 이 주파수는 f_1이다. 이득의 감소는 트랜지스터와 회로의 커패시턴스에 의해 발생하며, 모든 트랜지스터는 주파수가 증가함에 따라 이득의 감소를 보인다. 주파수가 증가함에 따라 커패시터의 리액턴스는 감소하고, 리액턴스의 증가로 인해 증폭기의 이득은 감소한다.

그림 7-30의 부궤환이 있는 경우 증폭기 성능을 보면 저주파수에서의 이득은 크게 감소하였으나 f_1까지 일정한 값을 유지함을 알 수 있다. 주파수 f_2는 f_1보다 훨씬 크며, 부궤환으로 인해 이득은 감소하였지만 동작 주파수 대역은 크게 증가함을 알 수 있다. 이득의 감소는 추가의 증폭기로 쉽게 해결이 가능하다.

부궤환은 **잡음과 왜곡** 또한 **감소**시킨다. 신호에 잡음이나 왜곡이 발생하였다고 가정하면 발생한 잡음과 왜곡은 출력에 나타난다. 출력의 일부는 입력으로 인가되고 잡음과 왜곡은 입력에 반대 위상으로 나타나게 된다. 부궤환에서 출력 신호는 입력 신호를 상쇄시키는 방향으로 나타나는 것을 기억하라. 따라서 잡음과 왜곡은 상쇄되어 크게 개선되고 증폭기의 성능은 크게 개선된다.

예제 7-7

표 7-2의 부궤환 이득을 구하시오. 그림 7-31에서 보이듯이 부궤환은 Q_1의 소스 저항에 의해 발생하고 있고, 이 저항은 5.1 kΩ과 함께 전압 분배기로 동작한다. 궤환 비는 전압 분배 식을 통해 구할 수 있다.

$$B = \frac{180\ \Omega}{180\ \Omega + 5.1\ \text{k}\Omega} = 0.0341$$

표 7-2의 개 루프 이득은 240이므로 폐 루프 이득은 다음과 같이 구할 수 있다.

$$A_{\text{CL}} = \frac{A}{AB + 1} = \frac{240}{(240)(0.0341) + 1} = 26.1$$

이 결과는 표에서 보여주는 것과 같다. 이득은 왜곡의 감소와 대역폭의 증가를 대가로 감소하였다.

그림 7-31은 부궤환을 연결하고 끊을 수 있는 직렬 연결된 증폭기를 보여준다. 궤환 회로는 25 μF으로 차단되기 때문에 AC 동작에만 영향을 준다. 위의 그래프는 부궤환이 있는 경우의 특성이다. 두 파형은 모두 삼각파이고 왜곡은 거의 없음을 주목하라. 아래 그래프는 부궤환이 없는 경우의 특성이다. 아래 그래프의 신호에는 왜곡이 발생하였다. 표 7-2는 궤환이 있는 경우와 없는 경우의 성능 차이를 비교하고 있다. **주파수 대역폭**은 $f_{\text{H}} - f_{\text{L}}$이며, 궤환이 있는 경우 크게 개선됨을 주목하자.

삼각파는 클리핑과 그 외 신호의 왜곡을 확인하기 위해 많이 사용된다. 사인파 대비 삼각파는 직선 형태의 파형으로 인해 더 쉽게 분석이 가능하다.

그림 7-32은 부궤환된 NPN-PNP 증폭기를 보여준다. PNP 트랜지스의 컬렉터 회로는 NPN 트랜지스터의 이미터 회로이기도 하며, 이 증폭기에서 DC 및 AC 모두 궤환되고 있다.

표 7-2 궤환이 있고 없는 경우 성능 비교

	궤환이 있는 경우	궤환이 없는 경우
A_V	26 (28 dB)	240 (48 dB)
f_L	150 Hz	1.2 kHz
f_H	1.9 MHz	190 kHz
왜곡	없음	큼

예제 7-8

그림 7-32의 증폭기의 동작점을 확인하시오. 입력 베이스 전압을 먼저 확인하면 다음과 같다.

$$V_{\text{B(NPN)}} = \frac{5.1\ \text{k}\Omega}{5.1\ \text{k}\Omega + 27\ \text{k}\Omega} \times 12\ \text{V}$$

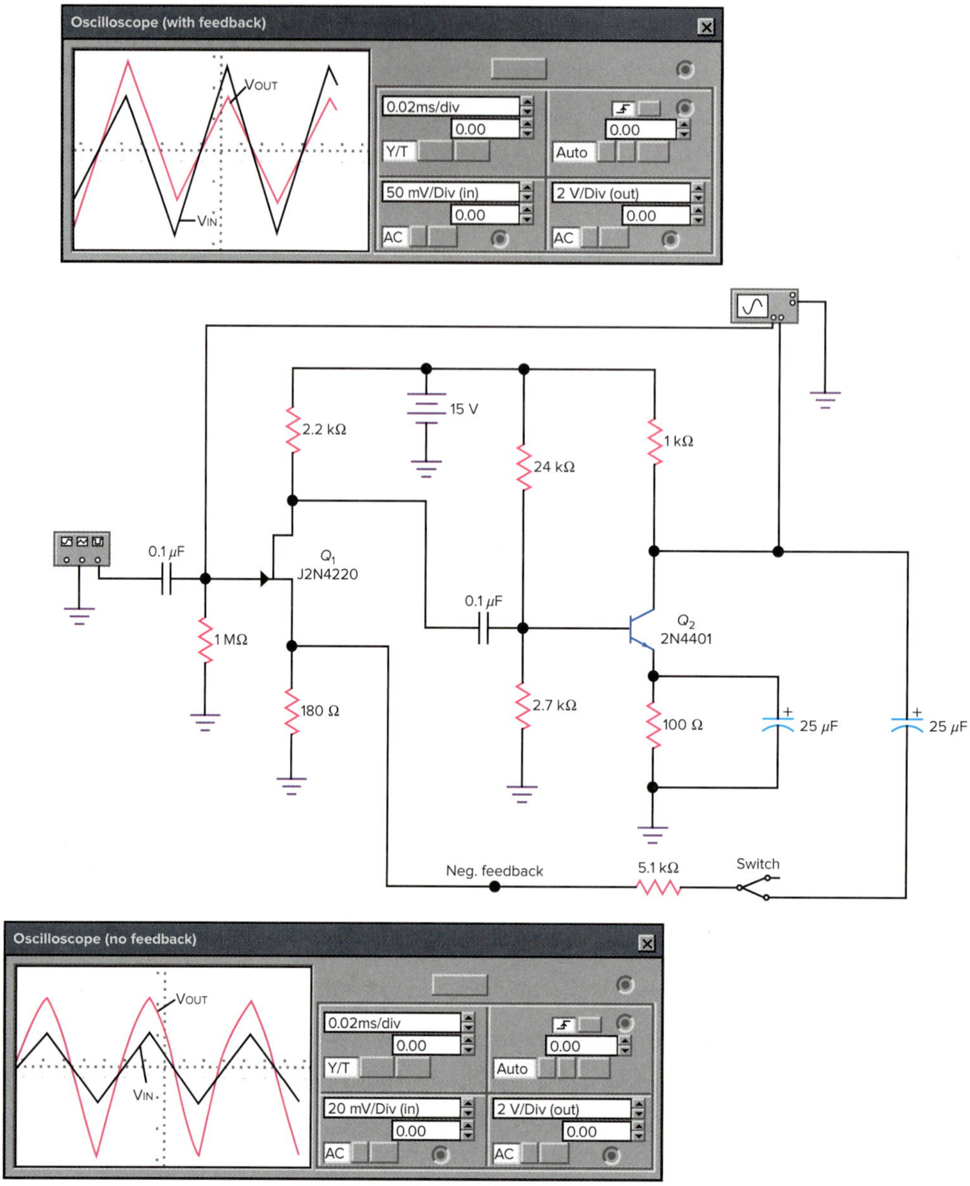

그림 7-31 부궤환을 연결하고 끊을 수 있는 두 단 증폭기

$$= 1.91\ \text{V}$$

$$I_{(560\ \Omega)} = \frac{1.91\ \text{V} - 0.7\ \text{V}}{560\ \Omega} = 2.16\ \text{mA}$$

저항은 두 트랜지스터에 공유되고 있기 때문에 앞에서 구한 전류는 NPN 트랜지스터로 흐르는 전류가 **아니다**. 그림 7-32에서 PNP 트랜지스터의 베이스-이미터 접합은 680 Ω 저항과 **병렬** 연결되어 있다. 실리콘에서 0.7 V가 일반적인 값이므로 전류는 다

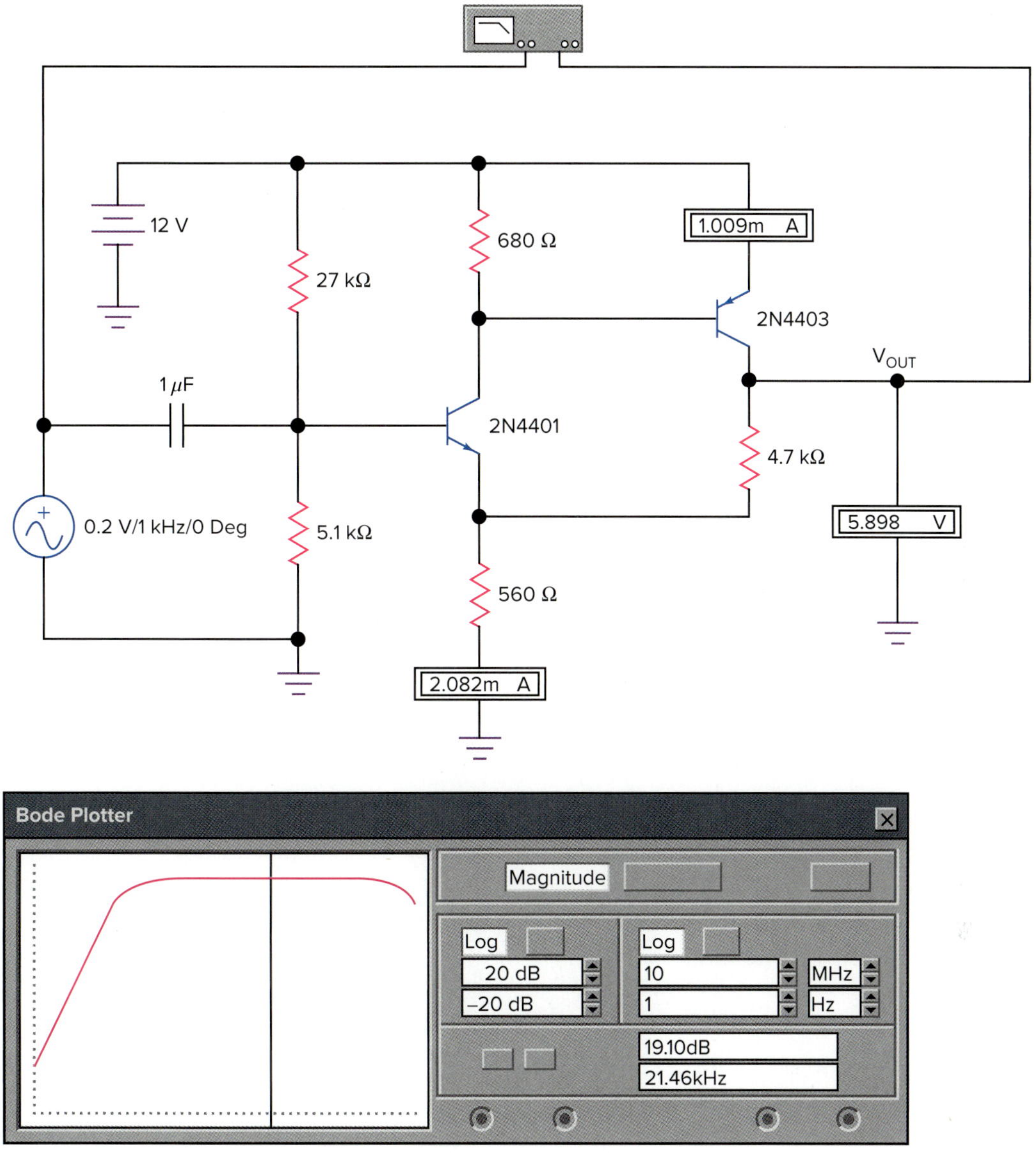

그림 7–32 직렬 궤환이 있는 NPN–PNP 증폭기

음과 같이 구할 수 있다.

$$I_{680\,\Omega} = \frac{0.7\text{ V}}{680\ \Omega} = 1.03\text{ mA}$$

$I_E = I_C$로 가정할 수 있으므로, 2.16 mA에서 위의 전류를 빼서 PNP 트랜지스터의 전류를 구할 수 있다.

$$I_{C(\text{PNP})} = I_{E(\text{PNP})} = 2.16\text{ mA} - 1.03\text{ mA}$$

$$= 1.13\text{ mA}$$

마지막으로 증폭기의 출력 전압을 구하면 된다. 4.7 kΩ 양단의 전압 강하는 다음과 같다.

$$V_{4.7\,\text{k}\Omega} = 1.13\text{ mA} \times 4.7\text{ k}\Omega = 5.31\text{ V}$$

$$V_{\text{out}} = V_{560\,\Omega} + \text{V}_{4.7\,\text{k}\Omega}$$
$$= 1.21\text{ V} + 5.31\text{ V} = 6.52\text{ V}$$

위의 전압은 전원 전압의 절반 수준으로 선형 동작을 위해 적절히 바이어스되어 있는 것을 알 수 있다. 이상의 과정은 여러 가정에 기반하고 있다. 하지만 그림 7-32에서 보여주는 시뮬레이터로 계산된 전류는 계산된 값과 크게 다르지 않다.

예제 7-9

그림 7-32의 폐 루프 이득의 dB 값을 구하고 시뮬레이션 값과 비교하시오. 먼저 각 단의 이득을 구한다. NPN 트랜지스터의 이미터 저항은 크고 바이패스되어 있지 않기 때문에 이 단의 이득은 다음과 같이 계산할 수 있다.

$$A_{V(\text{NPN})} = \frac{R_L}{R_E} = \frac{680\ \Omega}{560\ \Omega} = 1.21$$

PNP 트랜지스터에는 이미터 저항이 없기 때문에 이득을 계산하기 위해 r_{E}를 먼저 구한다.

$$r_{\text{E}} = \frac{25}{I_E} = \frac{25}{1.13} = 22.1\ \Omega$$

$$A_{\text{V(PNP)}} = \frac{R_L}{R_E} = \frac{4.7\text{ k}\Omega}{22.1\ \Omega} = 213$$

그림 7-32의 개 루프 이득은 각각 이득의 곱이므로 다음과 같다.

$$A_{\text{OL}} = A_{\text{V(NPN)}} \times A_{\text{V(PNP)}}$$
$$= 1.21 \times 213 = 258$$

폐 루프 이득은 궤환으로 인해 개 루프 이득보다 작다. 궤환 비는 560 Ω과 4.7 kΩ 저항들로 만들어지는 전압 분배 비와 같다.

$$B = \frac{560\ \Omega}{560\ \Omega + 4.7\text{ k}\Omega} = 0.106$$

따라서 폐 루프 이득은 다음과 같다.

$$A_{\text{CL}} = \frac{A}{AB + 1}$$

$$= \frac{258}{(258)(0.106) + 1} = 9.11$$

이를 dB로 바꾸면 다음과 같다.

$$= 20 \times \log 9.11 = 19.2 \text{ dB}$$

이상의 계산 값은 시뮬레이션 결과와 비슷하다. 이득은 보드도에 그려질 수 있다.

Self-Test

각 문장이 참인지 거짓인지 판단하시오.

37. 부궤환은 항상 전압 또는 전류 이득을 감소시킨다.
38. 궤환은 증폭기의 입력 임피던스를 증가시키거나 감소시키기 위해 사용될 수 있다.
39. 부궤환은 증폭기의 주파수 대역을 감소시킨다.
40. 부궤환의 DC 궤환은 증폭기를 온도 변화에 민감하지 않게 한다.
41. 그림 7-31의 두 번째 단 증폭기는 공통 컬렉터 구조이다.

다음 문제를 해결하시오.

42. 그림 7-26에서 증폭기의 전압 이득이 50이고 컬렉터 궤환 저항이 100 kΩ일 경우, R_F가 신호원에 미치는 부하 효과는 무엇인가?
43. 그림 7-28에서 트랜지스터의 전류 이득이 100이고 R_E가 220 kΩ일 경우, 입력 신호에서 보이는 베이스-접지 간 입력 임피던스 r_{in}은 얼마인가?
44. 그림 7-28에서 R_E가 바이패스되는 경우, 입력 임피던스에 미치는 영향은 어떠한가?
45. 그림 7-32에서 2N4401의 베이스 단자가 음의 값으로 변할 경우, 컬렉터 단자에서 출력되는 신호는 어떻게 변화하는가?
46. 그림 7-32의 2N4403은 어떤 증폭기 구조를 갖는가?

7-5 주파수 응답

그림 7-33은 공통 이미터 증폭기를 보여준다. DC 해석을 통해 구한 이미터 전류는 8.38 mA이고, AC 이미터 저항은 다음과 같다.

$$r_E = \frac{50 \text{ mV}}{8.38 \text{ mA}} = 5.96 \ \Omega$$

이미터 바이패스 커패시터가 개방되어 있으므로 증폭기의 전압 이득은 다음과 같다.

$$A_V = \frac{1 \text{ k}\Omega \,\|\, 680 \ \Omega}{100 \ \Omega + 5.96 \ \Omega} = 3.82$$

좀 더 정확한 이득을 계산하기 위해서는 신호원의 내부 저항을 고려해야 한다. 증폭기의 입

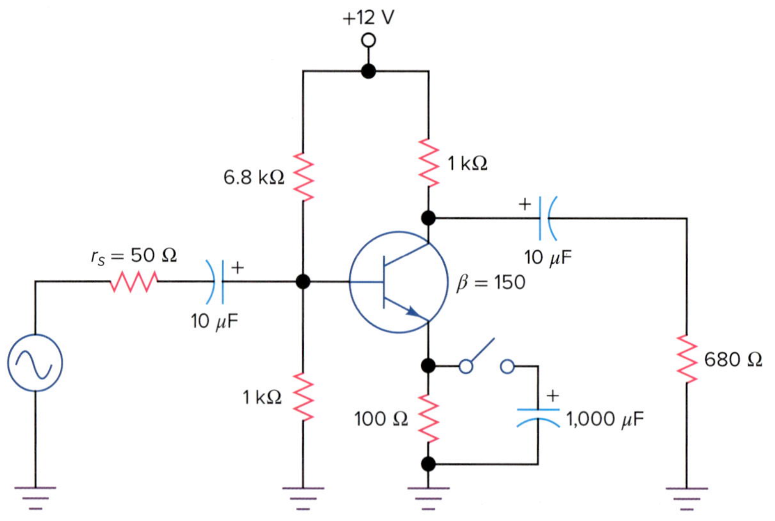

그림 7-33 공통 이미터 증폭기

력 임피던스는 부하 효과를 일으키고 그림 7-33의 r_S에 전압 강하가 생겨 신호 손실이 발생하게 된다. 이 손실을 계산하기 위해 증폭기의 입력 임피던스를 구해야 한다. 먼저 트랜지스터의 입력 임피던스를 구한다.

$$r_{in} = \beta(R_E + r_E)$$
$$= 150\,(100\ \Omega + 5.96\ \Omega) = 15.9\ \text{k}\Omega$$

다음으로 증폭기의 입력 임피던스를 구한다.

$$Z_{in} = \frac{1}{\dfrac{1}{R_{B_1}} + \dfrac{1}{R_{B_2}} + \dfrac{1}{r_{in}}}$$
$$= \frac{1}{\dfrac{1}{6.8\ \text{k}\Omega} + \dfrac{1}{1\ \text{k}\Omega} + \dfrac{1}{15.9\ \text{k}\Omega}} = 826\ \Omega$$

그림 7-33에서 신호 소스 전압의 일부가 트랜지스터의 베이스로 전달되며, 그 양은 전압 분배 식을 이용하여 계산할 수 있다.

$$V_{fraction} = \frac{826}{826 + 50} = 0.943$$

따라서 그림 7-33의 공통 이미터 증폭기의 바이패스되지 않은 전압 이득은 다음과 같다.

$$A_V = 0.943 \times 3.82 = 3.60$$

그리고 dB 이득은 다음과 같다.

$$A_V = 20 \times \log_{10} 3.60 = 11.1\ \text{dB}$$

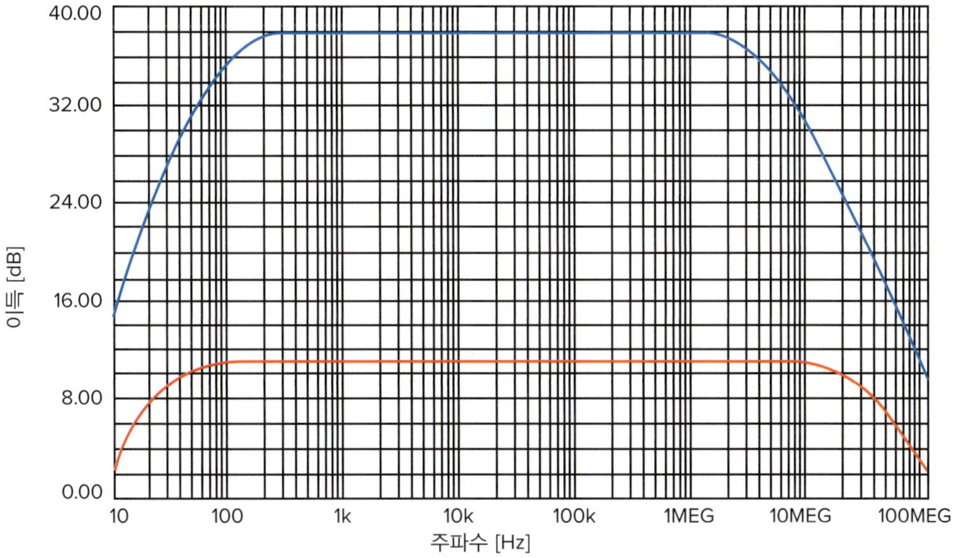

그림 7-34 공통 이미터 증폭기의 주파수 응답

그림 7-34는 증폭기 이득의 주파수 응답을 보여준다. 아래쪽 곡선은 바이패스되지 않은 상황에서의 이득이다. 증폭기의 **중간 대역**에서 이득은 11.1 dB이다. 이때 이득 곡선은 중간 대역의 위와 아래 대역에서 감소하고 있는 것을 주목하라.

그림 7-34의 곡선은 **반로그 그래프**에 그려져 있다. 주파수축은 로그 형태이며 세로축은 선형이다. 만일 두 축 모두 로그 형태라면 **로그-로그 그래프**라고 한다. 로그 형태의 축을 사용하는 이유는 넓은 범위를 좋은 해상도로 표현하기 위해서이다.

주파수 응답 그래프는 증폭기를 사용할 수 있는 주파수 범위를 보여준다. 일반적으로 증폭기의 **대역폭**은 대역폭 중심에서의 이득보다 3 dB 감소하는 영역을 의미한다. 그림 7-34의 경우 중심 주파수 대역보다 3 dB 이득이 감소하는 주파수는 20 Hz와 40 MHz이다. 따라서 증폭기의 사용 가능한 영역은 20 Hz에서 40 MHz까지며, 대역폭은 40 MHz보다 약간 작다.

증폭기 이득이 최대 이득에서 3 dB 감소하는 점을 **차단 주파수**(break frequency)라고 한다. 그림 7-33에서 낮은 쪽의 차단 주파수는 커패시터로 인해 발생한다. 증폭기의 통과 대역에서 커패시터는 AC 단락 회로로 간주된다. 차단 주파수에서 커패시터의 리액턴스는 커패시터가 연결된 단자의 등가 저항과 **같다**.

$$X_C = R_{\text{eq}}$$

차단 주파수(f_b)에서 커패시터의 리액턴스는 다음과 같다.

$$X_C = \frac{1}{2\pi f_b C}$$

위의 식을 앞의 식에 대입하면 다음과 같다.

$$R_{\text{eq}} = \frac{1}{2\pi f_b C}$$

f_b에 대해 정리하면 다음과 같다.

$$f_b = \frac{1}{2\pi R_{\text{eq}} C}$$

위의 식을 통해 등가 저항과 커패시턴스를 알고 있다면 차단 주파수를 계산하는 것은 간단하다는 것을 알 수 있다.

그림 7-33의 10 μF 출력 결합 커패시터로 인해 어떤 주파수에서 이득은 3 dB 감소할 것이다. 이 커패시터는 680 Ω 저항과 연결되어 있다. 또 커패시터는 증폭기의 컬렉터 회로에 연결되어 있고 증폭기의 출력 임피던스는 1 kΩ이다. 따라서 출력 커패시터에 연결된 모든 저항들의 등가 저항은 다음과 같다.

$$R_{\text{eq}} = 1\ \text{k}\Omega + 680\ \Omega = 1.68\ \text{k}\Omega$$

따라서 차단 주파수는 다음과 같다.

$$\begin{aligned} f_b &= \frac{1}{2\pi R_{\text{eq}} C} \\ &= \frac{1}{6.28 \times 1.68\ \text{k}\Omega \times 10 \times 10^{-6}\,\text{F}} \\ &= 9.47\ \text{Hz} \end{aligned}$$

그림 7-33에 또 다른 10 μF 커패시터가 증폭기에 연결되어 있다. 앞에서 계산한 증폭기의 입력 임피던스는 826 Ω이며, 신호원의 내부 저항은 50 Ω이다. 따라서 입력 회로의 등가 저항은 다음과 같다.

$$R_{\text{eq}} = 50\ \Omega + 826\ \Omega = 876\ \Omega$$

차단 주파수는 다음과 같다.

$$\begin{aligned} f_b &= \frac{1}{6.28 \times 876\ \Omega \times 10 \times 10^{-6}\ \text{F}} \\ &= 18.2\ \text{Hz} \end{aligned}$$

위의 값은 출력 회로로 인해 생성된 차단 주파수보다 높다. 한 회로 내에 커패시터로 만들어지는 차단 주파수가 여러 개 있을 경우, 그 중 가장 높은 주파수가 전체 회로의 낮은 쪽의 차단 주파수가 된다. 이 경우는 두 차단 주파수가 매우 가까운데(9.47 Hz와 18.2 Hz), 이런 경우 실제 차단 주파수는 가장 높은 차단 주파수보다 더 높다. 그림 7-33의 회로의 차단 주파수는 약 24 Hz이다.

그림 7-33의 그림에서 보이는 것과 같은 공통 이미터 증폭기의 위쪽 차단 주파수는 그림에서 보이지 않는 커패시터들에 의해 결정된다. 트랜지스터는 내부에 접합 커패시터를 가지고 있고, 이 커패시터들은 높은 주파수에서 바이패스로 동작하게 한다.

그림 7-33의 공통 이미터 증폭기의 성능은 스위치가 닫힘으로 인해 크게 바뀌게 된다. 스위치는 이미터 바이패스 커패시터에 연결되어 있고, 이 커패시터는 증폭기의 이득을 증가시키고, 입력 임피던스를 감소시키고, 대역폭을 감소시킨다. R_E를 바이패스했을 경우 이득은 다음과 같다.

$$A_V = \frac{1\ \text{k}\Omega \parallel 680\ \Omega}{5.96\ \Omega} = 67.9$$

R_E를 바이패스했을 경우 입력 임피던스는 다음과 같다.

$$\begin{aligned} r_{in} &= \beta \times r_E = 150 \times 5.96\ \Omega = 894\ \Omega \\ Z_{in} &= \frac{1}{1/R_{B_1} + 1/R_{B_2} + 1/r_{in}} \\ &= \frac{1}{1/6.8\ \text{k}\Omega + 1/1\ \text{k}\Omega + 1/894\ \Omega} \\ &= 441\ \Omega \end{aligned}$$

앞에서 이용한 전압 분배 식을 사용하면 증폭기 입력으로 전달되는 전압은 다음과 같다.

$$V_{fraction} = \frac{441}{441 + 50} = 0.898$$

따라서 그림 7-33의 공통 이미터 증폭기의 바이패스된 전압 이득은 다음과 같다.

$$A_V = 0.898 \times 67.9 = 61.0$$

dB 이득은 다음과 같다.

$$A_V = 20 \times \log_{10} 61.0 = 35.7\ \text{dB}$$

그림 7-34의 위쪽 곡선에서 대역폭 중앙에서 이득은 38 dB이다. 계산에서는 이미터 저항을 구하기 위해 대략적인 값인 50mV를 사용하였기 때문에 약간의 오차가 발생하였다.

출력 결합 커패시터로 인한 차단 주파수는 동일하게 9.47 Hz이다. 입력 결합 커패시터로 발생하는 차단 주파수는 증폭기의 입력 임피던스의 변화로 바뀌게 된다.

$$R_{eq} = 50\ \Omega + 441\ \Omega = 491\ \Omega$$

새로운 차단 주파수는 다음과 같다.

$$\begin{aligned} f_b &= \frac{1}{6.28 \times 491\ \Omega \times 10 \times 10^{-6}\ \text{F}} \\ &= 32.4\ \text{Hz} \end{aligned}$$

이미터 바이패스 커패시터로 인해 추가적인 아래쪽 차단 주파수가 생겼다. 차단 주파수를 계산하기 위해 이미터 바이패스 커패시터에서 보이는 등가 저항을 구해야 한다. 등가 저항은 베이스에 연결된 회로들로 인해 이미터 단자에서 보이는 저항을 계산하여 구할 수 있다. 증폭기의 증폭으로 인해 이미터에서 보이는 저항은 베이스 저항이 전류 이득 β만큼 감소하여 보이게 된다.

$$\begin{aligned} r_{\mathrm{EB}} &= \frac{r_S \parallel R_{\mathrm{B}_1} \parallel R_{\mathrm{B}_2}}{\beta} \\ &= \frac{50\ \Omega \parallel 6.8\ \mathrm{k\Omega} \parallel 1\ \mathrm{k\Omega}}{150} \\ &= 0.315\ \Omega \end{aligned}$$

이 저항은 r_{E}와 직렬 연결되고, R_{E}와 병렬 연결된다.

$$\begin{aligned} R_{\mathrm{eq}} &= (r_{\mathrm{EB}} + r_{\mathrm{E}}) \parallel R_{\mathrm{E}} \\ &= (0.315\ \Omega + 5.96\ \Omega) \parallel 100\ \Omega \\ &= 5.90\ \Omega \\ f_b &= \frac{1}{6.28 \times 5.9\ \Omega \times 1{,}000 \times 10^{-6}\ \mathrm{F}} \\ &= 27.0\ \mathrm{Hz} \end{aligned}$$

그림 7-34에서 아래쪽 차단 주파수는 약 80 Hz이다. 이는 세 차단 주파수(9.47, 32.4, 27.0 Hz)가 모두 매우 가깝게 존재하기 때문에 실제 차단 주파수는 셋 중 가장 높은 차단 주파수보다 더 높아지게 되었다.

그림 7-34에서 이미터 바이패스 커패시터를 추가하였을 때, 이득은 증가하였으나 대역폭은 감소하였다. 앞에서 논의하였듯이 이미터 궤환을 이용한 부궤환은 증폭기의 대역폭을 넓히기 위해 폭넓게 사용되고 있다.

바이패스 커패시터를 추가하였을 때 그림 7-34의 위쪽 차단 주파수는 40 MHz에서 4 MHz로 감소하였다. 이는 이득의 증가로 인해 트랜지스터 내부 커패시터의 효과도 이득만큼 증가하였기 때문이다. 만일 매우 넓은 대역폭을 갖는 증폭기가 필요하다면 이득이 너무 크지 않은 증폭기를 만들고 추가적인 증폭기를 연결하여 필요한 이득을 얻는 방법을 사용하는 것이 좋다.

그림 7-35는 **캐스코드 증폭기**(cascode amplifier)를 보여준다. 이 증폭기는 공통 이미터 증폭기의 출력이 공통 베이스 증폭기에 바로 연결되어 있는 직렬 증폭기로 해석할 수도 있다. 캐스코드 증폭기는 트랜지스터 내부 커패시터의 영향을 줄여 공통 이미터 증폭기보다 더 넓은 대역폭 특성을 갖는다. 이러한 장점으로 인해 캐스코드 증폭기는 R_F 응용처에 많이 사용된다.

공통 베이스 증폭기도 넓은 대역폭 특성을 갖는다. 하지만 공통 베이스 증폭기의 입력 임

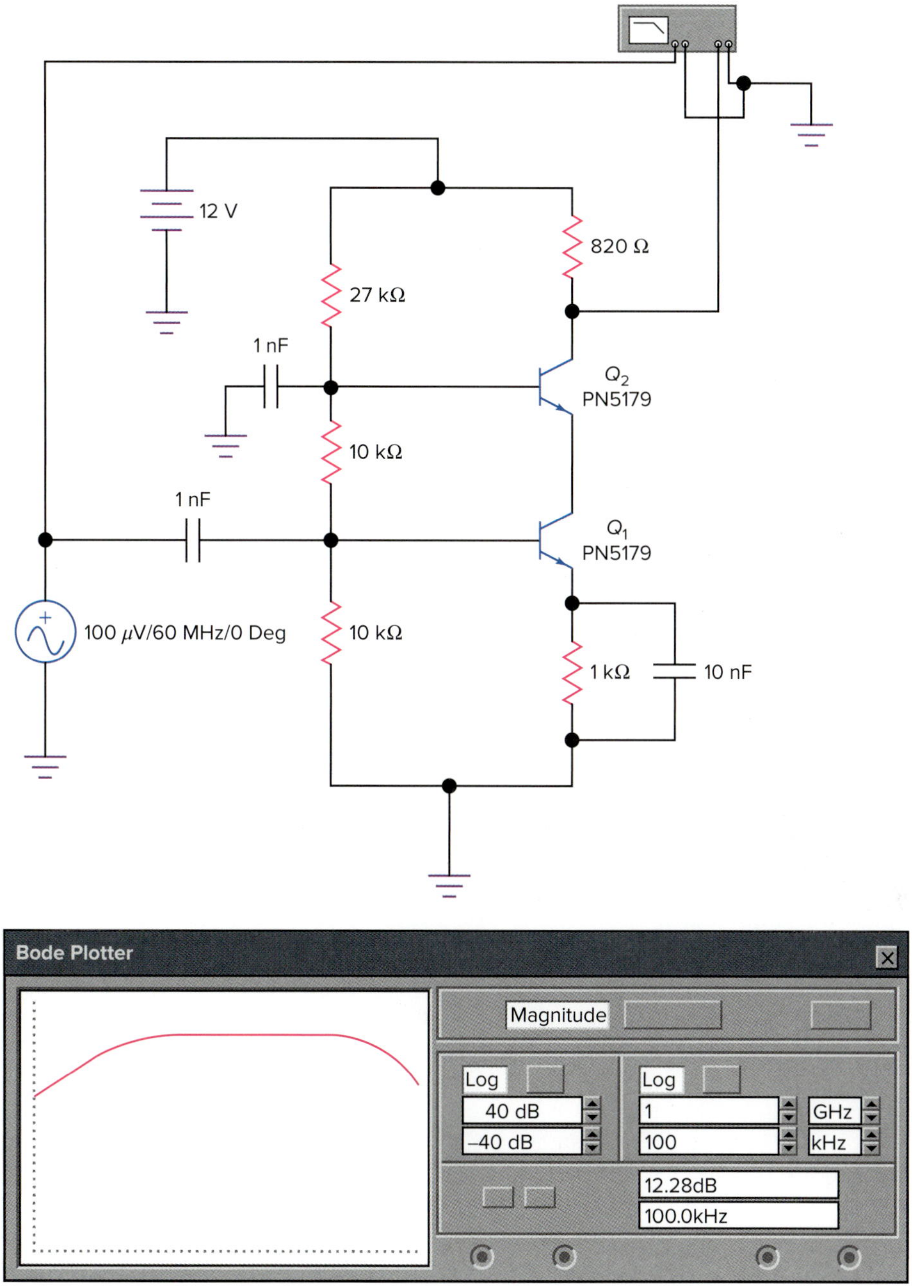

그림 7-35 캐스코드 증폭기

피던스는 매우 낮다. 캐스코드 증폭기는 넓은 대역폭과 높은 입력 임피던스의 장점을 모두 가진다. 그림 7-35에서 Q_1은 공통 이미터 입력 증폭기이고, Q_2는 공통 베이스 출력 증폭기이다. 캐스코드 구성으로 인해 33 dB의 높은 이득과 300 MHz의 넓은 대역폭, 그리고 수 kΩ 수준의 높은 입력 임피던스를 함께 얻을 수 있다.

Self-Test

다음 문제를 해결하시오.

47. 그림 7-33의 증폭기의 입력 임피던스가 600 Ω이고 대역폭 중심에서 이득이 10이라고 가정하자. 이때 입력 신호원의 내부 저항이 600 Ω이고 100 $mV_{p\text{-}p}$를 발생시킬 경우, 대역폭 중심에서 출력 전압을 구하시오.
48. 문제 47에서 입력 결합 커패시터가 0.1 μF일 경우, 아래쪽 차단 주파수를 구하시오.
49. 문제 47에서 대역폭 중심에서의 dB 이득을 구하시오.
50. 문제 47에서 이 회로의 차단 주파수에서 증폭기 이득을 구하시오.
51. 문제 47에서 입력 결합 커패시터에 의해 발생하는 차단 주파수를 10 Hz가 되게 하기 위한 커패시턴스를 구하시오.
52. 어떤 증폭기에 3개의 커패시터가 있고, 이들은 각각 10, 15, 그리고 150 Hz의 차단 주파수를 형성한다. 이 경우 전체 증폭기의 아래쪽 차단 주파수는 얼마인가?
53. 어떤 증폭기에 3개의 커패시터가 있고, 이들은 각각 135, 140, 그리고 150 Hz의 차단 주파수를 형성한다. 이 경우 전체 증폭기의 아래쪽 차단 주파수는 얼마인가?
54. 그림 7-35 회로의 DC 동작점을 구하시오.

Chapter 7 요약 및 복습

요약

1. 증폭기의 결합은 커패시터 결합, 직접 결합, 변압기 결합의 세 가지 방법이 있다.
2. 커패시터 결합은 DC 전류는 차단하고 AC 신호만 전달하는 특성으로 인해 AC 증폭기에 유용하다.
3. 전해질 커패시터를 이용하여 결합할 경우 커패시터의 극성에 주의해야 한다.
4. 직접 결합은 높은 DC 이득이 있고, 두 단자가 DC 전압이 같을 때 사용 가능하다.
5. 달링턴 증폭기는 직접 결합 방식을 사용하며 높은 전류 이득을 갖는다.
6. 변압기 결합은 임피던스 매칭에 유리하다.
7. 변압기의 임피던스 비는 권선 비의 제곱이다.
8. R_F 변압기는 동조되어 특정 주파수 신호만 선택적으로 증폭할 수 있다. 이 주파수는 공진 주파수 근처이며, 이 주파수 대역에서 가장 큰 이득이 나온다.
9. 신호원은 부하 효과로 인해 출력 전압이 감소한다. 이러한 현상은 신호원의 내부 저항이 클수록 심해진다.
10. 다단 증폭기에서 각 단은 다음 단에 부하로 작용하고 다음 단에서 보이는 부하 임피던스는 증폭기의 입력 임피던스이다.
11. 증폭기에 부하가 추가되면 전압 이득은 감소한다.
12. 공통 이미터 증폭기에서 이미터 바이패스로 인해 전압 이득은 증가하고 증폭기의 입력 임피던스는 감소한다.
13. 부하가 포함된 증폭기는 최적의 선형 동작을 위해 신호 부하선의 중심에 바이어스되어야 한다.
14. 증폭기의 출력 스윙의 최대값은 전원 전압보다 낮다. 이 값은 신호 부하선을 그리거나 출력 회로를 해석함으로써 구할 수 있다.
15. JFET에서 게이트-소스 접합은 항상 역바이어스되어야 한다.
16. FET는 게이트 전류가 없기 때문에 입력 임피던스가 매우 크다.
17. FET 증폭기의 전압 이득은 대략 부하 저항과 순방향 전달 어드미턴스의 곱과 같다.
18. 부하 저항이 커지면 전압 이득도 커진다.
19. 고정 바이어스는 트랜지스터 부품들 간 성능 편차로 인해 바람직하지 않다.
20. 소스 바이어스는 FET 증폭기를 안정화시켜 트랜지스터의 특성 변화에 민감하지 않게 한다.
21. 조합 바이어스는 고정 바이어스와 소스 바이어스를 함께 사용하여 더욱 안정되고 정확한 바이어스를 만든다.
22. 소스 바이어스를 사용하는 공통 소스 FET 증폭기는 전압 이득을 키우기 위해 소스 바이패스 커패시터가 필요하다.
23. 듀얼 게이트 MOSFET 증폭기는 두 번째 게이트에 제어 전압을 가해 매우 넓은 영역의 이득 제어가 가능하다.
24. 부궤환에서 궤환 신호와 입력 신호는 빼준다.
25. DC 부궤환은 증폭기의 동작점을 안정화시키기 위해 사용된다.
26. 신호 부궤환은 증폭기의 전압 또는 전류 이득을 감소시키기 위해 사용된다.
27. 신호 부궤환은 증폭기의 입력 임피던스를 키우거나 줄이기 위해 사용된다.
28. 신호 부궤환은 증폭기의 대역폭을 증가시키며, 잡음과 왜곡을 감소시킨다.

관련 식

달링턴 전류 이득: $A_I = \beta_1 \times \beta_2$

변압기: 권선 비 $= \dfrac{N_P}{N_S}$

임피던스 비 = (권선 비)^2

AC 이미터 저항: $r_E = \dfrac{25\text{ mV}}{I_E}$

AC 전압 이득: $A_V = \dfrac{R_L}{r_E}$ (AC 접지된 이미터)

(공통 이미터 증폭기의 경우)

AC 입력 저항: $r_{in} = \beta(R_E + r_E)$

(R_E가 바이패스되지 않은 경우)

증폭기 입력 임피던스:

$$Z_{in} = \frac{1}{1/R_{B_1} + 1/R_{B_2} + 1/r_{in}}$$

병렬 부하: $R_P = \dfrac{R_1 \times R_2}{R_1 + R_2}$

전압 이득: $A_V = \dfrac{R_P}{R_E + r_E}$ 또는 $\dfrac{R_P}{r_E}$ (병렬 부하)

직렬 이득: $A_{V(total)} = A_{V_1} \times A_{V_2}$

순방향 전달 어드미턴스:

$$Y_{fs} = \frac{\Delta I_D}{\Delta V_{GS}} |V_{DS}$$

전압 이득: $A_V \approx Y_{fs} \times R_L$

전압 이득: $A_V = \dfrac{A}{AB + 1}$ (부궤환)

차단 주파수: $f_b = \dfrac{1}{2\pi R_{eq} C}$

연습 문제

각 문장이 참인지 거짓인지 판단하시오.

7-1. 전해질 커패시터가 결합 커패시터로 사용될 때, 극성을 확인하고 사용할 필요는 없다. (7-1)

7-2. 커패시터는 AC는 통과시키고 DC는 차단한다. (7-1)

7-3. 직접 결합된 증폭기에서 앞 단이 온도에 따라 출력이 변한다면 이 변화는 다음 단에 의해 증폭된다. (7-1)

7-4. 달링턴 트랜지스터는 3개의 리드를 가지며, 2개의 BJT로 구성된다. (7-1)

7-5. 변압기는 컬렉터의 높은 임피던스와 부하의 낮은 임피던스를 매칭시킬 수 있다. (7-1)

7-6. 그림 7-6에서 증폭기는 0 Hz에서 이득은 매우 작다. (7-1)

7-7. 신호원의 내부 저항이 0 Ω으로 이상적이라면 증폭기의 입력 임피던스는 무시할 수 있다. (7-1)

7-8. 그림 7-9에서 첫 번째 단 증폭기의 입력 임피던스는 8.2 kΩ보다 크지 않다. (7-2)

7-9. 그림 7-10의 Q점을 동작점이라고 한다. (7-2)

7-10. 그림 7-10에서 증폭기의 출력은 최대 12 V 피크 대 피크이다. (7-2)

7-11. 그림 7-14(b)에서 $V_{GS} = -2.5$ V라면 출력 신호의 양의 방향에서 심각한 신호의 클리핑이 발생한다. (7-3)

7-12. 그림 7-16에서 R_L이 커지면 증폭기의 전압 이득은 커진다. (7-3)

7-13. 그림 7-18에서 C_S로 인해 전압 이득은 증가한다. (7-3)

7-14. 그림 7-20에서 트랜지스터 Q_1은 소스 팔로워 구조이다. (7-3)

7-15. 그림 7-21에서 바이어스 V_{GS}는 −1.5 V이다. (7-3)

7-16. 그림 7-22와 7-23에서 증폭기의 이득을 감소시키기 위해 G_2는 소스 대비 더 낮은 전압을 가져야 한다. (7-3)

7-17. 그림 7-24에서 입력 단자와 출력 단자 간에 180도 위상 반전이 있다. (7-4)

7-18. 부궤환은 입력 신호를 상쇄한다. (7-4)

7-19. 부궤환은 증폭기의 전압 이득을 증가시키지만 대역폭은 감소시킨다. (7-4)

7-20. 부궤환은 증폭기의 선형성을 개선한다. (7-4)

7-21. DC 부궤환은 증폭기의 동작점을 안정화시킨다. (7-4)

종합 문제

7-1. 그림 7-4에서 220 kΩ이 470 kΩ으로 바뀔 경우, Q_1의 베이스 전압을 구하시오. (7-1)

7-2. 문제 7-1의 값들을 이용하여 Q_1의 이미터 전압을 구하시오. (7-1)

7-3. 문제 7-1의 값들을 이용하여 Q_2의 이미터 전압을 구하시오. (7-1)

7-4. 문제 7-1의 값들을 이용하여 Q_2의 이미터 전류를 구하시오. (7-1)

7-5. 문제 7-1의 값들을 이용하여 Q_2의 V_{CE}를 구하시오.

7-6. 문제 7-1의 값들을 이용하여 Q_1의 Z_{in}을 구하시오. (힌트: 높은 전류 이득과 1 kΩ 이미터 저항으로 인해 Q_1의 r_{in}은 매우 크다.) (7-1)

7-7. 그림 7-3에서 각 트랜지스터의 β가 80이라면 전체 회로의 전류 이득은 얼마인가? (7-1)

7-8. 그림 7-5에서 2차 권선의 권선 수는 5이고, 1차 권선의 권선 수는 200이다. 이 경우 변압기의 권선 비를 구하시오. (7-1)

7-9. 문제 7-8의 값들을 이용하여 컬렉터 신호가 40 V 피크 대 피크일 때, 부하에 나타나는 전압의 피크 대 피크를 구하시오. (7-1)

7-10. 문제 7-8의 값들을 이용하여 변압기의 2차 권선 쪽의 부하 저항이 4 Ω일 경우 컬렉터 부하에서 보이는 임피던스를 구하시오. (7-1)

7-11. 그림 7-6에서 변압기의 1차 권선의 인덕턴스는 100 μH이고, 1차 권선의 양쪽에 680 pF의 커패시터들이 있을 경우, 증폭기의 이득이 가장 높은 주파수를 구하시오. (7-1)

7-12. 그림 7-14에서 R_L = 1,000 Ω일 경우 부하선의 가로축 값을 구하시오. (7-3)

7-13. 그림 7-14에서 V_{DD} = 12 V일 경우 부하선의 세로축 값을 구하시오. (7-3)

7-14. 어떤 FET가 게이트 전압이 1 V 변화할 경우 드레인 전류는 2 mA 변한다. 이 FET의 순방향 전달 어드미턴스를 구하시오. (7-3)

7-15. 어떤 FET의 순방향 전달 어드미턴스가 4×10^{-3} S이다. 이 FET가 4,700 Ω 부하 저항을 갖는 공통 소스 증폭기로 사용될 경우 이득을 구하시오. (7-3)

7-16. 그림 7-16에서 소스 전류가 10 mA이고 소스 저항이 100 Ω일 경우 V_{GS}를 구하시오. (7-3)

7-17. 그림 7-18에서 I_D = 8 mA일 때 V_{GS}가 −2.0 V가 되게 하는 소스 저항을 구하시오. (7-3)

7-18. 그림 7-28에서 V_{CC}가 15 V이고 R_L이 1.2 kΩ, R_{B_1}이 22 kΩ, R_{B_2}이 4.7 kΩ, R_E는 470 Ω, β는 150이다. 이 경우 Z_{in}을 구하시오. (7-4)

7-19. 문제 7-18의 값들을 이용하여 A_V를 구하시오. (7-4)

7-20. 문제 7-18의 값들을 이용하여 증폭기 출력 신호의 크기를 구하시오. 이를 위해 신호원은 부하가 없는 경우 1 V 첨두치를 출력하고 특성 임피던스는 10 kΩ이라고 가정하라. (7-4)

비판적 사고를 위한 문제

7-1. 직접 결합 방식으로 연결된 오디오 증폭기의 장점과 단점을 설명하시오.

7-2. 변압기를 이용하여 최대 전력 전달을 위한 임피던스 매칭이 가능하다. 이러한 사실과 비슷한 사례가 있는가?

7-3. 이번 장에서 설명한 결합 방법 외에 다른 결합 방법은 어떤 것들이 있는가?

7-4. 증폭기의 이득은 부하로 인해 감소한다. 세상에 이와 비슷한 사례가 어떤 것들이 있는가?

7-5. 왜 증폭기의 대역폭이 무한히 넓을 수 없는지 설명하시오.

Self test—정답

1. T
2. T
3. F
4. F
5. T
6. T
7. 39.8 μF
8. $I_E = 5.3$ mA
   $V_{RL} = 6.36$ V
   $V_{RE} + V_{RL} > V_{CC}$
   증폭기는 포화 영역에 있다.
9. 5,000
10. 3.55 mA
11. 8.45 V
12. 1.96 kΩ
13. F
14. F
15. T
16. T
17. T
18. T
19. T
20. 3.92 mV
21. 0.264 V 피크 대 피크
22. 880 Ω
23. 81
24. F
25. T
26. F
27. F
28. T
29. F
30. 5 V
31. 포화
32. 차단
33. −1.5 V
34. −2.48 V; 음
35. 공통 드레인(소스 팔로워)
    공통 컬렉터(이미터 팔로워)
36. 양
37. T
38. T
39. F
40. T
41. F
42. 2 kΩ
43. 22 kΩ
44. 감소한다.
45. 양의 방향으로 증가
46. 공통 이미터
47. 500 $mV_{P\text{-}P}$
48. 1.33 kHz
49. 20 dB
50. 17 dB (7.07)
51. 13.3 μF
52. 150 Hz
53. 150 Hz보다 높다.
54. For Q_1: $V_B =$ 2.55, $V_E = 1.85$, $I_E = 1.85$ mA, $V_C = 4.41$, $V_{CE} = 2.56$; for Q_2: $V_C = 10.5$, $V_E =$ 4.41, $V_{CE} = 6.09$

CHAPTER 8

대신호 증폭기

학습 목표

이 장에서 다음 내용을 숙지하고 습득하자.

8-1 증폭기 효율 **계산** [8-1, 8-2, 8-3]
8-2 증폭기 동작의 분류 **확인** [8-1]
8-3 푸시 풀 증폭기에서 크로스오버 왜곡 **인식** [8-3]
8-4 상보 대칭 증폭기의 동작 **설명** [8-4]
8-5 C급 증폭기에서 탱크 회로 작동 **묘사** [8-5]
8-6 D급 증폭기가 어떻게 동작하는지를 **설명** [8-6]

이번 장에서는 증폭기의 효율성에 대한 아이디어를 소개한다. 효율적인 증폭기는 전력의 많은 부분을 전달하고 유용한 출력 신호를 공급으로부터 받는다. 대량의 전력 신호가 필요할 때 효율성은 가장 중요하다. 증폭기가 어떻게 바이어스되었는가에 따라 증폭기의 효율성이 증명될 것이다. 부하선의 중심에서 동작점의 이동으로 큰 효율을 상승시킬 수 있을 것이다.

8-1 증폭기의 종류

모든 증폭기는 전력 증폭기이다. 하지만 신호처리 시스템의 초기단계에서 이들 동작은 작은 신호들을 처리한다. 이들 초기단계는 좋은 전압 이득을 공급하도록 설계되었다. 전압 이득은 전압 증폭기의 중요한 기능이므로 전압 증폭기라 불린다. 그림 8-1은 간단한 오디오 증폭기의 블록 다이어그램이다. 블루투스 수신기는 밀리볼트 범위에서 작은 신호를 생성한다. 첫 번째 단계는 이 오디오 신호를 증폭시키고, 이 신호는 더욱 커지게 된다. 마지막 단계는 더욱 큰 신호를 만들어낸다. 이것은 전력 증폭기라고 불린다.

전력 증폭기는 좋은 전력 이득을 위해 설계되었다. 이는 높은 전압과 전류의 움직임을 다뤄야 한다. 이러한 고전압 및 전류는 높은 전력을 만든다. 전력 증폭기에서 좋은 **효율**을 가지는 것은 매우 중요하다. 효율적인 전력 증폭기는 공급된 dc 전력을 위해 대부분의 전력 신호를 전달한다. 그림 8-2를 보자. 전력 증폭기의 기능은 dc 전력을 전력 신호 출력으로 변환하는 것이다. 효율은

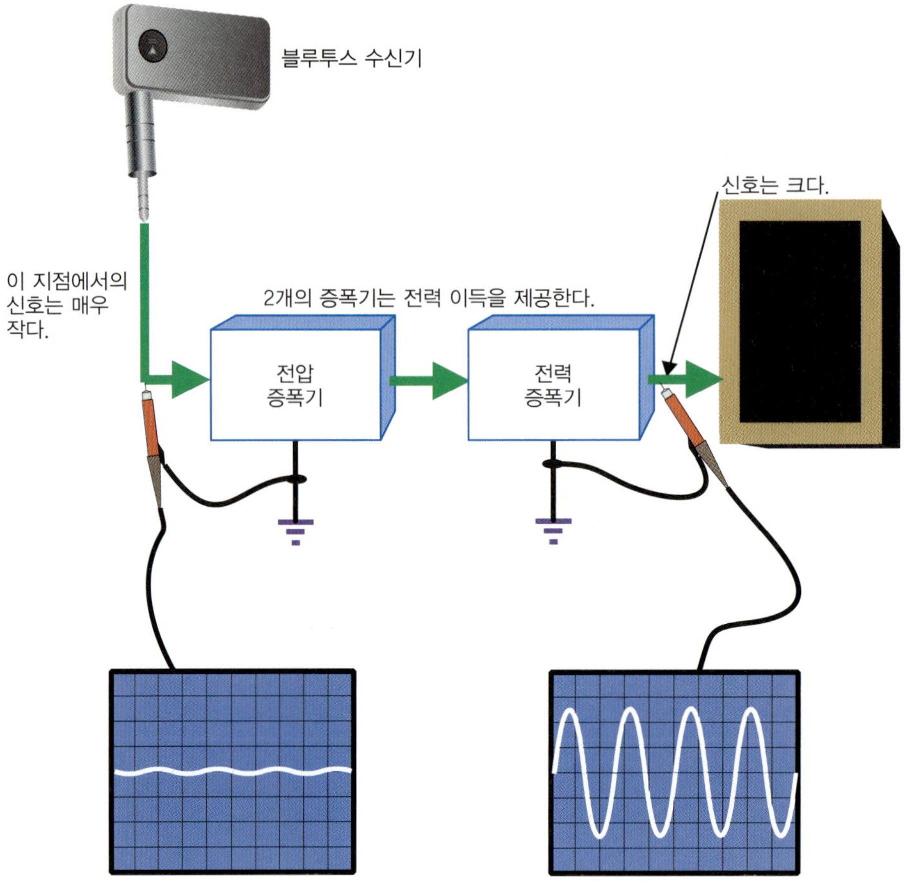

그림 8-1 전형적인 증폭기

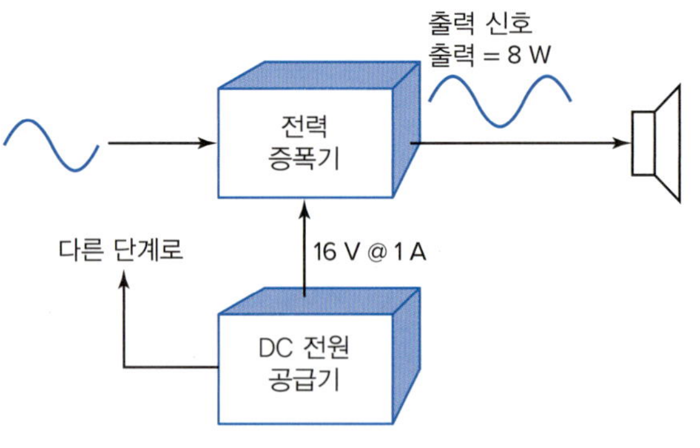

그림 8-2 dc 전력 입력을 가진 출력 신호의 비교

다음과 같이 주어진다.

$$\text{효율} = \frac{\text{전력 신호 출력}}{\text{dc 전력 입력}} \times 100\%$$

그림 8-2에서 보인 전력 증폭기는 전력 신호 출력으로 8 W를 내보낸다. 전력 공급은 16 V를, 증폭기는 1 A를 나타낸다. 증폭기의 dc 전력 입력은

$$P = V \times I = 16\text{ V} \times 1\text{ A} = 16\text{ W}$$

이다. 증폭기의 효율은

$$\text{효율} = \frac{8\text{W}}{16\text{ W}} \times 100\% = 50\%$$

이다. 효율은 고출력 시스템에서 매우 중요하다. 예를 들면, 음악 증폭기에서 100 W의 오디오 출력이 필요하고 전력 증폭기가 오직 10%의 효율만은 가진다고 가정하자. 어떤 종류의 전력 공급이 필요한가? 전력 공급은 증폭기에 1,000 W를 전송해야 된다. 1 kW의 전력 공급은 매우 무겁고 비싼 아이템이다. 열은 음악 증폭기에서 다른 문제가 된다. 1 kW의 입력은 900 W의 열이 될 수 있다. 이 시스템은 아마도 쿨링팬이 필요할 것이다.

예제 8-1

52 W의 전력 신호가 전송될 때 40 V 공급으로부터 2 A가 도출된다면 증폭기의 효율은 얼마인가? 이 증폭기에서 얼마나 많은 와트가 소실되었나? dc 입력된 전력값을 먼저 구하면

$$P_{\text{in}} = V \times I = 40\text{ V} \times 2\text{ A} = 80\text{ W}$$

이고, 효율을 구하면

$$\text{효율} = \frac{P_{\text{out}}}{P_{\text{in}}} \times 100\% = \frac{52\text{ W}}{80\text{ W}} \times 100\%$$
$$= 65\%$$

이다. 소실된 열은 입력과 출력 사이의 차이이므로 다음과 같다.

$$\text{소실} = P_{\text{in}} - P_{\text{out}} = 80\text{ W} - 52\text{ W}$$
$$= 28\text{ W}$$

예제 8-2

스테레오 자동차 오디오 증폭기는 60%의 효율로 각 채널당 70 W의 출력을 가지는 것이 정격이다. 정격 출력을 전송할 때 이 오디오 증폭기는 얼마나 많은 전류가 필요한가? 자동차의 전기시스템은 12 V에서 작동한다. 첫 번째 단계로 입력된 전력을 구한다면 전류를 결정할 수 있다. 효율을 계산하는 공식을 재정렬하면

$$P_{in} = \frac{P_{out}}{\text{효율}} = \frac{140\ \text{W}}{0.6} = 233\ \text{W}$$

이고, 전력 공식을 재정렬하면 다음과 같다.

$$I = \frac{P}{V} = \frac{233\ \text{W}}{12\ \text{V}} = 19.4\ \text{A}$$

이전 장에서 다룬 증폭기 회로는 **A급**(Class A)이었다. A급 증폭기는 그림 8-3에서 보이는 것처럼 부하선의 중심에서 동작하였다. 동작점이 A급이다. 이것은 끊김없이 가능한 최고 출력값의 변동을 제시한다. 출력 신호는 입력 신호의 좋은 복사품이며, 왜곡이 작다는 것을 뜻한다. A급 동작의 가장 좋은 장점이 된다.

그림 8-4는 다른 동작 형태를 보여준다. 동작점이 부하선에서 **차단**(cutoff)된다. 이것은 **제로 바이어스**를 가진 베이스-이미터 접합 트랜지스터를 사용함으로써 이루어진다. 제로 바이어스는 오직 입력 신호의 반만 증폭된다는 것을 의미한다. 오직 베이스-이미터 다이오드를 켤 수 있는 신호의 반만 출력 신호를 생성한다. 트랜지스터는 입력 신호 주기의 **반**을 위해 동작한다. **B급** 증폭기는 180°의 **도통각**을 가진다고 말해진다. A급 증폭기는 전체 입력주기를 위해 동작하며, 360°의 도통각을 가진다.

B급에서 동작함으로써 무엇을 얻을 수 있나? 명확하게 A급에서 발생하지 않았던 왜곡

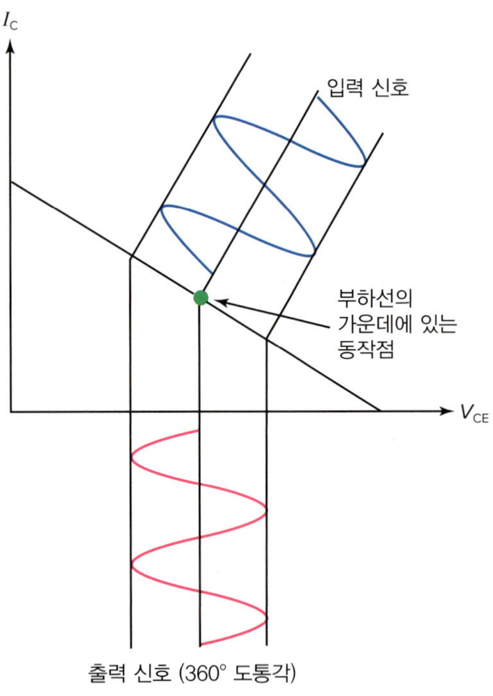

그림 8-3 A급 동작점

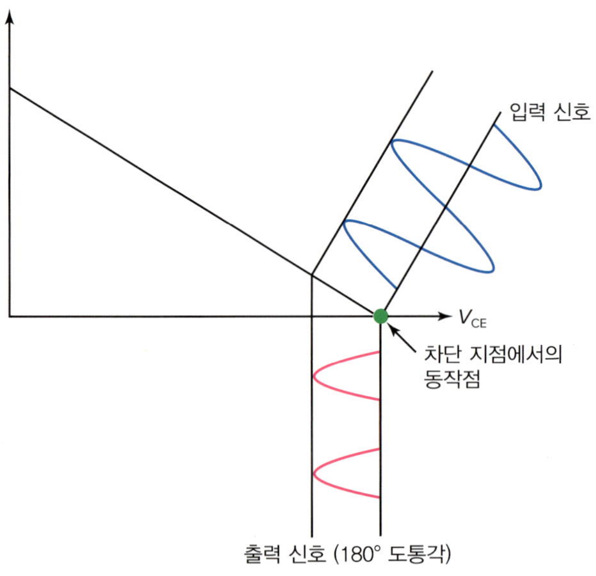

그림 8-4 B급 동작점

표 8-1 증폭기급에 따른 요약

	A급	AB급	B급	C급	D급
효율	50%*	A급과 B급 사이	78.5%*	100%*	100%*
도통각	360°	A급과 B급 사이	180°	작음 (대략 90°)	적용불가(PWM 이용)
왜곡	낮음	보통	높음	극대	스위칭 주파수가 필터링된 후에는 적정
바이어스 (이미터-베이스)	순방향 (부하선의 중심)	순방향 (차단 근처)	제로(차단 근처)	역방향(차단 뒤)	적용 불가
응용	실제로 모든 소신호 증폭기, 오디오 응용 제품의 중간 전력 증폭기	오디오 및 무선 주파수 애플리케이션 모두에서 고전력 단	고출력 단-일반적으로 왜곡으로 인해 오디오 애플리케이션에 사용되지 않음	일반적으로 무선 주파수 응용 프로그램으로 제한, 튜닝된 회로는 극도의 왜곡을 대부분 제거	효율성이 가장 중요한 전력 증폭기에 사용

*이론적인 최대값. 실제로는 달성될 수 없다.

문제를 가진다. 왜곡에도 불구하고 B급은 더욱 좋은 효율을 가지므로 유용하다. 차단 지점에서 증폭기를 바이어싱하는 것은 전력을 절감시킨다.

A급은 전력을 낭비한다. 이것은 특히 매우 낮은 신호 레벨에서 사실이다. A급의 동작점은 부하선의 중심에 있다. 이것은 공급 전압의 반은 트랜지스터에서 떨어져 나간다는 것을 의미한다. 이 트랜지스터는 전류의 반만 포화시킨다. 트랜지스터에서 전압은 떨어지고 전류는 전력 손실을 제공한다. 전력 손실은 A급에서 **상시적**이다. 신호가 증폭되지 않는다고 하더라도 전력 공급에 누설 전력이 있다.

B급 증폭기는 **차단**에서 작동한다. 트랜지스터 전류는 제로이다. 전류가 제로라고 하는 것은 0 W를 의미한다. 신호가 증폭될 **때까지는** 공급되는 신호에 누설이 없다. 신호의 증폭이 크면 클수록 공급되는 신호에서 누설이 더욱 많아진다. B급 증폭기는 공급되는 전력에서 고정된 누설 전력을 제거하므로 더욱 효율적이다.

B급 증폭기의 효율이 좋을수록 고출력 응용 분야에서는 더욱 중요해진다. 대부분의 왜곡은 2개의 트랜지스터(각각의 증폭기는 신호의 각각 반을 증폭함)를 사용함으로써 제거할 수 있다. 이러한 회로는 다소 복잡할 수 있으나 효율을 개선하기 위해서 노력할 가치가 있다.

AB급과 **C급** 증폭기도 또한 있다. 다시 말하면, 바이어스의 문제이다. **바이어스는 동작점, 도통각, 그리고, 동작 형태를 제어한다.** D급 증폭기는 바이어스의 문제는 아니고 펄스폭 변조라고 하는 전혀 다른 동작모드를 가지고 있다. 표 8-1에 증폭기 형태에 대한 중요한 특징 등을 요약하였다. 이 표를 살펴보고 이 장의 마지막 절을 완료하는 데 참고하기 바란다.

표 8-2 증폭기 특징

	설명 및 예제
전압 증폭기	전압 증폭기는 소신호 증폭기이다. 신호 시스템의 초기단계 증폭기에서 찾을 수 있다. 종종 좋은 전압 이득을 위해 설계된다. 오디오 프리 증폭기는 전압 증폭기의 좋은 예이다.
전력 증폭기	전력 증폭기는 대신호 증폭기이다. 신호 증폭기 시스템에서 마지막에 위치할 수 있다. 전력 이득과 합리적인 효율성을 제공하도록 설계되었다. 오디오 증폭기의 출력단은 전력 증폭기의 좋은 예이다.
구성	증폭기의 구성은 신호가 어떻게 증폭 장치로 공급되고 증폭 장치로부터 취해지는지를 알려준다. 바이폴라 트랜지스터의 경우, 구성은 공통-이미터, 공통-컬렉터 및 공통-베이스이다. 전계효과 트랜지스터의 경우, 구성은 공통-소스, 공통-드레인 및 공통-게이트이다.
결합	신호가 단계별로 전송되는 방식으로, 결합은 용량성, 직접 또는 변압기일 수 있다.
응용	증폭기는 용도에 따라 분류될 수 있다. 오디오 증폭기, 비디오 증폭기, RF 증폭기, DC 증폭기, 대역폭 통과 증폭기 및 광대역 증폭기가 그 예이다.
등급	이 범주는 A급, B급, AB급 및 C급의 경우 증폭 장치가 바이어스되는 방식을 나타낸다. D급 증폭기는 펄스폭 변조라는 동작의 다른 모드를 사용한다. 전압 증폭기는 일반적으로 A급 동작을 위해 바이어스된다. 효율 향상을 위해 전력 증폭기는 B급, AB급 또는 C급 작동을 사용할 수 있다. 효율이 주요 고려사항인 경우 D급 증폭기가 사용된다.

처음으로 증폭기를 공부할 때는 혼란스럽다. 매우 많은 분류와 용어들이 있다. 표 8-2는 여러분의 생각을 정리하는 데 도움을 주기 위해 준비되었다.

Self-Test

각 문장이 참인지 거짓인지 판단하시오.

1. 전압 증폭기나 소신호 증폭기는 전력 이득이 없다.
2. A급 증폭기의 효율은 B급 증폭기보다 작다.
3. A급 증폭기의 도통각은 180°이다.
4. 그림 8-3에서, 입력 신호가 없으면 공급으로부터 얻은 전력은 0 W이다.
5. 그림 8-4에서, 입력 신호가 없으면 공급으로부터 얻은 전력은 0 W이다.
6. 바이어스는 증폭기의 동작점, 도통각, 동작 형태와 효율을 제어한다.

다음 문제를 해결하시오.

7. 그림 8-2에서, 전력 공급이 20 V 정격이라고 가정할 때 전력 증폭기의 효율은 어떻게 되는가?
8. 어떤 증폭기가 100 W의 출력을 제공하고 있으며 효율이 60%라면, 공급된 것으로부터 증폭된 전력은 얼마인가?

8-2 A급 전력 증폭기

A급 전력 증폭기는 부하선의 중심 근처에서 작동한다. 효율성이 높지는 않지만 낮은 왜곡을 제공한다. 또한 가장 단순한 설계이다.

그림 8-5는 A급 전력 증폭기를 보여준다. 얼마나 많은 신호 전력이 도출될 수 있는지를 보기 위해 부하선이 사용될 것이다. 부하선은 공급 전압 Vcc에 의해 설정될 것이며 포화 전류는 다음과 같다.

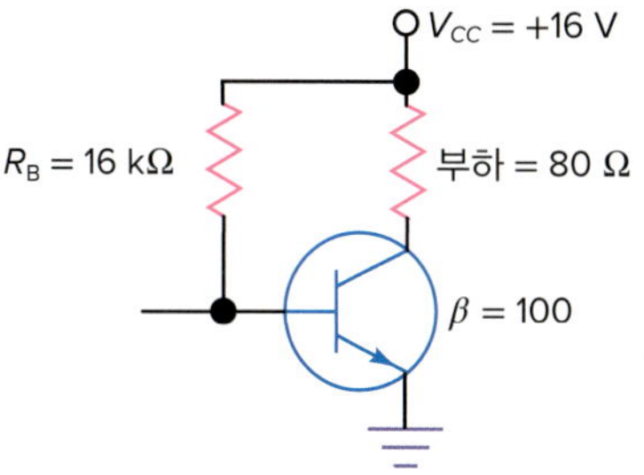

그림 8–5 A급 전력증폭기

$$I_{\text{sat}} = \frac{V_{CC}}{R_{\text{load}}} = \frac{16\text{ V}}{80\ \Omega} = 0.2\text{ A} \quad 또는 \quad 200\text{ mA}$$

부하선은 수평축 16 V에서 수직축 200 mA까지 동작된다.

다음은 증폭기를 위해 동작점을 찾아야 한다. 베이스 전류를 풀면 아래와 같다.

$$I_B = \frac{V_{CC}}{R_B} = \frac{16\text{ V}}{16\ \text{k}\Omega} = 1\text{ mA}$$

트랜지스터는 β 값 100을 가진다. 컬렉터 전류는

$$\begin{aligned} I_C &= \beta \times I_B \\ &= 100 \times 1\text{ mA} = 100\text{ mA} \end{aligned}$$

이다. 그림 8-6에서 100 mA의 동작점을 가진 부하선을 볼 수 있다.

클리핑이 발생하기 전에 제한하며 증폭기는 부하선으로 구동할 수 있다. 최고 전압 변화는 16 V 피크 대 피크가 되며, 최대 전류 변화는 200 mA 피크 대 피크가 될 것이다. 이들 최대값은 그림 8-6에서 보여진다.

이제 **신호 전력**을 계산하기 위한 충분한 정보가 있으며, 최대값은 rms 값으로 변환해야 한다. 이것은

$$\begin{aligned} V_{\text{rms}} &= \frac{V_{\text{p-p}}}{2} \times 0.707 \\ &= \frac{16\text{ V}}{2} \times 0.707 = 5.66\text{ V} \end{aligned}$$

이며, rms 전류는

$$\begin{aligned} I_{\text{rms}} &= \frac{I_{\text{p-p}}}{2} \times 0.707 \\ &= \frac{200\text{ mA}}{2} \times 0.707 = 70.7\text{ mA} \end{aligned}$$

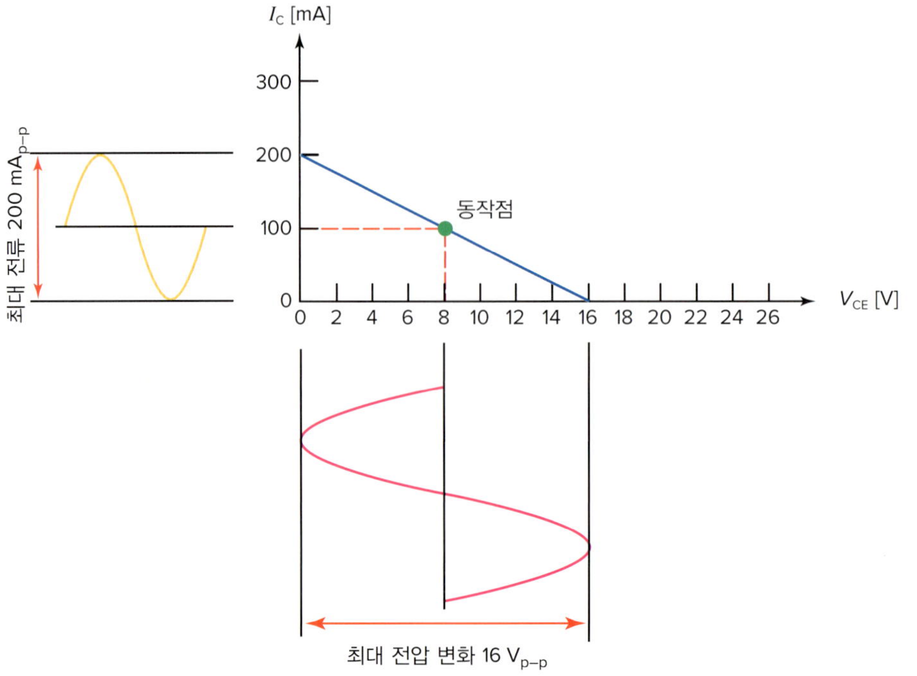

그림 8-6 A급 전력 증폭기 부하선

이다. 마지막으로 신호 전력은 다음과 같이 주어진다.

$$P = V \times I$$
$$= 5.66\ \text{V} \times 70.7\ \text{mA} = 0.4\ \text{W}$$

최대 전력(사인파)은 0.4 W이다.

dc 전력이 신호 전력을 생산하는 데 얼마나 많이 관여하는가? 이 대답은 전력 공급을 살펴보면 찾을 수 있다. 공급 전원은 16 V로 제공된다. 공급 전원으로부터 나온 전류도 알아야 한다. 베이스 전류는 무시할 수 있을 만큼 작다. **평균** 컬렉터 전류는 100 mA이다. 그러므로 **평균** 전력은

$$P = V \times I$$
$$= 16\ \text{V} \times 100\ \text{mA} = 1.6\ \text{W}$$

이다. 증폭기는 전원 공급으로부터 1.6 W를 가져오고 0.4 W의 신호 전력을 생성한다. 증폭기의 효율은

$$\text{효율} = \frac{P_{ac}}{P_{dc}} \times 100\%$$
$$= \frac{0.4\ \text{W}}{1.6\ \text{W}} \times 100\% = 25\%$$

이다. A급 증폭기는 최대 효율이 25%이다. 이는 증폭기가 최대 출력으로 구동될 **때만** 발

생한다. 증폭기가 단단하게 구동되지 않을 때 효율이 **더 낮다**. 위의 식에서 1.6 W가 **고정**되고, 구동이 감소함에 따라 효율이 저하된다. **구동이 없으면** 효율이 0으로 떨어진다. 이런 종류의 증폭기는 고출력 애플리케이션에 좋지 않은 선택일 것이다. 전력 공급은 필요한 신호 전력의 **4배**를 생산해야 할 것이다. 이 전력의 4분의 3은 열로 낭비될 것이다. 트랜지스터는 아마도 큰 방열판이 필요할 것이다.

예제 8-3

그림 8-5에 표시된 증폭기는 8 V의 피크 대 피크 사인파 출력을 생성하고 있다. 그 효율을 결정하시오. 첫째, rms 신호 전압을 찾으면

$$V_{rms} = \frac{\mathrm{V}_{p\text{-}p}}{2} \times 0.707 = \frac{8}{2} \times 0.707 = 2.83\ \mathrm{V}$$

이다. 피크 대 피크 신호 전류를 결정하고 신호 전력을 찾기 위해 rms로 변환해야 하므로 그림 8-6에서 살펴볼 수 있다. 그러나 출력 전력을 직접 계산하기 위해 전력 공식을 사용하는 것이 더 쉽다.

$$P = \frac{V^2}{R} = \frac{2.83^2}{80} = 0.1\ \mathrm{W}$$

dc 입력 전력은 A급 증폭기에서 변하지 않으므로 효율은 다음과 같다.

$$\begin{aligned} \text{효율} &= \frac{P_{ac}}{P_{dc}} \times 100\% \\ &= \frac{0.1\ \mathrm{W}}{1.6\ \mathrm{W}} \times 100\% = 6.25\% \end{aligned}$$

예제 8-4

예제 8-3의 증폭기에서의 소실은 얼마인가? 입력 신호가 없는 증폭기의 소실은 얼마인가? 소실은 입력과 출력의 차이이다.

$$\begin{aligned} \text{소실} &= P_{in} - P_{out} = 1.6\ \mathrm{W} - 0.1\ \mathrm{W} \\ &= 1.5\ \mathrm{W} \end{aligned}$$

입력 신호가 없다면, 유용한 출력값도 없으므로

$$\begin{aligned} \text{소실} &= P_{in} - P_{out} = 1.6\ \mathrm{W} - 0\ \mathrm{W} \\ &= 1.6\ \mathrm{W} \end{aligned}$$

이다.

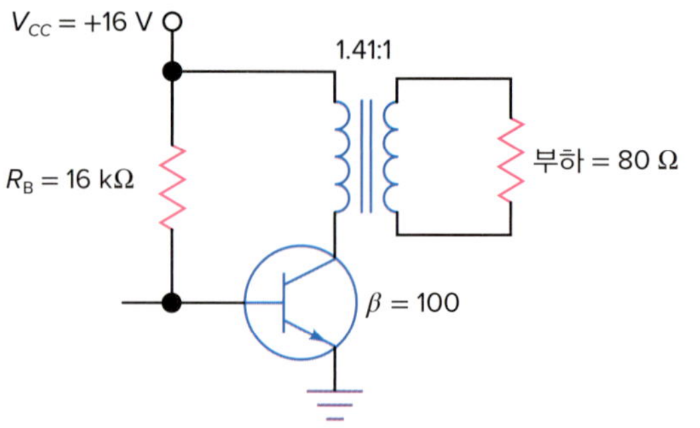

그림 8-7 전압기와 결합된 A급 전력 증폭기

A급 증폭기가 낭비되는 한 가지 이유는 dc 전력이 부하에서 소실되기 때문이다. dc 회로에서 부하를 제거함으로써 큰 개선이 가능하다. 그림 8-7은 어떻게 하는지를 보여준다. 변압기는 신호 전력을 부하에 연결할 것이다. 이제, 부하에 직접적인 전류 흐름이 없다. **변압기 커플링**은 증폭기가 **2배**의 신호 전력을 생산할 수 있게 해준다.

그림 8-7은 그림 8-5와 같은 동일한 공급 전압, 동일한 바이어스 저항, 동일한 트랜지스터 및 동일한 부하를 보여준다. 유일한 차이점은 커플링 변압기이다. dc 조건은 현재 상당히 다르다. 변압기 1차측은 저항이 매우 낮을 것이며, 이는 모든 공급 전압이 동작점에서 트랜지스터를 통하여 강하된다는 것을 의미한다.

변압기 결합 증폭기용 dc 부하선은 그림 8-8에서 나타나며 **수직**이다. 동작점은 여전히 100 mA이다. 이는 베이스 전류와 β가 바뀌지 않았기 때문이다. 이러한 변화는 컬렉터와 직렬로 연결되어 있는 80 Ω dc 저항의 부재가 원인이다. 모든 공급 전압은 이제 트랜지스터를 통하여 떨어진다.

실제로, 부하선은 완벽하게 수직이 되지 않을 것이다. 심지어는 변압기와 전원 공급 장치도 항상 약간의 저항을 가지고 있다. 하지만 dc 부하선은 매우 가파르다. 우리는 이 부하선에서 어떠한 출력의 변화를 볼 수 없다.

변압기 결합 증폭기에는 두 번째 부하선이 있다. 컬렉터 회로의 ac 부하의 결과이며 ac 부하선이라고 한다. ac 부하는 그림 8-7의 컬렉터 회로에서 80 Ω이 아니며 변압기는 스텝다운 타입이다. 변압기 임피던스 비는 **회전비의 제곱**과 같다는 것을 기억하라. 따라서 컬렉터 회로의 ac 부하는

$$\text{부하}_{ac} = (1.41)^2 \times 80\ \Omega = 160\ \Omega$$

이다. 그림 8-8에서 ac 부하선은 32 V에서 200 mA까지 진행된다는 것을 명심하라. 이것은 다음을 만족시킨다.

$$Z = \frac{V}{I}$$

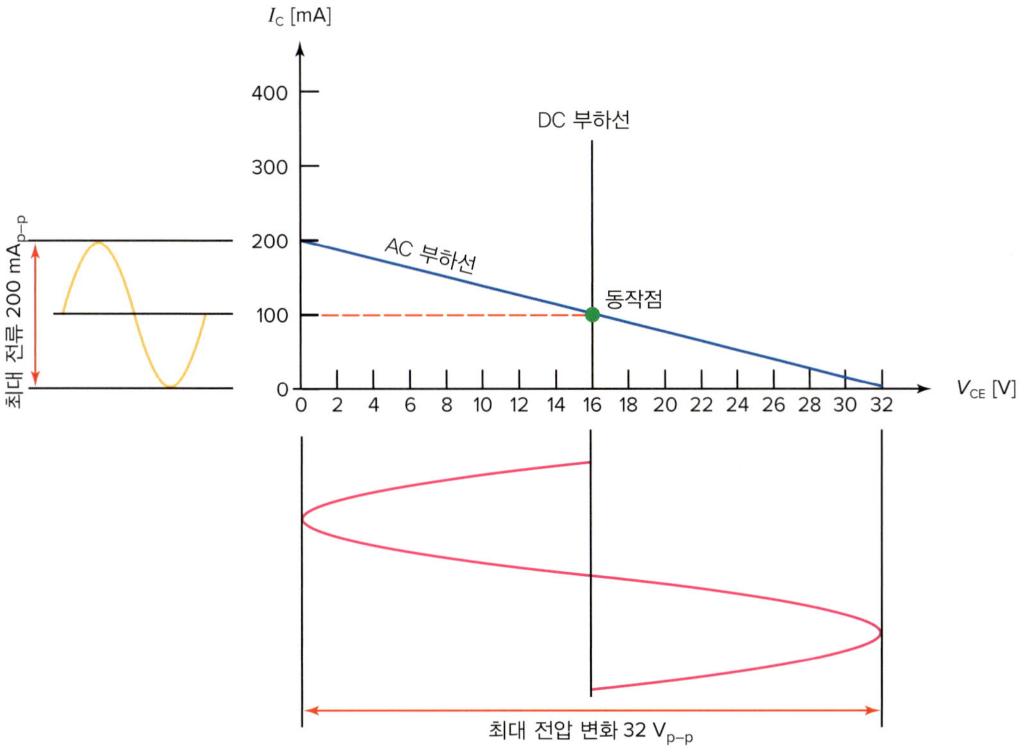

그림 8-8 변압기와 결합된 증폭기의 부하선

$$= \frac{32\ \text{V}}{200\ \text{mA}} = 160$$

ac 부하선은 동작점을 통과한다는 것을 알 수 있으며 dc 부하선과 ac 부하선은 언제나 동일한 동작점을 지나야 한다.

ac 부하선은 어떻게 32 V까지 연장되는가? 이건 공급 전압의 **2배**다! 두 가지로 설명이 가능한데, 첫째, 동작점을 통과하고 160 Ω의 기울기를 만족하려면 32 V까지 확장해야 한다. 둘째, 변압기는 인덕터의 종류로써, 자기장의 변화가 있으면 전압이 생성된다. 이 전압은 공급 전압과 직렬로 더해진다. 그러므로 V_{CE}는 변압기와 결합된 증폭기 안에서 공급 전압을 **2배**까지 변동시킬 수 있다.

그림 8-8과 8-6을 비교하면, 출력 변화는 변압기 커플링과 함께 2배가 된다. 이는 출력 전력 또한 2배가 된다는 것을 추측할 수 있다. **증폭기에 인가되는 dc 전력 입력은 변하지 않으며**, 공급 전압은 여전히 16 V, 평균 전류는 100 mA이다. A급 증폭기가 결합된 변압기는 동일한 dc 전력 입력에 대하여 2배 이상 큰 신호 출력을 제공한다. A급 증폭기가 결합된 변압기의 최대 효율은

$$\text{효율} = \frac{P_{ac}}{P_{dc}} \times 100\%$$

$$= \frac{0.8\ W}{1.6\ W} \times 100\% = 50\%$$

이다. 하지만 이 효율성은 최대 신호 레벨에서만 도달한다는 것을 기억하라. 작은 신호에서는 효율은 더 작고 증폭기가 신호를 구동하지 않을 때 효율은 0으로 떨어진다.

50%의 효율은 어떤 응용 분야에서는 수용되기도 한다. A급 전력 증폭기가 때때로 중간 전력 애플리케이션(최대 5 W 이하)에서 사용되기도 한다. 그러나 변압기는 비싼 구성요소가 될 수 있다. 예를 들면, 고품질 오디오 증폭기에서 출력 변압기는 다른 모든 증폭기보다 더 많은 비용이 들 수 있다. 따라서 고출력, 고품질의 증폭기를 위해 A급보다는 다른 것이 가장 좋은 선택이 된다.

효율 계산법은 약간의 손실을 무시했다. 첫째로, 트랜지스터의 **포화 전압**을 무시했다. 실제로 V_{CE}는 0 V까지 떨어질 수 없다. 전력 트랜지스터는 0.7 V 포화 상태를 보여줄 수 있다. 이것은 출력 변화에서 빼야 한다. 둘째로, 변압기 결합 증폭기에서 변압기의 손실을 무시했다. 변압기는 100%의 효율이 아니다. 작고, 값싼 변압기는 낮은 오디오 주파수에서는 75%의 효율을 가질 수 있다. 계산된 효율 25%와 50%는 **이론적인 최대값**이다. 실제 회로에서는 실현되지 않는다.

A급 회로의 또 다른 문제는 전원 공급 장치에 있는 고정적인 누설 전력이라는 것이다. 심지어는 신호가 증폭되지 않을 때에도 예제에도 있는 것처럼 공급에서 고정된 누설 전력은 1.6 W였다. 대부분의 전력 증폭기는 일정 레벨에서 변화하는 신호를 다룰 수 있어야 한다. 예를 들자면, 오디오 증폭기는 볼륨 레벨에서 넓은 영역을 조절할 것이다. 볼륨이 낮으면 A급의 효율은 매우 열악하다.

예제 8-5

그림 8-7에서 보이는 것처럼 증폭기의 가장 좋은 효율은 얼마인가? 만약 변압기의 효율이 80%라면 얼마인가? 전체적인 시스템의 효율은 개별 효율성의 산물이다.

$$\text{효율} = 0.5 \times 0.8 \times 100\% = 40\%$$

Self-Test

다음 문제를 해결하시오.

9. 그림 8-5에서, 트랜지스터의 전류 이득은 120이다. 입력 신호가 없을 때 트랜지스터의 전력 손실을 계산하시오.
10. 그림 8-6에서, 동작점 $V_{CE} = 12$ V이다. 입력 신호가 없을 때 트랜지스터의 전력 손실을 계산하시오.
11. 그림 8-7에서, 변압기는 1차측과 2차측의 권선 비가 3:1이다. 트랜지스터의 컬렉터는 어떠한 부하를 알 수 있는가?
12. 그림 8-8에서, 변압기는 1차측과 2차측의 권선 비가 4:1이다. 오실로스코프는 컬렉터의 30 V 피크 대 피크 사인파 신호를 보여주고 있다. 80 Ω 부하를 지나는 신호의 진

폭은 무엇인가? 부하에 전송하는 rms 신호 전력은 무엇인가?

각 문장이 참인지 거짓인지 판단하시오.

13. 출력과 결합된 변압기는 A급 증폭기의 효율을 개선하지 않는다.
14. 그림 8-8에서, 1차측 출력 변압기의 권선에 대한 dc 저항이 매우 작아서 dc 부하선은 매우 가파르다.
15. 실제적으로, 변압기 결합을 이용하여 A급에서 50% 효율을 얻는 것은 가능하다.

8-3 B급 전력 증폭기

B급 증폭기는 차단 시에 바이어스된다. 입력 신호가 트랜지스터를 켜는 데 필요한 바이어스를 제공할 때까지 전류는 흐르지 않는다. 이것은 전원 공급 장치의 크게 고정되었던 누설 전력을 제거한다. 효율성은 훨씬 좋아졌다. 그러나 **입력 신호의 절반**만 증폭된다. 이것은 극단적인 왜곡을 생성한다. 단일 B급 트랜지스터는 오디오 작업에 유용하지 않다. 소리가 끔찍할 것이다.

B급에서 **2개의 트랜지스터**를 작동할 수 있다. 하나는 입력의 양의 진행 부분을 증폭시키고 다른 하나는 음의 진행 부분을 증폭시키도록 배열될 수 있다. B급을 2개의 절반 또는 부분으로 결합하면 왜곡이 많이 줄어든다. 이런 식으로 작동하는 2개의 트랜지스터를 **푸시 풀**이라 한다.

그림 8-9는 B급 푸시 풀 전력 증폭기를 보여준다. 2개의 변압기가 사용되며, 변압기 T_1은 **드라이버 변압기**라 불린다. 신호 드라이브와 함께 Q_1과 Q_2를 제공하며, 변압기 T_2는 **출력 변압기**라 불린다. 이것은 두 신호를 결합하며 출력을 부하에 공급한다. 두 변압기는 가운데가 권선인 결합 구조를 가지고 있다.

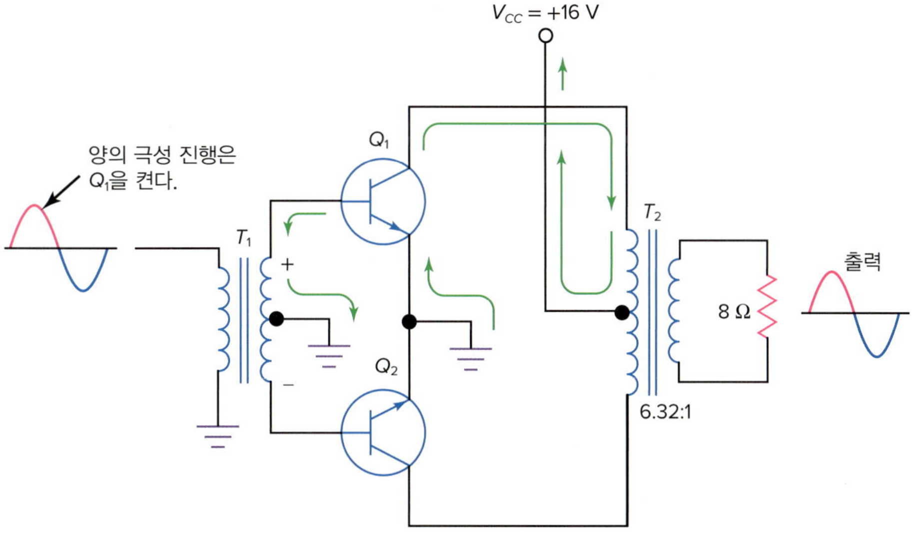

그림 8–9 Q_1이 켜진 B급 푸시 풀 전력 증폭기

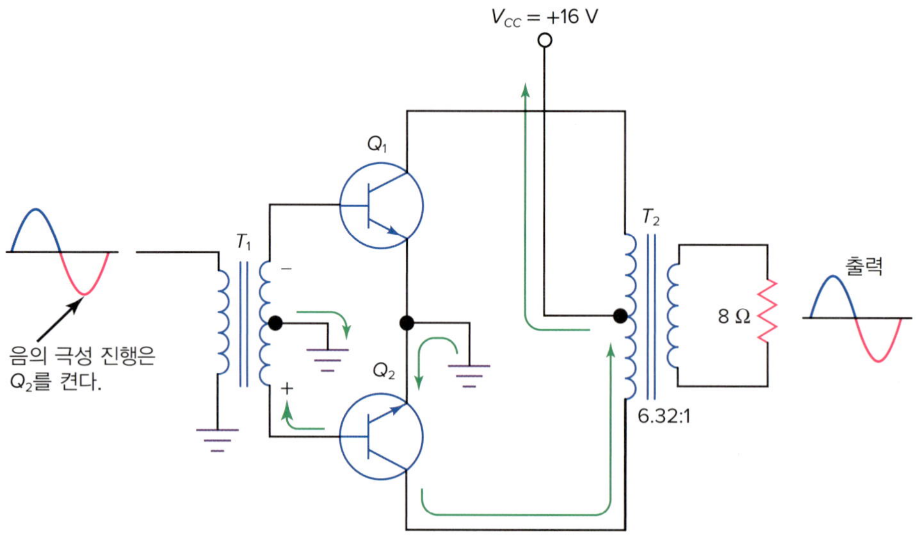

그림 8-10 Q_2가 켜진 B급 푸시 풀 전력 증폭기

신호 입력이 없으면 그림 8-9에서 전류 흐름이 없으며, Q_1과 Q_2가 모두 차단된다. 베이스 이미터 접합을 켜기 위한 dc 공급이 없다. 입력 신호가 보이는 것처럼 T_1에서 2차 극성을 생성하면 Q_1이 켜진다. 전류는 T_2에서 1차측(1차 코일)의 절반을 통해 흐른다. 출력 변압기의 1차측(1차 코일) 전류가 변하기 때문에 신호가 2차측(2차 코일)을 통하여 나타날 것이다. 입력 신호의 양의 진행 부분은 증폭되고 부하를 통해 나타난다.

신호가 극성을 바꾸면 Q_1이 차단되고 Q_2가 켜진다. 그림 8-10에서 보여지듯 전류는 T_2의 1차측(1차 코일)의 나머지 절반을 통해 흐른다. 이때 전류는 1차측을 통해 흐르고 있다. Q_2가 켜졌을 때 전류는 1차 권선을 통해 흐르고 있었다. 이 전류 **반전**은 부하에 걸쳐 음의 교환을 생성한다. 푸시 풀에서 2개의 트랜지스터를 작동시킴으로써 많은 왜곡이 제거되었으며, 회로는 거의 전체 입력 신호를 증폭한다.

그래프를 사용하여 B급 푸시 풀 증폭기의 출력 변화 및 효율을 표시할 수 있다. 그림 8-11은 푸시 풀 회로의 dc와 ac 부하선을 보여준다. dc 부하선은 수직이고, 컬렉터 회로에는 저항이 거의 없다. ac 부하선 기울기는 컬렉터 회로의 **변환된 부하**에 의해 설정된다.

변압기 T_2는 6.32:1의 권선 비를 보여준다. 이 회전비는 컬렉터 회로에서 볼 수 있는 ac 부하를 결정한다. 변압기의 1차측의 절반은 언제든지 작동하므로 임피던스 비율을 계산하는 데 권선 비의 절반만 사용될 것이다.

$$\frac{6.32}{2} = 3.16$$

이제 컬렉터 부하는 권선 비에 대한 반의 제곱과 부하 저항의 곱과 같을 것이다.

$$\text{부하}_{ac} = (3.16)^2 \times 8\ \Omega = 80\ \Omega$$

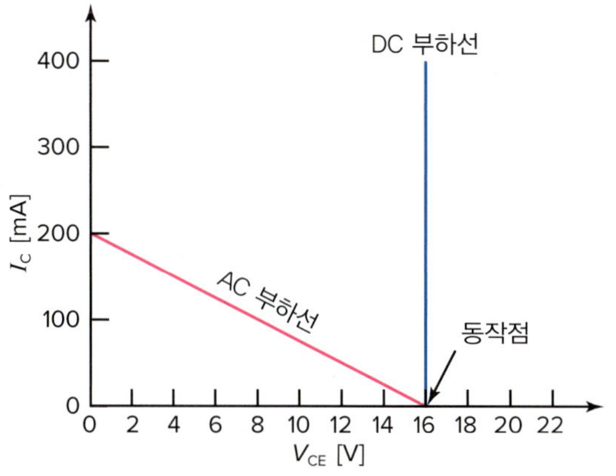

그림 8-11 B급 증폭기의 부하선

각 트랜지스터는 80 Ω의 ac 부하임을 알고, 그림 8-11의 부하선은 16 V에서 200 mA로 작동한다. 이는 80 Ω의 기울기를 만족한다.

$$R = \frac{V}{I} = \frac{16\ \text{V}}{0.2\ \text{A}} = 80\ \Omega$$

그림 8-11은 정확하지만 하나의 트랜지스터만 보여준다.

그림 8-12와 같이 푸시 풀 회로를 그래프로 나타내는 다른 방법이 있다. 이 그래프는 전체 출력 변화를 보여주며, 출력 전압은 32 V 피크 대 피크로 변화한다. 이것은 rms 값으로 변환되어야 하며 다음과 같다.

$$V_{rms} = \frac{V_{p\text{-}p}}{2} \times 0.707$$
$$= \frac{32\ \text{V}}{2} \times 0.707 = 11.31\ \text{V}$$

이제 rms 전류를 찾을 수 있다.

$$I_{rms} = \frac{I_{p\text{-}p}}{2} \times 0.707$$
$$= \frac{400\ \text{mA}}{2} \times 0.707 = 141.4\ \text{mA}$$

최종적으로 신호 전력은

$$P = V \times I$$
$$= 11.31\ \text{V} \times 141.4\ \text{mA} = 1.6\ \text{W}$$

이다. B급 푸시 풀 회로의 효율성을 찾으려면 dc 입력 전력이 필요하다. 공급 전압은 16 V이며, 공급 전류는 0~200 mA이다. A급에서와 같이 우리가 필요한 것은 평균 컬렉터 전류이다.

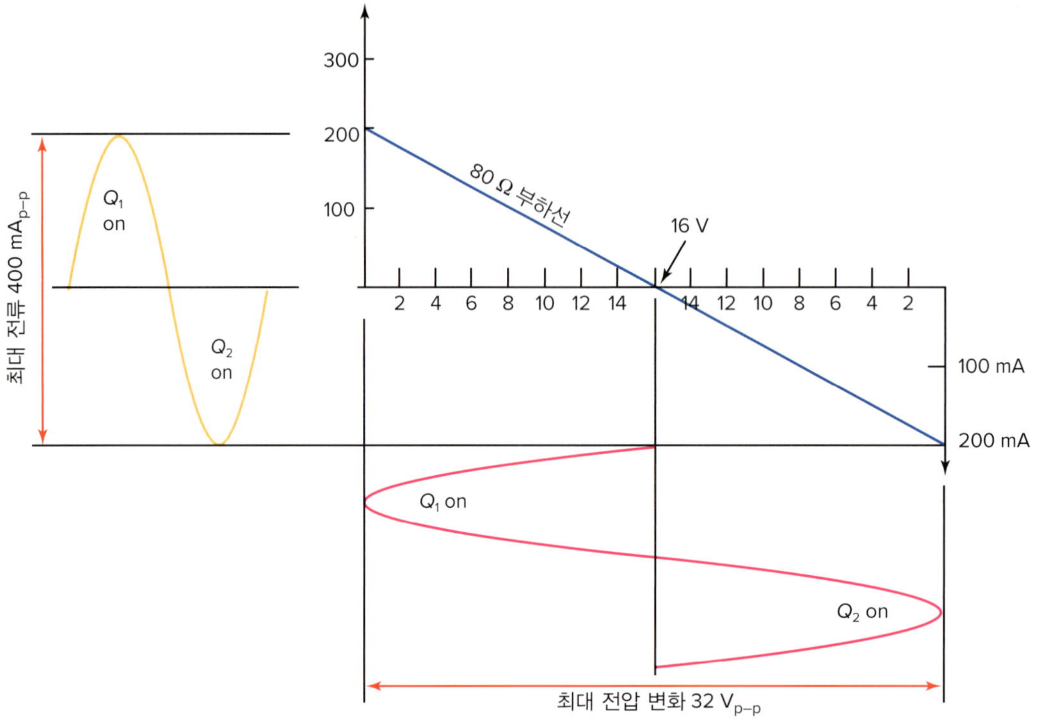

그림 8-12 푸시 풀 동작을 위한 부하선

$$I_{av} = I_p \times 0.637 = 200 \text{ mA} \times 0.637$$
$$= 127.4 \text{ mA}$$

평균 입력 전력은

$$P = V \times I = 16 \text{ V} \times 127.4 \text{ mA}$$
$$= 2.04 \text{ W}$$

이다. B급 푸시 풀 증폭기는 전원에서 2.04 W를 사용하여 1.6 W의 신호 출력을 제공한다. 효율은 다음과 같다.

$$\text{효율} = \frac{P_{\text{ac}}}{P_{\text{dc}}} \times 100\%$$
$$= \frac{1.6 \text{ W}}{2.04 \text{ W}} \times 100\% = 78.5\%$$

A급의 최고 효율은 50%이며 B급의 최고 효율은 78.5 %이다. 이러한 개선된 효율로 인해 B급 푸시 풀 회로는 고전력 애플리케이션에 매력적이다. 더 작은 신호의 경우 B급 증폭기는 전원 공급을 더 작게 사용한다. 2.04 W 계수는 위 계산에서 고정되어 있지 않다. 입력 신호가 감소함에 따라 전원의 전력 수요도 감소한다.

예제 8-6

그림 8-10에서 푸시 풀 증폭기가 최대 전압 변동의 절반으로 구동될 때 효율을 찾으시오. 전력은 전압의 제곱에 따라 변하므로 전력 출력은 최대 1/4 또는 0.4 W로 감소한다. 그러나 확실하게 계산해보면 절반 전압 변화는 그림 8-10에서 16 $V_{\text{p-p}}$이며

$$V_{\text{rms}} = \frac{V_{\text{p-p}}}{2} \times 0.707 = \frac{16}{2} \times 0.707 = 5.66\text{ V}$$

이다. 피크 대 피크 전류는 이제 200 mA이며 rms 신호 전류는 다음과 같다.

$$I_{\text{rms}} = \frac{I_{\text{p-p}}}{2} \times 0.707$$

$$= \frac{200\text{ mA}}{2} \times 0.707 = 70.7\text{ mA}$$

$$P_{\text{ac}} = V_{\text{rms}} \times I_{\text{rms}}$$

$$= 5.66\text{ V} \times 70.7\text{ mA} = 0.4\text{ W}$$

신호 전력에 대한 우리의 기대치를 확인한다. 평균 dc 전류는

$$I_{\text{av}} = I_P \times 0.637 = 100\text{ mA} \times 0.637$$

$$= 63.7\text{ mA}$$

이고, dc 입력 전원은

$$P_{\text{dc}} = 16 \times 63.7\text{ mA} = 1.02\text{ W}$$

이다. 이것은 증폭기가 완전히 구동되었을 때의 절반인 것이다. 효율 또한 완전히 구동된 값의 반이다.

$$\text{효율} = \frac{P_{\text{ac}}}{P_{\text{dc}}} \times 100\%$$

$$= \frac{0.4\text{ W}}{1.02\text{ W}} \times 100\% = 39.2\%$$

B급 증폭기가 완전히 구동되지 않으면 효율이 떨어진다. 그러나 이 증폭기는 최대 출력 변동의 절반으로 구동되는 A급 증폭기보다 더 효율적이다.

예제 8-7

그림 8-10에서 입력 신호가 없는 상태에 대하여 증폭기의 효율을 계산할 수 있을 것인가? 입력 신호가 없으면 트랜지스터가 꺼지고 전류가 흐르지 않는다. 전류가 없으면 dc

전원은 0이고, 0으로 나누기가 정의되어 있지 않으므로 방정식을 풀 수 없다.

$$\text{효율} = \frac{P_{out}}{P_{in}} \times 100\% = \frac{0\ \text{W}}{0\ \text{W}} \times 100\%$$
$$= \text{정의되지 않음}$$

이 경우 효율을 계산할 수 없으나 결론에 도달할 수 있다. 입력 신호가 없는 B급 증폭기의 효율은 A급 장치의 경우와 같이 0이 아니다.

A급 전력 트랜지스터는 **높은 와트 정격**이 필요하다. 그 이유는 트랜지스터가 항상 포화 전류의 절반으로 바이어스되기 때문이다. 예를 들어, 100 W A급 증폭기를 구축하려면 트랜지스터에 200 W 이상의 정격이 필요하며 다음과 같다.

$$\text{효율} = \frac{P_{ac}}{P_{dc}} \times 100\%$$
$$= \frac{100\ \text{W}}{200\ \text{W}} \times 100\% = 50\%$$

위의 방정식을 보자. 200 W는 트랜지스터에 들어가고, 신호 전력으로 100 W가 나온다. 100 W 차이는 트랜지스터를 **가열**한다. 신호 입력이 0이면 어떻게 되는가? 신호 출력은 0이지만 200 W는 **여전히 트랜지스터로 들어가고** 열로 바뀐다.

주어진 전력 레벨에서 B급에 필요한 전력 등급은 A급에 필요한 전력의 **1/5**에 불과하다. 100W 증폭기를 구축하려면 A급에 200W 트랜지스터가 필요하다. B급에서

$$\frac{200}{5} = 40\ \text{W}$$

이다. 푸시 풀에서 작동하는 2개의 20 W 트랜지스터는 100 W 출력을 제공한다. 2개의 20 W 트랜지스터는 1개의 200 W 트랜지스터보다 훨씬 저렴하다. 이는 고전력 증폭기에서 A급에 비해 B급 푸시 풀의 두드러진 이점이다.

방열판의 크기는 또 다른 요소이다. 트랜지스터 정격은 안전한 온도를 기준으로 한다. 고전력 작업에서 트랜지스터는 열을 전달하는 장치에 장착된다. B급 설계는 주어진 전력량에 대해 방열판 용량의 1/5만 필요하다.

고전력 작업에서 B급을 사용하는 경우는 매우 흔하다. 그러나 일부 응용 프로그램에는 여전히 왜곡이 너무 많다. 푸시 풀 회로는 약간의 왜곡을 제거하지만 일부는 남아 있다. 이 문제를 **크로스오버 왜곡**이라 한다.

트랜지스터의 베이스-이미터 접합은 다이오드처럼 동작한다. 실리콘 트랜지스터에서 베이스-이미터 접합을 켜려면 약 0.6 V가 필요하다. 이는 B급 푸시 풀 증폭기의 첫 0.6 V 입

력 신호가 **증폭되지 않음**을 의미한다. 증폭기의 **데드 밴드**는 약 1.2 V이다. 베이스-이미터 접합은 턴온 지점 근처에서 매우 비선형적이다. 그림 8-13은 일반적인 베이스-이미터 접합의 특성 곡선을 보여준다. 0.6 V 순방향 바이어스 영역 근처의 곡률을 살펴보자. 하나의 트랜지스터가 꺼지고 다른 트랜지스터가 푸시 풀 설계로 켜지면 이 곡률은 출력 신호를 왜곡시킨다. 데드 밴드와 비선형성으로 인해 B급 푸시 풀 회로는 일부 응용에서는 허용되지 않는다.

출력 신호에 대한 크로스오버 왜곡의 영향은 그림 8-14(a)에 나와 있다. 신호가 한 트랜지스터에서 다른 트랜지스터로 **교차할 때** 발생한다. 입력 신호가 작을 때 크로스오버 왜곡이 매우 두드러진다. 실제로 입력 신호가 1 $V_{P\text{-}P}$ 이하이면 실리콘 트랜지스터를 사용하여 출력되지 않는다. 그림 8-14(b)에 나타난 바와 같이, 큰 신호의 경우에는 왜곡이 눈에 띄지 않는다. 이는 문제 해결 시 유용한 단서가 될 수 있다.

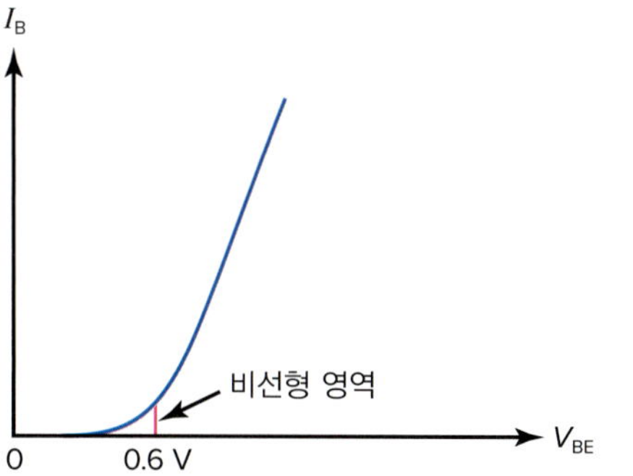

그림 8-13 베이스-이미터 접합에 대한 특성 곡선

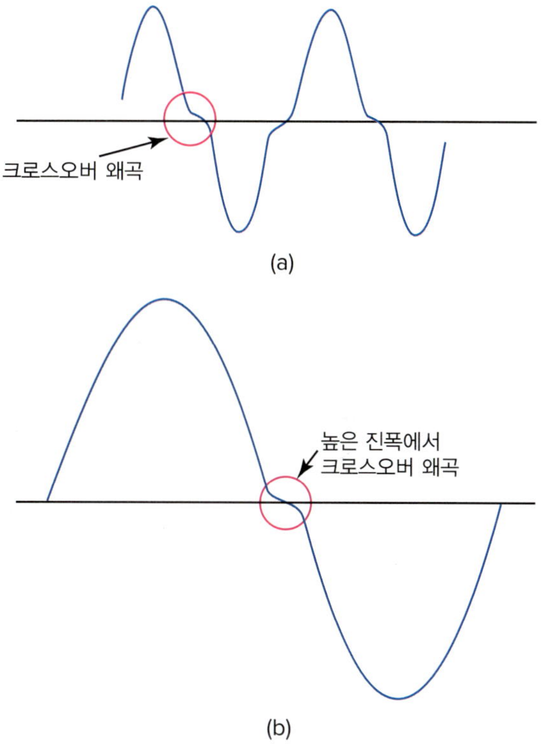

그림 8-14 출력 신호에서 크로스오버 왜곡

좀 더 알아보기

오디오 출력과 볼륨

고출력 오디오 증폭용 전원 공급 장치는 종종 최대 필터 성능을 향상시키기 위해 대형 필터 커패시터를 사용한다. 일부 오디오 증폭기는 보호 회로를 사용하여 높은 볼륨 레벨 및 출력 단자 단락 시 손상을 방지한다.

Self-Test

각 문장이 참인지 거짓인지 판단하시오.

16. 그림 8-9를 참조하여, 트랜지스터 Q_1과 Q_2는 병렬로 작동한다.
17. 그림 8-10을 참조하여, 트랜지스터 Q_1과 Q_2는 동시에 켜지지 않는다.
18. 크로스오버 왜곡은 트랜지스터에서 베이스-이미터 접합의 비선형성에 의해 발생한다.

다음 문제를 해결하시오.

19. 그림 8-10을 참조하여, 변압기 T_2의 권선비는 20 : 1이다. Q_1, Q_2의 컬렉터에서 보이는 부하는 무엇인가?
20. A급 전력 증폭기는 5 W의 전력을 공급하도록 설계되었다. 제로 신호 레벨에서 트랜지스터로부터 분산되는 것은 무엇인가?
21. B급 푸시 풀 증폭기는 10 W의 전력을 공급하도록 설계되었다. 각 트랜지스터가 소비해야 하는 최대 전력은 얼마인가?
22. 그림 8-12를 참조하여, 증폭기가 최대 변동의 절반으로만 구동된다고 가정할 때, rms 전력 출력을 계산하시오.
23. 그림 8-12를 참조하여, 증폭기가 최대 변동의 절반으로 구동된다고 가정할 때, 평균 전력 입력을 계산하시오.
24. 그림 8-12를 참조하여, 증폭기가 최대 변동의 절반으로 구동된다고 가정할 때, 증폭기의 효율을 계산하시오.

8-4 AB급 전력 증폭기

크로스오버 왜곡 문제에 대한 해결책은 베이스-이미터 접합에 **일부 순방향 바이어스**를 제공하는 것이다. 순방향 바이어스는 베이스-이미터 전압 V_{BE}가 곡선의 비선형 부분에 도달하는 것을 방지한다. 관련된 내용은 그림 8-15에 나타나 있다. 순방향 바이어스는 작아지고, **AB급** 증폭기의 결과가 초래된다. A급과 B급 사이의 특성을 보여준다.

AB급의 동작점은 그림 8-16에 나와 있다. AB급은 **차단** 근처에서 작동한다.

그림 8-17은 AB급 푸시 풀 전력 증폭기이다. 저항 R_1 및 R_2는 베이스-이미터 접합을 순방향 바이어스하기 위해 전압 분배기를 형성한다. 바이어스 전류는 T_1의 2차측(2차 코일)의 양쪽 절반을 통해 흐른다. 커패시터 C_1은 ac 신호용 중앙 탭을 접지한다. 이것이 없으면

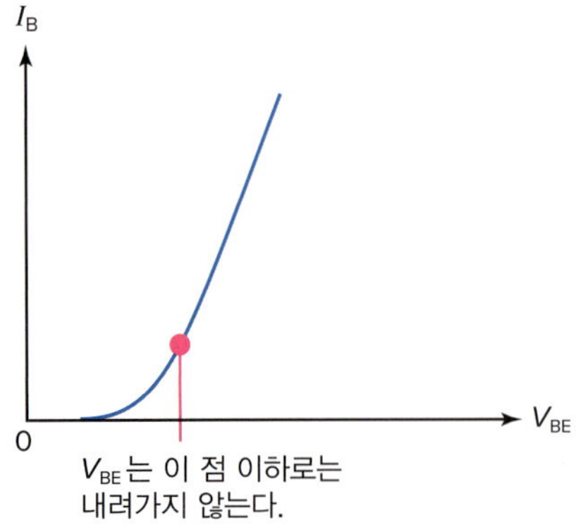

그림 8-15 크로스오버 왜곡을 방지하기 위한 V_{BE} 최소값

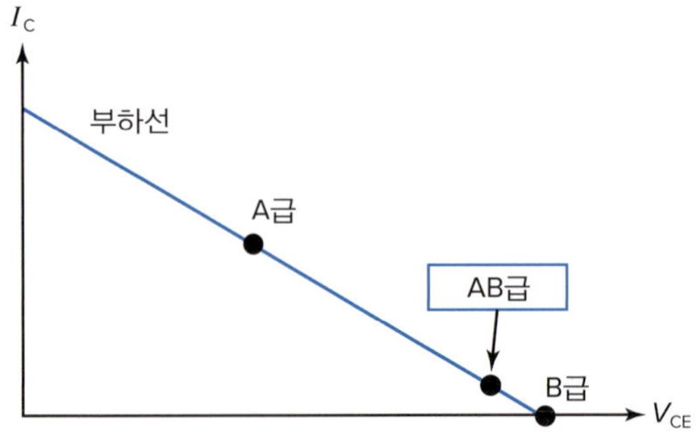

그림 8-16 AB 증폭기의 동작점

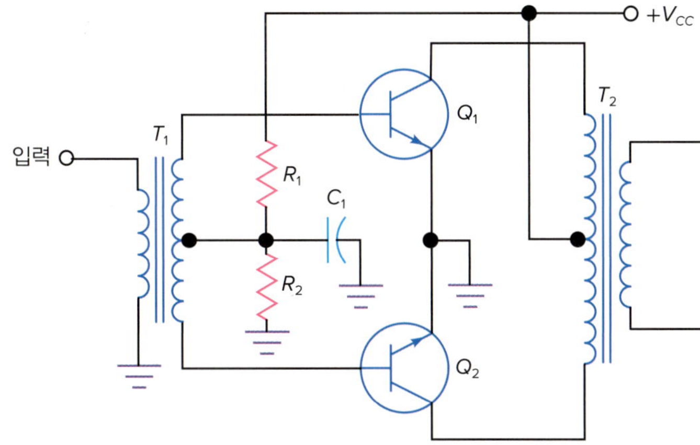

그림 8-17 푸시 풀 AB급 전력 증폭기

R_1과 R_2에 신호 전류가 흐르고 신호 에너지의 대부분이 낭비된다(열로 분산됨).

AB급 증폭기는 B급 증폭기만큼 효율이 높지 않지만 A급 증폭기보다 효율이 우수하다. 최소한의 왜곡과 합리적인 효율을 제공하는 절충안 형태이다. 고출력 오디오 작업에 가장 인기 있는 등급이다. 그림 8-17에 표시된 것과 같은 증폭기는 휴대용 라디오 및 테이프 레코더에서 널리 사용된다.

푸시 풀 증폭기의 왜곡 문제가 해결되었으므로 이제 변압기를 살펴볼 차례이다. 고출력 및 고품질 작업의 경우 변압기가 너무 비싸다. 가격은 제거될 수 있다.

예제 8-8

그림 8-17에서 AB급 바이어스, 12V 공급 및 1 kΩ의 R_2값을 가정하여 R_1의 값을 찾으시오. 전압 분배기 방정식을 사용하고 AB급에 대해 0.6 V 전압 강하가 발생한다고 가정한다.

$$0.6\text{ V} = \frac{1\text{ k}\Omega}{1\text{ k}\Omega + R_1} \times 12\text{ V}$$

양변에 분모를 곱하여 분수를 제거하면

$$0.6\text{ V}(1\text{ k}\Omega + R_1) = 1\text{ k}\Omega \times 12\text{ V}$$

이고, 12 V로 양변을 나누고 정리하면

$$0.05(1\text{ k}\Omega + R_1) = 1\text{ k}\Omega, \quad 50\ \Omega + 0.05\ R_1 = 1\text{ k}\Omega$$

이다. 양변에 50 Ω을 빼주면 다음과 같다.

$$0.05\ R_1 = 950\ \Omega$$
$$R_1 = 19\text{ k}\Omega$$

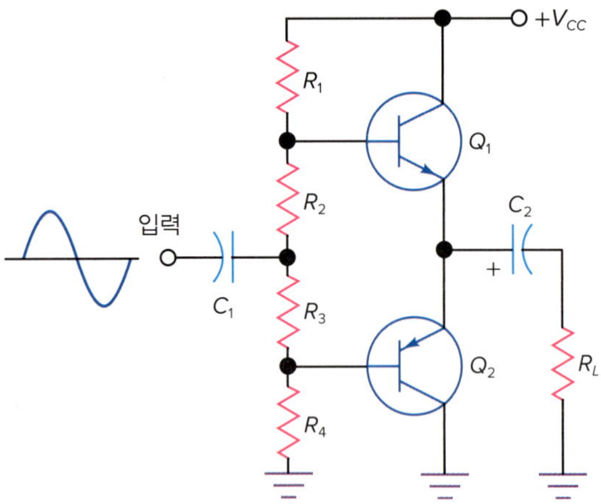

그림 8-18 상보 대칭 증폭기

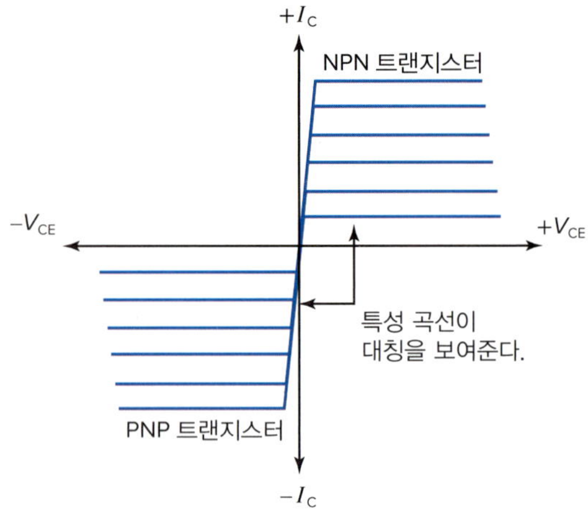

그림 8-19 NPN-PNP 대칭

Internet Connection

Texas Instruments 웹 사이트에서 관련 정보를 찾으시오.

트랜지스터 극성의 조합을 사용하여 드라이버 변압기를 제거할 수 있다. NPN 트랜지스터의 베이스에 적용된 양의 진행 신호는 트랜지스터를 켜는 경향이 있다. PNP 트랜지스터의 베이스에 인가된 양의 신호는 그것을 끄는 경향이 있다. 이는 중앙 탭 드라이버 변압기 없이 푸시 풀 동작을 얻을 수 있음을 의미한다.

다른 증폭기 구성을 사용하여 출력 변압기를 제거할 수 있다. 이미터-팔로워(공통 컬렉터) 증폭기는 낮은 출력 임피던스로 유명하다. 이를 통해 확성기와 같은 낮은 임피던스 부하에 잘 맞는다.

그림 8-18은 변압기를 제거하는 증폭기 설계를 보여준다. 트랜지스터 Q_1은 NPN 트랜지스터이고, Q_2는 PNP 트랜지스터이다. 푸시 풀 작동은 중앙 탭 드라이버 변압기 없이 실현된다. 부하는 트랜지스터의 이미터 리드에 용량성으로 연결되어 있는 것에 주목하고, 트랜지스터는 **이미터-필로워**로 작동한다.

그림 8-18의 회로를 **상보 대칭 증폭기**라 한다. 트랜지스터는 **전기 보완 장치**이다. 하나는 NPN이고 다른 하나는 PNP이다. 그림 8-19의 곡선은 NPN 및 PNP 트랜지스터의 대칭 특성을 보여준다. 상보 대칭 증폭기에서 특성을 잘 일치시키는 것은 중요하다. 이러한 이유로 트랜지스터 제조업체는 대칭성이 좋은 NPN-PNP 쌍을 제공한다.

예제 8-9

그림 8-18에서 R_2 및 R_3에 대한 값을 가정하면 12 V 전원, R_1 및 R_4는 각각 10 kΩ이다. AB급의 경우 **각** 트랜지스터에 대해 0.6 V 전압 강하 또는 **양쪽**에 대해 1.2 V 전압 강하를 가정할 수 있다. R_2 및 R_3(R_T)의 총계 값을 먼저 찾도록 분배기 공식을 설정하면 다음과 같다.

$$1.2\text{ V} = \frac{R_T}{20\text{ k}\Omega + R_T} \times 12\text{ V}$$

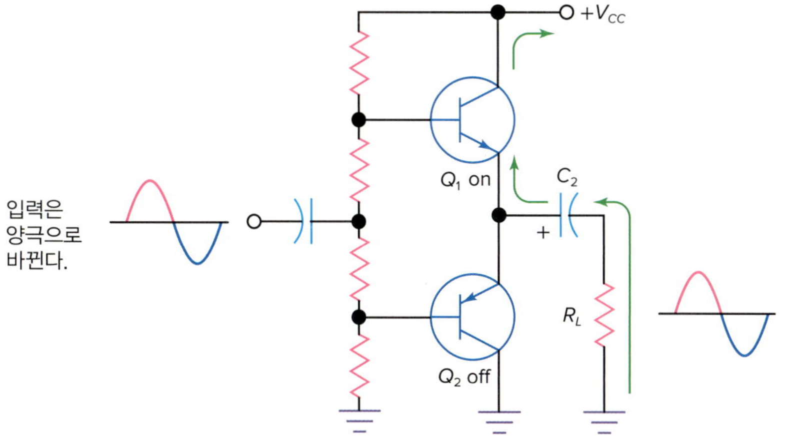

그림 8-20 상보 대칭 증폭기에서의 양의 진행 신호

$R_T = 2.22$ kΩ임을 찾기 위해 이전과 같이 수를 계산한다(예제 8-8과 유사함). 각 저항은 그 양의 절반이거나 1.11 kΩ이어야 한다.

그림 8-20은 입력 신호가 양수일 때 상보 대칭 증폭기의 출력 신호를 보여준다. NPN 트랜지스터인 트랜지스터 Q_1이 켜지고 PNP 트랜지스터인 트랜지스터 Q_2가 꺼져 있다. 전류는 부하, C_2 및 Q_1을 통해 전원 공급 장치로 흐른다. 이 전류는 그림과 같이 C_2를 충전한다. 증폭기에는 **위상 반전이 없다**. 이것은 이미터-팔로워에서 예상된다.

입력 신호가 음이 되면 신호 흐름은 그림 8-21과 같다. 이제 Q_1이 꺼져 있고 Q_2가 켜져 있다. 이렇게 하면 그림과 같이 C_2가 방전된다. 다시, 출력은 입력과 위상이 같다. 커패시터 C_2는 일반적으로 큰 커패시터(1,000 μF 정도)이다. 낮은 R_L값으로 양호한 저주파 응답

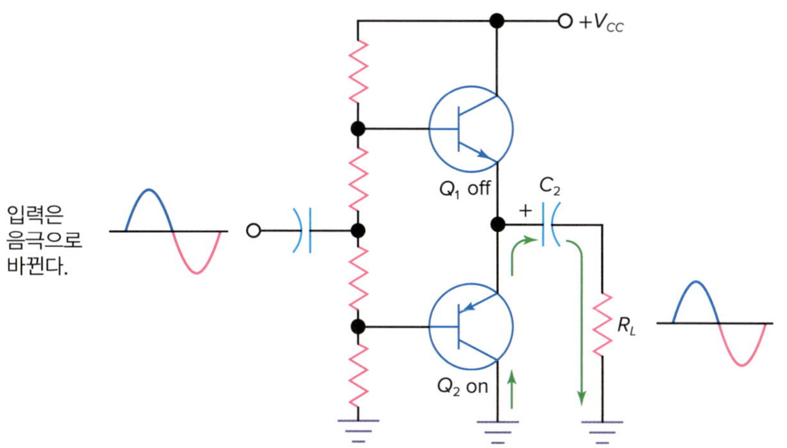

그림 8-21 상보 대칭 증폭기에서의 음의 진행 신호

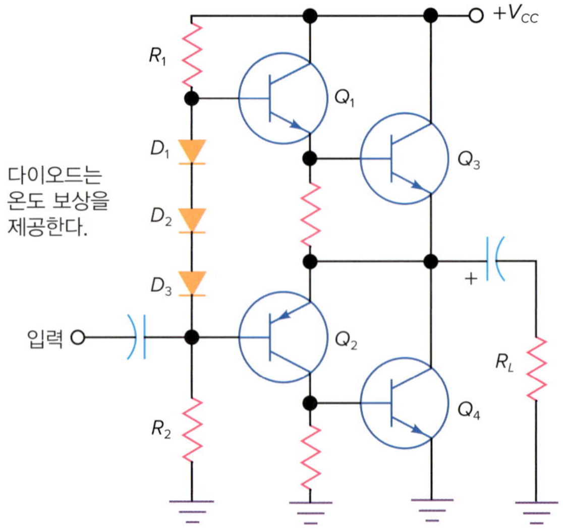

그림 8-22 준상보 대칭 증폭기

에 필요하다.

다른 가능성이 그림 8-22에 나와 있다. 이를 **준상보 대칭 증폭기**라고 한다. 출력 트랜지스터(Q_3 및 Q_4)는 상보적이지 않다. 둘 다 NPN 유형이다. **드라이버 트랜지스터**(Q_1 및 Q_2)는 상보적이다. 양의 입력 신호는 NPN 드라이버 Q_1을 켜고 PNP 드라이버 Q_2를 끈다. 드라이버가 출력 트랜지스터의 베이스 전류를 공급하기 때문에 푸시 풀 동작이 발생한다. 그래서 출력에 중앙 탭 변압기가 필요하지 않다.

그림 8-22의 바이어스 네트워크에 사용된 다이오드를 확인하면, 이 다이오드는 **온도 보상**을 제공한다. 트랜지스터는 온도가 상승함에 따라 더 많은 전류를 전도하는 경향이 있다. 이것은 바람직하지 않는다. 전도성 다이오드의 전압 강하는 온도가 증가함에 따라 **감소한다**. 다이오드 전압 강하가 증폭기의 바이어스 전압의 일부인 경우 보상 결과가 나타난다. 다이오드 양단의 전압이 감소하면 증폭기 전류가 낮아진다. 따라서 이 배열은 동작점이 좀 더 안정적이다.

전력 애플리케이션에 집적회로를 사용할 수 있다. 그림 8-23은 텍사스 인스트루먼트에서 제작한 TPA4861 1-W IC **전력 증폭기**이다. 오디오 증폭기이며 노트북 컴퓨터와 같이 3.3 V 또는 5 V에서 작동하는 배터리 구동 장치용으로 고안되었다. 이 IC는 향상된 출력 전력을 위해 **브리지 연결 부하**(BTL) 회로를 사용한다. BTL 증폭기는 풀 브리지 증폭기라고도 한다. 상대적으로 낮은 전원 공급 전압은 전달할 수 있는 전력량을 제한하지만 BTL 회로는 많은 도움이 된다. 접지 연결 부하 회로(그림 8-22의 회로)와 같이 8 Ω 부하와 5 V 전원을 가정하면 최대 출력 전력은 250 mW에 불과하다. 최고의 피크 대 피크 출력 변화는 일반적으로 전원보다 약 1V 적다. 따라서 4 V 피크 대 피크 변화는 다음 수식과 같다.

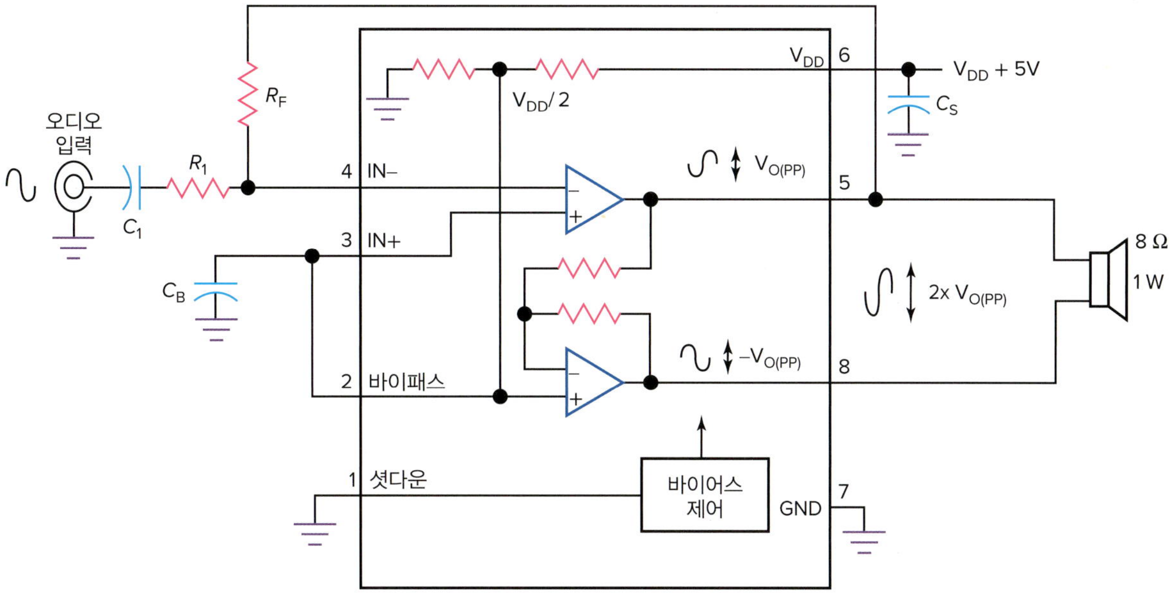

(a) 브리지는 부하 회로와 연결되었다.

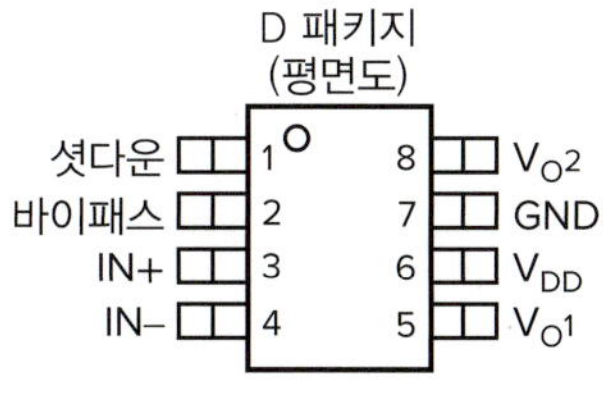

(b) 패키지와 리드 식별도

그림 8-23 텍사스 인스트루먼트 TPA4861 증폭기

$$V_{\text{out(rms)}} = \frac{4\ V_{\text{p\_p}}}{2} \times 0.707 = 1.414$$

$$P_{\text{out}} = \frac{V^2}{R_L} = \frac{1.414^2}{8} = 250\text{ mW}$$

그림 8-23(a)에는 2개의 출력이 있으며 부하를 가로 지르는 변화는 각 출력의 피크 대 피크 변화의 2배이다. 위와 동일한 부하 및 공급 전압을 사용하면,

$$V_{\text{out(rms)}} = \frac{8\ V_{\text{p\_p}}}{2} \times 0.707 = 2.83$$

$$P_{\text{out}} = \frac{V^2}{R_L} = \frac{2.83^2}{8} = 1\text{ W}$$

이는 접지 연결 부하를 사용하여 사용할 수 있는 출력 전력의 4배이다. 전력은 전압의 제곱에 따라 변하므로, 전압을 2배로 늘리면 모든 고정 부하값에 대해 전력이 4배가 된다.

왜 그림 8-23(a)의 부하 변화가 한 증폭기 피크 출력의 2배인가? 증폭기가 위상을 벗어난 상태로 작동한다. 삼각형 기호는 증폭기를 나타낸다. IC이기 때문에 내부에 대해 걱정할 필요가 없다. 신호가 음의 입력에 적용되면 증폭기 위상이 반전되고, 신호가 양의 입력에 인가되면 출력은 동일한 위상이다. 상단 증폭기 출력[그림 8-23(a)의 핀 5]은 부하의 한쪽 끝을 구동하고 하단 증폭기의 음의 입력도 구동한다. 따라서 핀 8의 출력은 핀 5의 출력에서 위상이 180° 어긋난다. 부하의 한쪽 끝이 양의 방향으로 구동될 때 다른 쪽 끝은 음의 방향으로 구동된다.

한 피크에서 그림 8-23(a)의 스피커 전압은 상단 단자에서 +4 V이고 하단에서 0 V이다. 다른 피크에서는 하단 스피커 단자에서 +4 V이고 상단에서 0 V이다. 스피커에 8 V 피크 대 피크 신호 소스에 연결된 경우와 동일한 피크 대 피크 ac가 흐른다.

예제 8-10

그림 8-23(a)에 대한 피크 스피커 전류를 계산하시오. 상단 스피커 단자가 양수이면 스피커를 통해 전류가 흐른다.

$$I_{\text{peak(down)}} = \frac{4\ V}{8\ \Omega} = 0.5\ \text{A}$$

하단 단자가 양수이면 스피커 전류가 반대로 전환된다.

$$I_{\text{peak(down)}} = 0.5\ \text{A}$$

예제 8-11

8 $V_{\text{p-p}}$ 신호 소스에 연결된 8 Ω 스피커의 피크 전류를 모두 계산하시오. 피크 전압은 피크 대 피크 값의 절반이므로 양의 변화에서

$$I_{\text{peak(up)}} = \frac{4\ V}{8\ \Omega} = 0.5\ \text{A}$$

이고, 음의 변화에서 전류 흐름은 스피커에서 반대로

$$I_{\text{peak(down)}} = 0.5\ \text{A}$$

이다.

브리지 증폭기는 또 다른 중요한 이점을 제공한다. 따라서 출력 결합 커패시터가 필요하지 않는다(그림 8-22에 표시된 것과 같이). 차단해야 할 dc 전압이 없기 때문이다. 그림 8-22에서 증폭기 출력은 전원 공급의 절반과 같은 dc 구성요소를 갖는다. 그림 8-23(a)에서 스피커가 출력에 직접 연결되어 있음을 알 수 있다. 좋은 저주파수 응답을 위해서는 출력 결합 커패시터가 상당히 커야 하므로 이는 중요한 이점이다. 브리지 증폭기는 차량에도 사용되며 개별 부품 설계로 만들 수 있다(IC로 제한되지 않음).

AB급 증폭기는 계속 잘 작동하지만 두 가지 변형이 있다. 하나는 필요한 전력 수준이 클리핑 수준을 초과할 때 추가 전력 레일을 사용하는 것이다. 이 레일은 출력 신호 피크가 AB급 증폭기의 단일 공급 레일에서 사용 가능한 최대 출력 전압을 초과할 때 활성화된다. G급 증폭기는 개별 전압 단계에서 여러 전원 레일을 사용하고 필요에 따라 이들 사이를 전환한다. 다중 이산 레일을 제공하는 대신 H급 증폭기는 입력 신호 레벨을 추적하고 필요에 따라 공급 레일의 전압을 변경한다.

Self-Test

다음 질문에 답하시오.

25. AB급의 효율이 A급보다 우수하지만 B급보다 좋지 않은가?
26. 그림 8-17을 참조하여 C_1 단락이라고 가정하시오. 증폭기는 어떤 급에서 작동하는가?
27. 그림 8-17을 참조하여 Q_1과 Q_2가 매우 뜨겁다고 가정하면 C_1이 단락될 수 있는가 없는가? 그 이유는 무엇인가?
28. 그림 8-17을 참조하여 Q_1과 Q_2는 매우 뜨겁다고 가정하면 R_2를 열 수 있는가 없는가? 그 이유는 무엇인가?
29. 그림 8-18을 참조하여 입력 신호는 C_1을 양의 방향으로 구동한다. R_L 상단은 어떤 방향으로 움직이는가?
30. 그림 8-18을 참조하여 입력 신호는 C_1을 양의 방향으로 구동한다. 어떤 트랜지스터가 꺼져 있는가?
31. 그림 8-18을 참조하여 전압 $V_{CC} = 20$ V이다. 입력 신호가 없으면 전압은 Q_1의 이미터에서 무엇이어야 하는가? Q_1의 베이스 단에서? Q_2의 베이스 단에서? (힌트 : 트랜지스터는 실리콘이다.)

8-5 C급 전력 증폭기

C급 증폭기는 **차단을 넘어** 바이어스된다. 그림 8-24는 음의 공급 전압 V_{BB}가 베이스 회로에 적용된 C급 증폭기이다. 이 음의 전압은 트랜지스터의 베이스-이미터 접합을 역바이어스한다. 입력 신호가 이 역바이어스를 극복할 때까지 트랜지스터는 전도되지 않는다. 이것은 입력 주기의 작은 부분에 대해서만 발생한다. 트랜지스터는 입력 파형의 작은 부분(90° 이하)에 대해서만 전도한다.

그림 8-24에 나와 있는 것처럼 컬렉터 전류 파형은 전체 사인파가 아니다. 사인파의 절반도 아니다. 이 극심한 왜곡은 C급 증폭기를 오디오 작업에 사용할 수 **없음**을 의미한다. C급 증폭기는 **무선 주파수**에서 사용된다.

그림 8-24는 C급 증폭기의 컬렉터 회로에서 **탱크 회로**를 보여준다. 이 탱크 회로는 사인파 입력 신호를 복원한다. 사인파는 R_L에 걸쳐 표시된다. 탱크 회로는 사인파 신호를 복원할 수 있지만 사각파나 복잡한 오디오파는 복원할 수 없다.

탱크 회로 동작은 그림 8-25에 설명되어 있다. 컬렉터 전류 펄스는 커패시터를 충전한다

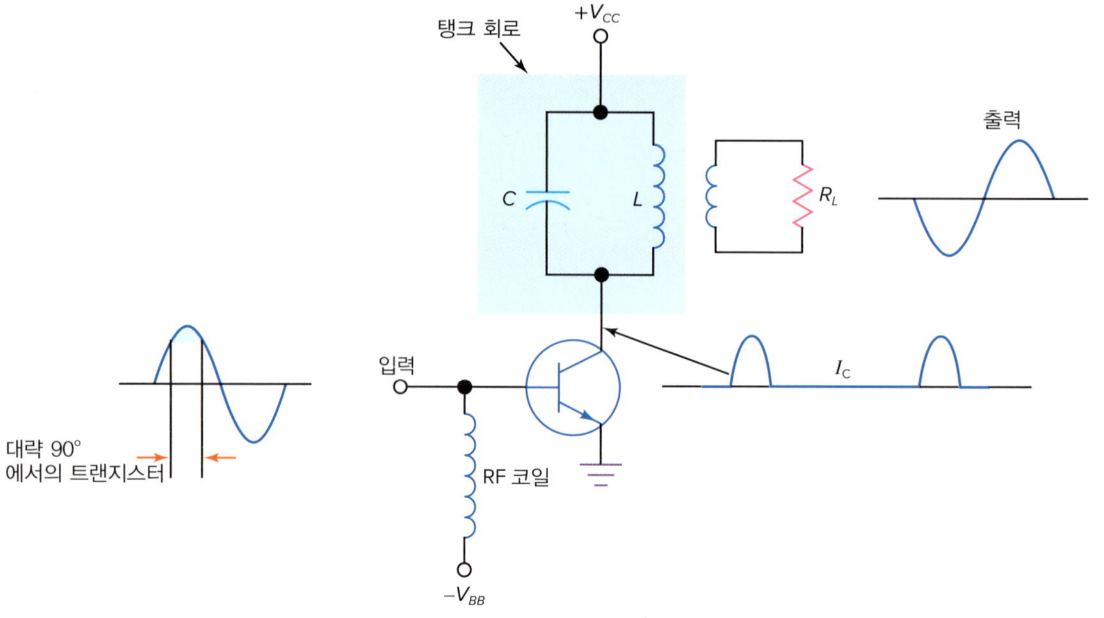

그림 8-24 C급 증폭기

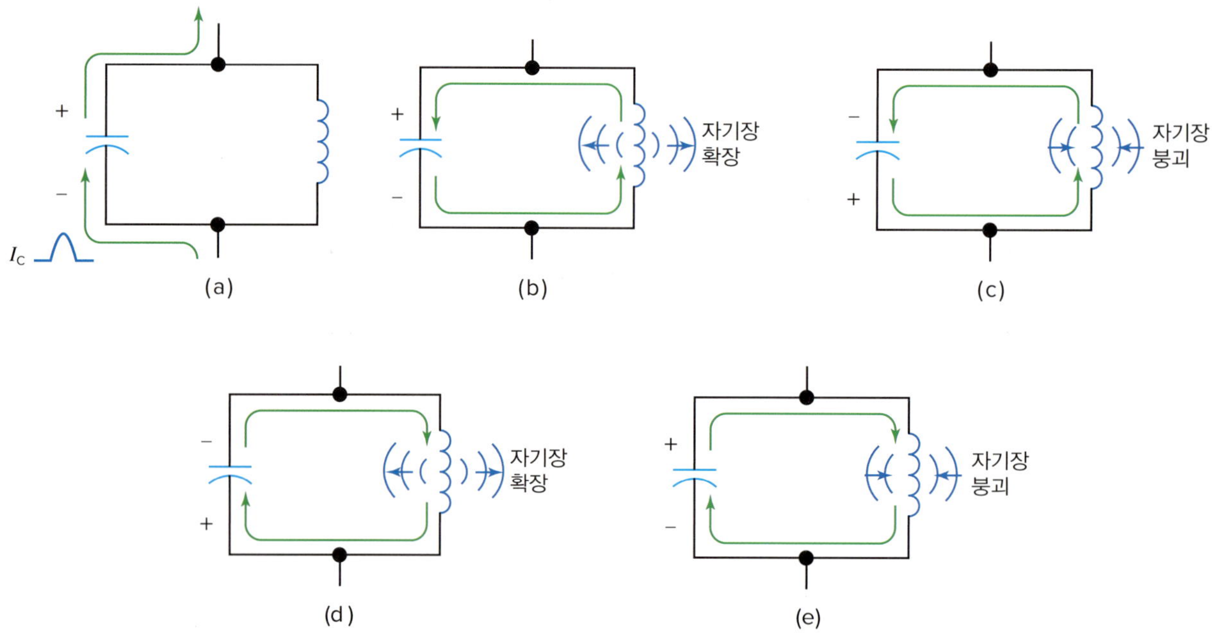

그림 8-25 탱크 회로 동작

[그림 8-25(a)]. 펄스 충전 후 커패시터는 인덕터를 통해 방전된다[그림 8-25(b)]. 에너지는 인덕터 주변의 자기장에 저장된다. 커패시터가 0으로 방전되면, 자기장은 붕괴되고 전류가 계속 흐른다[그림 8-25(c)]. 이렇게 하면 커패시터가 다시 충전되지만 극성이 반대이다. 자기장이 붕괴된 후 커패시터는 다시 인덕터를 통해 방전되기 시작한다[그림 8-25(d)]. 전

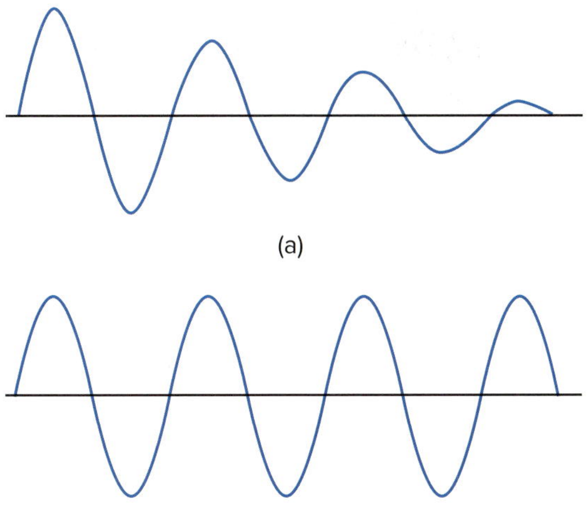

(a)

(b)

그림 8-26 탱크 회로 파형

류가 반대 방향으로 흐르고 인덕터 자기장이 확장되고 있음에 유의하라. 마지막으로 인덕터 자기장이 무너지기 시작하고 커패시터는 원래 극성으로 다시 충전된다[그림 8-25(e)].

탱크 회로 동작은 커패시터가 인덕터로 방전되고 나중에 커패시터로 방전되는 동작으로 발생한다. 커패시터와 인덕터는 모두 에너지 저장 장치이다. 에너지가 다른 에너지로 이동함에 따라 사인파가 생성된다. 회로 손실(저항)로 인해 사인파가 점차 감소한다. 이것은 그림 8-26(a)에 도시되어 있다. 이 파형을 **감쇠 사인파**라고 한다. 주기마다 탱크 회로를 펄싱(pulsing)하면 사인파 진폭을 일정하게 유지할 수 있다. 이것은 그림 8-26(b)에 도시되어 있다. C급 증폭기에서 탱크 회로는 주기마다 컬렉터 전류 펄스에 의해 재충전된다. 이것은 사인파 출력을 충분한 양으로 일정하게 만든다.

C급 증폭기 탱크 회로에서 인덕턴스 및 커패시턴스 값이 중요하다. 입력 신호의 주파수에서 **공진**해야 한다. 공진을 위한 수식은,

$$f_r = \frac{1}{2\pi\sqrt{LC}}$$

이다. 100 pF의 커패시턴스와 1 μH의 인덕턴스를 갖는 탱크 회로의 공진 주파수는 얼마인가? 값을 방정식에 대입하면

$$f_r = \frac{1}{6.28\sqrt{1 \times 10^{-6} \times 100 \times 10^{-12}}}$$
$$= 15.9 \times 10^{6}\ \text{Hz}$$

공진주파수는 15.9 MHz이다.

어떤 경우에는 탱크 회로가 입력 신호 주파수의 2배 또는 3배로 공진하도록 조정된다. 이것은 입력 신호의 주파수의 2~3배의 출력 신호를 생성한다. 이러한 회로를 **주파수 체배기**라

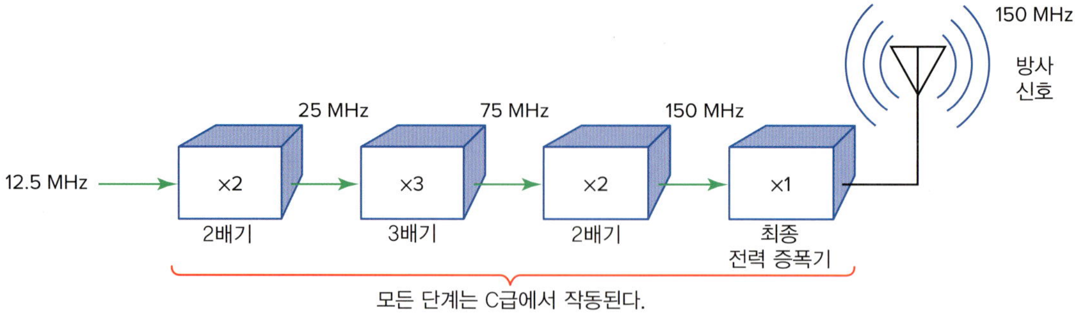

그림 8-27 고주파 송신기의 블록 다이어그램

고 한다. 고주파 신호가 필요한 곳에 일반적으로 사용된다. 예를 들어, 150 MHz 양방향 송신기를 설계한다고 가정하면, 초기에 낮은 주파수를 개발하는 것이 더 쉬운 경우가 많다. 낮은 주파수는 동작 주파수까지 곱할 수 있다. 그림 8-27은 이러한 송신기의 블록 다이어그램을 보여준다.

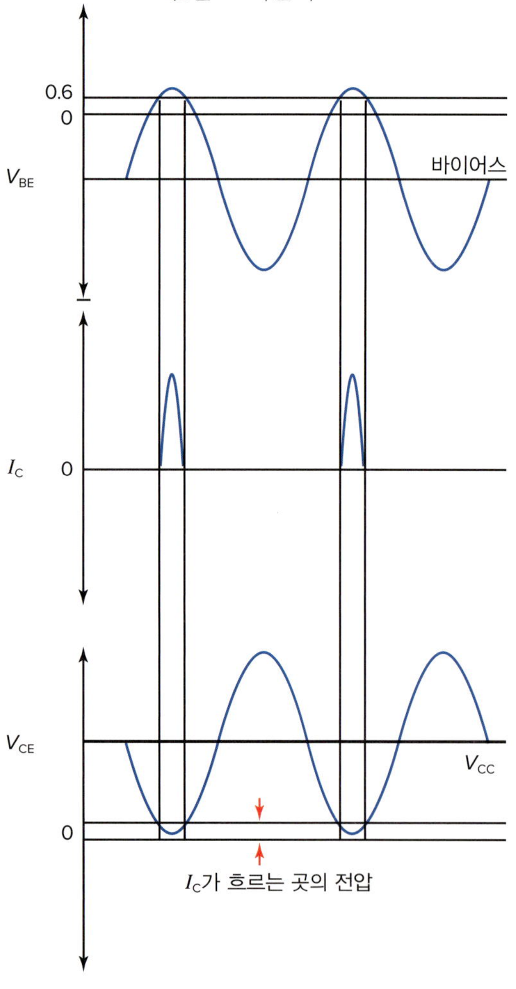

그림 8-28 C급 증폭기의 파형

C급 증폭기는 모든 아날로그 증폭기 형식 중에서 **가장 효율적**이다. 높은 효율은 그림 8-28의 파형으로 표시된다. 상단 파형은 입력 신호이다. 입력의 양의 피크만 베이스-이미터 접합을 순방향 바이어스한다. 이것은 실리콘 트랜지스터에서 0.6 V에서 발생한다. 음의 바이어스(V_{BE})로 인해 대부분의 입력 신호가 이 값 아래로 떨어진다. 그림 8-28의 중간 파형은 컬렉터 전류 I_C이다. 컬렉터 전류는 좁은 펄스 형태이다. 맨 아래 파형은 출력 신호이다. 탱크 회로 동작으로 인해 사인파형이다. 컬렉터 전류 펄스는 출력 파형이 0에 가까울 때 발생한다. 이는 트랜지스터에서 전력이 거의 소비되지 않음을 의미한다.

$$P_C = V_{CE} \times I_C = 0 \times I_C = 0\ \text{W}$$

트랜지스터에서 전력이 소비되지 않으면 모두 신호 전력이 되어야 한다. 이는 C급 증폭기가 100% 효율적이라는 결론으로 이어진다. 실제로, 전력은 트랜지스터에서 소멸된다. 트랜지스터가 전도될 때 전압 V_{CE}는 낮지만 0이 아니다. 탱크 회로는 또한 약간의 손실을 일으킬 것이다. 실용적인 C급 전력 증폭기는 85%의 효율을 달성할 수 있다. C급 증폭기는 탱

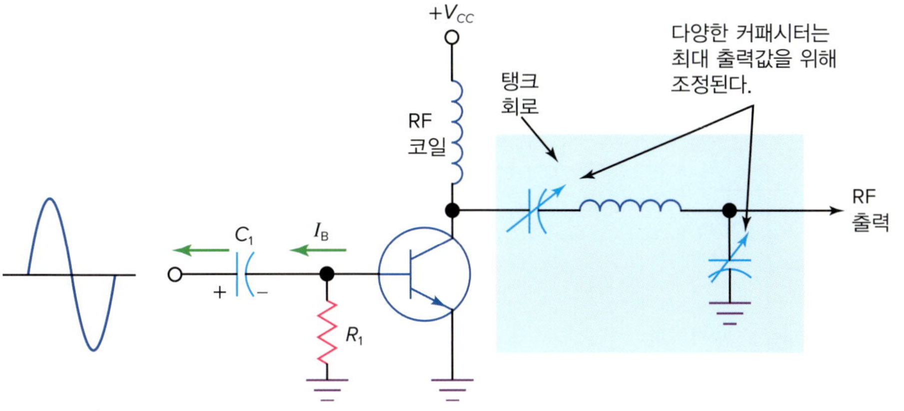

그림 8-29 신호 바이어스를 이용한 C급 증폭기

크 회로가 사인파 신호를 복원할 수 있는 무선 주파수에서 매우 인기가 있다.

실제 C급 전력 증폭기는 베이스 회로에 고정 바이어스 전원을 거의 사용하지 않는다. **신호 바이어스**를 사용하는 것이 더 좋은 방법이다. 이것은 그림 8-29에 나와 있다. 입력 신호가 양이 되면 베이스-이미터 접합을 순방향 바이어스한다. 베이스 전류 I_B는 그림과 같이 흐른다. 전류는 C_1을 충전한다. 저항 R_1은 입력 신호의 양의 피크 사이에서 C_1을 방전한다. 저항 R_1은 C_1을 완전히 방전할 수 없으며 C_1의 남은 전압은 바이어스 전원으로 작용한다. 커패시터 C_1의 극성은 베이스-이미터 접합을 역바이어스한다.

신호 바이어스의 장점 중 하나는 입력 신호의 레벨에 따라 자체 조정된다는 것이다. C급 증폭기는 효율을 높이기 위해 작은 도통각으로 설계되었다. 증폭기가 고정 바이어스를 사용하는 경우 입력 신호의 진폭이 증가하면 도통각이 증가한다. 그림 8-30은 그 이유를 보여준다. 그래프에 표시된 $-V_{BE}$의 고정된 바이어스에 대해 2개의 도통각을 볼 수 있다. 작은 신호의 경우 각도는 약 90°이고 큰 신호의 경우 약 170°이다. 170° 도통각이 너무 커서 증폭기 효율이 떨어질 수 있다. 평균 전류 흐름이 훨씬 더 크기 때문에 증폭기가 과열될 수도 있다. 도통각이 일정하게 유지되기 때문에 신호 바이어스는 이 문제를 극복한다. 예를 들어, 그림 8-29의 입력 신호가 커지면 C_1의 평균 충전량이 증가한다. 이것은 역방향 바이어스 $-V_{BE}$를 증가시킨다. 역바이어스가 클수록 도통각이 작아진다. 신호 바이어스 회로는 입력 신호의 진폭 변화에 따라 자동으로 조정되며 도통각을 일정하게 유지하는 경향이 있다.

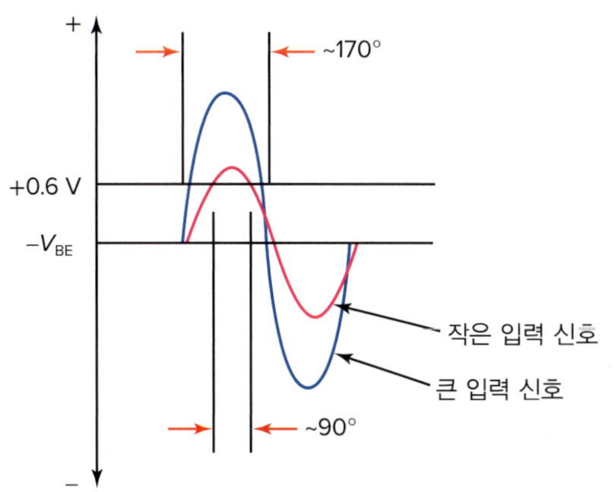

그림 8-30 신호 레벨을 가진 도통각의 변화

그림 8-29는 다른 유형의 탱크 회로도 보여준

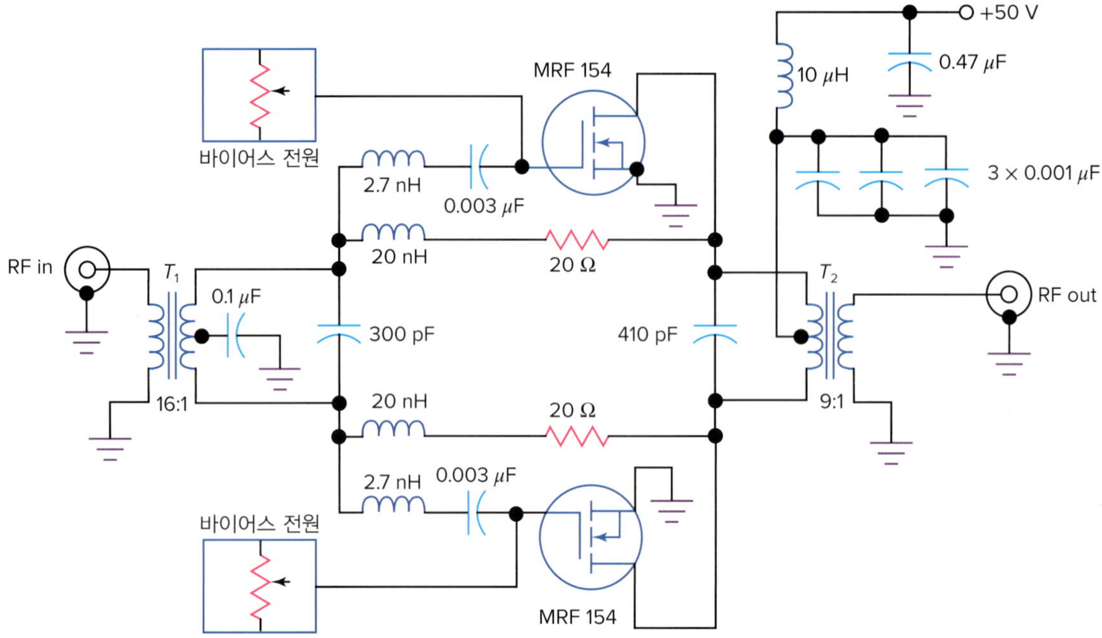

그림 8-31 모토로라 1 kW RF 전력 증폭기

다. 이것은 *L* **네트워크**로 알려져 있다. 트랜지스터의 임피던스를 부하에 일치시킨다. 무선 주파수 전력 트랜지스터는 종종 약 2 Ω의 출력 임피던스를 갖는다. RF 작업의 표준 부하 임피던스는 50 Ω이다. 따라서 트랜지스터를 50 Ω에 맞추려면 *L* 네트워크가 필요하다.

그림 8-31은 VFET 또는 전력 MOSFET을 사용하는 고전력 RF 증폭기를 보여준다. 이 증폭기는 푸시 풀 설계이며 10~90 MHz 범위에서 1 kW 이상의 출력 전력을 발생시킨다. 이 주파수 범위에서 전력 이득 범위는 11~14 dB이다.

그림 8-31의 회로는 음의 피드백을 사용하여 이러한 넓은 주파수 범위를 달성한다. 20 nH 인덕터 및 20 Ω 저항은 드레인 신호의 일부를 각 트랜지스터의 게이트 회로로 다시 공급한다. 변압기 T_1 및 T_2는 특수 광대역 페라이트 코어 유형이다. 이것들은 또한 증폭기의 넓은 주파수 범위에 기여한다.

트랜지스터를 스위치로 사용하여 C급 증폭기를 개선할 수 있다. 마이크로파 주파수에서 자주 사용되는 E급 및 F급 증폭기는 트랜지스터 전압 피크가 최소 전류에서 발생하도록 설계된 매칭 네트워크를 사용한다. 이는 트랜지스터 손실을 줄이고 더 높은 효율을 제공한다.

Self-Test

다음 문제를 해결하시오.

32. 그림 8-24를 참조하여 트랜지스터는 실리콘이며 $-V_{BB} = 6$ V이다. 트랜지스터를 켜려면 입력 신호가 얼마의 양이어야 하는가?

33. 그림 8-24를 참조하여 입력 신호가 사각파라고 가정하고 높은 Q 탱크 회로를 가정할 때 R_L에서 어떤 신호를 예상할 수 있는가?
34. C급이 B급보다 효율적인가?
35. C급은 가장 작은 도통각을 가지고 있는가?
36. RF 3중 단의 입력 주파수는 10 MHz이다. 출력 주파수는 무엇인가?
37. 탱크 회로는 6.8 μH 코일과 47 pF 커패시터를 사용한다. 탱크의 공진 주파수는 무엇인가?
38. 그림 8-29를 참조하여 증폭기가 신호에 의해 구동되고 트랜지스터 베이스의 전압이 음이라고 가정할 때 구동 신호가 증가하면 베이스 전압은 어떻게 되는가?

8-6 스위치 모드 증폭기

스위치 모드 증폭기는 트랜지스터를 스위치로 작동한다. 이를 통해 매우 효율적으로 작동한다(최대 95%). 개방 스위치는 전류가 0이므로 전력 소비가 0 이고 폐쇄 스위치는 전압 강하가 없고 전력 소비가 0 이다. 그러나 실제로는 매우 강하게 켰을 때는 트랜지스터에서 약간의 전압 강하가 발생한다. 따라서 이 장에서 지금까지 제시된 증폭기에서 볼 수 있는 것보다 약간의 소모가 있다.

그림 8-32는 효율 대 전력 출력의 로그-로그 그래프이다. 세 종류의 증폭기는 최대 전력 출력(10 W) 측면에서 동일하다. A급의 이론적 효율은 최대 출력으로 구동될 때 25%에 도달하며 B급의 경우 78.5%이다. 이것들은 이 장의 앞부분에서 계산되었다. 전체 출력에서 90%의 효율에 도달하는 스위치 모드 곡선(D급 증폭기)을 살펴보면, 일반적으로 D급 증폭기는 다른 증폭기보다 훨씬 우수하다. 10 W 증폭기는 그 전력 수준에서 거의 작동하지 않

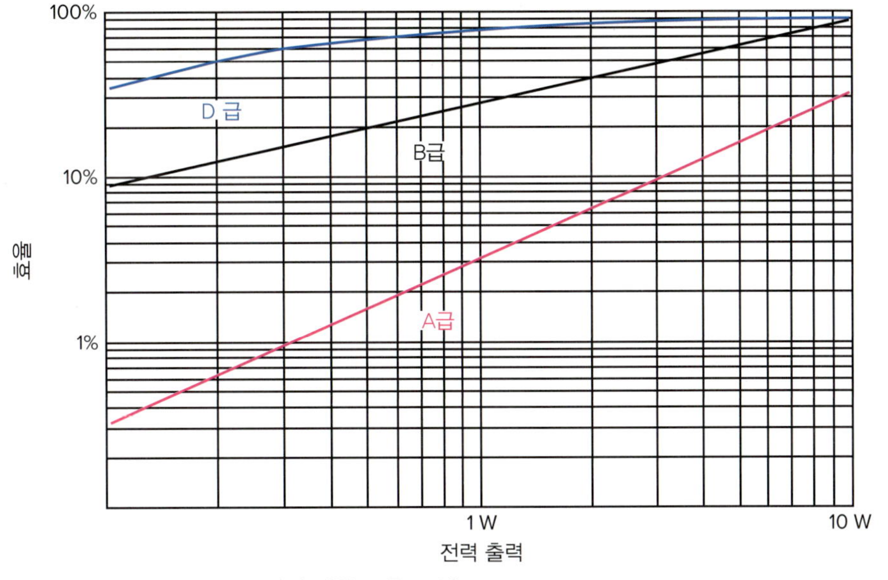

그림 8-32 세 종류 증폭기에 대한 효율 곡선

는다. 일반적으로 적절한 크기의 오디오 증폭기는 최대 정격 전력의 10분의 1에서 작동한다. 1 W의 출력에서 D급 증폭기는 80% 효율로 30%(B급)보다 훨씬 우수하고 3%(A급)보다 훨씬 우수하다.

스위치 모드 증폭기는 다음과 같이 요구되는 곳에 이용된다.

- 높은 전력이 필요하다.
- 전자 장치는 배터리로 작동한다.
- 전자 장치는 가능한 작아야 한다.
- 전자 장치는 가능한 한 가벼워야 한다.
- 방열판은 바람직하지 않다(종종 10 W까지 필요하지 않음),

실제 응용에는 홈시어터 시스템, 자동차 사운드 시스템, 대형 강당 시스템 및 서브우퍼가 포함된다. 일반적으로 잡음과 왜곡으로 인해 최고의 오디오 증폭기보다 열등한 것으로 간주된다. 그러나 꾸준히 개선되어 현재 고급 증폭기와 경쟁하고 있다. 어쨌든, 확성기는 일반적으로 주요 왜곡 원인이다. 잡음이 문제가 될 수 있다. 전자기 간섭(EMI)은 일부 애플리케이션에서 스위치 모드 증폭기를 제외할 수 있다.

그림 8-33은 스위치 모드 증폭기의 블록 다이어그램이다. 오디오 신호는 사인파로 표시된다. 삼각파와 **비교**하여 펄스폭 변조 신호로 변환된다. PWM 신호가 완전 켜짐, 완전 꺼짐 또는 둘 사이의 빠른 전환에 있다. 따라서 D급 증폭기 트랜지스터는 트랜지스터에서 매우 낮은 전력 손실을 위해 풀 온 또는 풀 오프로 구동된다. 신호는 일반적으로 확성기로 보

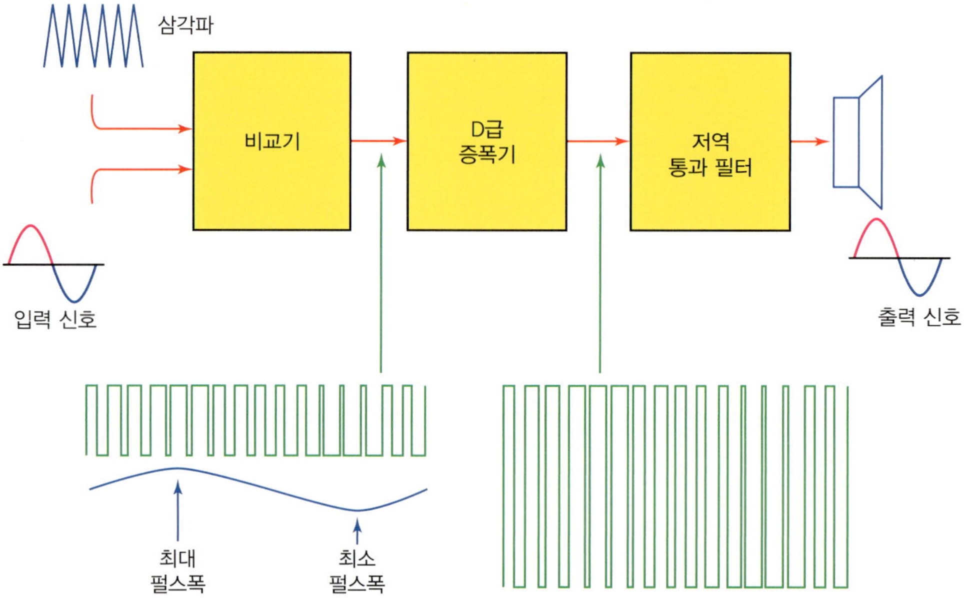

그림 8-33 스위치 모드 증폭기의 블록 다이어그램

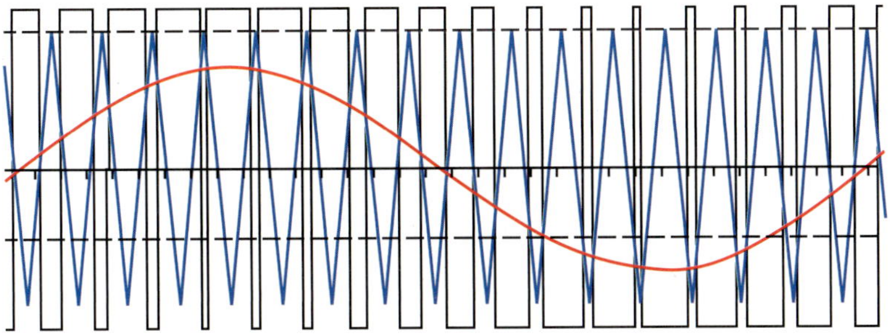

그림 8-34 스위치 모드 증폭기의 파형

내기 전에 파형을 부드럽게 하기 위하여 저역 통과 필터를 통과해야 된다. 삼각파는 매우 높은 주파수에서 동작하여 저역 통과 필터를 더 쉽게 사용할 수 있다. 스위치 모드 증폭기는 일반적으로 가장 높은 오디오 주파수(20 kHz)보다 훨씬 높은 스위칭 주파수에서 작동한다. 그림 8-33의 삼각 신호는 일반적으로 수백 kHz이다.

그림 8-34는 그림 8-33의 증폭기 파형을 중첩한 것이다. 삼각파는 사인파와 비교된다. 두 순간 진폭이 거의 같을 때, 비교기 출력은 낮음에서 높음으로 또는 높음에서 낮음으로 전환할 준비가 된다. 비교기 출력 신호의 펄스폭은 사인파의 진폭에 비례한다. 진폭이 높을수록 펄스폭이 커지고 진폭이 낮을수록 펄스폭이 작아진다. PWM 신호를 저역 통과 필터링하면 입력 신호가 단순한 사인파이든 음악과 같은 실용적인 오디오 신호이든 입력 신호의 모양이 복원된다.

대부분의 스위치 모드 증폭기는 각 확성기를 구동하는 4개의 전력 MOSFET이 있는 전파 브리지 회로(이 장의 앞부분에서 설명)를 사용한다. 일반적인 저역 통과 필터가 그림 8-35에 나와 있다. 차단 주파수는 27 kHz이다. R_1과 C_4는 **Zobel 회로**를 형성하여 확성기 임피던스가 일정하지 않은 것을 보상한다. Bell Labs의 오토 조벨(Otto Zobel)은 다양한 주파수 범위에서 부하 임피던스를 균등하게 배분하는 방법을 개발했다. 확성기는 일반적으로 유도성 부하이며 높은 오디오 주파수에서 임피던스가 훨씬 높다. Zobel은 오디오 범위에서보다 일정한 부하를 제공한다.

스위치 모드 증폭기는 집적회로로 제공된다. IC는 일반적으로 왜곡을 개선하고 PSRR (Power Supply Rejection Ratio)을 높이기 위해 피드백을 사용한다. 피드백 및 보상이 없으면 PSRR은 0 dB이며 피드백이 있으면 최대 80 dB일 수 있다. 선형 피드백 기술을 사용하므로 IC는 진정한 디지털 증폭기가 아니다. 그림 8-36은 D급 오디오의 500 W 스테레오 오디오 증폭기를 보여준다. 5½ × 4¼인치만 측정하며 ±65 V dc 전원 공급이 필요하다. THD는 0.02%, 효율은 90%

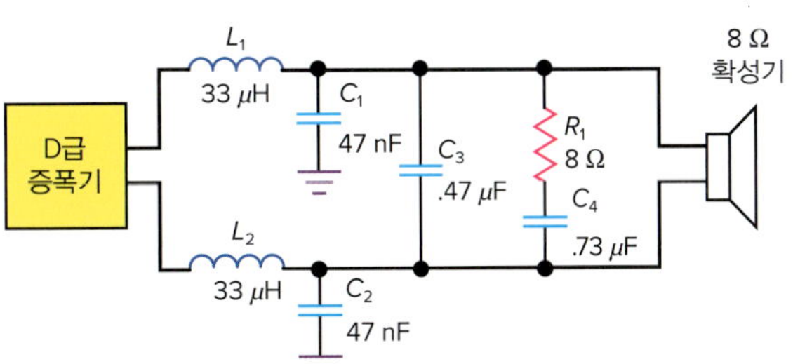

그림 8-35 스위치 모드 증폭기의 출력 필터

그림 8-36 D급 오디오에서 모델 SDS-500

이상이다.

출력 인덕터가 없거나 단순한 페라이트 비드 인덕터를 사용하여 더 낮은 정격 전력을 갖는 일부 D급 증폭기를 사용할 수 있다. 스위칭 주파수가 너무 높기 때문에 확성기가 때때로 저역 통과 필터 역할을 할 수 있다. 그러나 특히 스피커 리드가 길면 EMI가 발생할 수 있다. 경우에 따라 외부 필터가 필요할 수 있다.

스위치 모드 전력 증폭기는 모터와 같은 유도 부하에도 사용된다. 그림 8-37(b)에서 스위치가 닫히고 인덕터가 충전 중이다. 전류 흐름은 시간에 따라 선형적으로 증가한다. 실제 전류 상승률은 전압에 비례하고 인덕턴스에 반비례한다. 예를 들어, 100 V 공급 장치 및 100 mH 인덕터의 경우

$$\frac{\Delta I}{\Delta T} = \frac{V}{L} = \frac{100}{0.1} = 1{,}000 \text{ A/s}$$

이다. 1000 A는 순수한 전류이다. 그러나 스위치가 1 ms 동안 닫힌 경우 전류 흐름은 1 A에 도달한다. 다시 말해서, PWM 증폭기에서 스위치(또는 트랜지스터)는 비교적 짧은 시간 동안 켜진다. 스위치가 잠깐 동안 나타나는 또 다른 이유는 포화다. 전류 흐름이 너무 높아지면 인덕터(또는 모터)의 코어가 추가로 전도할 수 없다. 이 현상을 **코어 포화**라고 하며 피해야 한다. 포화점에 도달하면 인덕턴스가 급격히 감소하고 전류 상승률이 급격히 증가한다.

그림 8-37(c)는 스위치가 열릴 때 발생하는 상황을 보여준다. 인덕터에 저장된 에너지는 방출되어야 한다. 자기장은 붕괴되기 시작하고 충전할 때 흐르는 방향과 동일한 방향으로 인덕터 전류를 유지한다. 그것이 다이오드의 목적이다. 스위치가 열리면 순방향 바이어스가 되고, 그림 8-37(d)와 같이 전류가 다시 0으로 감소한다. 이러한 방식으로 사용되는 다

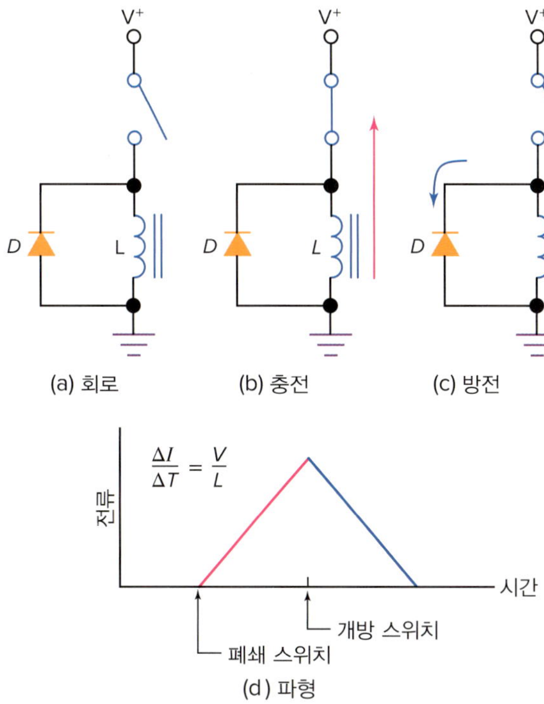

그림 8-37 인덕터 충전과 방전

이오드를 **프리 휠링**(freewheeling) **다이오드**라고 한다. 다이오드가 없으면 스위치가 열릴 때 매우 높은 전압이 생성된다. 고체 상태 스위치의 경우 아크 또는 전자 장치 손상이 발생할 수 있다. 전계효과 트랜지스터는 동일한 목적을 수행하는 일체형 바디 다이오드를 가지고 있기 때문에 외부 프리 휠링 다이오드가 필요하지 않을 수 있다.

그림 8-38은 좀 더 실용적인 배열을 보여준다. 양방향으로 부하 전류를 제공할 수 있다. Q_1이 켜지면 인덕터 전류는 양의 전원이 된다. Q_2가 켜지면 인덕터 전류가 음극 전원에서 흐른다. V^-에서 V^+로의 단락 경로를 제공하므로 Q_1과 Q_2는 동시에 켜지지 않아야 한다.

그림 8-38은 일부 가능한 파형도 보여준다. 맨 처음부터 Q_1은 일정 기간 동안 켜져 있다. 이 간격 동안 인덕터 전류가 0에서 증가한다. Q_1이 꺼지면 D_2는 순방향 바이어스되며 인덕터가 방전될 때까지 전류가 계속 흐른다. 그런 다음 Q_2가 켜지고 부하 전류가 다시 증가하기 시작하지만 이제 반대 방향이다. 음극 전원이 현재 전류를 공급하고 있다. Q_2가 꺼지면 D_1이 켜지고 인덕터가 방전된다. 부하 파형은 평균 전류가 0임을 나타낸다. 달리 말하면, 부하 전류에는 dc 성분이 없다.

그림 8-36의 양극 및 음극 전원 장치에 출력 필터 커패시터가 있는 경우 다이오드가 작동할 때 충전된다. 또는 전원 장치가 충전식 배터리를 사용하는 경우 배터리는 다이오드로 충전된다. 이를 **회생**이라고 한다. 인덕터에 저장된 에너지는 반환되어 열로 낭비되지 않는다. 전기 자동차는 또한 **회생 제동**을 사용할 수 있다. 이것은 차량의 속도를 늦추기 위해 구동 모터가 발전기로 바뀌면 발생한다.

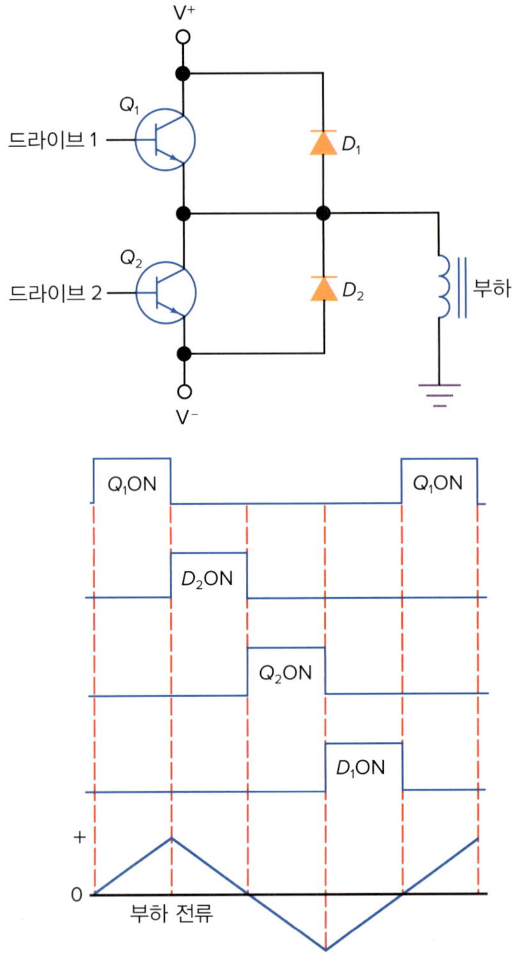

그림 8-38 펄스폭 변조 회로와 파형

Self-Test

다음 질문에 답하시오.

39. 디지털 증폭기는 50 V 펄스를 150 mH 부하에 적용한다. 부하의 전류 상승률을 찾으시오.
40. 유도성 부하와 함께 디지털 증폭기를 사용하는 경우, 출력이 자기 코어__________를 유발할 만큼 충분히 길어서는 안 된다.
41. 그림 8-37의 프리 휠링 구성요소는 ______ 이다.
42. 디지털 증폭기의 효율은 선형 증폭기의 효율보다 현저히 __________다.
43. 그림 8-38에서, 트랜지스터 Q_1과 Q_2는 __________에서 켜지지 않아야 한다.
44. 사인파형 부하 전류를 생성하기 위해 PWM을 사용하는 경우 디지털 스위칭 주파수는 사인파형 주파수보다 현저하게 __________이어야 한다.

Chapter 8 요약 및 복습

요약

1. 모든 증폭기는 기술적으로 전력 증폭기이다. 큰 신호를 처리하는 신호만 전력 증폭기라고 한다.
2. 전력 증폭기는 일반적으로 신호 처리 시스템의 마지막 단계이다.
3. 전력 증폭기는 효율적이어야 한다. 효율은 신호 전력 출력과 dc 전력 입력을 비교한 것이다.
4. 전력 증폭기의 열악한 효율은 전원 공급이 더 크고 비싸야 함을 의미한다. 또한 증폭기가 너무 많은 전기 에너지를 열로 변환할 것임을 의미한다.
5. A급 증폭기는 부하선의 중앙에서 작동한다. 왜곡이 작고 도통각이 360°이다.
6. B급은 차단에서 작동한다. 도통각은 180°이다.
7. B급 증폭기는 전원 공급 장치에 고정 드레인이 없다. 입력 신호가 없는 드레인은 0이다.
8. B급 증폭기는 A급보다 효율적이다.
9. 바이어스는 아날로그 증폭기의 동작점과 종류를 제어한다.
10. A급 증폭기 작업의 최대 이론적 효율은 25%이다. 변압기 커플링의 경우 50%이다.
11. 변압기 결합 증폭기에서 임피던스 비율은 권선 비의 제곱과 같다.
12. 전원 공급 장치의 고정 드레인은 A급 회로의 주요 단점이다. 신호가 작으면 효율이 매우 떨어진다.
13. 단일 B급 변압기는 입력 신호의 절반을 증폭시킨다.
14. 푸시 풀에서 2개의 B급 트랜지스터를 작동할 수 있다.
15. B급의 최대 이론적 효율은 78.5%이다.
16. B급 증폭기는 더 작은 신호를 위해 전원 공급 장치에서 작은 양의 전류를 소비한다.
17. 주어진 출력 전력에 대해, B급 트랜지스터는 A급에 필요한 전력 정격의 5분의 1만 요구한다.
18. B급 푸시 풀의 가장 큰 단점은 크로스오버 왜곡이다.
19. 트랜지스터의 베이스-이미터 접합부에 약간의 순방향 바이어스를 제공함으로써 크로스오버 왜곡이 제거될 수 있다.
20. AB급 증폭기는 차단보다 약간 위에 순방향 바이어스된다.
21. AB급 동작은 고출력 오디오 작업에 가장 많이 사용된다.
22. PNP-NPN 쌍을 사용하여 중앙 탭 변압기 없이 푸시 풀 동작을 얻을 수 있다.
23. 푸시 풀 동작에 PNP-NPN 쌍을 사용하는 증폭기를 상보 대칭 증폭기라고 한다.
24. 상보 쌍에는 대칭 특성 곡선이 있다.
25. 전력 증폭기의 동작점을 안정화시키기 위해 다이오드가 사용될 수 있다.
26. 브리지 증폭기는 주어진 공급 전압 및 부하 저항에 대한 최대 출력 전력을 4배로 늘리고 출력 커플링 커패시터를 제거한다.
27. C급 증폭기는 차단을 넘어 바이어스된다.
28. C급의 도통각은 90°이다
29. C급 증폭기는 오디오 작업에 왜곡이 너무 많다. 무선 주파수에서 유용하다.
30. C급 증폭기에서 사인파 신호를 복원하기 위해 탱크 회로를 사용할 수 있다.
31. 탱크 회로는 신호 주파수에서 공진해야 한다. 주파수 곱셈기에서, 탱크는 신호 입력 주파수의 일부 배수에서 공진한다.
32. C급 증폭기의 이론상 최대 효율은 100%이다. 실제로는 약 85%에 도달 할 수 있다.
33. 스위치 모드 전력 증폭기는 D급 또는 디지털 전력 증폭기라고도 한다.
34. 스위치 모드 증폭기는 종종 펄스폭 변조를 사용하며 고효율로 유명하다.

관련 식

효율 $= \frac{P_{out}}{P_{in}} \times 100\% = \frac{P_{ac}}{P_{dc}} \times 100\%$

소실 $= P_{in} - P_{out}$

RMS 값(사인파): $V_{rms} = \frac{V_{p-p}}{2} \times 0.707$

$I_{rms} = \frac{I_{p-p}}{2} \times 0.707$

신호(ac) 전력: $P_{ac} = V_{rms} \times I_{rms}$

평균값(사인파): $I_{av} = I_p \times 0.637$

$P_{av} = P_{dc} = V_{dc} \times I_{av}$

공진 주파수: $f_r = \frac{1}{2\pi\sqrt{LC}}$

컬렉터 소실: $P_C = V_{CE} \times I_C$

전류 변화에 대한 인덕터율: $\frac{\Delta I}{\Delta T} = \frac{V}{L}$

연습 문제

다음 질문에 답하시오.

8-1 그림 8-1을 참조하시오. 세 단계 중 어느 단계에서 효율성이 가장 중요한가? (8-1)

8-2 증폭기는 60 W의 신호 전력을 제공한다. 전원 공급은 28 V를 개발하고 전류 드레인은 4 A이다. 증폭기의 효율은 얼마인가? (8-1)

8-3 증폭기의 효율은 45%이다. 정격 출력 5 W이고 정격 출력을 제공할 때 12 V 배터리에서 얼마나 많은 전류를 소비하는가? (8-1)

8-4 가장 왜곡이 적은 증폭기는 무엇인가? (8-1)

8-5 B급 증폭기의 도통각은 무엇인가? (8-1)

8-6 증폭기의 동작점은 부하선의 중앙에 있다. 증폭기는 어떤 급인가? (8-2)

8-7 그림 8-7을 참조하시오. 이 회로의 최대 이론적 효율은 얼마인가? 이 효율성은 어떤 신호 레벨에서 달성되는가? (8-2)

8-8 신호 레벨이 감소함에 따라 그림 8-7의 증폭기 효율은 어떻게 되는가? (8-2)

8-9 그림 8-7을 참조하시오. 80 V 부하를 1.28 kΩ의 컬렉터 부하로 변환하려면 권선 비가 어떻게 되는가? (8-2)

8-10 A급 변압기 결합 증폭기는 9 V 전원으로 작동한다. 컬렉터에서 최대 피크 대 피크 전압 변동은 무엇인가? (8-2)

8-11 그림 8-9를 참조하시오. 회로가 PNP 트랜지스터를 사용하려면 V_{CC}에 어떤 작업을 수행해야 하는가? (8-3)

8-12 그림 8-9를 참조하시오. 신호 레벨이 0이면 16V 전원에서 얼마나 많은 전류가 공급되는가? (8-3)

8-13 그림 8-9를 참조하시오. Q_2의 베이스와 비교하여 Q_1의 베이스에서 신호의 위상은 무엇인가? 어떤 구성요소로 인해 발생하는가? (8-3)

8-14 그림 8-9를 참조하시오. 컬렉터에서 피크 대 피크 사인파 변동이 24 V라고 가정하면, 변압기는 100% 효율적이다. 다음을 계산하면,

a. 부하에 걸친 V_{p-p} (권선 비의 절반을 사용하는 것을 잊지 마라.)

b. 하중에 따른 V_{rms}

c. P_L(부하 전력) (8-3)

8-15 100 W 출력용으로 설계된 푸시 풀 B급 증폭기에서 각 트랜지스터의 최소 전력 정격을 계산하시오. (8-3)

8-16 25 W 출력에서 결합되고 조정된 변압기 A급 전력 트랜지스터의 최소 전력 정격을 계산하시오. (8-3)

8-17 크로스오버 왜곡이 가장 눈에 띄는 신호 레벨은 무엇인가? (8-3)

8-18 그림 8-17을 참조하시오. Q_1과 Q_2의 베이스-이미터 접합에서 순방향 바이어스를 설정하는 두 구성요소는 무엇인가? (8-4)

8-19 그림 8-17을 참조하시오. 입력 신호가 없다. 증폭기가 전원 공급에서 전류를 가져 오는가? (8-4)

8-20 그림 8-17을 참조하시오. 신호 레벨이 증가함에 따라 전원 공급에서 가져온 전류는 어떻게 되는가? (8-4)

8-21 그림 8-18을 참조하시오. Q_1의 구성은 무엇인가? (8-4)

8-22 그림 8-18을 참조하시오. Q_2의 구성은 무엇인가? (8-4)

8-23 그림 8-21을 참조하시오. 입력 신호가 음이 되면 무엇이 에너지를 부하에 공급하는가? (8-4)

8-24 푸시 풀 증폭기에서 AB급 증폭기를 사용하는 주된 이유는 왜곡을 제거하기 위한 것이다. 이 특정 유형의 왜곡에는 어떤 이름이 있는가? (8-4)

8-25 그림 8-22를 참조하시오. 신호가 입력을 양수로 구동한다고 가정한다. Q_1과 Q_3의 전류 흐름은 어떻게 되는가? (8-4)

8-26 그림 8-22를 참조하시오. 신호가 입력을 양수로 구동한다고 가정한다. R_L 상단에서 어떤 일이 발생하는가? (8-4)

8-27 그림 8-22를 참조하시오. Q_2가 더 강하게 켜졌다고 가정하면(더 많이 수행), Q_4는 어떻게 되는가? (8-4)

8-28 그림 8-22를 참조하시오. 상보 대칭으로 작동하는 2개의 트랜지스터는 무엇인가? (8-4)

8-29 어떤 비디지털 증폭기 등급이 최고의 효율을 제공하는가? (8-5), (8-6)

8-30 그림 8-24를 참조하시오. 부하 저항의 출력 신호가 사인파가 되도록 하는 것은 무엇인가? (8-5)

8-31 그림 8-24를 참조하시오. 증폭기의 도통각이 왜 그렇게 작은가? (8-5)

8-32 그림 8-29를 참조하시오. C_1에 대한 충전은 무엇을 달성하는가? (8-5)

8-33 그림 8-29를 참조하시오. 탱크 회로는 어떤 두 가지를 달성하는가? (8-5)

8-34 그림 8-29를 참조하시오. 구동 수준이 증가하면 트랜지스터 베이스에서 역방향 바이어스는 어떻게 되는가? (8-5)

종합 문제

8-1. 200V 전원에서 300mA를 끌어 올 때 18W의 출력을 생성하는 증폭기의 효율을 결정하시오. (8-1)

8-2. 문제 8-1에서 증폭기의 소실을 결정하시오. (8-1)

8-3. 증폭기는 130 W를 제공하고 40% 효율적이며 24 V 전원으로 작동한다. 최대 출력을 공급할 때 전원에서 얼마나 많은 전류가 공급되는가? (8-1)

8-4. 그림 8-5를 참조하시오. 공급 전압을 24 V로 변경하시오. 왜곡되지 않은 최대 신호 전력, 대기 공급 전류 및 완전 구동 시 효율을 결정하시오. (8-2)

8-5. 증폭기가 최대값의 1/4로 구동될 때 문제 8-4에서 회로의 효율을 찾으시오. (8-2)

8-6. 그림 8-7을 참조하시오. 권선 비를 2.5 : 1로 변경하시오. 트랜지스터의 컬렉터에 ac 부하는 무엇인가? (8-2)

8-7. 컬렉터 신호가 15 V 피크 대 피크인 경우 문제 8-6의 rms 부하 전압을 결정하시오. (8-2)

8-8. 그림 8-10을 참조하시오. 권선 비를 10 : 1로 변경하시오. 트랜지스터의 컬렉터는 어떤 신호 부하를 보이는가? (8-3)

8-9. A급, 20 W, 변압기 결합 증폭기의 최소 트랜지스터 전력 등급은 얼마인가? (8-3)

8-10. 문제 8-9의 회로가 B급 푸시 풀 설계로 대체되었다고 가정하시오. 각 트랜지스터에 필요한 전력 등급은 얼마인가? (8-3)

8-11. 그림 8-17을 참조하시오. V_{BE}가 0.6 V이고 전원이 20 V이고 R_1이 4.7 kΩ이라고 가정한다면, R_2

에 필요한 값을 계산하시오. (8-4)

8-12. 접지형 부하 증폭기는 12 V 전원으로 동작한다. 4 Ω 부하로 전달할 수 있는 최대 전력을 결정하시오(트랜지스터 손실을 정정하지 마시오). (8-4)

8-13. 브리지 연결 부하 증폭기는 12 V 전원으로 동작한다. 4 Ω 부하로 전달할 수 있는 최대 전력을 결정하시오(트랜지스터 손실을 정정하지 마시오). (8-4)

8-14. C급 증폭기 탱크 회로에는 0.2 μH 인덕터와 22 pF 커패시터가 있다. 공진 주파수는 무엇인가? (8-5)

8-15. 35 mH 인덕터가 240 V를 갖는 경우 전류 상승률을 결정하시오. (8-6)

8-16. 문제 8-15에서 전압이 인덕터 전체에 적용되었다고 가정할 때, 200 ms 후에 현재 값은 얼마인가? 이 회로에서 0초에서 200 ms 사이의 그래프는 어떤 모양인가? (8-6)

비판적 사고를 위한 문제

8-1. 왜 증폭기의 이론적인 효율이 100%를 초과할 수 없는가?

8-2. 푸시 풀 증폭기의 전력 트랜지스터가 제대로 일치하지 않을 때 발생할 수 있는 문제를 식별할 수 있는가?

8-3. 질문 8-2에서 확인된 문제를 완화할 수 있는 방법을 생각할 수 있는가?

8-4. 전력 증폭기의 고장률이 왜 소형 신호 증폭기보다 높은가?

8-5. 1 kW 초과의 전력 출력 레벨이 가능한 증폭기는 종종 진공 튜브 기술을 기반으로 한다. 왜 그런가?

8-6. 트랜지스터 전력 증폭기를 열적으로 보상하는 데 사용되는 다이오드는 때로는 트랜지스터를 냉각하는 데 사용되는 동일한 방열판에 물리적으로 장착된다. 왜 그런가?

8-7. 그림 8-29에 표시된 것과 유사한 RF 전력 증폭기를 사용한다고 가정한다. 증폭기가 V_{CC} 퓨즈를 반복적으로 끊는다. 무엇이 잘못될 수 있는가?

Self test–정답

1. F
2. T
3. F
4. F
5. T
6. T
7. 40%
8. 167 W
9. 0.768 W
10. 0.6 W
11. 720 Ω
12. 7.5 V 피크 대 피크; 88 mW
13. F
14. T
15. F
16. F
17. T
18. T
19. 800 Ω; 800 Ω
20. 10 W
21. 2 W
22. 0.4 W
23. 1.02 W
24. 39.2% (Note:이것은 증폭기(앰프)를 최대스윙까지 구동하기 위해 달성한 효율의 절반이다.)
25. 네
26. B급
27. 아니오. 왜냐하면 이것은 순방향 바이어스가 제거되고 더 시원해지는 경향이 있기 때문이다.
28. 네. 왜냐하면 이것은 순방향 바이어스를 증가시킬 것이기 때문이다.
29. 포지티브
30. Q_2
31. 10, 10.7과 9.3 V
32. 6.6 to 6.7 V
33. 사인파
34. 네
35. 네
36. 30 MHz
37. 8.9 MHz
38. 이것은 증가해야 한다(더욱 네거티브로 간다).
39. 333 A/s
40. 포화
41. 다이오드
42. 더 좋은
43. 동일 시간
44. 더 큰

Appendix A

땜납과 납땜 절차

간단한 납땜부터 고도의 기술까지

납땜은 저온 용융합금 사용으로 두 금속을 함께 접합하는 과정이다. 납땜은 이집트인들이 창이나 칼과 같은 무기를 만들 때 처음 개발한 가장 오래된 결합 기술 중 하나이다. 그 후, 전자 조립품의 제조에 현재 사용되고 있는 것으로 진화했다. 납땜은 한때의 단순한 작업과는 거리가 멀었다. 그것은 이제 고도의 기술이며, 주의와 경험, 그리고 기초에 대한 철저한 지식을 필요로 한다. 납이 없는 땜납의 등장으로, 좋은 결과와 높은 신뢰성을 얻기 위해서는 더욱 많은 주의가 필요하다. 높은 수준에 대한 기술의 중요성은 아무리 강조해도 지나치지 않다. 땜납 결합의 결함은 장비 고장의 원인으로 남아 있으며, 그 때문에 납땜은 중요한 기술이다.

이 부록에 수록된 자료는 학생들이 오늘날의 전자제품에서 접하는 많이 높은 신뢰도의 납땜 작업을 수행하는 데 필요한 기본적인 지식과 실용적인 기술을 모두 제공하도록 집필되었다. 납땜 공정의 기초, 인두기/팁/물질의 적절한 선택, 납땜 스테이션의 사용 등이 해당된다. 웨이브 납땜 및 리플로우 납땜 기법은 전자 장비 제조에 사용된다. 이 부록은 보통 수리 과정의 일부인 재작업 납땜에 초점을 맞춘다.

이 부록의 핵심 개념은 신뢰성이 높은 납땜이다. 우리의 현재 기술 중 상당 부분은 엄청나게 많은 개별 납땜된 연결의 신뢰성에 의존하고 있다. 우주 장비와의 초기 고장에 대응하여 고신뢰 납땜이 개발되었다. 그 이후 개념과 관행은 군사 장비와 의료 장비로 확산되었다. 우리는 이제 그것을 일상적인 전자제품에서도 기대하게 되었다.

납땜의 장점

납땜은 2개의 금속 조각을 연결하여 신뢰할 수 있는 전기 경로를 형성하는 과정이다. 왜 처음부터 2개의 금속을 납땜할까? 2개의 금속 조각은 너트와 볼트 또는 다른 종류의 기계적 고정 장치와 함께 결합될 수 있다. 이러한 방법의 단점은 세 가지다. 첫째, 진동과 충격으로 연결부의 신뢰성이 확보될 수 없다. 둘째, 산화 및 부식이 금속 표면에서 지속적으로 발생하기 때문에 두 표면 사이의 전기 전도성은 점진적으로 감소할 것이다. 납땜된 연결은 이 두 가지 문제를 해결한다. 접합부에는 아무런 움직임도 없고 산화할 인터페이스 표면도 없다. 땜납 자체의 특성에 의해 연속적인 전도 경로가 형성된다. 셋째, 제조 과정에서 수백, 수천 개의 연결부를 동시에 실현할 수 있다.

땜납의 본질

전자제품에 사용되는 땜납은 다양한 금속을 서로 다른 비율로 조합하여 만든 저온용융합금이다. 가장 흔한 유형의 땜납은 주석과 납으로 만들어졌다. 비율이 같을 때는 50/50 땜납(주석 50%, 납 50%)으로 알려져 있다. 마찬가지로 60/40 땜납은 60%의 주석과 40%의 납으로 구성되어 있다. 백분율은 일반적으로 사용 가능한 다양한 유형의 땜납에 표시된다. 때로는 주석 백분율만 표시되기도 한다. 주석 화학 기호는 Sn이다. 따라서 Sn 63은

표 A-1 일반적인 납과 무연납

합금	용융 온도	페이스트 형태 가능 유무
63% 주석, 37% 납	361°F/183°C	예
60% 주석, 40% 납	361–374°F/ 183–190°C*	아니오
96.5% 주석, 3% 은, 0.5% 구리	422–428°F/ 217–220°C*	예
96.5% 주석, 3.5% 은	430°F/221°C	아니오

*이 합금은 액체와 고체 변화 온도 사이에서 가소성 범위를 가지고 있다.

63%의 주석을 포함하는 땜납을 나타낸다. 순수 납(Pb)은 용해점이 327℃(621℉)이고, 순수 주석은 용해점이 232℃(450℉)이다. 60/40 땜납으로 결합하면 용융점이 190℃(374℉)까지 떨어진다(두 금속 중에서 어느 하나보다는 낮은 수준임). 오늘날 무연(lead-free) 땜납은 많은 제조업자와 수리 과정에서 의무화되었다.

표 A-1은 납과 무연 합금을 모두 보여준다. 나열된 모든 합금은 수리 작업을 위해 와이어 형태로 사용할 수 있으며, 2개는 페이스트 형태로 사용할 수 있다. 페이스트 땜납은 표면 장착 장치로 인쇄된 회로를 제조하기 위해 리플로우 프로세스에 사용된다. 페이스트 땜납은 재작업에도 종종 사용된다.

그림 A-1 (a) 납을 포함한 납땜 이음부와 (b) 무연납 납땜의 이음부 형태

표 A-1에 열거된 바와 같이 60/40 땜납은 361℉(183℃)에서 녹기 시작하지만 온도가 374℉(190℃)에 이를 때까지 완전히 녹지 않는다. 이 두 온도 사이에, 땜납은 가소성(반액체) 상태로 존재하나, 땜납의 일부만 녹는다. 표 A-1에 표시된 주석/은/구리 합금도 마찬가지다. 땜납 합금 중 두 개는 가소성의 범위가 없다. 그것들은 가열(또는 냉각)되면서 고체에서 액체(또는 액체에서 고체로)로 직접 변화한다. 이것들은 공융 합금 또는 공융 땜납이라고 불린다.

가소성의 범위에서 땜납을 사용할 때는 냉각기간 동안 이음부(결합부)의 진동이나 움직임을 피하는 것이 특히 중요하다. 진동이나 음직임이 있게 되면, 이음부가 둔탁하고 표면이 거친 모습을 띠는 경향이 있다. 그러한 이음부는 신뢰성이 없고 세심한 작업자들과 품질 검사자들에 의해 거부된다. 그러나 무연의 땜납 접합부는 그림 A-1에서와 같이 본래 둔하고 표면이 거친 표면을 가지고 있다. 따라서 작업자와 검사자는 무연 납땜에 대한 새로운 육안 검사 지침을 배워야 한다.

예를 들어 제조 과정에서 웨이브 납땜을 회로기판의 움직이는 컨베이어 라인과 함께 사용할 경우 냉각 중에 안정적인 이음매 유지가 어려운 경우도 있다. 다른 경우에는 열에 민감한 구성 요소의 손상을 방지하기 위해 최소의 열을 사용해야 할 수 있다. 이 두 상황에서, 공융 땜납은 가소성의 범위 없이 냉각 중에 액체에서 고체로 변하기 때문에 선호되는 선택이다.

적심(습식) 작용

납땜 과정을 처음 보는 사람에게는 땜납이 뜨겁게 녹은 접착제처럼 금속을 붙여주는 것처럼 보이지만 실제로 일어나는 일은 크게 다르다. 뜨거운 땜납이 구리 표면에 닿았을 때 화학 반응이 일어난다. 땜납은 표면을 녹여 관통한다. 땜납과 구리의 분자는 혼합되어 새로운 금속 합금을 형성하는데, 그 합금은 부분적으로 구리와 부분 땜납이며 모두 그 자체의 특성을 가지고 있다. 이러한 반응을 적심이라고 하며 땜납과 구리 사이의 금속간 결합을 형성한다.

구리 표면이 오염되지 않고 금속이 공기에 노출될 때, 형성되는 산화막이 없는 경우에만 적절한 적심이 발생할 수 있다. 또한 땜납과 구리 표면은 적정 온도에 도달해야 한다. 납땜하기 전에 표면이 깨끗해 보일지라도, 그것을 덮고 있는 얇은 산화막이 있을 수 있다. 땜납을 바르면 산화 코팅으로 땜납이 구리와 접촉하지 않기 때문에 기름진 표면에 물방울처럼 작용한다. 아무런 반응도 일어나지 않고, 땜납은 쉽게 긁어낼 수 있다. 납땜이 양호하려면 납땜 공정 동안에 표면 산화물을 제거해야 한다.

플럭스의 역할

신뢰할 수 있는 납땜 연결은 깨끗한 표면에서만 수행할 수 있다. 성공적인 납땜 접속을 달성하기 위해서는 어떤 종류의 클리닝 과정이 필수적이지만, 대부분의 경우 불충분하다. 이것은 가열된 금속의 표면에서 산화물이 형성되는데, 적절한 납땜이 되지 않도록 하는 산화막을 형성하는 속도가 매우 빠르기 때문이다. 이러한 산화막들을 극복하기 위해서는 플럭스라고 불리는 물질을 활용할 필요가 있는데, 플럭스는 천연 또는 합성 송진 그리고 때로는 활성제라고 불리는 첨가제로 구성되어 있다.

즉, 표면 산화물 제거 및 납땜 공정 중 제거 상태를 유지하는 것이 플럭스의 기능이다. 이것은 플럭스 작용이 땜납 용해 온도에서 또는 그 근처에서 매우 부식성이 있으며 금속 산화물들을 빠르게 제거하는 플럭스의 능력을 설명하기 때문에 이루어진다. 그것은 산화물을 제거하고 운반하는 플럭싱 작용일 뿐만 아니라, 땜납이 원하는 금속간 결합을 형성할 수 있도록 하는 새로운 산화물의 형성을 방지하는 것이다. 플럭스는 땜납보다 낮은 온도에서 작동하여 땜납이 흐르기 전에 제 역할을 할 수 있어야 한다. 그것은 매우 빠르게 휘발되므로 플럭스 작용의 완전한 이점을 제공하려면 플럭스가 납땜을 하는 표면으로 흐르도록 활성화시키고 뜨거운 인두기 팁에 의해 단순히 휘발시키지 않아야 한다.

많은 용도에 사용할 수 있는 플럭스의 종류가 있다. 예를 들어 납땜 금속박판에서는 산성 플럭스를 사용하며, 은 브레이징(주석/납 합금이 요구하는 녹는 상태온도보다 훨씬 높은 온도가 필요한 경우)은 붕사 페이스트를 사용한다. 이러한 각각의 플럭스는 산화물을 제거하며, 많은 경우에 추가적인 목적을 제공한다. 전자 방식의 납땜에 사용되는 플럭스는 순수한 송진으로, 송진의 플럭싱 능력, 저 잔여물/무청정 플럭스 또는 수용성 플럭스가 촉진되도록 가벼운 활성제와 결합된 송진이다. 산성 플럭스 또는 고도로 활성화된 플럭스는 전자 작업에서 절대 사용해서는 안 된다. 다양한 유형의 플럭스 코어 땜납이 일반적으로 사용된다. 그것들은 접합부에 사용되는 플럭스의 양을 적용하고 제어할 수 있는 편리한 방법을 제공한다(그림 A-2).

납땜 인두

어떤 종류의 납땜에서도, 땜질 그 자체를 넘어서는 일차적 조건은 열이다. 열은 전도성(예: 납땜 인두, 파동, 증기상태), 대류성(뜨거운 공기) 또는 복사성(IR)의 여러 가지 방법으로 적용할 수 있다. 여기서는 주로 납땜 인두기를 사용하는 전도

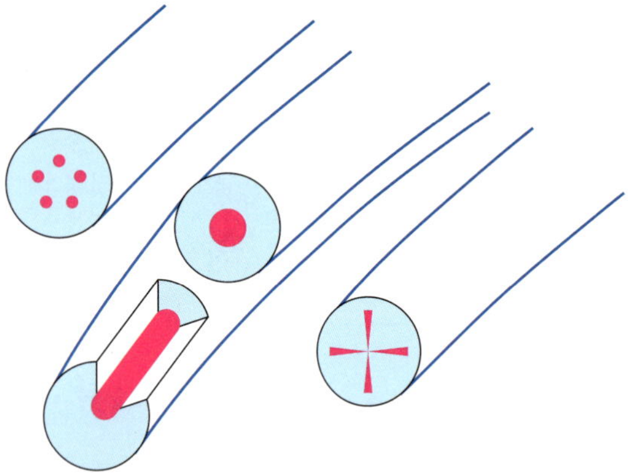

그림 A-2 다양한 플럭스 코어 와이어 땜납

성 방법에 관심을 가진다.

납땜 기구(솔더링 스테이션)는 다양한 크기와 형태로 제공되지만 기본적으로 세 가지 주요 요소로 구성된다. 즉 저항 가열 장치, 열 저장소의 역할을 하는 히터 블록, 그리고 납땜 공정으로 열을 전달하기 위한 팁 또는 비트이다. 표준 생산되는 기구(스테이션)는 서로 교환 가능한 팁이 있는 가변 온도 폐쇄 루프 시스템으로 ESD-안전 플라스틱으로 제작된다.

이음부에서의 열 제어

팁의 온도를 조절하는 것은 납땜에 있어서 실제 도전은 아니다. 실제 도전은 얼마나 신속히 작업을 하는지, 팁이 얼마나 뜨거운지, 그리고 얼마나 오랫동안 열이 유지되는지 작업의 열주기를 조절하는 것이다. 이것은 매우 많은 요인에 의해 영향을 받는데, 실제로는 팁 온도가 결정적인 요인은 아니다.

고려해야 할 첫 번째 요인은 납땜할 부위의 상대적 열의 양이다. 이 열의 양은 광범위한 범위에서 달라질 수 있다. 단면 회로 기판의 단일 영역을 고려하자. 양이 비교적 작아서 영역은 금방 더워진다. 그러나 도금한 구멍이 있는 양면 보드에서는 질량이 두 배 이상 된다. 다층 기판은 훨씬 더 큰 양을 가질 수 있으며, 그것은 구성 요소 납의 질량을 고려하기 전이다. 납의 양은 매우 다양할 수 있다. 일부 납은 다른 납보다 훨씬 크기 때문이다. 또한 보드에는 단자들(예: Turret 단자 또는 bifurcated 단자)이 장착될 수 있다. 다시, 열의 양은 증가하며 연결 와이어가 추가됨에 따라 더욱 증가할 것이다.

납땜될 각 연결부에는 특정한 열 양이 있다. 이 결합된 열 양이 "상대적" 열 양인 인두기 팁의 질량과 비교되는 방법은 납땜 시간과 온도 상승을 결정한다. 작업량이 크고 인두기 끝이 작을 때는 기온 상승이 더디게 될 것이다. 상황이 반대가 되는 작은 작업량에 큰 인두기 팁을 사용하면 팁의 온도가 같더라도 납땜의 온도 상승은 훨씬 더 빨라질 것이다.

이제 인두기 그 자체의 용량과 주어진 열의 흐름을 지탱할 수 있는 능력을 생각해 보자. 기본적으로 인두기의 열을 발생시키고 저장하는 기구로서, 저장고는 히터 블록과 팁으로 구성되어 있다. 팁은 다양한 크기와 모양으로 제공되며, 납땜 공정으로 유입되는 열을 위한 파이프라인이다. 작은 납땜공정에는 원뿔형(지점형) 팁을 사용하여 작은 열의 흐름만 일어난다. 큰 납땜공정에는 큰 끌 형태의 팁이 사용되어 더 큰 흐름을 제공한다. 표 A-2는 몇 가지 다양한 팁 스타일과 크기를 보여준다.

열 저장소는 가열 소자에 의해 보충되지만, 팁이 큰 인두기를 사용하여 대규모 납땜공정에 가열할 경우, 저장소는 보충할 수 있는 것보다 더 빨리 열을 잃을 수 있다. 따라서 저장소의 크기가 중요해진다. 큰 발열 블록은 작은 것보다 더 오래 더 큰 유출량을 견딜 수 있다. 인두의 용량은 더 큰 가열 요소를 사용하여 증가될 수 있으며, 따라서

표 A-2 Examples of Soldering Iron Tips

그림	크기 (inch)	묘사
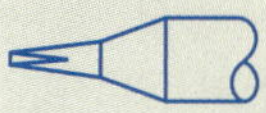	0.031	30° 끌
	0.047	30° 꺾인 확장형 끌
	0.063	30° 꺾인 끌
	0.063	60° 끌
	0.078	60° 끌
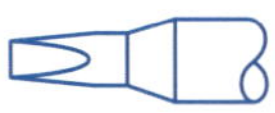	0.094	30° 끌
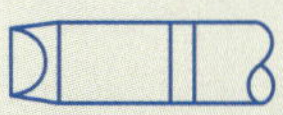	0.125	90° 확장형 끌
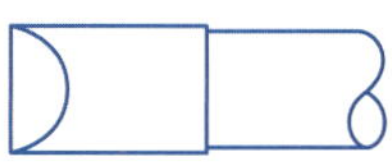	0.203	끌
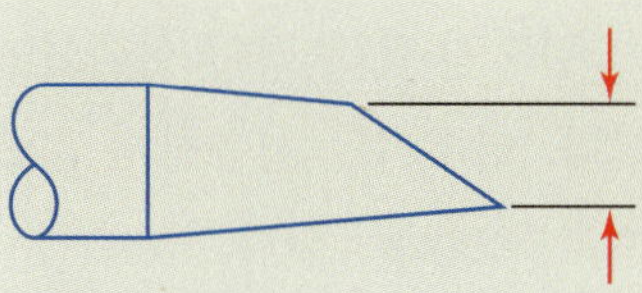	0.250	단면끌

인두의 와트수를 증가시킬 수 있다. 이 두 가지 요소인 블록 크기와 와트수는 인두의 회복 속도(회수율)를 결정하는 것이다. 특정 연결부에서 엄청난 열이 필요한 경우, 용량이 크고 충분히 빠른 회복 능력이 있는 인두로써 적당한 크기의 팁을 가진 정확한 온도의 인두가 요구된다. 따라서 상대적 열의 양은 납땜의 열 사이클을 제어하기 위한 주요 고려사항이다.

두 번째 중요한 요소는 납땜할 부위의 표면 조건이다. 산화물이나 다른 오염물질이 납땜 부위나 납을 덮는 경우, 열의 흐름에 장애가 될 것이다. 그러면 인두 팁이 적당한 크기와 정확한 온도를 가지고 있더라도 땜납을 녹일 정도의 열을 연결부에 공급하지 못할 수도 있다. 납땜 시, 좋은 땜납 연결은 더러운 표면에 만들 수 없다는 것이 기본적인 규칙이다.

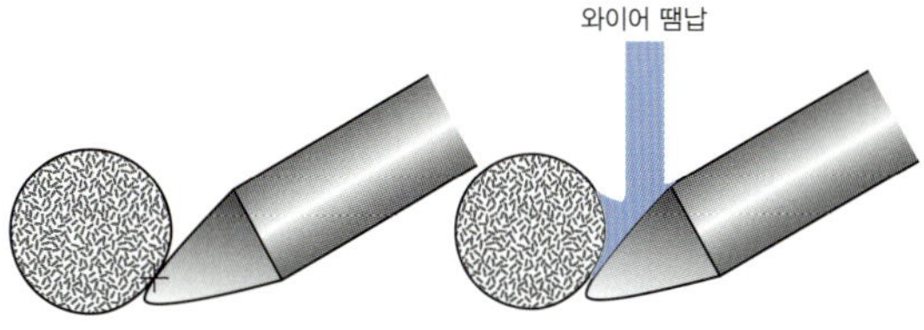

그림 A-3 향상되는 열 흐름을 위한 접촉 면적의 증가

납땜을 시도하기 전에 납땜을 항상 승인된 용제로 클리닝하여 표면에서 그리스나 오일 필름을 제거해야 한다. 어떤 경우에는 납땜 전에 납땜성을 강화하고 표면의 심한 산화를 제거하기 위해 전제가 필요할 수 있다.

세 번째 고려 요인은 열 연계, 즉 납땜 인두 팁과 납땜 대상물 사이의 접촉 영역이다. 그림 A-3은 둥근 리드에 닿는 팁을 보여준다. 접촉은 "+"로 표시된 지점에서만 발생하므로, 링크 영역이 매우 작다. 팁과 납땜 대상물의 접촉점에 와이어 땜납을 적용하면 접촉 면적을 크게 늘릴 수 있다. 이 땜납 열 브리지는 열 연계를 획기적으로 개선하여 열의 신속한 전달을 납땜 공정에서 실행할 수 있다.

이제 어떤 특정한 연결부가 얼마나 빨리 가열될 것인가에 영향을 미치는 인두기 끝의 온도보다 더 많은 요인들이 있다는 것을 분명히 해야 한다. 실제로 납땜은 매우 복잡한 제어 문제로서, 각각 다른 것에 영향을 미치는 많은 변수가 있다. 그리고 그것을 그렇게 비판적으로 만드는 것은 시간이다. 인쇄 회로 기판에서 고신뢰성의 납땜에 대한 일반적인 규칙은 납땜이 녹기 시작할 때부터 2초 이내에 열을 가하는 것이다. 더 긴 시간 동안 열을 가하면 구성 요소나 보드 또는 둘 다 손상될 수 있다.

납땜 인두기 팁은 연결부의 최대 열량 영역에 적용되어야 한다. 이렇게 하면 납땜되는 부품의 급격한 열 상승이 가능해진다. 용해된 땜납은 항상 적절히 준비된 연결부의 열원 쪽으로 흐른다.

납땜과 땜납을 제거하는 것에 대해서, 주요한 납땜 대상물의 지표는 열 소비율 인식이다. 즉, 열이 연결부로 얼마나 빠르게 흘러 들어가는지를 관찰한다. 실제로 이것은 땜납이 녹는 속도를 관찰하는 것을 의미하는데, 이는 1~2초 이내여야 한다. 이 지표는 인두와 그 팁 온도의 용량, 표면 조건, 팁과 납땜 대상물 사이의 열 연결, 그리고 관련된 상대적 열의 양을 포함하여 최소 가열 효과로 만족스러운 납땜 연결을 만드는 데 관련된 모든 변수를 포함한다.

만일 인두 팁이 납땜 공정작업에 비해 너무 크면 가열 속도가 너무 빨라 제어할 수 없을 수도 있다. 만약 팁이 너무 작으면, 그것은 "덩어리" 종류의 용해물을 생산할 수 있다(발열 속도는 팁의 온도가 같더라도 너무 느릴 것이다). 과한 발열을 방지하는 일반적인 규칙은 가능한 한 빨리 들어가서 나가는 것이다. 즉, 가열된 철을 사용하면 용접되는 특정 연결부에 대해 1~2초의 체류 시간을 제공할 수 있다.

납땜 인두와 팁의 선택

전자 납땜을 위한 좋은 만능 납땜 기구(스테이션)는 펜슬형 철과 뜨거울 때에도 쉽게 교환할 수 있는 팁을 갖춘 가변 온도 ESD 안전 스테이션이다(그림 A-4). 납땜 인두 팁은 항상 가열 소자에 완전히 삽입하고 조여야 한다. 이를 통해 히터에서 팁까지 최대 열 전달을 할 수 있다.

가열 소자와 팁 사이에 산화 비율이 과하게 누적되지 않도록 팁을 매일 제거해야 한다. 땜납 연결부의 오염을 방지하고 적절한 열 전달을 보장하기 위해 팁의 납땜 공정작업 표면에 밝은 테두리가 있는 표면이 유지되어야 한다.

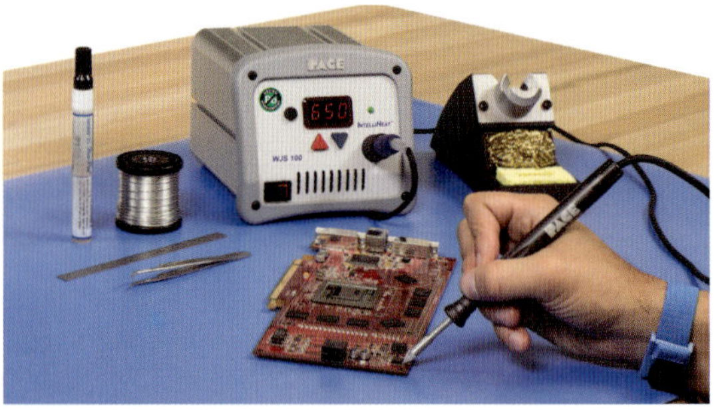

그림 A-4 온도제어 납땜 기구(스테이션)

도금된 팁은 처음에 땜납이 녹을 최저 온도에 도달했을 때 표면에 플럭스 코어 땜납 조각을 붙여서 준비한다. 일단 팁이 작동 온도까지 올라가면 급속한 산화 작용으로 인해 납땜질을 잘 하기에는 보통 너무 뜨거울 것이다. 뜨겁게 달구어진 납땜 팁은 눅눅한 스펀지에 살짝 닦아 산화물에 충격을 주어 유지한다. 인두기를 사용하지 않을 때는 팁을 땜납 층으로 코팅해야 한다.

땜납 이음부의 생성

납땜하는 인두 팁은 연결부의 최대 열 양이 납땜 작업 영역에 적용되어야 한다. 이렇게 하면 납땜되는 부품의 급격한 열 상승이 가능해진다. 용해된 땜납은 항상 적절히 준비된 연결부의 열을 향해 흐른다. 땜납 이음부가 가열되면 팁에 소량의 땜납을 가하여 가열되는 부위의 열 결합을 증가시킨다. 그런 다음 땜납을 연결부의 반대쪽에 도포하여 땜납이 아니라 공정작업 표면이 땜납을 녹이도록 한다. 절대로 땜납을 인두 팁에 대고 녹이지 말고 땜납 용해 온도보다 더 차가운 표면으로 흐르게 해야 된다.

땜납은 플럭스로 클리닝되고 적절히 가열된 표면에 도포되며 열원과 직접 접촉하지 않고 녹아

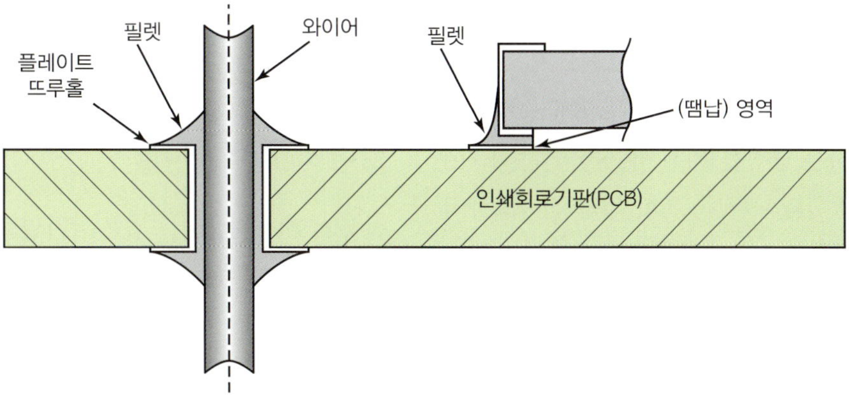

그림 A-5 땜납 필렛

서 흐르며 부드럽고 고른 표면을 제공하여 얇은 가장자리 쪽으로 표면과 수평이 된다(그림 A-5). 그 결과 생긴 모양을 필릿이라고 한다. 부적절한 납땜의 경우는 단순히 쌓이기만 하고 불규칙한 외관과 불량한 필링을 보일 것이다. 납땜되는 부품은 온도가 떨어질 때까지 제자리에 단단히 고정하여 땜납을 단단히 고정시켜야 한다. 이렇게 되면 땜납 이음매가 흐트러지거나 금이 가는 것을 방지할 수 있다.

적절한 직경의 코어 땜납을 선택하면 연결에 적용되는 땜납(예: 작은 연결을 위한 소형 게이지 땜납, 큰 연결을 위한 대용량 땜납)의 양을 조절하는데 도움이 된다.

최종 검사와 플럭스 제거

납땜 기술은 공정이 어떻게 작용하는지, 적절한 도구와 재료, 많은 연습과 세심한 검사를 필요로 한다. 대부분의 땜납 이음매는 필릿을 포함하며, 이것들은 독특한 외관을 띠게 된다. 그림 A-5는 필릿의 예를 보여준다. 경험은 높은 신뢰성의 결합부에 대해서 이러한 결합 이음매가 어떻게 나타나야 하는가를 좌우한다. 일반적으로 적절한 모양의 필릿은 깨끗한 상태(양호한 적심 작용), 적절한 납땜 온도 및 지속시간, 올바른 땜납의 양을 나타낸다.

납땜 후 특정 유형의 플럭스를 제거하기 위해 클리닝이 필요할 수 있다. 클리닝이 필요한 경우 가급적 납땜 후 1시간 이내에 플럭스 잔류물을 제거해야 한다. 클리닝하지 않으면 장기적 신뢰성이 상실될 수 있다. 예를 들어, 플럭스 잔류물은 밀접하게 간격을 둔 작업영역 사이에 단락을 만들 수 있는 금속 덴드라이트의 성장을 촉진할 수 있다.

대류성 공정

표면 실장 전자기기(SMD)의 사용이 증가함에 따

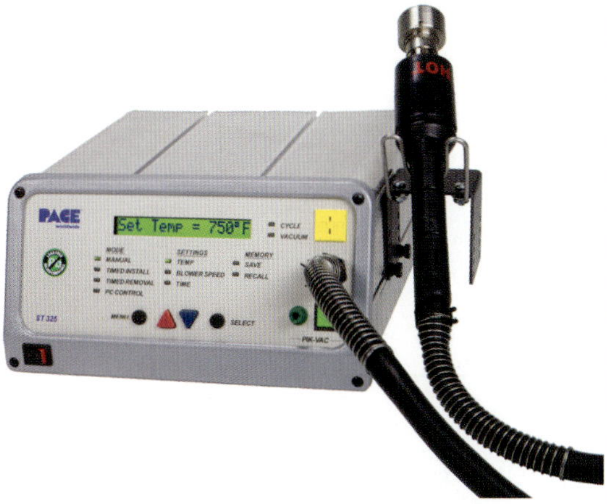

그림 A-6 Pace hot-air 리플로우 시스템

라, 대류(뜨거운 공기) 납땜 공정과 땜납을 제거하는 공정이 현재 많은 경우에 선호되고 있다. 그림 A-6에서 표시한 PACE ST 325는 납땜 공정과 땜납을 제거하는 공정을 위해 제어가 되는 뜨거운 공기를 제공한다. 그것은 또한 일단 전자소자 및 기기를 땜납으로부터 분리한 후 전자소자 및 기기를 제거할 수 있는 진공을 제공한다.

대류(뜨거운 공기)를 이용하는 납땜에서는 공기 흐름과 공기 온도를 모두 제어하여 원하는 결과를 얻는다. 표 A-3은 납땜 공정과 땜납을 제거하는 공정에 대하여 권장되는 작업 시작의 시점에 대한 도표를 보여준다.

법이 요구하는 사항

전자 납땜에 적용되는 법은 국가별로 다르기 때문에 여기에 열거할 공간이 충분하지 않다. 많은 유럽 국가에서는, 위험물질(RoHS)의 제한과 전기 및 전자장비(WEEE) 표준으로 부터의 폐기물은 법에 의해 시행되고 있다.

표 A-3 Pace-Recommended Starting Conditions

구성요소		노즐	공정	변수	기판 (PCB 형태)			리플로우 주기
모양	형태	권장 형태	제거 또는 설치	(온도와 송풍기 속도)	낮은 양	중간 양	높은 양	시간(초)
	PBGA	적당한 크기 V-A-N 노즐	제거	Temperature (°C)	371	371	371	77
				Blower Speed	5	5	5	
			설치	Temperature (°C)	371	371	371	90
				Blower Speed	3	3	4	
	PLCC (J Lead)	적당한 크기 Box 노즐	제거	Temperature (°C)	371	371	371	30
				Blower Speed	7	8	8	
			설치	Temperature (°C)	371	371	371	30
				Blower Speed	7	8	8	
	PQFP	적당한 크기 Box 노즐	제거	Temperature (°C)	316	371	371	18
				Blower Speed	6	7	7	
			설치	Temperature (°C)	316	371	371	18
				Blower Speed	6	7	7	
	SOIC	적당한 크기 패턴 노즐	제거	Temperature (°C)	316	316	371	15
				Blower Speed	7	7	7	
			설치	Temperature (°C)	316	316	371	15
				Blower Speed	7	7	7	
	칩	적당한 크기 단일 Jet 노즐	제거	Temperature (°C)	371	371	371	11
				Blower Speed	6	6	8	
			설치	Temperature (°C)	371	371	371	12
				Blower Speed	5	6	7	

찾아보기

ㄴ

ㄷ

ㄹ

ㅁ

ㅂ

9판

전자회로 **원리 및 응용**

Electronics: Principles & Applications

2020년 2월 20일 9판 1쇄 펴냄

지은이 Charles A. Schuler | **감수** 정지학

옮긴이 김동원 · 명성식 · 민순호 · 정지학

펴낸이 류원식 | **펴낸곳 (주)교문사(청문각)**

편집부장 김경수 | **본문편집** 오피에스 디자인 | **표지디자인** 유선영

제작 김선형 | **홍보** 김은주 | **영업** 함승형 · 박현수 · 이훈섭

주소 (10881) 경기도 파주시 문발로 116(문발동 536-2)

전화 1644-0965(대표) | **팩스** 070-8650-0965

등록 1968. 10. 28. 제406-2006-000035호

홈페이지 www.cheongmoon.com | E-mail genie@cheongmoon.com

ISBN 978-89-363-1912-0 (93560) | **값** 32,000원

* 잘못된 책은 바꿔 드립니다.   * 역자와의 협의 하에 인지를 생략합니다.

청문각은 ㈜교문사의 출판 브랜드입니다.